leistungsstark & lebensfroh

Hochwirksame Impulse

für nachhaltigen Erfolg,

heiter-souveräne Leichtigkeit

und empathische Lebensfreude

Monika Herbstrith-Lappe

Manfred Lappe

Seit 1983 ist Monika Herbstrith-Lappe in der Erwachsenenbildung tätig. Als Trainerin und Coach unterstützt sie Unternehmen, Teams und einzelne Menschen mit immer wieder neuen zusätzlichen Themenfeldern. Stets kreisend um die Thematik „Menschen und Beziehungen in Organisationen und Strukturen". Seit ihrem erkenntnistheoretischen Physikstudium hat sie sich an der Schnittstelle zwischen der subjektiven Sicht der Menschen und der „objektiven" Welt der Zahlen, Daten und Fakten vertieft. Auf der Basis von prozessorientiertem Qualitätsmanagement hat sie sich dann auf unternehmensweite KundInnen- und Serviceorientierung spezialisiert. Dabei betrachtet sie MitarbeiterInnen-Motivation als siamesischen Zwilling des externen Images. Führungs-, Organisations- und Beziehungsqualitäten sind dabei gerade in dynamischen Zeiten erfolgsentscheidend. Immer hat sie

einzigartige Menschen mit individuellen Persönlichkeiten in einer zielgerichteten, sinngeprägten (beruflichen) Gemeinschaft
im Fokus.

Als „mentale Orthopädin®" bestärkt sie einzigartige Menschen, sich aufrecht & aufrichtig in (berufliche) Gemeinschaften Sinn-voll und Ziel-strebig einzubringen. Orthopädie bedeutet wörtlich die „Lehre des Aufrichtens" - vom festen Stand bis zur gesunden Entfaltung des Rückgrats.
Der Themenbogen spannt sich dementsprechend von der Unternehmens- und MitarbeiterInnenführung über lösungsorientierte Kommunikation, effektive Teamarbeit, wertschätzender Umgang mit Unterschiedlichkeiten und Interessenskonflikten bis zur persönliche (Weiter-)Entwicklung, klugem Selbstmanagement oder Vereinbarkeit von Beruf und Familie.
Mit scharfem Verstand auf die wesentlichen Erfolgsfaktoren konzentriert, in verständlicher Sprache hirngerecht dargebracht und merk-würdig präsentiert. Immer mit der Ziel-Richtung, „hochwirksame Impulse" zu setzen und damit „nachhaltige Wirkung" zu erzielen, damit

Menschen mit ihren individuellen Stärken die Vielfalt unterschiedlicher Leistungsansprüche in souveräner Leichtigkeit spielend meistern und dabei heil bleiben und Lebensfreude erfahren.

Im Rahmen von incite (Institute for Management Consultants and Information Technology Experts der Wirtschaftskammer Österreich) erfüllte sie als eine der ersten deren Qualitätskriterien für Trainer und Consultants: „Customers' Certified Trainer" (ab 2000), „Akkreditierte Wirtschaftstrainerin" (ab 2003), „Certified Management Consultant" (ab 2003), „Certified Business Trainer" (ab 2013).
Ihr Wissen und ihre Erfahrungsschätze vermittelt Monika Herbstrith-Lappe in Beratungsprozessen, Einzelcoachings, firmeninternen Trainings, offenen Seminaren und in Keynotes auf internationalen Konferenzen. Bei letzteren erhielt sie mehrere Ehrungen, die auf den Seminarbeurteilungen ihrer TeilnehmerInnen beruhten, so z.B. von der IIR GmbH, dem Premium Konferenz- und Seminaranbieter in Österreich:

„Trainer of the Year" (2006, 2010, 2011, 2012, 2013, 2014, 2015)
„Excellence-Award für herausragende Leistungen bei Konferenzen und Trainings" (2008)
„Best of the Best" (2009)

Ihr Wissen gab Monika Herbstrith-Lappe auch immer wieder mittels zahlreicher Artikel in Fachzeitschriften weiter. Dieses Buch basiert auf diesen Fachartikeln, die hierfür von den AutorInnen aktualisiert, aufgeteilt, zusammengefasst, ergänzt, neu geordnet und überarbeitet wurden.

In den letzten Jahren waren Strategien zur Bewältigung kritischer Situationen mit einem hohen Grad an Dynamik, Ungewissheit und Komplexität gefragter denn je. In der zweiten und dritten Auflage haben wir daher noch mehr Prinzipien und Methoden zur Wahrung der Glücksfähigkeit, Stärkung des emotionalen Immunsystems, Förderung der Stressresistenz, zum Vorbeugen von Burnout und zur effektiven Regeneration aufgenommen. Gesunde und nachhaltige High Performance heißt für uns:

„Das Feuer der Begeisterung entfachen, pflegen, hüten und weiterreichen - ohne auszubrennen"

In der 50-teiligen

Toolbox für nachhaltigen Erfolg, souveräne Leichtigkeit und empathische Lebensfreude

im hinteren Teil des Buches haben wir für Sie die in den vielen Jahren gesammelten einfachen, hochwirksamen Methoden und Prinzipien zur Steigerung der Lebensfreude und der Leistungsstärke zusammengefasst.

Die Toolbox entfaltet besonders viel Kraft, wenn Sie sich gemeinsam mit wohlgesonnenen Verbündeten für einzelne Methoden z.B. 1 bis max 5 „Tools des Monats" entscheiden, Schritt für Schritt beharrlich auf den Weg zur alltäglichen Nutzung machen, sich gegenseitig erinnern/ermutigen und dabei auch Teilerfolge würdigen. Wir wünschen Ihnen viel Freude und Spaß beim Schmökern in den einzelnen Abschnitten des Buches, deren Reihenfolge Sie gerne selbst individuell festlegen können. Wählen Sie wie aus einem Buffet das, was Ihren Geschmack trifft, Sie nährt und Ihr Wohlbefinden steigert.

„Lernen heißt erkennen, dass etwas möglich ist."
Fritz Pals

Wenn unsere Gedanken Kreise ziehen, Nachdenklichkeiten bewirken und nützliche Erkenntnisse anregen, erfüllt dieses Buch seine Bestimmung. Unser Ziel ist, Standpunkte zu ver-rücken, zusätzliche Perspektiven zu erschließen, den Denkhorizont und das Handlungsspektrum zu erweitern und so das fundierte Selbst-Vertrauen zu stärken.

Marie von Ebner-Eschenbach wusste, was die Stress- und Krisenforschung bestätigt:

„Wenn es einen Glauben gibt, der Berge versetzen kann, dann der Glaube an die eigenen Möglichkeiten."

Mögen Ihre Vorhaben von Erfolg gekrönt werden und Ihr Einsatz eine reiche Ernte erzielen!

Inhalt

Erfolgreich in souveräner Leichtigkeit

Rund um den Beginn der Neuzeit hat die Physik das Weltbild - im wahrsten Sinn des Wortes - auf den Kopf gestellt. Dem Augenscheinlichen des Sonnenauf- und -untergangs am Horizont trotzend hat sich die Überzeugung durchgesetzt, dass es doch so ist, dass die Erde eine annähernd kugelförmige Gestalt hat und um die Sonne kreist. Im Moment gibt es ähnlich revolutionäre Erkenntnisse in der aktuellen Hirnforschung. Viele für uns selbstverständliche Annahmen über menschliche Denk- und Verhaltensweisen, die unsere Kultur prägen, werden durch neueste Forschungserkenntnisse widerlegt - umgekehrt erfährt in vielem der Volksmund eine wissenschaftliche Bestätigung.
Eine der wichtigsten Erkenntnisse: unser Hirn ist unglaublich plastisch und lernfähig - bis ins hohe Alter - besonders, wenn wir es durch regelmäßiges „Hirnjogging" fit und beweglich halten.

Revolutionäre Erkenntnisse der Gehirnforschung widerlegen bisherige Annahmen

Dr. Hirschhausen, der Arzt und Seminarkabarettist, meint in seinem Hörbuch „Glücksbringer" launig:

„Viele Menschen meinen, das Hirn sei so wertvoll, dass sie damit sparsam umgehen müssen."

Das Gegenteil ist der Fall: Unser Hirn nutzt sich nicht wie ein mechanisches Uhrwerk durch Gebrauch ab, sondern es wird durch Herausforderung und Training immer leistungsfähiger.
Allerdings liebt es auch die Gewohnheit. Unsere stets selektive und subjektive Wahrnehmung wird vom Hirn eigenmächtig durch bereits vorhandene Denkmuster ergänzt. Mit unseren merk-würdigen Impulsen wollen wir Standpunkte ver-rücken und im Hirn sinnlich verankerte Denkbrücken schaffen. Unser Ziel ist es, den Denkhorizont zu erweitern und das Handlungsspektrum zu bereichern, damit wir über größere und wirkungsvollere Lösungsräume verfügen. Vera Birkenbihl steht mit

*„Stroh im Kopf?
Vom Hirnbesitzer zum Hirnbenützer"*

seit Jahren in den Bestsellerlisten. Wir nennen es:

„Kluges Hirnmanagement für nachhaltigen Erfolg, souveräne Leichtigkeit und empathische Lebensfreude"

oder in der Sprache Generation Y:

„Pimp my Brain!"

Arbeitswelt im Umbruch

Nur in wenigen Nischen reicht Mittelmäßigkeit. Auf weniger Schultern lastet immer mehr. Noch fleißiger, härter, intensiver oder länger zu arbeiten kann nicht die Lösung sein. Viele Menschen sind bereits an den Grenzen ihrer Leistungsfähigkeit angelangt. Burnout mit den unterschiedlichsten Symptomen wird zur Volkskrankheit. Die Leistungssteigerung auf der Seite des Einsatzes nähert sich asymptotisch einem Grenzwert. Also muss die Lösung darin bestehen, den Wirkungsgrad der Arbeit und vor allem der Zusammenarbeit zu steigern. Wir sind viel zu sehr bemüht, die Aufgaben effizienter zu erfüllen. Dabei übersehen wir, dass wir damit das Detail optimieren statt das Handeln auf den Gesamtnutzen zu fokussieren. Der Management-Guru Peter Drucker hat schon vor Zeiten den Satz geprägt:

*„Noch wichtiger als die Dinge richtig zu tun,
ist es, die richtigen Dinge zu tun."*

Vor der Effizienzsteigerung ist die Erhöhung der Effektivität gefragt. Es geht um die Wirkung des Einsatzes. Das setzt einen Paradigmenwechsel voraus. Der Reformer-Kaiser Josef II hat noch nachweislich gesagt: „Ich brauche keine Beamten, die denken, sondern nur solche, die die Pflicht erfüllen." Dieses Denken prägt uns noch heute - auch in der Wirtschaft. Es ist z.B. üblich jemanden zu fragen „Was machst du?" oder noch übler „Womit beschäftigst du dich?" In Klartext heißt das übersetzt „Wie füllst du die Zeit?" Und die Arbeitszeit ist auch das, was honoriert wird. Dementsprechend gibt es Menschen mit dem Spitznamen „der rasende Stillstand", die unglaublich umtriebig sind und dennoch nichts bewegen.

„Welchen Nutzen bewirkst du?" ist besser als „Was machst du?"

Wir brauchen wesentlich stärkere Sinn- und Ergebnisorientierung. „Welchen Nutzen bewirke ich mit meiner Arbeit?" „Was ist mein Beitrag zum Gesamterfolg?" „Was haben die KundInnen direkt oder indirekt davon, dass ich meine Arbeit gut mache?" und schließlich die zentrale Frage „Was macht meine Leistung wertvoll?" sowie in letzter Konsequenz „Warum sind meine Personalkosten für das Unternehmen effektiv eingesetzt?" und „Was macht meine berufliche Lebenszeit zu sinnvoller Zeit meines einzigartigen Lebens?" Um diese Themenkreise sollten sich auch die MitarbeiterInnengespräche drehen.

„Ball-im-Tor-Effekt" als Grundlage der Eigenmotivation

Ein wunderbarer Nebeneffekt ist die Steigerung der Eigenmotivation. Jemand, der nur Aufgaben erledigt, hat ein Motivationsproblem. „Ich bearbeite den ganzen Tag nur Anfragen." wird schnell zur lästigen bis frustrierenden Routine. „Wieder jemandem zur Lösung verholfen." ist das, was Vera Birkenbihl „Ball-im-Tor-Effekt" nennt, der für Motivation noch wichtiger ist als Anerkennung: Wenn ein Fußballer ein Tor schießt, ist der Applaus eine nette

Draufgabe. Die eigentliche Freude - und das ist die Energie, die er braucht, um immer wieder Top-Leistung zu erbringen - schöpft er aus seinem ureigensten Erfolgserlebnis. Mit der Frage „Woran kann ich erkennen, dass ich das Ziel erreicht und qualitätsvolle Arbeit geleistet habe?" setzen sie sich bzw. ihren MitarbeiterInnen das „Tor" und schaffen damit die beste Voraussetzung zur Steigerung der Eigenmotivation und damit der Leistungsfähigkeit. Während zu den traditionellen Arbeitstugenden auch das harte und ernsthafte Arbeiten zählt, braucht High Performance eine lust- und freudvollere Haltung. Boris Becker nach seinem Erfolgsrezept gefragt, hat gemeint

Eigenmotivation durch „Ball im Tor-Effekte" stärken

„Wenn du gewinnen willst, musst du genau dieses Spiel lieben."

Lustlos oder verbissen ist der Wirkungsgrad unseres Handelns gering. „Was ist mein Zugang zu diesem meinem Auftrag?" „Was macht mir an meiner Arbeit Spaß und Freude?" sind auf das Business übertragen die Schlüsselfragen zur eigenen Leistungssteigerung. Grundvoraussetzung für die Identifikation mit der Arbeit sind Gestaltungsmöglichkeiten. Gerade in unserer immer stärker globalisierten Welt, wo Standardisierung im Sinn der Ressourceneffizienz erforderlich ist, braucht es die Führungsqualität immer klar zu kommunizieren, was vorgegeben und was gestaltbar ist. Je konkreter die Ziele des „WAS soll erreicht werden?" festgelegt sind, desto mehr kann das „WIE" der Zielerreichung selbstbestimmt sein. Es ist eine der nachhaltigsten Frust-Methoden, MitarbeiterInnen Ziele zu setzen, deren Zielerreichung sie nicht oder nur wenig beeinflussen können. Schließlich ist Willkür und nicht Gewalt das wirkungsvollste Folter-Mittel.

Zeitalter der vernetzten Individualisten

Karl-Heinz Böhm hat gemeint:

„Es gibt nicht 7 Milliarden Menschen auf der Welt, sondern 7 Milliarden Mal einen Menschen."

Das verändert die Sichtweise und hat weitreichende Konsequenzen. Das gängige Modell der Führung ist geprägt von der uniformen Logik des Militärs. Um große Massen in Krisen zu bewegen, macht es Sinn, individuelle Unterschiede durch hierarchische Rangordnungen mit dazugehörigen Uniformen auszugleichen. Im „Zeitalter der vernetzten Egoisten", in dem alles schneller und individueller gelöst werden soll - wie Prof. Günther von der Donauuniversität Krems unsere Ära charakterisiert hat -, wird das immer schwieriger. Ein High-Performance-Team, das immer rascher und flexibler auf sich ändernde Anforderungen reagieren soll, kann es sich nicht leisten, einen guten Teil des Wirkungsgrades durch sehr wenig effektive Anpassungsleistungen zu verlieren. Gefragt sind vielmehr die individuellen Stärken.

Von Albert Einstein stammt die Aussage:

„JedeR ist ein Genie!
Aber wenn du einen Fisch danach beurteilst,
wie er auf einen Baum klettern kann,
wird er sein ganzes Leben glauben, dass er dumm ist.“

Ein Hochleistungs-Team wie z.B. die österreichische Schimannschaft konzentriert sich zu 80 % der Zeit auf Stärken und Erfolge. Schwächen und Misserfolge erhalten nur 20 % der Aufmerksamkeit. Erfolge zu analysieren, um daraus Kraft und Lösungsansätze für zukünftige Herausforderungen herauszukristallisieren, verdient in besonderer Weise Beachtung – entgegen dem, wie wir z.B. in unseren Schulen und Ausbildungen sozialisiert wurden.
Der Motivationsspezialist Reinhard Sprenger meint dazu:

„Achten Sie darauf, dass Sie auf einem Spielfeld agieren,
wo Sie mit Ihren Stärken ein Lächeln bewirken.“

Es ist zentrale Führungsaufgabe, auf den richtigen Einsatz der MitarbeiterInnen, die vielleicht besser „MitwirkerInnen“ heißen sollten, zu achten. Es gilt das Spannungsfeld konstruktiv zu gestalten, um individuelle Bedürfnisse und Stärken möglichst gut auf gemeinsame Ziele zu fokussieren.

Kluges Hirnmanagement

Rationalität ist nur ein kleiner Teil unserer Gehirnleistung

Mentaltraining ist in High-Performance-Teams nicht mehr wegzudenken. Im ausgeprägt körperlichen Schisport macht es mittlerweile 80 Prozent der Trainingszeit aus. Die Hirnforschung stellt derzeit unser Menschenbild auf den Kopf: Unsere einseitig ausgeprägte Zahlengläubigkeit und Rationalität wird nur scheinbar der Wirklichkeit gerecht. Wir sind in einer ähnlichen Situation wie seinerzeit am Beginn der Neuzeit, als die Menschen sich nur schwer überzeugen ließen, dass die Erde als kugelförmiger Planet um die Sonne kreisen soll, auch wenn offensichtlich die Sonne tagtäglich hinter dem Horizont auf- und untergeht.

Hirnneuronale Messungen belegen eindrücklich die Macht der Emotionen und der Intuition. In den Management-Alltag sickern diese weitreichenden Erkenntnisse nur allmählich ein. Statt den Irrtum aufrecht zu erhalten, dass Verstand und Gefühl ein Gegensatzpaar ausmachen, gilt es die unterschiedlichen Ebenen klug zu kombinieren. Da unsere Wahrnehmung hochgradig selektiv und durch die Denkmuster im Kopf stark geprägt ist, werden wir in hohem Maß zum Gestalter unserer eigenen Wirklichkeit. Ausgestattet mit unserem Bewusstsein können wir Einfluss auf den millionenfach größeren Bereich des Unbewussten nehmen und so den stärksten Verbündeten gewinnen.

Die Grundvoraussetzung für Erfolg und hohe Effektivität ist, sich den Erfolg ausmalen zu können. Diese Aussage aus dem Talmud war ihrer Zeit weit voraus und wird von den hirnneuronalen Messungen bestätigt:

„Achte auf deine Gedanken,
denn sie werden deine Worte.

Achte auf deine Worte,
denn sie werden deine Taten.

Achte auf deine Taten,
denn sie werden deine Gewohnheit.

Achte auf deine Gewohnheiten,
denn sie werden dein Charakter.

Achte auf deinen Charakter,
denn er wird dein Schicksal."

Unser lernfreudiges Hirn

Neue Erkenntnisse zeigen: unser Gehirn lernt ständig unbewusst

Das Jahrzehnt 2000 bis 2010 wurde zu Recht zum Jahrzehnt der Hirnforschung ausgerufen. So viele sensationelle Erkenntnisse wurden erzielt. Eine der wesentlichsten: Unser Hirn ist unglaublich plastisch und lernfähig. Tatsächlich lernt es immer unbewusst und entwickelt sich stets weiter.
Der klassische Lernprozess ist defizitorientiert:

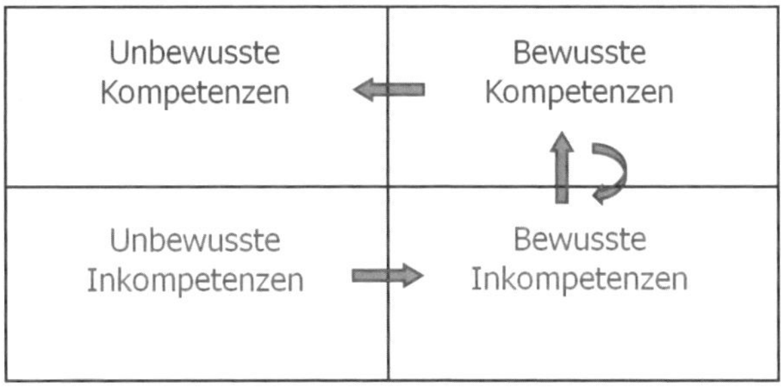

Abbildung: klassischer Lernprozess
Zunächst fällt uns gar nicht auf, dass wir etwas nicht wissen oder nicht können. Der erste ganz entscheidende Lernschritt ist der von der unbewussten zur bewussten Inkompetenz.

Diese entscheidende Erkenntnis hat Sokrates in seinem berühmten Satz zusammengefasst:

„Ich weiß, dass ich NICHT weiß."

Im Idealfall weckt diese Erfahrung des Nichtkönnens Neugierde und bewusstes Lernen. Es entstehen bewusste Kompetenzen, die am Beginn noch etwas holprig wirken. Immer wieder fallen wir in die bewusste Inkompetenz zurück. Am Beginn ist das Neue noch fehleranfällig. Wenn uns auffällt, dass wir in unsere alten, vertrauten Muster zurückgefallen sind, sollte uns das bestärken, dass wir auf dem richtigen Weg sind. Durch wiederholendes Trainieren des neu Erlernten geht es allmählich „in Fleisch und Blut über". Wir verinnerlichen unsere Kompetenzen, sie werden uns so selbstverständlich, dass sie automatisiert ablaufen und selbst unter Stress funktionieren. Dann haben wir das Stadium der unbewussten Kompetenz erreicht.

Unter Stress sind eintrainierte Verhaltensweisen besonders wichtig

Weit verbreitet ist der Dunning-Kruger-Effekt: Inkompetente Menschen sind auch inkompetent, ihre Inkompetenz zu erkennen - und auch inkompetent, die Kompetenz anderer zu würdigen. Überschätzung der eigenen Kompetenz und übersteigertes Selbstvertrauen sind daraus die Folge. Zunächst gilt es die Kompetenz aufzubauen, sich der eigene Inkompetenz zu stellen und die Kompetenz anderer anzuerkennen. Darauf aufbauend, kann man sich dann die Kompetenz aneignen.
Für diese Erkenntnisse haben David Dunning und Justin Kruber den satirischen Ig-Nobelpreis 2000 erhalten, mit dem wissenschaftliche Arbeiten ausgezeichnet werden, die zunächst zum Schmunzeln anregen und erst dann ihren Tiefgang erkennen lassen.
Von daher ist der springende Punkt bei gewünschten Verhaltensänderungen: Wenn Sie sich dabei ertappen, dass Sie wieder das alte unerwünschte Muster leben, klopfen Sie sich bitte anerkennend auf die Schulter: Offensichtlich haben Sie bereits die entscheidende Kompetenz des Erkennens erworben und Sie sind unterwegs im Lernprozess!

Nach dem Erkennen, dass BISHERIGE Verhaltensweisen bzw. Sprach- und Denkgewohnheiten in der jetzigen Lebenssituation kontraproduktiv sind, ist der nächste Schritt, sich zu überlegen, mit welchem neuen Verhaltensmuster Sie das bisherige ersetzen wollen. Da unser Hirn nicht NICHT denken kann - „Denken Sie an KEINEN rosa Elefanten" bewirkt, dass wir uns einen rosa Elefanten vorstellen – kann es nicht funktionieren, wenn Sie sich z.B. vornehmen, ich möchte NICHT mehr „ABER" sagen oder ich möchte „ICH MUSS" aus meinem Wortschatz streichen. Die Toolbox im hinteren Teil verfolgt das Prinzip, dass wir Ihnen jeweils Alternativen bieten. So laden wir Sie im Tool Nr. 37. ein, „ABER" durch „einerseits UND andererseits" zu ersetzen und im Tool Nr. 15 „Ich entscheide mich ..." und „Mir ist es wichtig ..." statt „ich muss ..." zu denken und zu sprechen.
Zunächst haben wir die neuen Verhaltensmuster noch nicht verinnerlicht. Es braucht willentliches darauf Achten – und es fühlt sich ungewohnt und damit noch nicht stimmig an. Die Phase der bewussten Kompetenz braucht Aufmerksamkeit.

Tipps für das Lernen neuer Verhaltens-, Denk- und Sprachmuster:

1. Es braucht eine bewusste Entscheidung, der ideale Zeitpunkt dafür ist JETZT.
2. Setzen Sie einen konkreten 1. Schritt innerhalb von 72 Stunden z.B. Jemandem etwas erzählen, etwas lesen, recherchieren, Termin(e) eintragen, etc.
3. Konkretisieren Sie Ihre Veränderungsvorhaben, auf die Sie in den nächsten 4 bis 6 Wochen BEWUSST ACHTEN:
   Sie könnten sich 1 bis 3 Tools des Monats wählen, die Sie im nächsten Monat für sich präsent halten wollen.
   Dazu könnten Sie sich noch sichtbare Erinnerungen z.B. in Form von Bildern oder Sprüchen in den unterschiedlichen Lebensbereichen aufhängen. Oder Sie könnten am Wecker oder Handy ein Klingelzeichen wählen, das Sie an ein Vorhaben erinnert.
4. Üben Sie an sich selbst verständnisvolle, wertschätzend-empathische, konstruktive Selbstkritik:
   Statt sich über sich selbst zu ärgern, warum Sie schon wieder nicht ... wäre es viel klüger die Frage zu stellen: Wie möchte ich das ab jetzt und zukünftig anders machen.
5. Suchen Sie sich vertrauensvolle Sparing-PartnerInnen, die gemeinsam mit Ihnen die Veränderung anstreben. Dann können Sie sich gegenseitig in spielerischer Leichtigkeit daran erinnern.
   Sie könnten dann z.B. vereinbaren, für jedes „Ins-alte-Muster-gerutscht" einen Strich zu machen und wer nach einem Monat weniger Striche hat, darf sich den Film bei einem gemeinsamen Kinoabend aussuchen oder derjenige, der mehr Striche hat, zahlt bei einem gemeinsamen gemütlichen Treffen eine Runde Getränke.
   Kinder sind übrigens mit ihrer genauen Beobachtungsgabe geniale Feedback-GeberInnen.

Es braucht ca. einen Monat bewusstes Achten auf die neuen Muster, bevor wir sie verinnerlichen

Häufig findet auch spontanes Lernen statt. Es fällt uns gar nicht auf, dass wir einen wesentlichen Lernschritt bewältigt haben. Das neue Können ist einfach da.

Abbildung: spontaner Lernprozess

Kinder lernen in dieser natürlichen Weise. Das Lernen durch spontane Imitation von Vorbildern funktioniert in dieser Weise. Im häufigen Probieren, Tun und Trainieren geht plötzlich der berühmte Knopf auf. Achtung: Es wäre nicht klug, einfach darauf zu warten, bis es soweit ist. Sie sollten schon dem Glück eine Chance geben, indem Sie es durch bewusstes Lernen und Übernehmen von Erfolgsstrategien anderer (siehe oben beschriebenen Lernprozess) unterstützen. Rolf Kauka, Schriftsteller und bekannt als Zeichner von „Fix und Foxi" formuliert es:

„Mein Erfolgsrezept ist einfach: zehn Prozent Inspiration, neunzig Prozent Transpiration."

Im High Performance Coaching ist das Lernen aus Erfolgen und das Stärken von Stärken ein zentrales Element.

Aus Erfolgen können wir noch mehr lernen als aus Fehlern und Niederlagen

Unbewusste Kompetenzen ⇄	Bewusste Kompetenzen
Unbewusste Inkompetenzen	Bewusste Inkompetenzen

Abbildung: aus Erfolgen lernen

Es gilt das Prinzip vom Physiker und Judolehrer Moshé Feldenkrais, dem Begründer der nach ihm benannten Feldenkrais-Methode:

„Nur wenn ich weiß, was ich tue, kann ich tun, was ich will."

Moshé Feldenkrais ging davon aus, dass ein Mensch nach dem Bild handelt, das er sich von sich macht. Wenn man diese Denkmuster erkennt, kann man sie bewusst reflektieren und adaptieren. In unserem Bildungssystem wird nur wenig Augenmerk dem Wahrnehmen und Analysieren von (Teil-)Erfolgen gewidmet.

Um unbewusste Kompetenzen zu identifizieren sind folgende Fragen hilfreich:

- Was hat meine bisherigen Erfolge ermöglicht?
- Was sind meine persönlichen Stärken?
- Mit welchen Strategien war ich bisher erfolgreich?
- Was kann ich mir aus den bereits erzielten Erfolgen als Erfahrungen mitnehmen, um damit zukünftig Hürden zu meistern und Ziele zu erreichen?

(siehe auch Toolbox Nr. 11 „Mehr von dem tun, das sich bewährt hat" Seite 277)

Wenn ich durch solche Lernstrategien Bewusstheit über meine Kompetenzen gewinne, steigert das einerseits mein Selbst-Bewusstsein d.h. das wertschätzend-realistische Bild von mir und meiner Leistungsfähigkeit. Aus dem kann ich die fundierte Zuversicht gewinnen, auch zukünftige Herausforderungen erfolgreich zu meistern. Andererseits ermöglicht das Wissen um mein Wissen und meine Fertigkeiten, dass ich diese ausbaue, vertiefe, kultiviere und vor allem gezielt einsetze. Diese gestärkten Stärken gilt es dann wieder zu verinnerlichen.

Wenn Sie sich zu sehr mit den sogenannten Schwächen beschäftigen, stärken Sie die Schwächen und schwächen Sie die Stärken: Einerseits vermehrt es die Unsicherheit, aus der heraus wiederum Schwächen entstehen, und andererseits ziehen sie viel Aufmerksamkeit auf die Defizite, eine Energie, die so im Leben der Stärken fehlt.

Im März 2013 veröffentlichten Jack Zenger und Joseph Folkman im Harvard Business Review "The Ideal Praise-to-Criticism Ratio". In einer Studie untersuchten Sie, welches Verhältnis von positivem zu negativem Feedback am meisten Verhaltensänderung und Lernen bewirkt. Am meisten Wirkung zeigte ein Verhältnis von mehr als 5 mal so viel bestärkender als korrigierender Rückmeldung.

Das Lernen „mit guten Gefühlen" verbessert den Lernerfolg nachhaltig

Dr. Gerald Hüther, Professor für Neurobiologe, Leiter der Zentralstelle für Neurobiologische Präventionsforschung der Psychiatrischen Klinik der Universität Göttingen und des Instituts für Public Health der Universität Mannheim/ Heidelberg hat in seiner langjährigen Forschungstätigkeit auf dem Gebiet der Entwicklungsneurobiologie erkannt: Nur wenn wir mit guten Gefühlen lernen, lernen wir nachhaltig und können wir das erworbene Wissen auch zukünftig kreativ einsetzen. Wenn wir Inhalte unter Druck und in einem negativen emotionalen Kontext lernen, können wir es kaum für kreative Problemlösungen einsetzen. Stress und Angst schaltet unser Hirn in den Überlebensmodus. Es geht um kurzfristiges Kämpfen, Flüchten oder Erstarren.

Den idealen Lernzustand können wir von kleinen Kindern lernen, die in herzhafter Neugierde Dinge be-greifen wollen, wie ein wissensdurstiger Schwamm Informationen verinnerlichen und mit beharrlich-leidenschaftlichen WARUM-Fragen Hintergründe erforschen.

Gerne unterstützen wir die Aussage von Henri Frédéric Amiel:

„Zu wissen, wie man anregt, ist die Kunst des Lehrens."

Oder in unserer Sprache: Wir setzen Impulse. Sie entscheiden, welche Sie aufgreifen und damit Sinnvolles, Nützliches, Freudvolles bewirken möchten.

High Performance im Post-Fordismus

Henry Ford hat die Arbeitsweise des industriellen Zeitalters sehr geprägt. Der Fordismus oder auch Taylorismus ist gekennzeichnet durch standardisierte Fließbandprozesse mit streng arbeitsteiligen, minutiös durchgeplanten einzelnen Aufgaben. In den letzten Jahrzehnten des 20. Jahrhunderts hat der Westen fasziniert nach Japan geblickt. Dort haben neue Arbeitsformen mit viel mehr Teamwork und Eigenverantwortlichkeit eine deutlich höhere Produktivität und Qualität ermöglicht.

Teamwork und mehr Eigenverantwortung erhöhen Produktivität und auch Qualität

Der Gründer von Panasonic, Konosuke Matsushita, hat 1979 selbstbewusst gesagt:

„Wir werden gewinnen und
der industrielle Westen wird verlieren –
Sie können nicht viel dagegen unternehmen,
da die Gründe für Ihr Versagen bei Ihnen selbst liegen.

Für Sie liegt der Kern des Managements darin,
die Ideen aus den Köpfen der Chefs
in die Hände der Arbeitskräfte zu übertragen.

Für uns besteht der Kern des Managements aus der Kunst,
die intellektuellen Ressourcen aller MitarbeiterInnen
im Dienste der Firma zu mobilisieren und zu vereinen.

Es ist schon schlimm genug, dass Eure Unternehmen
nach dem Prinzip des Taylorismus organisiert sind;
viel schlimmer ist jedoch, dass es auch
in Euren Köpfen so aussieht."

Die Bezeichnung Post-Fordismus geht auf den japanischen Ingenieur Taiichi Ohno zurück, dem Erfinder des neuen Produktionsmodells bei Toyota, welches in Anlehnung an Henry Fords Modell zuerst als „Toyotismus" bezeichnet wurde. Mehr vom Gleichen kann nicht die Lösung sein. Gefragt ist vielmehr Querdenken.

Querdenken ist besser als ‚mehr vom Gleichen'

Professor Helmut Karner vom Föhrenbergkreis hat das unangemessene Festhalten an Traditionen unter geänderten Rahmenbedingungen pointiert so formuliert:

„Wir verhalten uns häufig wie jemand, der auf der sinkenden Titanic um das Recht der Liegestühle streitet."

Die geänderte Arbeitsorganisation braucht auch ein Umdenken der zugrunde liegenden Arbeitswerte:

Paradigmenwechsel der Arbeitswerte

FORDismus →	Post-FORDismus
≈ brav & gehorsam	≈ initiativ & verantwortungsvoll
≈ hart & eisern	≈ souveräne Leichtigkeit
≈ lang & pausenlos	≈ energievoll mit Boxenstopp
≈ fleißig & bemüht	≈ effektiv & zielfokussiert
≈ planmäßig	≈ agil & resilient
≈ uniform & angepasst	≈ individuelle Stärken nutzen
≈ seriös & ernsthaft	≈ begeistert & lustvoll
≈ ertragen & durchhalten	≈ gestalten & auskosten

In streng hierarchischen Strukturen werden MitarbeiterInnen leicht auf gehorsame BefehlsempfängerInnen und –ausführende eingeschränkt. Tatsächlich hört man immer wieder als Argument „Weil es so in meiner Arbeitsplatzbeschreibung steht?" oder „Weil es der Workflow so vorgibt?" oder „Ich mache das für den Chef!" oder „Das hat mir ja keiner gesagt."

„Wenn Mutter wüsste, was ich alles kann, müsste ich viel mehr arbeiten."
Volksweisheit

Die High-Performance-Kultur des Post-Fordismus braucht MitdenkerInnen, MitgestalterInnen und MitwirkerInnen! Eigeninitiative ist gefragt!

Werden im Taylorismus nur einzelne Aufgaben delegiert, so geht es im Post-Fordismus in erster Linie um Ergebnis- und Wirkungsverantwortung - was nur gehen kann, wenn Aufgaben, Befugnisse und Kompetenzen aufeinander abgestimmt sind.

Hartnäckig hält sich die Sicht, dass Erfolg nur zählt, wenn er hart errungen ist. Wahre Meisterschaft zeigt sich jedoch in der souveränen Leichtigkeit. Gut im Flow gehen Dinge viel leichter von der Hand. Verbissenheit schränkt unsere Leistungsfähigkeit ein - zu viel Druck ist immer wieder kontraproduktiv *(siehe auch Lust auf Erfolg, Seite 242).*

Hart, eisern, pausenlos und lange zur Arbeit gilt nach wie vor vielerorts als Zeichen der Einsatzbereitschaft. In den meisten Unternehmen basiert die Entlohnung auch auf der Anwesenheitszeit. Länger, härter und fleißiger zu arbeiten heißt jedoch nicht unbedingt auch mehr zu bewirken. „Boxenstopps" zum Auftanken erhöhen die Effektivität des persönlichen Einsatzes. Der Zielfokus geht gerade in der operativen Hektik leicht verloren.

Führungsaufgabe ist die Förderung von MitarbeiterInnen-Stärken und die adäquate Verteilung von Aufgaben

High Performance kann es sich nicht leisten, auf die individuellen Stärken zu verzichten. Eine der wichtigsten Führungsaufgaben ist es, die Stärken der MitarbeiterInnen zu fördern und die Aufgaben im Team gemäß dieser individuellen Stärken zu verteilen.

Unser Umfeld wird immer komplexer, dynamischer und kurzlebiger. Flexibilität und Agilität sind mehr denn je gefragt. Und Resilienz, die Überlebensfähigkeit auch unter geänderten Rahmenbedingungen, während Krisen und Umbrüchen, wird zu einem zentralen Thema. Für viele gewöhnungsbedürftig, weil die Werte Seriosität und Ernsthaftigkeit von vielen noch als tragende Säulen der Professionalität gesehen werden.

Der Lustmodus im Hirn ist der High-Performance-Modus. In der Freizeit ganz klar: Wenn ich mit dem ganzen Herzen bei einer Sache bin, sind die Erfolgsaussichten deutlich größer. Halbherzig und lauwarm sind wir nicht im Vollbesitz unserer Leistungsfähigkeit. „Zähne zusammenbeißen und durch" war/ist für viele von uns eine Lebensdevise für fordernde Situationen. Gerade in der Kriegsgeneration unserer (Groß-)Eltern war der Glaubenssatz weit verbreitet „Leben heißt Erdulden, Erleiden und Ertragen".

Dementsprechend sind viele Menschen Profis im Wissen, worunter sie leiden. Unsere eigenen Gestaltungsmöglichkeiten wahrzunehmen und unsere Erfolge auszukosten sind High-Performance-Skills, die in unserer Bildungs- und Arbeitswelt noch viel zu wenig gefördert werden.

Work-Life-Balance?
Leistungsstärke auf Basis von Lebensfreude!

Das neue Top-Management präsentiert sich nach der Unternehmensübernahme allen MitarbeiterInnen und steht anschließend für Fragen zur Verfügung.

Eine Führungskraft will wissen, welche Perspektiven die neue Unternehmensführung bietet. „Wenn Sie Erfolgsaussichten haben wollen, vergessen Sie Work-Life-Balance!" war die harsche Antwort mit der er seine Erwartung nach beruflichem Einsatz weit in den Privatbereich hinein ausdrückte. Mal ehrlich: Als KundInnen erwarten wir uns Service sofort und häufig rund um die Uhr. Unsere KundInnen ticken auch so! Im Zeitalter von Mails, iPhone, Smartphones und Tablet PCs verschwimmt die Grenze zwischen Beruflichem und Privatem immer mehr. Häufig haben wir den Eindruck, dass High Performance im Widerspruch zur Lebensqualität steht. Viele erfolgreiche Menschen klagen, dass sie ziemlich erschöpft nach Hause kommen. Psychisch bedingte Erkrankungen wie z.B. Burn-out nehmen rasant zu.
Das Wort „Work-Life-Balance" enthält einen systematischen Denkfehler. Es tut so, als fände Leben nur außerhalb der Arbeit statt.

Arbeitszeit ist Lebenszeit

„Sie altern auch in der Arbeitszeit"
Monika Herbstrith-Lappe

Das weit verbreitete Wort „Work-Life-Balance" lässt erkennen, dass - geprägt durch den Tailorismus, der Mitarbeiter als Verlängerung von Maschinen betrachtet - das Arbeitsleben vom restlichen Leben ausgegrenzt und sogar als Gegenteil gesehen wird. Tatsächlich ist der Beruf ein wesentlicher Lebensbereich - einerseits sinnstiftend, weil Menschen gebraucht werden wollen und andererseits rein quantitativ: Wir verbringen einen erheblichen Anteil unserer Wachzeit beruflich.

Erfüllend ist es, wenn Aufgaben gleichzeitig Auf-Gaben sind: Auf Basis meiner mitgegebenen Stärken und Talente Herausforderungen zu meistern, Nutzen zu bewirken und Ziele zu erreichen, ist besonders motivierend. Mitarbeiter möglichst ihren Stärken gemäß einzusetzen und zu entwickeln, ist eine zentrale Führungsaufgabe für nachhaltig gesunde Leistungsstärke. Unter- oder Überforderung, mangelnde Einschulung und Informationen, unklare, sich immer wieder ändernde Ziele führen zu emotionalen Belastungen.

Manchmal hat man allerdings den Eindruck, als wären manche Menschen nur schein-lebendig: Aus Tradition stehen sie auf und atmen weiter - vorsichthalber unter emotionaler Vollnarkose. Sie übersehen dabei, dass das Unbewusste unseres Hirns immer lernt - und dabei keinen Unterschied macht, ob wir gerade in unserer Freizeit sind oder nicht.

„Wir werden geboren, wir werden sterben.
Manche leben dazwischen."
N.N.

Das gilt nicht nur für unsere private, sondern auch für unsere berufliche Lebenszeit. Wenn die Frustfalle weit offen steht, hört man in Unternehmen häufig den zynischen Ausspruch „Ich bekomme kein Gehalt, sondern Schmerzensgeld." Oder noch krasser: Viele verhalten sich so, als wäre Gehalt die Gegenleistung für abgekaufte Lebenszeit.

Monika selbst ist Ex-Workoholic: Bereits in ihrem Doppelstudium Mathematik & Physik, das sie aus tiefster Überzeugung mit herzhafter Neugierde und wissbegieriger Begeisterung betrieben hat, war ihr Arbeiten eine willkommene Fluchtmöglichkeit, um sich von ihren privaten Sorgen abzulenken. Samy Molcho hat treffend formuliert:

„Viele Menschen sind so unglaublich umtriebig im Außen, damit sie ja keine Zeit haben, sich mit dem zu beschäftigen, das sie am meisten ängstigt - nämlich ihr Inneres".

Menschen, die sich ausschließlich über berufliche Leistung und Erfolge definieren, drohen nicht nur auszubrennen, sondern auch nach ihrem Berufsleben den Pensionsschock zu erleiden. Sie reagieren besonders heftig, wenn äußere Veränderungen ihre Pläne durchkreuzen. „Wer wäre ich, wenn ich mich nicht über meine berufliche Funktion definieren könnte?" ist eine sinnvolle und zielführende Frage, um das emotionale Immunsystem gegen Burnout zu stärken. Was nachhaltig gesunde High Performance von krankmachenden Arbeitsexzessen unterscheidet ist die Ausgewogenheit der unterschiedlichen Lebensbereiche.

Marc Aurel hat schon gesagt:

"Im Lauf der Zeit nimmt die Seele die Farbe der Gedanken an."

Unser Hirn lernt - unbewusst - ununterbrochen

Die Neurowissenschaften bestätigen das. Unser Hirn lernt - unbewusst - ununterbrochen. Alles, was wir denken, fühlen, wahrnehmen, sprechen und handeln, bildet sich als Eiweißbrücken in unserem Hirn ab - unabhängig davon, ob wir dies gerade beruflich oder privat, bezahlt oder unbezahlt (er-) leben. Und da sich die Hirnstrukturen auch in unserer Mimik widerspiegeln, nehmen alle unsere Einstellungen, Gedanken und Handlungen Einfluss auf unser Aussehen im Alter. Das ist auch Ursache dafür, warum sich Langzeitpaare, die viel gemeinsam erlebt haben, immer ähnlicher sehen.

Arbeitszeit ist Lebenszeit und zwar ein erheblicher Anteil unserer Wachzeit. Dementsprechend groß ist der Einfluss der Arbeits(un)lust auf unser nachhaltiges Lebens(un)glück. Lebensqualität und -freude sind daher nicht nur ein Thema für den Feierabend, das Wochenende und den Urlaub, sondern auch für unsere berufliche Lebenszeit.

„Was macht meine Arbeitszeit zu sinnvoller Lebenszeit?"

ist eine ungewöhnliche, wenn auch ganz entscheidende Frage.
Selbstverständlich ist Sinn etwas höchst persönlich Individuelles.
(siehe auch Toolbox Nr. 7, Seite 274).
Wenn Sie Ihre Arbeit beenden, ist ein Stück Ihrer Lebenszeit unwiederbringlich verstrichen.

„Welchen Unterschied macht es, dass ich beruflich gelebt habe?"

„Welchen Nutzen habe ich bewirkt?"

„Was ginge verloren, wenn ich meinen Job nicht/ nicht gut machen würde?"

Im Erfolgs-Tagebuch *(siehe Toolbox Nr.10, Seite 277)* können Sie Ihre Antworten sammeln.

Entspannen durch Umschalten ist einfacher als das vielzitierte „Abschalten"

Sind Sie auch geplagt, dass es Ihnen schwer fällt, die beruflichen Probleme und Ärgernisse auf dem Weg nach Hause abzuschalten? „Das muss doch möglich sein, jetzt nicht mehr an die beruflichen Sorgen zu denken." dient nicht dem Abschalten, sondern manifestiert das Unerwünschte. Tatsächlich kann unser Hirn nur schwer abschalten. Es kann jedoch umschalten.

„Worauf freue ich mich jetzt in meiner Freizeit?"

„Was gönne ich mir heute Abend?"

Tatsächlich sind Menschen, die in ihrer privaten Lebenszeit in einer soliden Homebase Kraft und Freude schöpfen können, sehr gut gegen Burnout geschützt. Workaholics unterscheiden sich von High Performern darin, dass sich Arbeitssüchtige fast ausschließlich über die berufliche Leistung definieren und häufig auch von ihren privaten Problemen und Verunsicherungen ablenken wollen. Sie sind gefährdet in die Fallen Burnout und der manischen Depression zu kippen.

„Manchmal handeln wir,
als gäbe es etwas Wichtigeres als das Leben.
Aber was?"

Antoine de Saint-Exupéry

Häufig werden wir in den Trainings gefragt: Wie gelingt es mir besser, Privates und Berufliches zu trennen. Wir empfehlen in diesen Fällen Arbeitszeit und Freizeit besser miteinander zu verbinden! Schließlich sind unser Hirn und unser Körper die gleichen, unabhängig davon, ob wir gerade bezahlt arbeiten oder in der Freizeit aktiv sind.

So lassen sich in der Freizeit erworbene Kompetenzen auch hervorragend beruflich nutzen und umgekehrt. "Ich war die letzten Jahre nur zu Hause." drückt die geringe Wertschätzung aus, die familiären Aufgaben in unserer Kultur beigemessen wird. „Ich war die letzten Jahre für Multi-Lebens-Management verantwortlich" wird den komplexen Anforderungen wesentlich gerechter. In der Familienarbeit geht es um etwas so wichtiges wie das Leben mehrerer Menschen. In Management-Trainings werden systemische Fähigkeiten mühsam trainiert. Wer es versteht, die unterschiedlichen familiären Interessen immer wieder unter einen Hut zu bekommen, die vielen großen und kleinen Aufgaben zu koordinieren und mit den vielen Unberechenbarkeiten zu jonglieren, erwirbt umfassende Management-Fähigkeiten. Das wurde auch in der Studie „Familienkompetenzen" vom Bundesministerium für soziale Sicherheit und Generationen wissenschaftlich belegt. Ganz abgesehen davon, dass man im Umgang mit Kindern unglaubliche emotionale Fähigkeiten erwirbt, die in geringen Abwandlungen genauso für Menschen im Berufsleben anzuwenden sind.

Beruf und Kinder - ein Privileg!

Und auch bei dem Thema Vereinbarkeit der unterschiedlichen Lebensbereiche gilt der Grundsatz „Raus aus der Opferhaltung". Für Monika selbst als Mutter zweier Kinder war ein entscheidender Wendepunkt als sie begriff, dass sie nicht unter der Mehrfachbelastung leidet, sondern zu den Privilegierten gehört, deren Kinderwunsch in Erfüllung gegangen ist. Eine traurige Studie besagt nämlich, dass von karriereorientierten Frauen mit Kinderwunsch dieser bei fast 80 % auf der Strecke bleibt. Ab dem Zeitpunkt war sie dankbar, dass sie all die Herausforderungen meistern DARF, die sich stellen, wenn zwischen Kunden- und Kinderwünschen abzuwägen ist, wenn die Bildungs- und Betreuungseinrichtungen nicht so flexibel sind, wie das für eine entspannte Balance förderlich wäre, wenn Kinder krank werden oder andere schwer planbare Ereignisse auftreten. In solchen Situationen, in denen sie gefragt war, sich zu ent-scheiden, was immer bedeutet, dass sie Optionen aus- und andere abwählt, hat ihr die Sicht von Mark Aurel sehr geholfen:

*„Denke lieber an das, was du hast,
als an das, was dir fehlt!
Suche von den Dingen, die du hast, die besten aus
und bedenke dann,
wie eifrig du nach ihnen gesucht haben würdest,
wenn du sie nicht hättest."*

Wer aber ist z.B. im Unternehmen dafür verantwortlich, die Life-Balance des Mitarbeiters positiv zu beeinflussen? In erster Linie ist natürlich jeder einzelne Mitarbeiter gefragt, für seine Ausgewogenheit der einzelnen Lebensbereiche zu sorgen. Eigenverantwortung und Eigenwirksamkeit zu fördern, stärkt die

Stressresistenz und die Krisenfestigkeit. Gut gemeinte Rücksichtnahme wird leicht zur diskriminierenden Bevormundung. In der Medizin gibt es nicht nur den Placeboeffekt, der bereits zur Heilung führt, wenn man daran glaubt, sondern auch den gegenteiligen Noceboeffekt. Wohlwollendes Mitleid „Kein Wunder, dass es Ihnen schlecht geht, bei der vielen Belastung, der Sie ausgesetzt sind!" drückt zusätzlich auf die Schultern und verschlimmert die Symptome.

Führungskräfte sind gefordert, flexible Rahmenbedingungen zu schaffen, um unterschiedlichen Lebensmodellen und -phasen gerecht zu werden. Ganz wesentlich ist gerade für gesunde Life-Balance die Vorbildwirkung der Führungskräfte. Ihr eigenes Handeln ist die größte Ermutigung und Bestärkung für die Mitarbeiter, achtsam Ihr (Berufs-)Leben zu gestalten.

Mit einem Infotainment lassen sich Verkrustungen aufbrechen

Und wie kann ein Trainer in Schulungen oder Vorträgen diesen Prozess unterstützen? Besonders wirkungsvoll ist es, in einem möglichst viele Führungskräfte und Mitarbeiter ansprechenden Infotainment ein gemeinsames Bewusstsein und eine verfeinerte Sensibilität zu diesem Thema zu schaffen. Auf diesem Nährboden können dann gezielte Verhaltenstrainings für bestimmte Personenkreise im Unternehmen aufsetzen. Als Externer kann man sich weiter aus dem Fenster lehnen und hat man mehr Gestaltungsmöglichkeiten, um beschränkende Glaubenssätze zu hinterfragen und einen Perspektivenwechsel zu erzielen. Es gilt z.B. vorherrschende Arbeitsparadigmen zu relativeren. Im traditionellen Berufsverständnis gilt es z.B. lange, hart und pausenlos zu arbeiten, um nicht als verweichlicht zu gelten. „Sei stark", „Sei schnell" und „Streng Dich an" sind daher weit verbreitete Stressverstärker. Dem gegenüber basiert ausgewogene High Performance auf Sinn, Freude und Spaß. Souveräne Leichtigkeit und Gelassenheit fördern den Flow. Gefragt ist effektives Arbeiten. Es gibt Studien, die belegen, dass berufstätige Elternteile mit Abstand die produktivsten Mitarbeiter sind – das gilt in ganz besonderer Weise für Teilzeitbeschäftigte.

Fünf Tipps für MitarbeiterInnen:

- Am Morgen mit der Frage in den Tag starten „Worauf freue ich mich - in allen Lebensbereichen?" Wenn Ihnen nichts einfällt: Was könnten Sie einplanen, das Ihnen einen Lichtblick verschafft, auf den Sie sich freuen können?

  Wenn es an zu vielen Tagen schwer fällt, diese Frage positiv zu beantworten, dann könnte es sein, dass Entscheidungen in Ihrem Leben anstehen.

- Werden Sie Experte für die lebenswichtigen Fragen: „Was tut mir gut?" und „Wie kann ich entspannen und auftanken?" Achtung: Wir Menschen sind individuell höchst unterschiedlich.

Vielen hilft Bewegung und Sport, um einen freien Kopf zu bekommen. Für andere wäre es zusätzlicher Druck und Belastung. Vielleicht tut Ihnen Ruhe und Rückzug gut oder aber leichtes, entspannendes und ausgleichendes Arbeiten z.B. Gartenarbeit, Heimwerken, Handarbeiten, Kochen. Für wiederum andere bringt Wärme die gewünschte Erholung z.B. in Form von Sauna oder Thermalwasser. Und schließlich kann sozialer Austausch Energietanks füllen - von der Stammtischrunde über gemeinsame Aktivitäten bis zu virtuellen sozialen Netzwerken im Internet.

Werden Sie sprachlich vom Opfer zum Täter

- Hüten Sie sich vor der Falle des schlechten Gewissens: Anleitung zum Unglücklichsein wäre es, sich im übertragenen Sinn eine „Doppelmühle" aufzumachen. Wenn Sie länger im Büro bleiben, quälen Sie sich, dass sie eigentlich schon zu Hause bei Ihrer Familie sein möchten oder Sport betreiben sollten. Hören Sie früher zu arbeiten auf, um Ihre Kinder noch wach zu erleben, bedrängt Sie das Gefühl, Ihren Job zu vernachlässigen. Ersetzen Sie in Ihrem Denken und Sprechen das stressende, weil fremdgesteuerte „Ich sollte ..." oder „Ich muss ..." durch das eigenverantwortliche „Ich entscheide mich ..." oder „Mir ist es wichtig, dass ..."

- Räumen Sie Ihren privaten Terminen einen angemessenen Stellenwert ein. Unsere Strategie ist z.B., private Jubeltage, meine Urlaube und verlängerten Wochenenden so frühzeitig zu planen, dass wir sie beim Planen unserer beruflichen Verpflichtungen berücksichtigen können. Gestalten Sie Ihre Freizeit für sich stimmig und genüsslich. Wenn Sie sich zu sehr an den Lifestyleidealen, was schick und in ist, orientieren oder Sie zu perfektionistisch Ihre privaten Pflichten verfolgen, kann das zu genauso ungesundem Stress wie berufliche Überforderung führen.

- Die Totenbettperspektive „Wie möchte ich dankbar auf ein erfülltes Leben zurückblicken?" hilft die wahren Prioritäten in Ihrem Leben zu erkennen.

Viele Menschen verhalten sich auch so, als wäre das Gehalt der Preis für abgekaufte Lebenszeit. Kennen Sie das Phänomen, dass MitarbeiterInnen, die beruflich wenig flexibel, hilflos und planlos agieren, in ihrer Freizeit ganz tolle Leistungen erbringen, die man Ihnen in der Firma nie zutrauen würde z.B. sich in Vereinen engagieren, sportlich aktiv sind, einen Hausbau oder Umzug meistern, ein Leben als AlleinerzieherIn mit geringem Einkommen organisieren, ... Alle Kompetenzen, die wir privat erfolgreich einsetzen, stehen uns prinzipiell zur Verfügung. Häufig gibt es allerdings im Berufsleben Blockaden, die den Zugang zu den Stärken und Potenzialen versperren. High Performance greift auf diese Stärken zu. „Mehr von dem tun, das sich bewährt hat" ist das zentrale Prinzip. *(siehe auch Toolbox Nr. 11, Seite 277 und Lust auf Erfolg, Seite 242).*

In der Freizeit gelebte Kompetenzen können auch in der Arbeitszeit genutzt werden

„leistungsstark, weil lebensfroh:
Leistungsstärke auf Basis von Lebensfreude
(und nicht auf Kosten von Lebensqualität)"

ist die Devise unserer Konzepte. Tatsächlich sind Glück und Lebensfreude die beste Basis für nachhaltigen Erfolg. Wie man sie kultivieren und fördern, sowie privat und beruflich nutzen kann, um mit mehr souveräner Leichtigkeit erfolgreich durch's Leben zu gehen, ist Inhalt dieses Buches „leistungsstark & lebensfroh".

„Erfolgreiche Menschen sind nicht immer erfüllt.
Erfüllte Menschen sind immer erfolgreich."

Yvonne van Dyck

Frage „Was gilt in unserer Gesellschaft als Erfolg?" bewirkt häufig kontraproduktiven Leistungsdruck und Stress.

„Was heißt Erfüllung und Erfolg für mich - privat & beruflich?"

ist die für Sie viel relevantere Frage.
Immer wieder die Totenbettperspektive einzunehmen, öffnet den Blick für das Wesentliche, hilft Prioritäten zurechtzurücken und nimmt vielen Ärgernissen den Wind aus den Segeln:

„Wie möchte ich in Dankbarkeit auf
ein erfülltes Leben zurückblicken?"

(siehe auch Toolbox Nr. 9, Seite 276)

Beruf oder Liebhaberei?

Gesund führen und auf freudvoller Basis nachhaltige High Performance erzielen

Ich lege Wert darauf, hochprofessionelle Amateurin und Dilletantin zu sein - und das in der High Performance Liga. Diese Erkenntnis habe ich beim Studieren des Klassikers der Glücksforschung „Flow: Das Geheimnis des Glücks" von Mihaly Csikszentmihalyi gewonnen. Mir sind die ursprünglichen positiven Sprachwurzeln bewusst geworden. In meiner provokaten Formulierung möchte ich verdeutlichen, welch krankmachende Abwertung bezahlte Arbeit in unserer Gesellschaft erfahren hat, was sich auch sprachlich widerspiegelt.

Amateurhaft lieben und dilletantisch erfreuen

„Amateurhaft" leitet sich vom lateinischen „amare", d.h. lieben ab. Im ursprünglichen Sinn sind AmateurInnnen Menschen, die das zu lieben verstehen, was sie tun. Ähnlich steht es um „dilletantisch": Es kommt ebenfalls aus dem Lateinischen, nämlich von „delectare" d.h. sich an etwas erfreuen. DilletantInnen erfüllt es mit Freude, was sie schaffen. „Liebhaberei" wird steuerlich nicht anerkannt. Dabei wäre es eine gesunde, tragfähige Basis, seinen Beruf zu lieben und so nicht nur äußeren Erfolg, sondern auch innere Erfüllung zu finden.

Arbeit fällt viel leichter wenn sie Spaß machen darf

Spaß nur in der Freizeit?

Im Zuge der Industrialisierung und der tayloristischen Zerhackung von Schaffensprozessen in Arbeitsschritte im Fließband sind wir unserer Arbeit entfremdet worden. Spaß und Freude wurden als unprofessionell in die Freizeit verbannt. Das Wort Work-Life-Balance verdeutlicht, wie Arbeit vom Leben getrennt wurde. Das führt zu der von Prof. Csikszentmihalyi aufgezeigten widersprüchlichen Situation, dass Menschen einerseits in der beruflichen Lebenszeit häufiger beglückende Flow-Momente erfahren als in der Freizeit und dennoch wünschen, sie müssten nicht so viel arbeiten.

Im Zuge einer Podiumsdiskussion zum Thema „Wie viel Emotion hat im Business Platz?" wurde ich vom Moderator gefragt: „Diese Generation Y der in der 80er-Jahren Geborenen will immer Spaß an der Arbeit. Muss man ihnen nicht verdeutlichen, dass es um Disziplin und Ernsthaftigkeit geht?" Meine Antwort: „Freiherr Heinrich Friedrich Karl vom und zum Stein, seines Zeichens Preußengeneral, hat schon gemeint: ‚Hüte dich vor dem Entschluss, zu dem du nicht lächeln kannst.' Im Neuroleadership weiß man, dass wir nur mit aktiviertem Lustzentrum kreativ lernen und nachhaltig gesunde Topleistung erzielen können."

Frohes Schaffen

Joachim Bauer, Professor für psycho-somatische Immunologie an der medizinischen Fakultät in Freiburg appelliert in seinem Buch „Arbeit: Warum unser Glück von ihr abhängt und wie sie uns krank macht", die Handwerksmentalität wieder zu beleben. HandwerkerInnen erleben Freude am Schaffen und noch mehr Freude am Geschafften, an ihrem Werk.

„Welchen Nutzen bewirken Sie?", „Was ist Ihr - direkter oder indirekter Beitrag zum KundInnen-Nutzen und zum nachhaltigen Unternehmenserfolg?", „Was ginge verloren, wenn Sie Ihren Job nicht oder nicht so gut machen würden?" und daraus abgeleitet „Was macht Ihren Einsatz wertvoll?" sind gute Einstiegsfragen für SINN-volle Dialoge in MitarbeiterInnen-Gesprächen. Schließlich gehört es zu den menschlichen Grundbedürfnissen, Sinnvolles zu bewirken. Die Devise „Freudvoll tun statt arbeiten müssen" verbindet ganz im Sinn unserer limbischen Anreizsysteme High Performance mit Liebhaberei.

Lasst uns arbeiten wie Kinder spielen

Die Generation Y wird häufig als „Spaßgesellschaft" abgestempelt. Spaß und Freude sind jedoch für ALLE Menschen gesund und erfolgversprechend, um die Vielfalt unterschiedlicher Leistungsanforderungen spielend zu meistern.

Unsere Gesellschaft kultiviert das Spiel von Erwachsenen hauptsächlich im sportlichen und künstlerischen Bereich. Wir interessieren uns einerseits für Olympischen Spiele, Tennis- und Fußballspiele und organisieren andererseits Festspiele, um Musik- und Theaterspieler zu bewundern. Max Reinhardt charakterisiert in seiner berühmten „Rede über den Schauspieler" das Theater: „Es ist der seligste Schlupfwinkel für diejenigen, die ihre Kindheit heimlich in die Tasche gesteckt und sich damit auf und davon gemacht haben, um bis an ihr Lebensende weiter zu spielen." Gamification ist der Fachbegriff für methodische Ansätze, um die Faszination von Spielen und die damit verbundene Einsatzbereitschaft, Ausdauer und Zielstrebigkeit auch für Businesswelt zu erschließen.

Spielen setzt das Hirn in den Hochleistungsmodus

Wenn Sie jemals ein kleinen Kind beobachtet haben, das z.B. einen möglichst hohen Turm bauen möchte, die Fernbedienung erkundet oder beharrlich WARUM-Fragen stellt, dann haben Sie den Hochleistungsmodus unseres lernfreudigen Hirns kennengelernt. Wenn wir mit aktiviertem Lustzentrum die Welt erkunden, blüht unser Hirn zur Höchstform auf. Ihnen ist sicher schon aufgefallen, dass es uns häufig leichter fällt, uns Blödsinn zu merken, als das, woran wir uns erinnern möchten. So kann man z.B. auf der Seite des „Unnützen Wissens" (http://www.unnützes-wissen.de/) nachlesen, dass Nutella einen Lichtschutzfaktor von 9,7 aufweist. Die praktische Anwendbarkeit ist tatsächlich beschränkt. Es könnte jedoch sein, dass Sie sich das nachhaltig merken - besonders, wenn Ihnen Nutella schmeckt. Alle Methoden des Gedächtnistrainings basieren darauf, dass man das, was man sich merken möchten, in merk-würdige, lustvolle (oder besonders schmerzliche), außergewöhnliche Geschichten verpackt. Auch der Volksmund kennt die Eselsbrücken, die für hirngerechtes Lernen und Arbeiten so wertvoll sind.

Herzhafte Neugierde, fasziniertes Staunen, begeistertes Fokussieren und spielerische Leichtigkeit sind die Säulen für nachhaltig-gesunde High Performance.

Dr. Gerald Hüther, international renommierter Professor für Neurobiologie, hat in seiner langjährigen Forschungstätigkeit auf dem Gebiet der Entwicklungsneurobiologie erkannt: Nur wenn wir mit guten Gefühlen lernen, lernen wir nachhaltig und können wir das erworbene Wissen auch zukünftig kreativ einsetzen. Wenn wir Inhalte unter Druck und in einem negativen emotionalen Kontext lernen, können wir es kaum für kreative Problemlösungen einsetzen. Stress und Angst schaltet unser Hirn in den Überlebensmodus. Dann geht es geht um kurzfristiges Kämpfen, Flüchten oder Totstellen. Damit ist unsere Denkfähigkeit wesentlich eingeschränkt und das Kreativitätszentrum in unserem Hirn deaktiviert.

spielerisch als Gegensatz zu widerwillig halbherzig oder überehrgeizig verbissen

Das bedeutet jedoch einen Paradigmenwechsel zur bestehenden Arbeitswelt, in der zunehmend Druck und Angst herrscht und nach wie vor z. B. Ernsthaftigkeit als Voraussetzung für seriöses Arbeiten gilt. Bei näherem Nachdenken ist es sonnenklar: Lauwarme oder gar widerwillige Halbherzigkeit ist für Hochleistung genauso kontraproduktiv wie überehrgeizige Verbissenheit. „Hoffentlich verlieren wir nicht" ist wahrlich kein erfolgversprechender Begleiter. Spitzensportler wissen: „Wenn du das Match gewinnen willst, dann musst du genau dieses Spiel lieben." Friedrich Schiller beschreibt den spielenden Menschen als den, der in der Lage ist, sein höchstes Potenzial zu erreichen. Spiel als Mittel, sich selbst zu entdecken, unserer Fantasie freien Lauf zu lassen und unsere Entdeckungen mit anderen zu teilen. Rosee Riggs, international ausgezeichnete Regisseurin und Professorin am Max Reinhardt Seminar, bringt es auf den Punkt: „Talent ist Interesse, gesteigerte Wahrnehmung und Lernfreude." Dr. Wolfgang Looss, international anerkannter Organisationsentwicklungsexperte, ermuntert Führungskräfte in turbulenten Zeiten mit einem hohen Grad an Ungewissheit, sich bei Leadership an Künstlern zu orientieren. Er nennt es „Erfahrene Beginner": So wie ein Maler immer wieder vor einer leeren Leinwand steht oder ein Regisseur mit einer neuer Sicht an ein Stück herangeht - und dabei natürlich von all seinen Erfahrungsschätzen profitiert.

Im Business ist gleichermaßen wie in der Sportwelt von zentraler Bedeutung, selbst-bewusst ein wertschätzend-realistisches Bild der eigenen Stärken und Leistungsfähigkeit zu entwickeln. Es gilt das Prinzip vom Physiker und Judolehrer Moshé Feldenkrais, dem Begründer der nach ihm benannten Feldenkrais-Methode: „Nur wenn ich weiß, was ich tue, kann ich tun, was ich will." Moshé Feldenkrais ging davon aus, dass ein Mensch nach dem Bild handelt, das er sich von sich macht. Wenn man diese Denkmuster erkennt, kann man sie bewusst reflektieren und adaptieren. Darum sollten wir dem Wahrnehmen und Analysieren von (Teil-)Erfolgen viel mehr Augenmerk schenken, als dies in unserer Lern- und Arbeitswelt üblich ist. Es gilt das Spiel strategisch so anzulegen, dass wir in viele Situationen kommen, um mit unseren Stärken punkten zu können und das Risiko minimieren, am falschen Fuß erwischt zu werden. Boxer tänzeln, um in Bewegung besser auf unerwartete Schläge reagieren zu können. Agilität ist eine zentrale Säule der Resilienz, der Überlebensfähigkeit von Menschen, Teams und Unternehmen.

Peter Zadek, ein prägender Regisseur für das deutschsprachige Theater, hat folgende Grußbotschaft an die Schauspiel- und Regiestudierenden des Max

Reinhardt Seminars gerichtet: „Wir wollen Euch ermöglichen, Euch kennenzulernen, dazu zu stehen, wer ihr seid und nicht immer demonstrieren zu müssen, wer ihr seid. Technik ist ein nützlicher Zusatz." Das gilt 1:1 auch für Leadership. Identifikation mit der Rolle, Klarheit, Präsenz, Authentizität, achtsame Wahrnehmung, Gestaltung von Beziehungen und aufeinander vertrauensvolles Einlassen sind zentrale Erfolgsfaktoren für High Performance auf Theater- und beruflichen Bühnen.

Unser Hirn ist geschaffen, um Probleme zu meistern und daraus Eigenwirksamkeit zu erfahren. Das erleben wir z.B. mit Kindern, die gerade den Lichtschalters entdeckt haben und sich immer wieder davon überzeugen, dass wirklich sie selbst es sind, die es hell oder dunkel machen können, oder wenn sie im Kindergartenalter beharrlich darauf bestehen, es schon alleine zu können. Goethe appelliert „Kinder brauchen Wurzeln und Flügel" - einerseits ein Urvertrauen und andererseits Herausforderungen, an denen sie sich entfalten und ihre Stärken entwickeln können. Das gilt auch noch für uns Erwachsene mit unserem lern- und leistungsfreudigen Hirn. Wir erleben es als beglückend, wenn wir Sinnvolles bewirken.

Es ist beglückend etwas Sinnvolles zu bewirken

Vera Birkenbihl, Pionierin für hirngerechtes Lernen und Arbeiten nennt es „Ball-im-Tor-Effekt": Wenn ein Fußballer ein Tor schießt, ist der Applaus eine nette Draufgabe. Die eigentliche Freude - und das ist die Energie, die er braucht um immer wieder Top-Leistung zu erbringen - schöpft er aus seinem ureigensten Erfolgserlebnis. Mit der Frage „Woran kann ich erkennen, dass ich das Ziel erreicht und qualitätsvolle Arbeit geleistet habe?" setzen sie sich bzw. ihren Mitarbeitern das „Tor" und schaffen damit die beste Voraussetzung zur Steigerung der Eigenmotivation und damit der Leistungsfähigkeit. Die unmittelbare Rückmeldung, wie stehe ich, was habe ich schon geschafft, was steht als nächstes an, wie habe ich mich weiterentwickelt ist auch das zentrale Element von Gamification.

Dass für das Gelingen einer Theaterproduktion ebenso wie für ein Fußballmatch die Besetzung des Teams von zentraler Bedeutung ist, leuchtet ein. Das Ensemble lebt von der Unterschiedlichkeit, dem wertschätzenden Miteinander und dem perfekten Zusammenspiel der einzelnen Persönlichkeiten. Rosee Riggs: „Regieführen bedeutet Ermöglichen. Spielen bedeutet Geben: Jeder Einzelne bringt seinen besten Beitrag im Sinn der gemeinsamen Masteridee ein. Gemeinsames Spiel entsteht, wenn diese Angebote aufgegriffen werden. Regeln ermöglichen das Spiel."

Max Reinhardt mahnte jedoch bereits 1928: „Wir alle werden geboren mit einem einzigartigen Gesicht. Im schmalen Flussbett bürgerlichen Lebens werden wir glattgeschliffen zu austauschbaren Kieselsteinen." High Performance kann es sich nicht leisten, auf die individuellen Stärken zu verzichten. Eine der wichtigsten Führungsaufgaben ist es, die Stärken der Mitarbeiter zu fördern und die Aufgaben im Team gemäß dieser individuellen Stärken zu verteilen.

Der Motivations-Experte Reinhard Sprenger lädt ein, immer wieder zu reflektieren: „Bin ich auf einem Spielfeld, wo ich mit meinen individuellen Stärken ein Lächeln bewirke?"

Mein Leben beglückend gestalten - privat & beruflich

Wir sprechen von Lebensführung. Doch FÜHREN wir wirklich unser Leben? Wir ermutigen Sie, das Lenkrad für Ihr Leben in die Hand zu nehmen.

In der Nachkriegsgeneration war häufig das Lebensmotto „Erdulden, erleiden und ertragen." Dem stellen wir den Appell gegenüber:

„Mein Leben in die Hand nehmen, gestalten und auskosten"

Die gute Nachricht: Wir haben als erwachsene Menschen 20+ viel mehr Gestaltungsmöglichkeiten, als wir auf den 1. Blick wahrnehmen.
Viktor Frankl hat schon gemeint:

„Die schlimmsten Mauern sind die Mauern in unserem Kopf."

Viele von uns kennen die Volksweisheit „Was Hänschen nicht lernt, lernt Hans nimmermehr." Wir waren auch einmal fest davon überzeugt, dass unsere Erde eine Scheibe ist, um die sich die Sonne dreht. Es gibt sogar Menschen, die das noch immer glauben. Die gute Nachricht der Neurowissenschaften: Unser Hirn bleibt bis ins hohe Alter äußerst plastisch und lernfähig - besonders, wenn wir es gut trainieren. JETZT können wir uns entscheiden, aufbauend auf dem Bewährten, das, was uns nicht gut tut, zu ändern, zu überwinden, anders zu sehen.

Wir können uns JETZT entscheiden, die Fesseln in unserem Kopf zu lösen

Es sollte uns zu denken geben, dass man einen erwachsenen, dressierten Elefantenbullen an einem kleinen Stock festbinden kann. Tagsüber räumt er riesige Felsbrocken für den Straßenbau aus dem Weg oder reißt riesige Bäume aus. Da erscheint das Anketten an ein so schwaches Teil völlig absurd. Der Elefant hat allerdings als Baby gelernt, dass es höllisch schmerzt, an der Kette zu ziehen und dass es ein aussichtsloses Unterfangen ist. Irgendwann ist die Wut des kleinen Elefanten in Resignation übergeschlagen, die so tief sitzt, dass er jetzt mit den Kräften eines ausgewachsenen Tiers nicht einmal den kleinsten Versuch unternimmt, frei zu kommen.

Wir alle haben viele solcher Fesseln in unseren Köpfen. Vieles, was in unserer Kindheit kluge Überlebensstrategien waren, sind jetzt im Erwachsenenleben einengende Kapseln. Wir glauben ca. 60.000 Gedanken pro Tag bewusst zu denken. Tatsächlich denken wir von diesen nur ca. 2 bis 5 % neu. Der Rest ist „hirnneuronales Geschwätz": Die Neuronen pfeffern aus reiner Gewohnheit eingeprägte Muster. Daher unser Appell:

"Don't believe everything you think."

Machen Sie sich immer wieder bewusst, dass JETZT in unserem Erwachsenenleben 20+ so viel mehr möglich ist, als wir BISHER für denkbar gehalten haben. Auch wenn unser Hirn die Denktrampelpfade des Vertrauten bevorzugt. Wagen Sie den beherzten Schritt in das Abenteuer Leben *(siehe auch Tool Nr. 47 auf Seite 305).*

Von der Komfortzone in die Komm-Vor-Zone

„Was Hänschen nicht lernt, lernt Hans nimmermehr." Vermutlich kennen Sie diesen alten Spruch. Wir haben auch einmal geglaubt, dass die Erde eine Scheibe ist und es von daher gefährlich sei, vom Horizont, dem Ende der Welt zu kippen. Jetzt umrunden Schiffe, Flugzeuge und Satelliten unseren Planeten, Fotos aus dem Weltall zeigen ganz klar seine Kugelgestalt - und dennoch gibt es noch immer die „Flat Earth Society", die an den alten Überzeugungen festhält. Dementsprechend braucht es sicher auch Geduld und Beharrlichkeit, bis sich die neuesten Erkenntnisse der Hirnforschung und Psychologie verbreiten. Eine zentrale Erkenntnis der Neurowissenschaften: Unser Hirn ist höchst lern- und anpassungsfähig - und das auch im Erwachsenenalter.

Be cause statt because

Unter Technikern grassiert der Witz

„Wenn die Schraube locker ist, dann ist die Mutter Schuld."

Und tatsächlich finden sich viele längst erwachsene Menschen, die immer noch glauben, wegen ihrer Kindheit nicht glücklich sein zu können. In englischer Sprache bringt es „be cause" statt „because" auf den Punkt: sich selbst als Ursache des Lebens verstehen und nicht nur „ich kann ja nicht, weil ..." Begründungen finden. Albert Schweitzer fordert uns auf:

„Lasst uns aufhören, unsere Probleme der Umwelt zuzuschreiben und lasst uns wieder lernen, Dinge selbst in die Hand zu nehmen und persönliche Verantwortung zu übernehmen."

Es ist nie zu spät, eine glückliche Kindheit zu haben

Der dänische Psychologieprofessor Ben Furman hat im Buch „Es ist nie zu spät, eine glückliche Kindheit zu haben" seine Erkenntnisse aus wissenschaftlichen Studien in leicht verständlicher Form zusammengefasst: Er suchte über eine Zeitschrift Menschen mit traumatischer Kindheit - etwa Erfahrungen von Gewalt und Missbrauch, Krieg und Flucht, Alkohlismus und psychische Erkrankungen der Eltern etc. - die dennoch als erwachsene Menschen ein zufriedenes Leben führen.

Ihnen stellte er 3 Fragen:

1. „Was hat Ihnen das Überleben als Kind ermöglicht und erleichtert?"
Häufig sind das liebevolle Situationen mit Menschen, eine Fantasiewelt, eine besondere Anpassungsfähigkeit oder außergewöhnliche Tüchtigkeit, Verstecke oder Tiere, die Geborgenheit vermitteln. Sich seiner Ressourcen, Stärken und Potenziale bewusst zu werden, fördert die Überlebensfähigkeit, die sogenannte Resilienz. Übrigens unabhängig vom Alter haben Menschen mit gut gepflegten familiären und/oder freundschaftlichen Beziehungen eine doppelt so hohe Wahrscheinlichkeit das nächste Jahr zu überleben als einsame Menschen. Dass unsere Wahrnehmung und die Einschätzung von Schwierigkeiten hochgradig subjektiv sind, wird von topaktuellen wissenschaftlichen Studien eindringlich bestätigt. So empfinden wir mit FreundInnen an unserer Seite Wege weniger steil. Abgesehen davon, dass sie uns viel kürzer vorkommen, wenn wir in gute Gespräche vertieft sind.

Die Wahrnehmung und Einschätzung von Schwierigkeiten ist hochgradig subjektiv

2. „Welche Stärken haben Sie durch die besonderen Herausforderungen Ihrer Kindheit entwickelt?"
So ist z.B. Monikas damals 5-jähriger Bruder unter höchst tragischen Umständen gestorben. Ihr ist die Aufgabe zugesprochen worden, die trauernden Erwachsenen zu trösten. Dieser familiären Tragödie, die mit viel Leid und tiefer Trauer verbunden war, verdankt Monika ihr ausgeprägtes Einfühlungsvermögen, die es ihr heute ermöglicht, als Coach Menschen Hilfestellung zu bieten. „Mich gibt es nur mit meiner Lebensgeschichte!" und „Ganz besonders wertvolle Geschenke sind häufig als Probleme verpackt" sind zwei Sätze, die es ihr als erwachsene Frau ermöglicht haben, die Dramen ihrer Kindheit als Tatsache zu respektieren, sich mit ihrem Lebensweg auszusöhnen und damit die Freiheit zu gewinnen, ihre Aufmerksamkeit nach vorne zu richten und ihre Zukunft zu gestalten. „Was habe ich schon geschafft?" „Welche Stärken und Strategien haben sich dabei bewährt?" „Was stimmt mich zuversichtlich, dass ich auch zukünftige Herausforderungen meistern werde?" sind höchst wirkungsvolle Gedanken, um die Stressfalle zu meistern, denn das wirkliche Problem ist die Größe des Problems abzüglich meinem Vertrauen in Möglichkeiten und zugängliche Ressourcen. Wenn ich mir mehr zutraue, als die Herausforderung groß ist, entsteht kein Problem.

3. „Wo können Sie das, was Sie in Ihrer Kindheit vermisst haben, jetzt im Erwachsenenleben erfahren?"
Das können ganz konkrete Dinge sein: So durfte Monika als Kind keine eigene Katze haben. Jetzt leben wir mit zwei Schmusetigern. In ihrer Kindheit war Artigkeit und Vernunft angesagt. Im schicksalschweren Leben der Familie war kein Platz für Dummheiten und Narreteien. Jetzt ermutigt Monika Menschen - beginnend bei ihr selbst - ihrer Einzig-Artigkeit Raum zu geben und sie zu entfalten. „Lasst uns arbeiten wie Kinder spielen" ist ein Grundsatz für Topleistungen auf Basis von Lebenslust. „leistungsstark & lebensfroh" haben wir dieses hirngerechte Lebenskonzept als Titel unseres Buches zusammengefasst. „Pimp my Brain" könnte man auch dazu sagen: mit einfachen Tools bei weniger Einsatz mehr bewirken und so die Vielfalt unterschiedlicher Leistungsanforderungen spielend meistern. Dr. Gerald Hüther, international renommierter Professor für Neurobiologie hat in seiner

langjährigen Forschungstätigkeit auf dem Gebiet der Entwicklungsneurobiologie erkannt: Nur wenn wir mit guten Gefühlen lernen, lernen wir nachhaltig und können wir das erworbene Wissen auch zukünftig kreativ einsetzen.

*„Ich glaube an die Unsterblichkeit des Theaters.
Es ist der seligste Schlupfwinkel für diejenigen,
die ihre Kindheit heimlich in die Tasche gesteckt
und sich damit auf und davon gemacht haben,
um bis an ihr Lebensende weiter zu spielen."*

Max Reinhardt

Und Aristoteles war schon überzeugt:

*„Beim Spiel kann man einen Menschen in einer Stunde
besser kennen lernen als im Gespräch in einem Jahr."*

„Unser Hirn gleicht mehr einer Mediathek als einem Computer" bringt Gregor Adamczyk in seinem Buch „Storytelling" die Erkenntnisse der Neurowissenschaften auf den Punkt. In unserm narrativen Gedächtnis sind Situationen, Handlungsmuster, Emotionen etc. abgespeichert. Je nachdem, welche Hormone JETZT in unserem Hirn dominieren, hält unser Relevanzfilter andere Erinnerungen für merkenswert. „Meine Kindheits- und Lebensgeschichte" ist ein Konstrukt unseres Hirns, indem es uns unterschiedliche Puzzlesteine unserer unbewussten Erinnerung bewusst macht. Im Theaterstück „La Pasada - die Überfahrt" von Anna Poloni wird Carl, ein Mann mit migrantischem Hintergrund und starkem ausländischem Akzent in der deutschen Sprache immer wieder korrigiert, dass es hatte und nicht hätte heißt. Schließlich antwortet dieser:

*„Vergangenheit und Möglichkeit - ich verwechsle es immer.
Vergangenheit ist EINE Möglichkeit. Es gibt ANDERE."*

(Eigen-)Verantwortung die Zwillingsschwester der Freiheit

Die Lernfreudigkeit unseres Hirns ermöglicht, was Heinz von Förster sagt: „Wir haben stets die Freiheit, uns jene Zukunft zu erfinden, die wir morgen gestalten wollen." Dabei gilt es, die eigenen beschränkenden Glaubenssätze zu überwinden.

*„Das größte Gefängnis für viele Menschen
ist die Angst, was andere über sie denken könnten."*

Pierre Franckh

Juliane Werding hat in ihrem Hit gesungen „Wenn du denkst, du denkst, dann denkst du nur, du denkst" und Menschen ermutigt, sich nicht von Vorurteilen beschränken zu lassen.

*„Denke nie, gedacht zu haben, denn das Denken
der Gedanken ist das gedankenlose Denken.
Wenn du denkst, du denkst, dann denkst du nur,
du denkst. Aber denken tust du oft nicht."*

Wenn Sie sich beim Gedanken ertappen: „Das kann ich nicht.“ oder „Schon als Kind konnte ich nicht.“ oder „So bin ich halt.“ oder „Das war schon immer so.“, könnten Sie sich die Frage stellen:

„Wann habe ich diese einschränkende Entscheidung bewusst oder unbewusst getroffen?“

Mit einfachen Worten werden Denkbarrieren relativiert

und es sich zur Gewohnheit machen: „BISHER war das so.“ oder „DERZEIT fällt es mir noch schwer.“ und in Folge: „Ich entscheide mich JETZT etwas Neues zu probieren.“ Es ist unglaublich, was alles JETZT möglich ist, wenn wir uns dafür entscheiden - auch wenn wir es BISHER für völlig ausgeschlossen gehalten haben. JETZT ist der ideale Zeitpunkt für Entscheidungen. Denn sonst gilt der Spruch von Christa Busta: „Morgen werde ich beginnen. Gestern wollte ich heute schon.“ Wissenschaftlich heißt unsere Neigung zum Aufschieben Prokrastination. Von daher ist es entscheidend, innerhalb von 72 Stunden einen ersten Schritt zu setzen. Auch wenn die BISHER gedachten, empfundenen und praktizierten Muster im Hirn einen großen Einfluss auf uns haben: Wir können neue, lösungsorientierte, unserer jetzigen Lebenssituation zuträglichen Muster entwickeln - wenn wir den Schritt von der Komfortzone des Vertrauten in die Komm-Vor-Zone des Möglichen wagen.

Spiegelneuronen im Wald

Albert Einstein hat gemeint:

„Die reinste Form des Wahnsinns ist es, alles beim Alten zu belassen und zu hoffen, dass sich etwas ändert.“

Es gibt einen Menschen auf den wir 1:1 Einfluss nehmen können - uns selbst. Damit ändern sich auch unsere Beziehungen. Veränderung in uns bringt automatisch Veränderung um uns. Die Volksweisheit „Wie du in den Wald hineinrufst, so schallt es dir zurück.“ wird durch die Hirnforschung bestätigt. Spiegelneuronen in unserem Gehirn erkennen das Verhalten im Vis-à-vis und lösen in uns die gleichen Handlungsimpulse aus.

Von daher der Appell: „Sei das 5. Rad am Wagen. Das Lenkrad.“ Wir sprechen von Lebens-Führung. Nehmen Sie es wörtlich: mein Leben FÜHREN. Entwickeln und entfalten Sie Ihre höchst persönliche Einzigartigkeit. Unsere provokante Frage

„Leben Sie oder werden Sie gelebt“

soll Sie ermutigen, Ihr Leben in die Hand zu nehmen und freudvoll zu gestalten. Lucius Annaeus Seneca hat schon gemahnt: „Hör nie auf anzufangen und fang nie an aufzuhören.“ Wann haben Sie zuletzt etwas völlig Neues zum ersten Mal ausprobiert?

Leben Sie Ihre Einzig-Artigkeit

„Häufig leidet man daran, dass man zwar viel Arbeit, aber keine Aufgabe hat.“ formuliert Helmut Walters eine mächtige Quelle von krankmachendem

Arbeitsfrust. Menschen haben ein angeborenes Grundbedürfnis, Sinnvolles zu bewirken. Daher unser Appell: Erkennen und erfahren Sie Ihre individuellen Stärken, um sie dann selbstbewusst in die Gemeinschaft einzubringen und auf gemeinsame Ziele zu fokussieren. Pablo Picasso hat gemeint:

„Der Sinn des Lebens besteht darin, deine Gaben zu finden. Der Zweck des Lebens ist, sie zu verschenken."

Wir wünschen Ihnen Auf-Gaben, um auf Basis der Gaben ihrer Talente und Stärken Herausforderungen zu meistern. Ganz im Sinn des Tools Nr. 22. *(Seite 287)* „Leben Sie Ihre Einzig-Artigkeit - Vergleichen macht häufig unglücklich" ist die Aussage von Angelika Aliti zu verstehen:

„Willst du Kamel des Monats werden, wenn du Pinguin bist?"

Beherzt Ent-Scheidungen treffen

An Weggabelungen unseres Lebens sind wir in besonderer Weise gefordert unser Leben bewusst zu gestalten. Häufig hören wir in unseren Trainings und Coachings: „Ich bin in einer schwierigen Situation. Ich muss mich entscheiden." Dem halten wir dann die positive Seite entgegen: „Offensichtlich gibt es mehrere Möglichkeiten, aus denen Sie wählen können."

Tatsächlich erschwert Ent-Scheidungen, dass wir dabei aus mehreren Optionen eine auswählen und damit unweigerlich andere abwählen. Das kann lähmend wirken. Das bindet dann viel wertvolle Lebensenergie, die wieder frei wird und zur Umsetzung genutzt werden kann, wenn wir dann endlich einen Entschluss fassen.

Tatsächlich gilt:

„Wir können uns nicht nicht entscheiden. Denn keine Entscheidungen zu treffen, bedeutet, es so zu belassen, wie es ist."

Die rein rationale Entscheidung ist ein abendländisches Fantasiegebilde wie das Perpetuum Mobile. Natürlich sind wir dafür, wohlüberlegt auf Basis einer fundierten Entscheidungsgrundlage die Auswahl zu treffen. Die Neurowissenschaften belegen jedoch, dass bei Ent-Scheidungen IMMER unser emotionales Zentrum aktiv ist. Menschen, die durch einen Tumor im emotionalen Zentrum des Hirns wesentlich beeinträchtigt sind, können nicht mehr die einfachsten, alltäglichen Entscheidungen treffen.

Es gibt keine rein rationalen Entscheidungen, die Emotionen sind im Kopf immer mit dabei

Verabschieden Sie sich von der Idee der „richtigen Entscheidung". Ent-Scheiden bedeutet Vor- und Nachteile unter bestimmten Annahmen abzuwägen. Da bei Entscheidungen immer auch viel Ungewissheit im Spiel ist, gehen wir damit unwillkürlich ein Risiko ein.

Häufig können mehrere Alternativen eine kluge Ent-Scheidung sein, so wie mehrere Wege nach Rom führen. Es ist dann gar nicht so wichtig, WOFÜR wir uns ent-scheiden, sondern viel mehr, DASS wir uns ent-scheiden und dann entschlossen zu unserer Wahl stehen.

Halbherzig-zweifelnd auf die Alternativen schielend sind wir nicht im Hochleistungsmodus. Viel mehr gilt es jetzt den eingeschlagenen Weg in Etappen zu gliedern und entschlossen zu gehen. Natürlich macht es Sinn, immer wieder inne zu halten, zu überprüfen, ob der Weg JETZT auch noch stimmt und offen zu sein für mögliche Wegkreuzungen.

Soren Kierkegaard bringt es auf den Punkt:

„Wir können unser Leben rückwärts verstehen, es jedoch nur vorwärts leben."

Die Totenbettperspektive „Wie möchte ich dankbar auf ein geglücktes, beglückendes Leben zurückblicken?" ist deshalb eine sehr kluge Ent-Scheidungshilfe *(siehe Tool Nr. 9 auf Seite 276).*

Klug investieren: Erfolg auf Kosten von Individualität?

Häufig entsteht der Eindruck, dass Karriere und Erfolg eine Einbuße von Lebensqualität zum Preis haben.

KeinE SpitzensportlerIn könnte nachhaltig erfolgreich sein, wenn sie ihren Sport nicht mit viel Spaß betreiben würde. Tatsächlich zeigen die Neurowissenschaften, dass Glück und Lebensfreude trainierbar sind und die tragfähigste Basis für nachhaltige Leistungsstärke bilden. Wenn wir mit aktivem Lustzentrum arbeiten und lernen, entfaltet unser Hirn nachhaltige High Performance.

Menschen auf der Reise nach Athen bot der Riese Prokrustes sein Bett an. Im Schlaf wurden sie von ihm in grausamer Weise auf die Normmaße des idealen Atheners gehackt bzw. auf dem Amboss gestreckt. In der griechischen Mythologie hat man das Streben nach Macht, Reichtum und Erfolg mit der Einbuße seiner Individualität bezahlt. Wenn man heute mit dem Morgenflieger nach Frankfurt reist, erweckt das einen ähnlichen Eindruck.

Welcher Preis ist angemessen für Macht, Reichtum und Erfolg?

Ist dieser Preis angemessen? Im High Performance Coaching gilt der Grundsatz, individuelle Stärken zu stärken hat 1. Priorität. Anpassungsleistungen, um angeblichen Idealen zu entsprechen oder sogenannte „Schwächen" auszugleichen, bieten einen ganz schlechten Wirkungsgrad. Sie erfordern hohen Aufwand und erhöhen die Erfolgschancen kaum. Viel klüger ist es, in gesundem Selbst-Bewusstsein die eigenen Stärken gut zu kennen, ein „Spielfeld" zu suchen, in dem man sie gezielt umsetzen kann und dann das „Spiel" strategisch so anzulegen, dass man in viele Situationen kommt, um mit seinen Vorzügen zu punkten und in wenige, in denen die Nachteile zum Verhängnis werden.

„I do it my way"

ist eine kluge Strategie für ein erfolgreiches, erfülltes Leben.

Albert Einsteins pointierte Formulierung

„Jeder ist ein Genie.
Aber wenn du einen Fisch danach beurteilst,
wie er auf einen Baum klettern kann,
wird er sein Leben glauben,
ein Idiot zu sein."

findet Bestätigung in den modernen Neurowissenschaften. Die wichtigste Führungsaufgabe ist es daher, die individuellen Stärken auf gemeinsame Erfolge zu fokussieren. Als Grundsatz gilt:

„Mehr von dem tun, das sich bewährt hat."

(siehe auch Tool Nr. 11 Seite 277). Im Spitzensport werden daher Siegerfahrten ca. viermal so intensiv analysiert als Stürze. Eine kürzlich veröffentlichte Studie der Personalentwicklung hat Ähnliches ergeben: MitarbeiterInnen entwickeln sich am nachhaltigsten, wenn positives zu negativem Feed-back im Verhältnis von mehr als 5:1 steht.

Um die wahren Prioritäten zu erkennen, ist es hilfreich, die Totenbettperspektive einzunehmen: „Wie möchte ich in Dankbarkeit zufrieden auf mein Leben zurückblicken?" *(Siehe Tool Nr. 9 Seite 276).*

Ein voraus-schauender Rückblick vermeidet zukünftiges Bereuen

Bronnie Ware hat ihre Erfahrungen aus der Sterbebegleitung in den unterschiedlichsten Kulturen von Australien bis USA im Buch „The Top Five Regrets of the Dying" zusammengefasst.

„Ach hätte ich den Mut gehabt,
beherzt mein eigenes Leben zu leben
und nicht nur die Erwartungen anderer erfüllt"

nimmt dabei den Platz 1 von dem ein, was Sterbende rückblickend bereuen. Es zahlt sich aus, sich selbst treu zu bleiben!

Wir ermutigen Sie, Ihre Einzig-Artigkeit zu leben, auch um den Preis, dass das andere eigen-artig finden *(Siehe auch Tool Nr. 22 Seite 287).* Das ist viel gesünder und burnout-immuner als ein artig-fremdgesteuertes Leben nach dem Motto „Mach es allen Recht und sei bei allen beliebt."

Ödön von Horváth meint in seinem schwarzen Humor:

„Eigentlich bin ich ganz anders.
Aber ich komme so selten dazu."

Der vermeintliche Druck, sich verstellen zu müssen, um die Erwartungen der Anderen und die Anforderungen des Jobs zu erfüllen, ist einerseits äußerst anstrengend und erhöht das Burnout-Risiko. Tatsächlich macht das Leben von Fremdwerten auch depressiv.

An anderer Stelle sagt Karl Valentin launig:

„Ich habe heute Nachmittag ein Rendezvous mit mir vereinbart. Ich bin schon gespannt, ob ich mich antreffe."

Meetings mit sich selbst sind eine wunderbare Idee für ungestörtes Arbeiten. Freundschaftliche Treffen mit sich selbst sind förderlich, um sich selbst zu spüren. Das wiederum stärkt das emotionale Immunsystem und beugt der für Burnout typischen Entfremdung und Depersonalisierung vor.

Währungseinheit Lebensglück

Macht Geld glücklich? Dass der Zusammenhang nicht so eindeutig ist, hat der Begründer der positiven Psychologie Martin Seligman in einer weit angelegten Studie gezeigt. JuristInnen zählen in den USA zu den einkommensstarken Bevölkerungsschichten - und gleichzeitig ergeben bildgebende Hirnmessverfahren, dass sie statistisch gesehen eher unglücklich und pessimistisch sind. Wenn Sie beruflich im Sinn von Worst Case denken, so prägt das nachhaltig die Eiweißstrukturen im Hirn *(siehe auch Seite 19)*.
Allerdings ist nicht so sehr entscheidend WAS wir tun, sondern vielmehr mit welcher inneren Einstellungen wir es ausführen. Eine Vertragsprüfung kann mit negativen Gedanken verbunden sein, z.B. „Da will mir schon wieder jemand etwas Böses!" oder mit der Lust des „Pilzesuchens": „Gut, dass ich den Vertrag so gründlich studiere, gerade wieder etwas gefunden, das zu ändern ist!"

„Das Geld, das man hat, verhilft uns zu Freiheit. Das Geld, dem man nachjagt, macht uns zu Knechten."

Jean-Jaques Rousseu

Glück ist das Ergebnis glücklicher Gedanken - und die sind bewusst abrufbar

Immer wieder entsteht der Eindruck, dass beruflicher Erfolg auf Kosten der Lebensqualität erzielt wird. In diesem Fall steht die Burnout-Falle weit offen. Die gute Nachricht: Glück und Lebensfreude sind trainierbar und die beste Basis für nachhaltigen Erfolg. Glück ist das Ergebnis glücklicher Gedanken – unser Hirn ist äußerst entwicklungsfähig und funktioniert nach dem Prinzip „use it or loose it". Und der Lustmodus ermöglicht High Performance im Hirn: mit Spaß und Freude gelingt es spielend Herausforderungen zu meistern.

In mehreren psychologischen Studien wurde untersucht, ob Menschen, die zu plötzlichem Reichtum etwa durch Lottogewinne, Erbschaft, Spekulation, ... gekommen sind, nachhaltig glücklicher sind. Die Antwort fällt differenziert aus. Wenn Menschen mit ihrem Gewinn Materielles kaufen, macht Geld tendenziell nicht glücklich, sondern süchtig: Man gönnt sich z.B. ein attraktives Auto mit einer höchst innovativen Ausstattung. Da unser Glückszentrum eigentlich ein Lernzentrum ist, das unterstützt, dass wir mehr von dem tun, was unser Wohlbefinden fördert, springt es spontan nur dann an, wenn etwas überraschend gut ist und unsere Erwartungen übertrifft. Wir sind relativ kurz vom Neuen begeistert, dann ist es vertraut und wird uns rasch selbstverständlich. Zu allem Überdruss bleibt die Entwicklung nicht stehen und so entsteht rasch die Begierde nach etwas Neuem, noch Besserem und noch Attraktiverem.

Und was ist gemessen in der Währungseinheit Lebensglück die ertragreichste Veranlagung? Sie können relativ risikolos und hochprofitabel ihr Geld in gemeinsames Erleben investieren, an das man sich immer wieder gerne erinnert und das durch wiederholtes Erzählen immer freudenreicher wird. Selbst Pannen werden im Nachhinein zu lustigen Geschichten, die man immer wieder gerne teilt.

Rechtzeitig vorsorgen: Glückskonto anlegen

Gut drauf sein, wenn es drauf ankommt, um kritische Situationen zu meistern und der Stressfalle zu entkommen: Ist es möglich, sich selbst aus emotionalem Sumpf zu ziehen und positive Emotionen zu erzeugen?

„Grabe den Brunnen bevor du Durst hast."

lautet eine chinesische Weisheit. Sie gilt auch für die Kraftquelle Sinn *(siehe Tool Nr. 7 Seite 274)*.

Menschen wollen Sinnvolles bewirken

Vermutlich haben Sie sich auch schon einmal die Frage gestellt „Warum tue ich mir das an?" Unglücklicherweise stellt sich uns meist diese Frage, wenn wir einen emotionalen Durchhänger haben. Sie erwischt uns dann am falschen Fuß. Viktor Frankl, Begründer der Logotherapie, die davon ausgeht, dass Menschen ein existenzielles Bedürfnis haben, Sinnvolles zu bewirken, hat gemeint

„Für wen das WARUM klar ist,
ist fast jedes WIE erträglich."

Klug wäre es, sich Zeit zum Reflektieren des eigenen Lebens zu nehmen. „Was macht meinen Einsatz wertvoll?" „Welchen Nutzen bewirke ich?" „Was ist mein Beitrag zum gemeinsamen Erfolg?" sind zielführende Fragen, um für sich die Sinnfrage zu klären.

Faszination, Begeisterung, Freude sind die Grundlage für High Performance. Wenn wir etwas wirklich wollen, dann wächst unsere Leistungsfähigkeit über eigene Grenzen. Die aktuellen Erkenntnisse der Neurowissenschaften bestätigen: Nur was wir mit herzhafter Neugierde, fasziniert staunend entdecken und erarbeiten, können wir uns nachhaltig merken und kreativ für Lösungen nutzen. Unser Hirn ist dafür geschaffen, Probleme zu bewältigen und daraus Eigenwirksamkeit zu erfahren.

Friedrich Schiller beschreibt den spielenden Menschen als den, der in der Lage ist, sein höchstes Potenzial zu erreichen. Spiel als Mittel, sich selbst zu entdecken, unserer Fantasie freien Lauf zu lassen und unsere Entdeckungen mit anderen zu teilen.

Eine chinesische Weisheit besagt:

*„Wer nicht lächeln kann,
der sollte keinen Laden eröffnen."*

Tatsächlich hat Lebensglück sehr viel mit der von uns bewusst oder unbewusst gewählten Einstellung zu tun. Thomas Mann setzt auf unsere Kreativität:

*„Fantasie haben heißt nicht, sich etwas auszudenken,
es heißt aus Dingen etwas zu machen."*

Hilfreich ist dafür die Sicht von Karl Valentin:

*„Jedes Ding hat 3 Seiten:
die negative, die positive und die komische."*

Ärger und Furcht werden intensiver erlebt als Freude, daher sollten wir Frohsinn bewusst kultivieren

Gerade weil unser Hirn im Ärgern und Fürchten ca. achtmal so intensiv empfindet als in der Freude, ist es sinnvoll, bewusst positive Aspekte ins Blickfeld zu rücken. Mit der Frage „Worauf freue ich mich heute - privat & beruflich?" in den Tag zu starten, polt unsere immer selektive Wahrnehmung auf Erfreuliches. Wenn die Antwort darauf an vielen Tagen schwer fällt, so stehen Weichenstellungen im Leben an. Planen Sie sich möglichst viele Lichtblicke in ihren Alltag ein. Viele Menschen sind allerdings ExpertInnen dafür, worunter sie leiden, und ziemlich planlos, was ihnen gut tut. Wie kundig sind Sie, was Ihr Wohlbefinden, Ihre Entspannung, Ihr Auftanken fördert und in Ihnen positive Gefühle auslöst?

Dr. Eckart von Hirschhausen meint in seinem (Hör-)Buch „Glücksbringer", dass es schon seltsam ist, dass unsere Gesellschaft ausgerechnet 4-blättrigen und nicht 3-blättrigen Klee als Glücksbringer kultiviert und damit implizit unterstellt, dass Glück selten ist.

Viel klüger ist es jedoch, auch die kleinen Freuden des Alltags bewusst wahrzunehmen und auszukosten. Die Kunst glücklichen Lebens besteht darin, sich willentlich auch immer wieder über Vertrautes und vordergründig Selbstverständliches zu freuen.

Leider werden Glücksmomente von unserem Hirn nur flüchtig wahrgenommen. Es liegt an uns, sie bewusst auszukosten. Legen Sie sich ein Glückskonto an: Wann immer Sie Glück, Freude und Zufriedenheit empfinden, können Sie diese in Ihren Daumennagel ribbeln und sich damit einen wirkungsvollen Anker setzen. Unser Hirn arbeitet nach dem Prinzip

„What fires together wires together!"

Wenn Sie über mindesten vier Wochen täglich mehrfach mit freudigen Gefühlen Ihren Daumennagel aktivieren, so entstehen im Hirn Eiweißbrücken, die diese beiden häufig gleichzeitig auftretenden Empfindungen von Glück und Daumendruck miteinander verschalten. Wenn Sie in guten Zeiten Ihr Glückskonto häufig befüllen, wird die Verbindung allmählich so wirkungsvoll, dass Sie selbst in stressigen Situationen über Ihren Daumen mechanisch gute Emotionen und Erinnerungen im Hirn aktivieren können *(siehe auch Tool Nr. 19 Seite 284)*.

Damit fördern Sie nicht nur Ihre Kreativität und Leistungsfähigkeit, sondern auch Ihre Gesundheit und Stressresistenz.

Unerfreuliches weniger zu Herzen nehmen

„Mach es allen Recht und sei bei allen beliebt!" zählt zu den massivsten inneren Stressverstärkern. Männer wollen ein klasse Kumpel sein und für viele Frauen steht diese Nettigkeitsfalle weit offen. Im vorauseilenden Gehorsam wollen wir die Erwartungen der Anderen erahnen und erfüllen - und missachten vielfach dabei unsere eigenen Bedürfnisse. Wir lassen es zu, dass unsere eigenen Grenzen verletzt werden - in der Sorge, dass wir andere enttäuschen könnten. In unserer abendländischen Kultur ist die Unart der Macht durch schlechtes Gewissen weit verbreitet. Männer und Frauen tappen häufig in diese Falle. Wir werden von anderen erpressbar, wenn es uns so wichtig ist, perfekt zu agieren und es uns schwer fällt zu unseren eigenen Ecken und Kanten, Fehlern, Unzulänglichkeiten und Schattenseiten zu stehen.

Unser eigenes schlechtes Gewissen macht uns erpressbar

Viele von uns haben den Kindern „Das kleine Ich-bin-Ich" von Mira Lobe vorgelesen. Lange sucht es durch Vergleich mit anderen herauszufinden, wer es ist. Verzweifelt stellt es fest, so sehr es sich auch bemüht, die anderen nicht perfekt imitieren zu können. Im eigenen Spiegelbild findet es dann seine Identität.

Im Sinn eines „Großen Ich-bin-Ich" sagt Virginia Satir

„Wir dürfen uns von den begrenzten Wahrnehmungen anderer nicht definieren lassen!"

Für erwachsene Menschen gilt:

„Ich bin die einzige Person, die meinen Selbst-Wert pflegen oder verletzen kann - sonst wäre es kein Selbst-Wert, sondern ein Fremd-Wert."

Souverän zu agieren bedeutet die Standfestigkeit und Kraft aus mir heraus zu gewinnen. Das macht krisenfest. Menschen, die Ihre Orientierung in einem Übermaß vom Lob anderer beziehen, haben eine deutlich geringere Überlebensfähigkeit.

„Liebe den anderen wie dich selbst."

lautet der Grundsatz christlicher Nächstenliebe - der erst dann den Wert für andere entfaltet, wenn wir uns auch selbst lieben. Ursprünglich zur selbstlosen Artigkeit sozialisiert, habe ich mir selbst vor einigen Jahren die Treue versprochen - und mit einem Verlobungsring besiegelt.

Mir selbst verständnisvolleR, fürsorglicheR FreundIn sein

„Ich achte liebevoll auch auf meine eigenen Bedürfnisse."

und

„Ich pflege mit mir selbst eine liebe- und verständnisvolle, fürsorgliche Freundschaft."

sind zwei Affirmationen, die täglich zigfach vorgesprochen und zur visuellen Erinnerung auf Karten geschrieben z.B. im Brillenetui präsent, wirkungsvoll Burnout vorbeugen. Im *Tool Nr. 16 auf Seite 281* finden Sie noch weitere Tipps, um auf Ihre Bedürfnisse zu achten und Ihre Grenzen zu wahren.
Mechanistisch zu funktionieren ohne sich selbst zu spüren, ist eine relativ hohe Stufe im gängigen 12-teiligen Burnout-Treppenmodell *(siehe Seite 65)*.
Im Stressmodus unseres Hirns ist die Schmerzempfindlichkeit gedrosselt. Was in einem kurzfristigen Kampf überlebenswichtiges Durchhalten ermöglicht, fördert höchst ungesunde Dauerstressreaktionen unseres Körpers.

Nehmen Sie sich auch die beiden SanitäterInnen-Prinzipien zu Herzen, die immer wieder von lebenswichtiger Bedeutung sind:

„Selbstschutz geht vor Fremdschutz"

und

„Nicht gleich die versorgen, die am lautesten schreien."

Es ist auch stresserzeugend und damit ungesund, dass viele, insbesondere Frauen mit ihren allzu feinfühligen Ohren auch leise und häufig auch unausgesprochene Hilferufe laut hören.
Das führt dann dazu, dass andere gemäß dem Motto

„Wenn Mutter wüsste, was ich alles kann,
müsste ich viel mehr arbeiten"

sich nur allzu gerne darauf verlassen, dass sich andere der scheinbar herrenlosen Probleme annehmen und schwuppdiwupp lösen - oder an den eigenen Fähigkeiten zweifeln, wenn dies nicht gelingt.

Ja, es ist ein gutes Gefühl, wenn mir andere Sorgen und Nöte anvertrauen und es mir zutrauen, dass ich für sie Lösungen finde. Machen Sie es sich zur Gewohnheit, sich einen Problemsack zuzulegen: Bevor Sie etwas aufgreifen, stecken Sie das Problem in einen Sack und überlegen Sie

„Wem gehört das PROblem? Wem gehört der Konflikt?"

und das werden sehr häufig nicht Sie sein. Natürlich können Sie sich nach wie vor entscheiden, andere in ihren Lösungen zu unterstützten. Das ist dann aber Ihre bewusste Entscheidung *(siehe auch Tool Nr. 17 Seite 282)*.

Krankmachender Stress entsteht, wenn meine Einschätzung, was von mir erwartet wird und was mir möglich ist, auseinanderklafft. Nicht nur das erste, sondern auch das zweite ist eine subjektive Bewertung. Selbstvertrauen wird so zur Überlebensfrage. „Was stimmt mich zuversichtlich, dass ich die Situation meistern werde?" „Was habe ich schon geschafft - und was werde ich daher schaffen?" und „Wie kann ich mir Unterstützung und Hilfe organisieren?" sind rettende Gedanken, um aus der Stressfalle auszusteigen.

Frühzeitig um Unterstützung zu bitten und diese dankbar und selbstbewusst anzunehmen, immunisiert gegen Burnout. Ein gut eingespieltes Team, geprägt von verlässlicher Partnerschaft und gegenseitiger Hilfsbereitschaft, meistert leichter kritische Situationen.

gut eingespielte Teams mit gegenseitiger Hilfsbereitschaft sind krisenfest und stressresistent

Als weitere Devise gilt: Lösungs- und Zukunftsorientierung statt Schuldzuweisungen.

„Wer von einem vergifteten Pfeil getroffen ist,
soll sich nicht zuerst nach dem Schützen erkundigen,
sondern unverzüglich seine Wunde
von einem fähigen Arzt versorgen lassen."

Buddha

Tief durchatmen hilft, den Tunnelblick des Stresses zu lichten

Im Stress laufen biologische Programme ab, die das Überleben des Rudeltiers in der Steppe gesichert haben: Fight or Flight - Kämpfen oder Fliehen. Von daher konzentriert sich das Blut in den Gliedmaßen, der Atem wird flach - unser Herz hat ganz schön zu tun. Und im aus Stress resultierenden Tunnelblick sind wir in unseren Möglichkeiten eingeschränkt, was noch mehr Stress erzeugt. Innezuhalten und tief durchzuatmen ist der 1. Schritt, um aus diesem krankmachenden Teufelskreis auszusteigen.

„Ich hab mein Leben überdacht.
Jetzt regnet es nicht mehr herein."

ist einerseits ein netter Wortwitz und andererseits ein kluger Gedanke: Wenn es uns gelingt aus der Betroffenheit in die Beobachtungsposition zu wechseln, gewinnen wir an Souveränität. Im kriegerischen Umfeld war der Feldherrnhügel lebenswichtig: Auf ihm stehend ist es gelungen, im hektischen Kampfgeschehen den Überblick zu wahren. „Was würde ich einem/r FreundIn in dieser Situation raten?" lässt plötzlich mehr Handlungsmöglichkeiten erkennen - fällt es uns doch viel leichter, bei anderen PRObleme und Lösungen zu finden.

„Wie werde ich in einiger Zeit auf diese Episode blicken?"

ist sehr hilfreich, um Prioritäten zu erkennen. Sehr vieles, das im Moment dringend erscheint, verliert mit dieser veränderten zeitlichen Perspektive seine Wichtigkeit. Besonders spannend: Ist Ihnen schon aufgefallen, dass viele Ärgernisse im Nachhinein lustige Geschichten werden, die man gerne erzählt? Oder sie zerfließen in Belanglosigkeit.

Sie können auch empathisch Distanz wahren *(siehe Tool Nr. 28 Seite 292)* und sich einfühlsam die Frage stellen:

„Was mag wohl in dem Menschen vorgehen?"

Sorgen Sie für mehr Lebensfreude und relativieren Sie Unerfreuliches mit dem Lebensgrundsatz:

„Wenn Ihnen etwas Ärgerliches passiert,

nicht ärgern sondern wundern.

Und wenn Ihnen etwas Wundervolles passiert,

nicht wundern sondern freuen."

Im Fachjargon heißt das, assoziieren Sie sich mit dem Erfreulichen, verbinden Sie sich damit und kosten Sie es aus. Und dissoziieren Sie sich vom Negativen.

Speziell wenn Sie in Bereichen arbeiten, in denen Sie häufig mit Unerfreulichem konfrontiert werden wie z.B. Kundenservice, Reklamationsabteilung, Empfang eines Krankenhauses, Qualitätskontrolle, Schlichtungsstellen, ... könnten Sie sich in Ihrer Vorstellung eine semipermeable d.h. halbdurchlässige Membran zulegen: Sie können so die für Sie wichtigen Informationen gefiltert und vom emotionalen Müll gesäubert an Sie heranlassen. Vielleicht wollen Sie diese zusätzlich Außen halbverspiegeln und so unterscheiden, was der Andere tatsächlich zu Ihnen und was er über sich selbst sagt.
Beherzigen Sie den Ausspruch von Ernst Ferstl:

*„Wenn wir uns alles zu Herzen nehmen,
verschütten wir vieles, was uns wirklich am Herzen liegt."*

Auf Basis des Erfolgsdreiecks können Sie Beziehungen gestalten, Verhalten vereinbaren und steuern und so gemeinsame Erfolge erzielen:

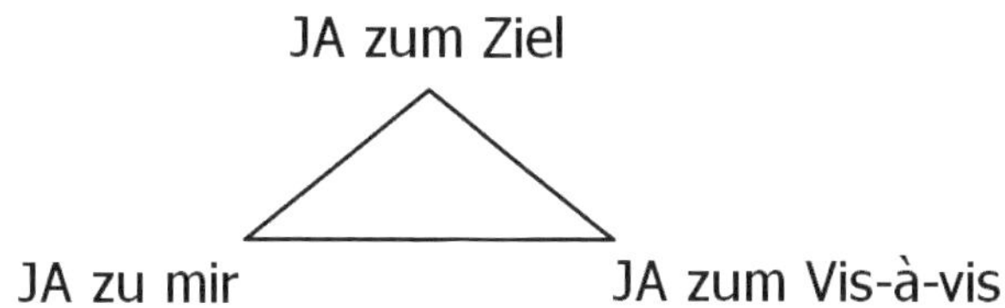

Ein rettender Gedanke kann sein:

„Wie atme ich jetzt?"

Wenn Sie sich auf Ihre Atmung konzentrieren, lenken Sie vom Unerfreulichen im Außen wieder auf sich selbst. Der Volksmund nennt das „sich wieder einkriegen" und empfiehlt tief durchzuatmen. Dies gelingt besonders gut mit einem bewussten langen Ausatmen, dem dann reflexartig tiefes Einatmen folgt. *(siehe auch Tool Nr. 3 Stewardessen-Prinzip auf Seite 271)*

Der Gedanke

„Wie dankbar bin ich, in meiner Haut zu atmen!"

Souveräne Gelassenheit pflegen durch beherzte Gedanken

bestärkt Ihre souveräne Gelassenheit, fördert die freudvolle Leichtigkeit und ist hilfreich, um das HIER & JETZT auszukosten.
Denn:

*„Unser Leben ist schon die Premiere.
Und nicht erst die Generalprobe."*

Es steht Ihnen zu, in Ihrem Leben die Hauptrolle - in engem Wechselspiel und achtsamen Austausch mit dem Ensemble - als einzigartige Persönlichkeit freudvoll zu verkörpern.

Nachhaltig gesund brennen - ohne auszubrennen

Die Ursachen von Burnout erkennen und Auslöser von Symptomen unterscheiden

Pflegepersonal, das in einer Station mit hochinfektiösen PatientInnen arbeitet, unterzieht sich besonderen Hygienemaßnahmen und braucht ein intaktes Immunsystem. In vielen Unternehmen stehen die Fallen Stress und Frust, Ängste und Ärger weit offen. Helen Heinemann hat mit „Warum Burnout nicht vom Job kommt" einen Bestseller gelandet. Berufliche Herausforderungen können die Auslöser für Stresserkrankungen sein - nicht jedoch die Ursache. Die liegt vielmehr in uns, in unserer Lebenseinstellung und unserem Verhalten. Tatsächlich sollen/können wir unser emotionales Immunsystem stärken, um stressresistenter und krisenfester zu werden. Lebensfreude, Glück, Zufriedenheit, Spaß und Humor sind dabei äußerst gesund.

Was ist entscheidend für nachhaltige Motivation und Leistungsstärke?
Wie gelingt der Balanceakt zwischen engagierter Identifikation und gesundem Abgrenzen?
Für den einen Stress, für den anderen motivierende Herausforderung: Wie kann ich mich und mein Team stressresistenter und krisenfester machen?

Feuer der Begeisterung entfachen und pflegen

Aurelius Augustinus hat schon erkannt:

*„Was du in anderen entzünden willst,
muss in dir selbst brennen!"*

Wie gelingt es, Energien zu fokussieren und Kräfte zu bündeln und so das Feuer der Begeisterung zu entfachen?

Der Lustmodus ist der High Performance-Modus im Hirn. Wenn wir Dinge gerne machen, gehen Sie uns viel leichter von der Hand. Wenn das Lustzentrum im Hirn aktiviert ist, weil uns etwas fasziniert und begeistert, lernen wir nachhaltig und kreativ. So entwickeln wir frisch verliebt unglaubliche Kräfte. Flirten macht uns höchst kreativ und fantasievoll. Können wir diese Kräfte in uns „auf Knopfdruck" mobilisieren, um gut drauf zu sein, wenn es drauf ankommt? Wie die Motivation hoch halten, auch wenn der Druck, die Geschwindigkeit und Dynamik, der Grad der Komplexität und der Ungewissheit zunehmen?

**„Motivation ist ein Prozess, in dem Menschen
ihre von individuell geprägten Werten
und Bedürfnissen produzierte Energie
auf ein Ziel hinlenken."**

An diesem gängigen Weg-Ziel-Modell der Motivation nach Porter und Lawler sind drei Dinge bemerkenswert:

1. Motivation braucht klare, attraktive Ziele. Das können Schaffensziele sein z.B. ein erfolgreicher Projektabschluss, eine termingerechte Übersiedelung, eine gelungene Inbetriebnahme, eine erfolgreich absolvierte Ausbildung oder ein Karrieresprung. Im Tool Nr. 4 „Kraft schöpfen aus beherzten Visionen" *(siehe Seite 271)* können Sie nachlesen, wie Sie fordernd-glaubwürdige, aktiv beeinflussbare Ziele als positive Herausforderungen formulieren und lustvoll, merkwürdig, sinnlich als bewegten Film visualisieren, um so High Performance in Ihrem Ziel zu erschließen.

Daneben gibt es auch Erhaltensziele wie z.B. Gesundheit wahren und fördern, weiterhin gute Beziehungen pflegen und vertiefen, möglichst lange fit bleiben, die Sicherheit auch weiter wahren etc.

Motivation findet im Menschen statt und nicht zwischen Menschen

2. Motivation findet im Menschen statt und nicht zwischen den Menschen. Von daher ist Motivation immer meine eigene Motivation. Allerdings verfügen (nicht nur) wir Menschen über Spiegelneuronen. Sie sind die Grundlage des gegenseitigen Verstehens. Mit ihnen entschlüsseln wir Mimik und Verhaltensweisen unseres Vis-à-vis und erfahren einen (unbewussten) Impuls, sie zu imitieren. Die Führungsaufgabe mit der größten Hebelwirkung ist es daher, dass Sie auf Ihre eigene Motivation achten, die Sie dann vielfach im Außen zurückgespiegelt bekommen - egal ob Sie Ihr eigenes Leben, ein Team oder Themen FÜHREN.

Reinhard Sprenger mahnt in seinem Bestseller „Mythos Motivation" wie wichtig es ist, als Führungskraft Quellen der Frustration zu meiden.

Darüber hinaus können Sie einen Nährboden schaffen, welcher die Motivation der anderen ermöglicht, fördert und stärkt. Und Sie können anderen im Sinn von „Hilfe zur Selbsthilfe" Tools vermitteln, mit denen sie dann selbst ihre Eigenmotivation stärken können. In der Toolbox finden Sie dazu eine ganze Reihe einfacher Methoden, mit denen Sie und andere höchst wirkungsvoll Motivation, Lebensfreude und Zufriedenheit stärken können, z.B. den Motivations-Check *(Tool Nr. 6 Motivations-Check auf Seite 273).*

3. Motivation ist ein Prozess - kein Zustand und schon gar nicht ein Dauerzustand. Das heißt wir sind gefragt, ihn immer wieder bewusst zu initiieren.

„Worauf freue ich mich heute - privat & beruflich?"

ist dazu ein höchst wirkungsvoller Gedanke, mit dem Sie morgens in den Tag starten und sich auch zwischendurch immer wieder Lichtblicke einplanen können *(siehe Tool Nr. 1 Freudvolle Perspektiven auf Seite 270).*

„Was ist meine persönliche Beziehung zum Thema?"
„Was schätze ich an der beteiligten Person?"

(Tool Nr. 31 Kluger Umgang mit Revieren auf Seite 295) fördert Ihre positive Identifikation mit Herausforderungen und erhöht damit Ihre Erfolgschancen von Gesprächen und Vorhaben.

Kultivieren Sie die positive, von souveräner Gelassenheit geprägte Lebenseinstellung

„Die Sonnenseite nutzen - statt unter der Schattenseite zu leiden."

und berücksichtigen Sie dabei, dass auch der Schatten seine Vorzüge hat *(Tool Nr. 25 Die Sonnenseite nutzen auf Seite 290)*.

Lebenskunst besteht darin, willentlich und ganz bewusst auch scheinbar Selbstverständliches in Dankbarkeit zu schätzen und zu würdigen *(Tool Nr. 20 Dankbarkeit als solide Grundlage für Glück auf Seite 285)*.

Stressmodus UND Lustmodus geht für unser Gehirn nicht: Wir können willentlich entscheiden

Übrigens:
Unser Hirn MUSS sich zwischen Stressmodus und Lustmodus entscheiden. Beides zusammen geht nicht. Stressmodus bedeutet Gefahr mit hohem Verletzungsrisiko. Da wird alles reduziert, was nicht überlebenswichtig ist und nur die Körperfunktionen, die für das Kämpfen bzw. Fliehen förderlich sind, werden forciert.
Das Kommando lautet „Blut in die Gliedmaßen". Alles zwischen den Gliedmaßen wird unterversorgt. In der Lust hingegen sind wir sehr verletzlich. Darum funktioniert der Lustmodus nur im Entspanntzustand unseres Körpers. Wenn wir willentlich mit positiven Gedanken oder herzlichem Lachen den Lustzustand aktivieren, muss das Hirn die Stresshormone wegschwemmen *(siehe auch Kapitel „Mein Leben beglückend gestalten." auf Seite 30.*

Das Feuer weiter reichen

Einerseits ist Begeisterung ansteckend. Der Funke springt über. Andererseits könnten sich andere auch durch unsere Euphorie überrollt fühlen.
Hier gilt der Grundsatz von Paracelsus:

„Die Dosis macht das Gift zur Medizin - und umgekehrt."

Selbst gut drauf und von einer Sache überzeugt sein, ist eine notwendige, leider keine hinreichende Bedingung, eine gute Voraussetzung, jedoch kein Rezept mit Erfolgsgarantie. Das Wort „überzeugen" kommt übrigens aus der mittelalterlichen Rechtsprechung. Wer die mächtigeren Schwurmänner hatte, hat überzeugt. Tatsächlich kann man mit Wortgewalt Menschen zum Schweigen bringen. Das heißt noch nicht, dass man sie auch ins Boot geholt und als Verbündete gewonnen hat.

So gut wie alle verfolgen das Ziel, auf Vertrauen und Akzeptanz bei anderen bauen zu können. Vertrauen lässt sich nicht verordnen oder einfordern. Es kann nur gewonnen werden. Dazu sind drei Voraussetzungen hilfreich:

1. Selbstvertrauen: Wie sollen mir die Anderen vertrauen, wenn ich mir nicht selbst vertraue? Unbewusst verkörpern wir unser Selbstbewusstsein genauso wie unsere inneren Zweifel, Unsicherheiten und Skepsis *(siehe auch Tool Nr. 12 „Selbst-Bewusstsein verkörpern" auf Seite 278).*

2. Glaubwürdigkeit durch Authentizität: Vertrauen ist sehr leicht zerbrechlich und nur schwer wieder herzustellen. Menschen reagieren verletzt bis wütend, wenn sie merken, dass wir sie unzulässig manipuliert haben. Aufgesetztes, antrainiertes Verhalten, das wir nicht verinnerlicht haben oder in Widerspruch zu unserem Denken steht, wirkt nicht stimmig und bewirkt dann das Gegenteil unserer Absicht.

3. Mit Vertrauen in Vorleistung gehen: Es braucht einen Vertrauensvorschuss, um Vertrauen zu bekommen. Wenn ich selbst mit Misstrauen in ein Gespräch gehe, erfüllt sich sehr häufig meine negative Erwartung.

Selbst-Vertrauen und Vertrauensvorschuss sind die Basis für das Vertrauen anderer

Empfundenes Interesse und Wertschätzung zu zeigen, ist eine gute Voraussetzung, um Aufmerksamkeit zu bekommen. Als Grundsatz kann dienen:

„Interessiert sein, statt interessant sein wollen."

Die Gut-Gemeint-Falle steht dabei weit offen. Wir wollen den anderen Gutes tun - und übersehen dabei, dass anderen anderes gut tut als uns. In guter Absicht erteilen wir Rat-Schläge und empfinden es als Undankbarkeit, wenn das bei anderen als emotionale Ohrfeigen ankommt und Widerstände z.B. in Form von „Ja, aber..." auslöst. Im Tool Nr. 34. *(„Nehmen Sie Rat-Schlägen die emotionale Ohrfeige" auf Seite 297)* finden Sie Tipps, wie Sie Lösungsangebot so verpacken, dass andere sie gesichtswahrend annehmen können.
Eine erfolgversprechende Strategie besteht im Prinzip:

„Fragen statt Überzeugenwollen"

„Was hältst du davon?", „Wie gefällt Ihnen das?", „Was brauchen Sie, um dem zustimmen zu können?" oder „Was spricht dagegen, dass wir es so und so testweise einsetzen?" sind klärende Fragen, um das gegenseitige und gemeinsame Verständnis zu vertiefen.

Häufig nicht oder zu wenig beachtet: Eine notwendige Voraussetzung für Veränderungsbereitschaft und Freude auf's Neue ist die Wertschätzung des Bestehenden. Zu den Kommunikations-Todsünden zählt, über das Bestehende und Vergangene schlecht zu sprechen.

Da Druck Gegendruck auslöst, beginnt dann das Gegenüber das Alte zu verteidigen und sich gegenüber dem Neuen zu verbunkern. „Es hat gute Gründe gegeben, warum man sich seinerzeit dafür entschieden hat." ist hingegen nicht nur versöhnlicher, sondern auch treffender.

„Die Probleme von heute sind Lösungen von damals."

Veränderung braucht Stabilität. Vieles bleibt gleich und einiges wird anders.

In der Toolbox finden Sie Tipps, um Balance zwischen Spielbein UND Standbein zu finden und zu halten *(Tool Nr. 48 Seite 306).*

Als Orientierung dient auch der Spruch von Gustav Mahler:

„Tradition heißt das Feuer weiterzureichen und nicht die Asche zu verehren!"

Raus aus der Stressfalle

Biologisch betrachtet ist Stress ein Überlebensprogramm. Unser Stammhirn ist geprägt von den Lebensumständen unserer Vorfahren, die als Rudeltiere in der Steppe (über-)lebten. Auf Gefahren wie z.B. Begegnungen mit Feinden reagierten sie mit "Fight or Flight" - kämpfen bei Siegesaussichten oder fliehen bei übermächtigen Feinden. Den Kampfimpuls haben Sie vermutlich schon gespürt: Wir wollen dem Anderen an die Gurgel gehen.
Der Muskel, der unsere Kiefer bewegt ist tatsächlich der zweitstärkste in unserem Körper. Nur der Gebärmuttermuskel der Frauen ist noch stärker. Das ist ein evolutionsbiologisches Erbe aus unserer Raubtiervergangenheit.

Intensiver Stress führt zu „Freeze" und dem sprichwörtlichen „Kaninchen vor der Schlange"

Sicherlich haben Sie auch schon den Fluchtimpuls empfunden: "Alles liegen und stehen lassen und weglaufen." Bei noch intensiverem Stress hat dann unser Hirn "Freeze" Totstellen auf dem Programm. Wie gebannt sitzen wir vor der Gefahr, starren auf die bedrohliche Situation und fühlen uns unfähig etwas zu tun - wie das sprichwörtliche Kaninchen vor der Schlange. Einige kennen das Gefühl vielleicht z.B. von Zahnarztbesuchen.
Dieser kurzfristige Stress zum Meistern akuter kritischer Situationen mobilisiert die Kräfte in unseren Gliedmaßen, um gut kämpfen bzw. fliehen zu können und deaktiviert in unserem Körper alles, was zum momentanen Überleben nicht gebraucht wird z.B. die Verdauung. Das Herz rast und die Atmung wird sehr flach.

Prof. Sapolsky hat in den Sechzigerjahren lange unter Pavianen gelebt und festgestellt, dass diese ähnliche Stresskrankheiten wie Menschen bekommen: Herz-Kreislaufleiden, Probleme mit Magen und Verdauung, Migräne, Immunsystemschwäche etc. Berühmt wurde sein Buch "Why Zebras Don't Get Ulcers" bzw. in Deutsch "Warum Zebras keine Migräne bekommen". Ein altes Zebra hat ganz viele Raubtierangriffe überlebt. Allerdings bedeutet Flucht eine Spitzenleistung und danach ist auch wieder Ruhe. Dauerbelastung "ohne runter zu kommen" macht uns hingegen krank.

Für viele von uns steht die Stressfalle weit offen, dass es "in einem fort durchgeht" und wir nur mehr schwer zur Ruhe kommen. Machen Sie es sich daher zur Gewohnheit die Erledigung jeder einzelnen Aufgabe bewusst wahrzunehmen und mit einem tiefen Atemzug zu würdigen. In der Toolbox finden Sie das Tool Nr. 14 "Tausendfüßlerprinzip": ganz bewusst einen (kleinen) Schritt nach dem anderen setzen - und jeden auch noch so kleinen Fortschritt würdigen *(siehe Seite 280)*.

Der Volksmund weiß auch, dass man in hektischen Zeiten "einen langen Atem braucht". Bei allem, was Rauchen schädlich macht: Rauch-PAUSEN zu machen ist aus Sicht des Stressmanagements gesund. Unsere gute Nachricht: Sie brauchen kein Nikotin, um die entspannende Wirkung des tiefen Durchatmens zu genießen. Sie könnten sich auch zu Atempausen entschließen - ohne dass Sie zur Zigarette greifen.

Atempausen ohne Nikotion sind gesundes Stressmanagement

Gunter Frank und Maja Storch appellieren in ihrem Buch „Die Mañana-Kompetenz: Auch Powermenschen brauchen Pause", dass Menschen auf ein ausgewogenes Verhältnis zwischen Anspannung und Entspannung, zwischen Aktivität des Sympathikus und des Parasympathikus achten.

Achtung: Nicht nur Glück, auch das Entspannen und Auftanken sind hochgradig individuell. Was für die einen der ideale Ausgleich ist, könnte für andere eine zusätzliche Pflicht und damit Stressursache sein. Womit die einen ganz wunderbar zur Ruhe finden, ist für andere höchst nervig. Manche wollen sich beim Mountainbiken oder in der Kraftkammer auspowern. Andere bevorzugen rhythmischen Ausdauersport, um in den Flow zu kommen, wie z.B. Laufen. Musik und Tanzen kann genial sein, um den Kopf frei zu bekommen. Viele entspannen durch Wärme z.B. in der Therme, Sauna oder Badewanne. Wieder anderen tut es gut, sich mit Gleichgesinnten zu treffen und zu kommunizieren - im realen Leben oder auch auf Facebook. Und dann gibt es noch die, denen es gut tut, einfache, mechanische Aufgaben zum "Auslaufenlassen" zu erledigen z.B. Gartenarbeit, am Auto basteln, Heimwerken, Stricken, saubere Wäsche aufhängen, etc.

Werden Sie zu ExpertInnen für die lebenswichtige Fragen:

- **Wie kann ICH auftanken?**
- **Wie kann ICH mich entspannen?**
- **Was tut MIR gut?**

(siehe auch Tool Nr. 2 "Ankern Sie positive Rituale im Alltag" Seite 270).

Übrigens: Schulmedizinisch heißt die Fähigkeit zu entspannen und wieder aufzutanken regenerative Stresskompetenz. Menschen, die in Ihrem Alltag über eine stabile "Homebase" mit Rückzugsmöglichkeiten und vielen persönlichen Energiequellen verfügen, sind so gut wie Burnout-immun.

Dem stehen allerdings die traditionellen Arbeitswerte entgegen, bei denen es gilt, lang und hart zu arbeiten. "Zähne zusammenbeißen und durch" heißt es da. Pausen machen wird schnell mit Faulsein gleichgesetzt und mit "Hast du nichts zu tun?" kommentiert. Dem halten wir das Stewardessenprinzip entgegen "Zuerst sich selbst mit Sauerstoff versorgen, um dann die anderen bestmöglich unterstützen zu können." *(Tool Nr. 3 Seite 271)*
Und auch für Feuerwehr, SanitäterInnen und ähnliche gilt: "Selbstschutz geht vor Fremdschutz". Die Formel 1 ist mittlerweile ohne professionellen Boxenstopp nicht mehr denkbar. Sollte es jemand nicht gut heißen, dass Sie in Pausen auftanken, können Sie dem ja entgegnen, dass Sie in der Profiliga spielen, in der Ihnen von daher ein hoch-effektiver Boxenstopp zusteht.

Boxenstopps sind in der schnellen Formel 1 unverzichtbar

Im Stress "glüht" unser Großhirn und ist damit außer Gefecht gesetzt. Auch die Kreativitätsnuss ist biologisch ausgeschaltet. "Jetzt keine kreativen Ideen, sondern geradeaus zuschlagen oder fliehen, um zu überleben. Bösartige Zungen reden vom "rasenden Stillstand", in dem wir durch die Gegend hetzen und nur ganz wenig weiterbekommen, weil uns die Kreativität fehlt, die wir nicht nur brauchen, um bunte Bilder zu malen, sondern vor allem auch, um einen Plan B zu entwickeln, wenn wir mit dem Plan A in die Enge kommen. Im militärischen Führungsverfahren spielt daher der Feldherrnhügel eine ganz wesentliche Rolle. Um sich dem unübersichtlichen Gemetzel zu entziehen, ist es sinnvoll einen Hügel zu besteigen, um den Überblick zu gewinnen und effektiv handeln zu können.

Wir legen Ihnen das Prinzip ans Herz:

"Man sollte von Zeit zu Zeit von sich zurücktreten wie ein Maler von seinem Bild."
Christian Morgenstern

Ein Perspektivenwechsel erschließt zusätzliche Möglichkeiten. Und die Reflektionsfähigkeit ist gerade in kritischen Situationen von wesentlicher Bedeutung. "In welchem Film spiele ich gerade?", "Welche Muster laufen hier ab?" "Was könnte ich anders machen, um die Situation zu verändern?" sind hilfreiche Fragen, die effektives Agieren fördern.

Im Buch „Inner Game Coaching" beschreiben Frank Pyko, W. Timothy Gallwey und Roswitha Menke die S.T.O.P-Strategie.

S.T.O.P

1. **S**TEP BACK:

Treten Sie einen Schritt zurück oder zur Seite, um sich vom PROblem so weit zu lösen, um den Tunnelblick zu überwinden und Über- und Weitblick zu ermöglichen. Das gibt Ihnen auch den Raum, um tief durchzuatmen.

2. **T**HINK:

Analysieren Sie, in welcher Situation Sie sich befinden, welche Muster hier ablaufen, entwickeln Sie Thesen, woran es liegen könnte und werden Sie kreativ, welche Lösungen Ihnen in den Sinn kommen

3. **O**RGANIZE:

Sammeln Sie sich wieder und ordnen Sie Ihre Gedanken. Wägen Sie die Möglichkeiten ab. Setzen Sie Prioritäten, gliedern Sie in Etappen mit Meilensteinen, identifizieren Sie Erfolgsfaktoren und Hürden, die es zu meistern gilt.

4. **P**ROCEED:

Beginnen Sie mit der Umsetzung, wenn Sie sich für einen Weg entschieden haben und legen Sie wieder einen S.T.O.P. ein, wenn es zu holpern beginnt, die Ziele im Nebel verschwinden, der Weg im Sand verläuft, Sie an einer Weggabelung vor Entscheidungen stehen oder wenn Ihnen eine Pause zum Auftanken gut tut.

Es empfiehlt sich S.T.O.P.s in den Alltag zu integrieren - vor Arbeitsbeginn und dann mehrfach täglich. Das ist äußerst hilfreich, um das Wesentliche zu erkennen und Prioritäten klug zu setzen.

Integrieren Sie S.T.O.P.s in Ihren Alltag

Bei Projekten bietet sich an, S.T.O.P.s in Projektmeetings zu institutionalisieren.

Bei Veränderungen und Innovationen sind S.T.O.P.s hilfreich, um Chancen und Risiken zu erkennen. Wenn Sie Neuland betreten und erkunden, ist es sinnvoll relativ häufig S.T.O.P.s einzulegen.

Auch in unserem Privatleben sind S.T.O.P.s äußerst nützlich, um zu unterscheiden, was uns wirklich wichtig ist und gut tut und wo wir auch in der Freizeit Zwängen gehorchen und Verhalten aus Tradition weiterverfolgen.

S.T.O.P.s sind wichtig, um zwischendurch innezuhalten, zu entspannen und wieder aufzutanken.

Neben der regenerativen sind auch noch die instrumentelle und die mentale Stresskompetenz erfolgsentscheidend und überlebenswichtig.

Den Alltag stressfreier gestalten

Die instrumentelle Stresskompetenz setzt bei den Auslösern von Stress an. Wir sollten kreativ werden, um die Stressoren in unserem Alltag zu reduzieren.

Da fällt uns naheliegenderweise ein, klare Prioritäten zu setzen.

Der aus Österreich stammende Management-Guru Peter Drucker mahnte:

"Noch wichtiger als die Dinge richtig zu tun,
ist es, die richtigen Dinge zu tun."

Den Über-, Durch- und Weitblick erzielen durch Perspektivenwechsel

Gerade in stressigen Situationen besteht jedoch bedingt durch den Tunnelblick die Neigung, das Naheliegende und nicht das Wirkungsvolle zu machen. Weiter oben haben wir Ihnen den "Feldherrenhügel" empfohlen, um den Weit- und Überblick zu fördern. Nehmen Sie immer wieder die Vogelperspektive ein, um effektiv das Wesentliche zu erkennen und nicht nur effizient das Naheliegende zu erledigen *(siehe auch Tool Nr. 8 "Effektivität vor Effizienz" auf Seite 275).*

"Die Äxte sind stumpf. Wir sollten sie schärfen."
"Keine Zeit. Wir müssen noch so viele Bäume fällen."
N.N.

Der Zeitmanagement-Papst Professor Lothar Seiwert mahnt dementsprechend schon im Titel seines Bestsellers:

"Wenn du es eilig hast, dann gehe langsam."

Tatsächlich kostet es uns sehr viel Zeit, wenn wir uns nicht die Zeit für Planung und Abstimmungsgespräche nehmen.

Ganz besonders störende Stressoren sind häufige Unterbrechungen. Hier kann es hilfreich sein, dass Sie sich ein Meeting mit sich selbst einplanen, um konzentriertes Bearbeiten wichtiger Themenstellungen zu ermöglichen.

Die Falle, dass wir dem (scheinbar) Dringenden nachhecheln und dabei das Wichtige übersehen, steht weit offen.

Das Eisenhower-Prinzip des US-Präsidenten Dwight D. Eisenhower ist nach wie vor aktuell:

„Wichtig vor dringend!"

Stellen Sie sich selbstkritisch die Fragen:

"Welchen Nutzen bewirke ich, wenn ich es mache?"
"Welche Konsequenzen z.B. Risiken bringt es mit sich, wenn ich es NICHT mache?"

Daraus können Sie die Wichtigkeit ermessen. Vieles Unwichtige lässt sich delegieren - oder auch durch das Verschieben in den Mülleimer erledigen.

Wenn etwas wichtig und dringend ist, liegt es wahrscheinlich an Ihnen, die Aufgabe selbst zu erfüllen. Die Möglichkeiten des klaren Delegierens sind durch die Dringlichkeit eingeschränkt. Und es hängt zu viel davon ab, um das Risiko, das mit einer unscharfen Auftragserteilung verbunden ist, einzugehen. Von daher ist es klug, durch frühzeitiges Planen und proaktives Agieren dem Zeitdruck entgegenzusteuern. Das eröffnet Ihnen auch die Möglichkeit des nachhaltigen und effektiven Delegierens von ganzen Verantwortungspaketen *(siehe auch Tool Nr. 32 "Kluger Umgang mit Revieren" auf Seite 295).*

Was kann ich delegieren - um was sollte ich mich selbst kümmern?

Achtung: Viele von uns leiden unter der Prokrastination - der Neigung zum Aufschieben, so lange bis es tatsächlich dringend wird. Dem gilt es aktiv zu begegnen, indem man zum Beispiel erste kleine Schritte setzt, um die Trägheit zu überwinden und von der viel größeren "Haftreibung" in die deutliche geringere "Rollreibung" zu kommen: Es braucht viel mehr Kraft, um von Stillstand in Bewegung zu kommen als dann in der Bewegung zu beschleunigen.

Führungskräfte, die neben ihrer Führungsrolle auch noch als ExpertIn aktiv sind, kennen den Spagat zwischen operativen und Führungsaufgaben. Achtung: Wenn Sie mit Ihrer Expertise inhaltliche Lösungen erarbeiten, so erhalten Sie dafür meist relative rasche Rückmeldung "Geschafft!", die das Belohnungszentrum in unserem Hirn auslöst.

Führungsaufgaben wirken meist langfristiger und man kann die Früchte der Führungsarbeit nicht so unmittelbar ausmachen.

Der Dirigent Christian Gansch vermittelt in seinem Buch "Vom Solo zur Sinfonie: Was Unternehmen von Orchestern lernen können" viele wertvolle Führungsprinzipien. Er bringt es auf den Punkt:

"Aus dem Dirigentenstab ist noch nie ein Ton entsprungen."

Klären Sie daher für sich die Frage:

„Was macht meine Führungsarbeit wertvoll?"
„Worin zeigt sich die Ernte meiner Führungsarbeit?"

Der Managementtrainer Dr. Manfred Winterheller appelliert:

„Multiplikativ führen - nicht nur additiv"

Wie kann ich den Wirkungsgrad der (Zusammen-)Arbeit im Team fördern?

Wenn Führungskräfte bei personellen Engpässen vermehrt selbst Hand anlegen, so wirkt dies additiv. Zusätzlich zur Leistungsstärke des Teams bringen auch Sie "Ihre PS" ein. Multiplikativ zu führen meint hingegen, dass Sie sich überlegen, wie Sie den Wirkungsgrad der (Zusammen-)Arbeit im Team steigern können.

Der Spruch

„Der Wind frischt auf, setzt die Segel!"
„Keine Zeit, wir müssen rudern!"
N.N.

zeigt auf, wie wichtig es ist, dass Führungskräfte den strategischen Fokus wahren und nicht in die Falle der operativen Hektik verfallen.

„Was macht die Aufgabe zur ChefInnen-Sache?"
„Welche Hebelwirkung erzeuge ich damit?"

könnten Checkfragen sein, die Ihnen das Loslassen und Delgieren von Verantwortungen erleichtern.

Übringens: Unterforderung und Langeweile können genauso Stress auslösen wie Zeitdruck und empfundene Überforderung.

Umgangssprachlich assoziieren wir mit Stress Hektik und Zeitdruck. Medizinisch versteht man unter Stress alles, was uns emotional belastet z.B. auch Reizüberflutung, Ungewissheit, Verlustängste, gravierende Veränderungen, Trauer, Sorgen, Konflikte, Isoliertheit, Fremdheitsgefühle, Gedränge, schlechtes Arbeitsklima, Krankheiten etc.

All diese Belastungen addieren sich. In der Summe kann dann etwas relativ Belangloses das Fass zum Überlaufen bringen.

Übrigens hat Professor Sapolsky nicht nur erforscht, dass die relativ friedlich im Wald lebenden Paviane mit wenig Feinden häufig unter Stresskrankheiten leiden.
Er hat auch die Ursache dafür gefunden:
In ihrem Rudel gibt es eine klar ausgeprägte Hierarchie. Dem Alphatier steht es zu, Untergebenen das Futter wegzunehmen oder auch das Weibchen. Dieses Gefühl Höhergestellten ohnmächtig ausgeliefert zu sein und das Empfinden von unberechenbarer Willkür sind offensichtlich höchst ungesund.

Unberechenbare Willkür ist höchst ungesund und demotivierend!

Als Führungskraft ist es daher wichtig, zumindest die Hintergründe von Entscheidungen mitzukommunizieren - ohne dabei in die Rechtfertigungsfalle zu tappen. Noch besser wäre es Betroffene zu Beteiligten zu machen und in Entscheidungen miteinzubeziehen. Transparenz ist stressmindernd, weil es Orientierung ermöglicht.

Vergessen Sie bitte nicht: Jeder Rahmen hat ein Inneres. Das heißt einerseits ist vieles vorgegeben und immer auch etwas gestaltbar.

Viktor Frankl, der die grausame Willkür des Konzentrationslagers überlebt hat, meint dazu:

*"Wir können immer etwas ändern.
Nämlich unsere Einstellung und unseren Zugang."*

Das Gegenteil von Stress ist Vertrautheit und Sicherheit. Stoßdämpfer gegen Stress sind Informationen, die Orientierung geben sowie zeitnahe Rückmeldung zum aktuellen Status. Statt im Stress planlos auseinander zu hetzen, ist es viel wirkungsvoller, die Zeit in ein gemeinsames Briefing zu investieren.

Übrigens, wenn wir wissen, worauf wir uns einlassen, empfinden wir mit unserem Hirn sowohl die Herausforderung als auch die Dauer als weit weniger schlimm! Giftig hingegen wirken "Karotten" die unerreichbar vor der Nase baumeln und immer weiter wandern.

Stressmindernd wirken auch verlässliche Prozesse und ein gut eingespieltes Team. Gegenseitiges Verständnis sowie partnerschaftliche Hilfsbereitschaft und Rücksichtnahme, in einem Arbeitsklima geprägt von einer konstruktiven Fehler- und Lernkultur mit empathischer, lösungsorientierter Kommunikation sind hochwirksam, um den Alltag stressfreier zu gestalten.

Das Feuer hüten - emotionales Immunsystem stärken

Stress entsteht durch meine subjektive Beurteilung der Anforderungen und Möglichkeiten

Das gängigste Stressmodell hat der amerikanische Psychologe Richart Lazarus in den 80er-Jahren des letzten Jahrhunderts entwickelt. Seine Definition: Stress ist die Störung des Gleichgewichts zwischen den Anforderungen an eine Person und den Möglichkeiten, mit den Anforderungen umzugehen. Dabei ist die subjektive Beurteilung des Einzelnen – nämlich sowohl die subjektive Einschätzung der Anforderungen als auch die der Möglichkeiten - höchst entscheidend. Die mentale Stresskompetenz ist für das emotionale Immunsystem maßgeblich.

Sie hilft aus dem Stress-Teufelskreis auszusteigen: Weil wir die Anforderungen zu hoch und/oder die Möglichkeiten zu gering einschätzen, entstehen in unserem Kopf Stressmuster. Diese erzeugen einen Tunnelblick und schalten die Kreativitätsnuss in unserem Hirn aus. Das heißt, wir sehen noch weniger die Möglichkeiten in unserem Umfeld und wir können keine kreativen Auswege finden. Was den Stress verstärkt. Über sich selbst lachen zu können und insgesamt Humor sind höchst wirkungsvoll, um wieder die Kreativität zu aktivieren. Tief durchzuatmen ist sinnvoll, um kühlen Kopf zu wahren.

Übrigens ist es Ihnen schon aufgefallen, dass es PROblem und nicht CONTRAblem heißt? Das Wort PROblem hat griechische Wurzeln mit der Bedeutung „Zur Lösung vorgelegt". Tatsächlich ist unser Hirn dafür gebaut, PRObleme zu meistern und daraus Eigenwirksamkeit zu erfahren. Selbstmitleid und Ohnmachtsgefühl sind tatsächlich hochgradig toxisch für unsere psychische und in Folge körperliche Gesundheit. Kennen Sie das Strahlen in den Augen kleiner Kinder, wenn Sie es z.B. selbst geschafft haben, das Licht aufzudrehen und die Funktionsweise der Fernbedienung zu erkunden? Vor lauter Begeisterung des Erlebens der eigenen Macht wiederholen sie das dann gleich mehrfach.

Marie von Ebner-Eschenbach hat geschrieben:

„Wenn es einen Glauben gibt, der Berge versetzen kann, so ist es der Glaube an die eigene Kraft."

Aus der Stressdefinition von Lazarus folgt, dass wir tatsächlich PROblemе relativieren können:

**„Das wirkliche/wirksame PROblem
ist die Größe des PROblems
minus meinem Zutrauen in meine Fähigkeiten
und meinem Vertrauen in die zugänglichen Möglichkeiten"**

Je mehr ich mir zutraue und für möglich halte, desto seltener verfalle ich in kontraproduktiven, ungesunden Stress.

"Was stimmt mich zuversichtlich,
dass ich die Herausforderung erfolgreich meistern werde?"
"Was habe ich schon geschafft und was traue ich mir daher zu?"

sind daher höchst wirkungsvolle Gedanken, um das emotionale Immunsystem zu stärken *(siehe auch Tool Nr. 13 „Perspektivenwechsel für PROBleme, End-Täuschungen und Niederlagen" Seite 279).*

Das Erfolgstrio, um stressresistenter und krisenfester zu werden sind

1. Realistische Einschätzung der Situation
2. Souveräne Gelassenheit - kühler Kopf
3. Optimismus und Selbstvertrauen

Die in diesem Buch dargelegten High-Performance-Prinzipien "leistungsstark & lebensfroh" dienen genau der mentalen Stresskompetenz. Sie stärken das fundierte Selbst-Vertrauen. Mit gesundem Selbst-Bewusstsein, d.h. einer wertschätzenden Sicht der eigenen Stärken und Potenziale, kann man diese viel gezielter einsetzen. Ein erweiterter Denk- und Handlungshorizont vergrößert die Möglichkeiten und wirkt daher der Stressfalle entgegen.

Mit mentaler Stresskompetenz fundiertes Selbst-Vertrauen aufbauen

Eine schwedische Weisheit besagt:

"Auf das Beste hoffen.
Auf das Schlimmste gefasst sein.
Und es nehmen, wie es kommt."

Das ist tatsächlich eine höchst effektive Anti-Stress-Strategie. Wenn es gelingt, dem Worst Case die Dramatik zu nehmen und ihn so abzusichern, dass er zu keiner Katastrophe führt, so nehmen sie viel Druck heraus. Das steigert Ihre Handlungsfähigkeit. Einen Plan B zu kennen, macht es daher wahrscheinlicher, dass der Plan A funktioniert und es keinen Plan B braucht.

Und es zu nehmen, wie es kommt, ohne falschen Hoffnungen nachzuhängen oder mit dem Schicksal zu hadern, ist die erste Säule der Resilienz, der Überlebensfähigkeit.

Mit Resilienz Krisen meistern

Ursprünglich ist Resilienz ein physikalischer Begriff. Wörtlich bedeutet es zurückspringen bzw. abprallen. Elastische Körper springen in ihre Ausgangsform zurück - während plastische Körper nachhaltig deformiert werden und spröde Körper zerbrechen. Weil es in Japan viele Erdbeben gibt, werden dort Hochhäuser resilient gebaut - sie wackeln relativ heftig und kehren dann in die Ruhelage zurück. Während Gebäude in unserem Baustil viel starrer sind und daher bei heftigen Erdstößen einstürzen würden.

Mit mentaler Beweglichkeit den täglichen Druck meistern

Katharina Maehrlein nennt ihr Buch zum Thema Resilienz daher "Die Bambusstrategie: Den täglichen Druck mit Resilienz meistern". Die agile Beweglichkeit und Zähigkeit von Bambus hilft, Widrigkeiten standzuhalten.

Conrad Celtis meint auch:

"Wer klug ist, ändert mit den Umständen seinen Plan."

Im psychologischen Sinn verstehen wir unter Resilienz damit die Überlebensfähigkeit, Krisen möglichst unbeschadet zu meistern. Das braucht die Wendigkeit, Widerstandskraft und Belastbarkeit. Während manche Menschen aus Krisen gestärkt hervorgehen, zerbrechen andere daran. Was braucht es, um Krisen als Entwicklungschance zu nutzen?

Ben Furman, dänischer Psychologieprofessor und systemischer, lösungsorientierter Psychotherapeut hat das Buch geschrieben

"Es ist nie zu spät, eine glückliche Kindheit zu haben"

Mittels Anzeige in einem Psychologiejournal hat er Menschen gesucht, die eine traumatische Kindheit mit z.B. Gewalterfahrungen, Missbrauch, Krieg, Flucht, Tod der Eltern etc. erlebt haben und die dennoch als erwachsene Menschen ihr Leben in Gesundheit meistern. Ihnen hat er 3 Fragen gestellt:

1. Was hat Ihr Überleben ermöglicht?
2. Welche Fähigkeiten haben Sie durch die Herausforderungen Ihrer Kindheit gestärkt?
3. Wo können Sie das, was Sie in Ihrer Kindheit vermisst haben, jetzt in Ihrem Erwachsenenleben verwirklichen?

Die erste Frage zielt auf die Ressourcen zum Meistern von Krisen. Das können z.B. fürsorgliche Menschen, Fantasiewelten, Rückzugsmöglichkeiten, besondere Fähigkeiten, Angepasstheit etc. sein.

In der zweiten Frage steckt die Annahme dahinter, dass Krisen es auch immer mit sich bringen, dass Stärken in besonderer Weise gefördert sind und daher trainiert werden.

"Ganz besonders wertvolle Geschenke sind häufig als PROBleme verpackt."

Die dritte Frage verdeutlicht, dass wir jetzt im Erwachsenenleben viel mehr Möglichkeiten haben, BISHER Undenkbares zu verwirklichen *(siehe auch Tool Nr. 47 "Von der Komfortzone in die Komm-Vor-Zone" Seite 305).* Glück & Zufriedenheit, Spaß & Freude, Erfüllung & Erfolg, selbstbewusste Würde & demütige Dankbarkeit sind tragfähige Säulen für nachhaltiges Brennen ohne auszubrennen.

„Nein, das darf nicht wahr sein. Nicht auch das noch." Kennen Sie diesen Gedankengang?
Wie häufig kommt es vor, dass Schlag auf Schlag sich gleich mehrere „Baustellen" in unterschiedlichen Lebensbereichen auftun. Ausgerechnet in einer Zeit beruflicher Herausforderungen mehren sich Krankheiten und eskalieren Konflikte im familiären Umfeld. Der Versuch, die Herausforderungen Schritt für Schritt zu meistern, wird leicht zur Sisyphus-Aufgabe. Kaum glaubt man in einem Bereich Land in Sicht zu sehen, zeigt sich das nächste Problemfeld.

Im Außen zeigen sich häufig die Symptome, deren Ursache in inneren Spannungen liegen. Unsere persönliche Entwicklung verläuft nicht kontinuierlich. So wie zu einem Gletscher Spalten an den Übergängen dazu gehören, ist auch unser Lebensweg von Krisen gezeichnet. In der chinesischen Sprache enthält das Wortzeichen Krise die beiden Wortteile Gefahr und Chance. Von Lao Tse stammt der hoffnungsvolle Gedanke

„Was die Raupe das Ende der Welt nennt, nennt der Rest der Welt Schmetterling."

Haben Sie schon einmal beobachtet, wie qualvoll sich der Schmetterling vom Kokon befreit? Ein Züchter wollte in liebevoller Absicht den Falter dabei unterstützen und hat von außen die Schale geöffnet. Zu seinem Entsetzen stellte er fest, dass der Schmetterling ganz knittrige Flügel hatte und daher nicht fliegen konnte. Durch die Entfaltung aus eigener Kraft werden nämlich die Flügel gestrafft. Weit offen steht die „Gut-gemeint-Falle", wenn nahestehende Menschen Krisen zu meistern haben. Doch Lösungen müssen individuell maßgeschneidert sein, sich von innen heraus entwickeln. Was mir gut tut, muss noch lange nicht für andere förderlich sein. Wohlmeinende Ratschläge bewirken häufig das Gegenteil der Absicht und werden mit unterschiedlichsten Varianten von „ja, aber bei mir geht das nicht." abgelehnt. Deprimierende Ohnmachtsgefühle werden damit gestärkt.

Hilfe zur Selbsthilfe, um Eigenwirksamkeit zu stärken

Ein 9-jähriges Mädchen sagt zu ihrer Mutter: „Mama, gell ich kann mich auf Dich verlassen und du bist für mich da, wenn ich ein Problem habe." und korrigiert sich dann gleich selbst: „Ich weiß eh, meine Probleme muss ich selbst lösen. Aber du unterstützt mich dabei." Hier ist es offensichtlich sehr gut gelungen, das Prinzip Eigenverantwortung zu vermitteln.

Burnout proaktiv entgegensteuern

Unter den ExpertInnen herrscht großteils Einigkeit, dass Burnout NICHT (nur) vom Job kommt. So gut wie immer gibt es auch im privaten Umfeld körperlich und/oder emotional Belastendes. Und auch nicht alle Menschen, die über längere Zeit privat & beruflich extrem gefordert sind, enden in Burnout. Worin bestehen die Ursachen von Burnout? Und ist überhaupt alles Burnout, was als solches umgangssprachlich bezeichnet wird?

Der Begriff Burnout ist seit den 60er-Jahren im Umlauf. Herbert Freudenberger hat 1974 die erste wissenschaftliche Arbeit zu diesem Thema geschrieben. Von Burnout betroffene Menschen fühlen sich zunehmend erschöpft, ausgelaugt, müde, resigniert, unausgeglichen und überreizt.

Burnout hat mehr mit Depression als mit Arbeits(un) zufriedenheit zu tun

Zunächst wurde das Burnout-Syndrom als Reaktion auf chronische Stressoren im Beruf beschrieben. In den 80er-Jahren zeigte Scott T. Meier jedoch, dass Burnout enger mit depressiven Tendenzen korreliert als mit der Arbeitszufriedenheit.

Auch spannend: Dem Burnout-Syndrom ist das Boreout-Syndrom durchaus ähnlich: Unterforderung und Langeweile zeigen durchaus vergleichbare Wirkung wie Überforderung und Zeitdruck.

In der Internationalen Klassifikation der Erkrankungen gehört Burnout zum Bereich „Probleme mit Bezug auf Schwierigkeiten bei der Lebensbewältigung". Das Burnout-Syndrom wird als „Ausgebranntsein" und „Zustand der totalen Erschöpfung" beschrieben.

1. **Emotionale Erschöpfung:** Das ist die Stress-Dimension des Burnouts.
   Diese Erschöpfung resultiert aus einer übermäßigen beruflichen und/oder privaten emotionalen und/oder physischen Anstrengung. Die Phasen der Anspannung stehen in keinem gesunden Verhältnis zur Entspannung. Die Betroffenen fühlen sich schwach, kraftlos, müde und matt. Sie können sich nur schwer aufraffen und sind leicht reizbar.

2. **Zunehmende Depersonalisierung und Entfremdung:**
   Mit dieser Reaktion auf die Überlastung stellen die Betroffenen eine Distanz zwischen sich selbst und ihrem Umfeld her.
   Das äußert sich in einer zunehmenden Gleichgültigkeit und teilweise zynischen Einstellung gegenüber anderen. Die Arbeit wird zur reinen unpersönlichen Routine. Man funktioniert nur noch panzerhaft-mechanistisch - ohne sich selbst zu spüren und von anderen auch nur Notiz zu nehmen.

3. **Reduzierte Leistungsfähigkeit:** Die Betroffenen haben häufig das Gefühl, dass sie trotz Überlastung nicht viel erreichen oder bewirken. Sie können kaum noch aus (Teil-)Erfolgen Kraft schöpfen. Weil die Anforderungen ständig steigen und Ziele sich immer wieder verändern, erscheint die eigene Leistung im Vergleich zu den wachsenden Erwartungen als gering. Diese Diskrepanz ist für die Betroffenen höchst entmutigend und frustrierend. Es fällt immer schwerer, den Sinn der eigenen Arbeit zu erkennen. Da (Dauer-)Stress unsere Wahrnehmungs- und Denkfähigkeit sowie unsere Kreativität einengen stimmt es auch tatsächlich, dass die Leistungsfähigkeit drastisch sinkt.

Der Einstieg in Burnout ist der innere Druck, den wir uns aufgrund von mehr oder weniger äußerem Druck selbst machen.

Eric Berne, der Begründer der Transaktionsanalyse, hat das Konzept der inneren Antreiber entwickelt. In gesunder Dosis sind sie Quelle unserer Motivation und unserer Einsatzbereitschaft. In der Überdosis führen sie zur eigenen Selbstüberforderung, Ausbeutung und Erschöpfung.

Interne Antreiber verstärken in Überdosis Stress

Für welche der inneren Stressverstärker sind Sie besonders empfänglich und wie können Sie sie entschärfen?

Innere Antreiber: vom Stress- zum Lösungsverstärker

Stressverstärker	Lösungsverstärker
Sei perfekt! Natürlich ist es wichtig, auf Korrektheit zu achten und Fehler zu vermeiden. In der Überdosis verlieren wir uns beim Perfektionismus in Details und damit den Blick für das Wesentliche. Die Effektivität leidet dann darunter.	**Ich konzentriere mich auf das Wesentliche** Fragen Sie sich immer wieder, welche Wirkung Sie mit noch mehr Genauigkeit erzielen – und ob dafür der Einsatz angemessen ist. Welche Konsequenzen hätten kleine Unkorrektheiten? Betrachten Sie unkritische Fehler als Lernchance und Verbesserungspotenziale!
Mach schnell! In der Überdosis wird aus Geschwindigkeit leicht Hektik. Es fällt uns dann schwer, unsere „PS" auf die Straße zu bringen und wir geraten leicht ins Schleudern.	**Ich nehme mir die erforderliche Zeit** zum Nachdenken und Planen und Zeit für Pausen zum Auftanken und Entspannen, um dann umso effektiver agieren zu können

Stressverstärker	Lösungsverstärker
Sei stark! In unserer Kultur gilt es vielfach noch als uncool und vor allem auch unmännlich, Schwäche zu zeigen. Der englischsprachige Begriff „effeminate" heißt auf Deutsch „verweichlicht" und geht auf die lateinische Sprachwurzel „effeminatus" für verweiblicht zurück.	**Ich bin souverän - mir fällt kein Stein aus meiner Krone** Ich frage frühzeitig um Unterstützung und nehme Hilfe an. Es ist Ausdruck von Professionalität, die eigenen Grenzen zu kennen und auf die Expertise anderer zuzugreifen.
Mach es allen Recht! Sei beliebt! Viele von uns - insbesondere Frauen - sind zur Gefälligkeit erzogen. Wir stellen dann das Wohl der Anderen über unser Eigenes. Schließlich wollen wir nicht ins andere Extrem der eitlen NarzistInnen und rücksichtslosen EgozentrikerInnen verfallen. So lassen wir es zu, dass wir selbst oder andere unsere Grenzen verletzen. Viele neigen auch zur Fried-Höf-Lich-Keit: Des lieben Friedens Willens weichen wir Konflikten aus und tragen so dazu bei, dass PRObleme bestehen bleiben.	**Ich gehe achtsam mit mir und anderen um** Mich selbst zu spüren, auf die eigenen Bedürfnisse zu achten und die eigenen Grenzen zu wahren sind höchst effektive Strategien, um der Depersonalisierung und dem Entfremdungsgefühl als wesentlichem Merkmal von Burnout entgegenzusteuern. Ich sage JA zum NEIN, denn JA zu sagen, wo ich NEIN meine, wäre ein NEIN zu mir – und das macht depressiv. Möglicherweise kann ich auch Alternativen aufzeigen. Ich stelle mich frühzeitig Konflikten. Diese sind Vertrauensbeweise, stabilisieren Beziehungen und ermöglichen Lösungen.
Strenge Dich an Im traditionellen Umfeld gibt es nach wie vor den Glaubenssatz „Erfolg ist es nur dann, wenn ich ihn hart errungen habe und es mir schwer gefallen ist." Wir übersehen dabei, dass mehr Einsatz nicht unbedingt mehr Wirkung heißen muss. Im Gegenteil: Die Überdosis Verbissenheit ist völlig kontraproduktiv und erzeugt häufig das Gegenteil von dem, was wir wollen. Erzeugt doch Druck augenblicklich Gegendruck. So verpufft unser Einsatz.	**Ich bin erfolgreich in souveräner Leichtigkeit - bei weniger Einsatz mehr bewirken** ich setze mir glaubwürdige Ziele, gliedere den Weg in überschaubare Etappen, nutze gezielt meine Stärken, kann auf die Unterstützung anderer zugreifen und schöpfe Kraft aus der Freude über (Teil-)Erfolge

Mehr Einsatz muß nicht mehr Wirkung bedeuten

Herbert Freudenberger und Gail North haben zwölf Phasen im Verlauf des Burnout-Syndroms identifiziert. Dies dient der Orientierung - der Verlauf muss nicht zwingend in diesen Stufen auftreten:

12 Phasen von Burnout

1. Drang, sich selbst und anderen Personen etwas beweisen zu wollen
2. extremes Leistungsstreben, um besonders hohe Erwartungen erfüllen zu können
3. Überarbeitung mit Vernachlässigung persönlicher Bedürfnisse und sozialer Kontakte
4. Überspielen oder Übergehen innerer Probleme und Konflikte
5. Zweifel am eigenen Wertesystem sowie an ehemals wichtigen Dingen wie Hobbys und Freunden
6. Verleugnung entstehender Probleme, Absinken der Toleranz und Geringschätzung anderer Personen
7. Rückzug und dabei Meidung sozialer Kontakte bis auf ein Minimum
8. offensichtliche Verhaltensänderungen, fortschreitendes Gefühl der Wertlosigkeit, zunehmende Ängstlichkeit
9. Depersonalisierung durch Kontaktverlust zu sich selbst und zu anderen Personen; das Leben verläuft zunehmend funktional und mechanistisch
10. innere Leere und verzweifelte Versuche, diese Gefühle durch Überreaktionen zu überspielen wie beispielsweise durch Sexualität, Essgewohnheiten, Alkohol und andere Drogen
11. Depression mit Symptomen wie Gleichgültigkeit, Hoffnungslosigkeit, Erschöpfung und Perspektivlosigkeit
12. erste Gedanken an einen Suizid als Ausweg aus dieser Situation; akute Gefahr eines mentalen und physischen Zusammenbruchs.

Die Gefahren-Leiter von Burnout - wo stehen Sie?

Warnsignale, die auf Burnout hinweisen

Ein typisches Phänomen im Zusammenhang mit Burnout ist die Verdrängung. Da Depersonalisierung und Entfremdung Teil des Syndroms sind, gesteht man sich Probleme und Schwierigkeiten nicht ein, neigt zum Beschönigen und Verharmlosen und stellt sich taub gegen Rückmeldungen und Warnappelle von außen.

Von daher ist es besonders wichtig, auf die Warnsignale bei sich und anderen zu achten.

Sagt die Seele zum Körper:
„Geh du voraus, auf mich hört sie/er nicht!"

Und dann:
„Du musst lauter sprechen, sonst hört sie/er dich nicht"

Und in Folge:
„Du musst brüllen, sonst ignoriert sie/er dich!"

Und schließlich:
„Hilft nichts. Du musst völlig streiken!"

Die Symptome von Burnout zu (er-)kennen ist wichtig um gegenzusteuern

Körperliche Symptome:

- Körperliche Erschöpfung, Müdigkeit
- Schlafstörungen
- Nervosität, Anspannung
- Verdauungsstörungen
- Kopfschmerzen, Schwindel
- Häufige und lang andauernde Erkältungen
- Bluthochdruck, Pulsrasen

Geistige Symptome:

- Verlust von Einsatzwille
- Enttäuschung
- Resignation
- Apathie/Langeweile
- Demoralisierung
- Konzentrationsstörungen
- Entscheidungsunfähigkeit
- Gedächtnisstörungen

Beeinträchtigung der Grundfertigkeiten:

- Unpünktlichkeit
- Reizbarkeit, „dünne Haut"
- verringertes Arbeitsvolumen
- Mehrung von Irrtümern, Fehlleistungen, Vergessen
- Unzuverlässigkeit
- vermehrte Pausen, geringe Ausdauer
- keine Motivation
- keine Freude an der Arbeit
- Nicht-Erscheinen am Arbeitsplatz, Häufung von Krankenständen

Beeinträchtigung der sozialen Fähigkeiten:

- Rückzug und Kontaktvermeidung
- Eingeschränkte Kommunikation
- Konfliktvermeidung oder im Gegenteil übersteigerte Streitsucht
- Immer wieder „Aussetzer".

Im Internet findet Sie mehrere Selbsttestverfahren, um einzuschätzen in welchem Maß man Burnout-gefährdet ist.

Plötzliche Verhaltensänderungen im Unterschied zu früher ohne erkennbaren Anlass, die über einen längeren Zeitraum andauern, sollten bei Ihnen Alarmglocken auslösen.

Beispiele dafür sind: Ehemals äußerst gesellige und kontaktfreudige Menschen ziehen sich immer mehr zurück. Werte verschieben sich offensichtlich: Jemand, dem Sport äußerst wichtig war, nimmt sich keine Zeit mehr für Ausgleichssport. Ein Mensch, der früher gepflegtes Äußeres sehr geschätzt hat, vernachlässigt zunehmend sein Outfit. Ein ausgesprochener Familienmensch kommt immer weniger dazu, Zeit mit seiner Familie zu genießen. Er empfindet es jetzt als belastende Pflicht und nicht mehr als beglückendes Wollen, mit seiner Familie zu sein.

In solchen Fällen sollte einE dafür speziell geschulte ÄrztIn die Diagnose stellen.

Die männliche und weibliche Seite von Burnout

Mittlerweile weiß man, dass viele Krankheiten z.B. Herzinfarkt bei Männern und Frauen unterschiedliche Symptome zeigen und unterschiedliche Behandlungen brauchen.

Bezüglich Stressverhalten sowie Burnoutrisiken und -symptomen gibt es auch geschlechtsspezifische Unterschiede. Natürlich gilt diese Aufstellung nur tendentiell für Frauen bzw. Männer - alle Mischformen und Zwischenabstufungen sind möglich.

Auch beim Burnout gibt es Unterschiede zwischen Männern und Frauen

Weiblich	Männlich
Karrieredenken	
„Frauen wollen es gut machen"	„Männer wollen weiter kommen"
Stressbewältigung	
„tend and be friend": sich kümmern & behilflich sein	„fight or flight": Kampf/Aggression oder Flucht/Rückzug
Symptome	
Häufiger Niedergeschlagenheit, emotionale Erschöpfung	Häufiger Aggressivität, Zynismus und Depersonalisation
Gesellschaftlicher Druck	
Soziale Benachteiligung: geringeres Einkommen, Mehrfachbelastung	Soziale Rollenerwartung: Erfolg, Statussymbole

Burnout vorbeugen

In den letzten Kapiteln haben wir viele Prinzipien beschrieben, wie es gelingt, das emotionale Immunsystem zu stärken, den Alltag stressfreier zu gestalten, mit mentaler Stärke und souveräner Gelassenheit Hürden spielend zu meistern, aus der Stressfalle bewusst wieder auszusteigen und so den krankmachenden Folgen von Dauerstress proaktiv entgegenzusteuern.

Paul Watzlawiks Anleitung zum Unglücklichsein haben viele gelesen - und so dort und da ertappt schmunzelnd indirekt mitgenommen, was sie ändern könnten, um glücklicher zu werden. Im Coaching nennt man dies paradoxe Intervention. In diesem Sinn bieten wir Ihnen hier „Tipps", was braucht es, um das Ausbrennen zu beschleunigen.

Anleitung zum Ausbrennen

Was Sie machen sollten, wenn Sie sicher in Burnout enden wollen!

1. Arbeiten Sie so viel und so lange wie möglich, wenn möglich auch nachts, am Wochenende und an Feiertagen.

2. Nehmen Sie möglichst viel zusätzliche Arbeit an, um Ihre armen KollegInnen zu entlasten und Sie wissen ja selbst, dass Sie jeden Job am besten machen.

3. Machen Sie höchstens einmal im Jahr Ferien, und eine Woche genügt - oder ein verlängertes Wochenende.

4. Konzentrieren Sie sich nur auf die unangenehmen Seiten Ihrer Arbeit und ärgern Sie sich regelmäßig darüber.

5. Machen Sie Ihre Selbstbestätigung ausschließlich von der Arbeit abhängig.

6. Schaffen Sie sich keinen Ausgleich in der Freizeit, dadurch vergeuden Sie nur Ihre Energien.

7. Glauben Sie fest daran, dass Sie jedes Problem lösen können und dass Sie einE VersagerIn sind, wenn dem mal nicht so ist.

8. Interessieren Sie sich nicht für Ihr eigenes Wohlergehen, Ihre körperliche und seelische Gesundheit.

9. Halten Sie Distanz zu Ihren KollegInnen, ein freundschaftliches Verhältnis behindert nur Ihren Arbeitsdrang.

10. Ihr eigenes Privatleben kommt immer zuletzt! Leben Sie möglichst zurückgezogen und meiden Sie Freunde und Bekannte.

Vorbeuge-Tipps gegen Burnout

Die Boston Public Health Commission hat Tipps zusammengestellt, wie man wirkungsvoll Dauerstress und damit Burnout vorbeugen kann.

Diese decken sich bestens mit unseren Prinzipien zu „leistungsstark & lebensfroh".

Die Tools in der Toolbox unterstützen Sie dabei, diese konsequent und vor allem wirkungsvoll zu beherzigen:

Was Sie machen sollten, wenn Sie Burnout gezielt vorbeugen möchten

1. Denken Sie positiv, umgeben Sie sich mit positiv denkenden Menschen - gehen Sie zu emotionaler Umweltverschmutzung auf gesunde Distanz!

2. Machen Sie eine Liste der zu erledigenden Aufgaben, setzen Sie Prioritäten und quittieren Sie jede erledigte Aufgabe mit einem freudigen, tiefen Durchatmen!

3. Zerlegen Sie größere Aufgaben in kleinere. Würdigen Sie auch Teil-Erfolge. Bitten Sie, wenn nötig, um Unterstützung! Formulieren Sie Ihre Erwartungen klar.

4. Nein sagen ist erlaubt!

5. Benützen Sie Rückschläge und Misserfolge als Lerngelegenheiten!

6. Sitzen ist stressförderlich, nehmen Sie die Treppen statt dem Lift, stehen Sie zum Telefonieren auf!

7. Bauen Sie körperliche Fitnesspausen und Hirnjogging zur Energie- und Stimmungssteigerung ein!

8. Vermeiden Sie Stressquellen wie z.B. Lärm oder Gedränge!

9. Nehmen Sie sich bewusst Zeit für Freizeit: z.B. Spielen mit den Kindern, Haustiere, Musik, Gartenarbeit, Lesen, Treffen mit Menschen, Hobbys, Sport etc.!

10. Lachen Sie möglichst viel und herzhaft! Nehmen Sie sich Zeit um Spaß zu haben!

Ganzheitliches Selbstmanagement als Burnout-Vorbeugung und -Ausstieg:

Prof. Dr. Waldemar Pelz, Institut für Management-Innovation, sieht ganzheitliches Selbstmanagement als Schlüssel, um Burnout einerseits vorzubeugen und andererseits einen Ausstieg aus der Burnout-Falle zu finden:

3 Säulen für Ganzheitliches Selbstmanagement gegen Burnout

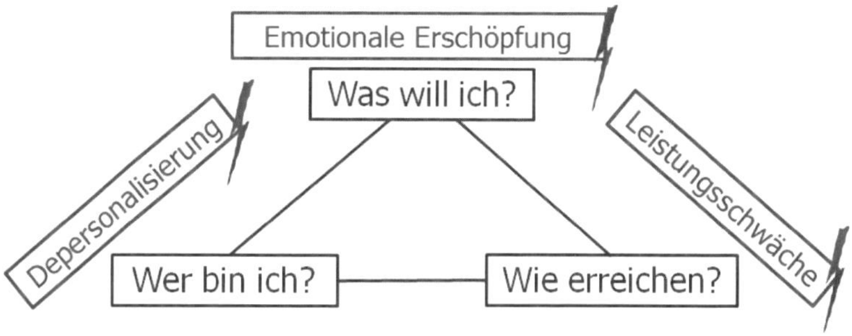

1. Wer bin ich?

Da Depersonalisierung ein Charakteristikum von Burnout darstellt, ist es ganz wichtig, die eigene Identität und Persönlichkeit mit einem stimmigen Selbst-Bewusstsein zu stärken. „Was habe ich schon geschafft?" „Welche Stärken und Strategien habe ich dabei entwickelt und eingesetzt?" sind solide Quellen für fundiertes Selbst-Vertrauen *(siehe Tool Nr. 11 „Mehr von dem tun, was sich bewährt hat" Seite 277).*

Mich in meiner Haut wohlzufühlen - was voraussetzt, dass ich mich auch spüre, stärkt das emotionale Immunsystem ganz ungemein. „Ich sage JA zu mir - so wie ich bin." z.B. laut ausgesprochen vor einem Spiegel mit gutem Blickkontakt zu mir, ist sehr heilsam und entspannt die inneren Stressverstärker. Auf diesem soliden Fundament kann ich dann auch aufbauen: Ich habe auch noch Potenziale, die ich entwickeln möchte und Lernfelder, die ich trainieren möchte. Beachten Sie bitte, dass „MUSS" ein Stressverstärker wäre, den Sie sinnvollerweise durch „ich möchte" oder „ich entscheide mich" ersetzen *(siehe Tool Nr. 15 „Sie müssen nicht" Seite 281).*

2. Was will ich?

In der emotionalen Erschöpfung fällt es schwer, Zukunftsperspektiven zu erkennen. Darum ist es wichtig, die eigenen Kernwerte zu finden, auf ihnen aufbauend freudvolle Visionen zu entwickeln und daraus private & berufliche Ziele abzuleiten *(siehe Tool Nr. 4 „Beherzte Visionen" und Tool Nr. 5 „Brief aus der erfolg- und freudenreichen Zukunft" Seite 272).*
Attraktive Ziele helfen uns, unsere Energie zu bündeln. Wenn wir das WOZU unseres Handelns vor Augen haben, entwickeln wir mehr Freude und Leistungsstärke. Achtung: „Was heißt Erfüllung & Erfolg, Glück & Zufriedenheit, Spaß & Freude, Entspannung & Auftanken für mich?" ist eine höchst sinnvolle Frage. „Was gilt in der Gesellschaft als Erfolg?" „Welche Erwartungen haben andere an mich?" und „Was müsste ich machen, um in den Augen anderer erfolgreich zu sein?" sind toxische Doppelgänger, die als innere Stressverstärker wirken.

3. Wie erreiche ich meine Ziele?

Das dritte Charakteristikum des Burnout-Syndroms ist neben der Depersonalisierung und emotionalen Erschöpfung der Frust über die empfundene oder tatsächliche Leistungsschwäche. Dem können Sie entgegenwirken, indem Sie Ihre analytischen Fähigkeiten schärfen, um Situationen realistisch einzuschätzen, das Beeinflussbare vom Nicht-Beeinflussbaren zu unterscheiden, Strategien der Zielerreichung zu finden, den Weg in Etappen zu gliedern, auch Teil-Erfolge zu erkennen und zu würdigen. Eigene fachliche & methodische, persönliche & soziale Kompetenzen weiterzuentwickeln ist hilfreich, um Situationen souveräner und gelassener zu begegnen.

Beeinflussbares von Nicht-Beeinflussbarem unterscheiden und Teil-Erfolge würdigen

Emotionale Kompetenzen helfen, belastende Situationen möglichst schnell und effektiv zu überwinden *(siehe u.a. Tool Nr. 13 „Perspektivenwechsel für PRObleme, End-Täuschungen und Niederlagen" Seite 279 und Tool Nr. 28 „Empathisch Distanz wahren: Unerfreuliches weniger zu Herzen nehmen und herausfordernden Zeitgenossen souverän begegnen" Seite 292).*

Auch praktische Intelligenz erleichtert die Bewältigung alltäglicher Herausforderungen. Mit ihr erkennen wir das Wesentliche *(siehe Tool Nr. 8 „Effektivität vor Effizienz" Seite 275)* und kommen wir vom Planen ins Tun. Im Tool Nr. 14 *(„Vermeiden Sie die Stressfalle" Seite 280)* haben wir das Tausendfüßler-Prinzip beschrieben: Schritt für Schritt setzen, jeden Fuß auf dem Boden wahrnehmen und so etappenweise die Ziele zu erreichen.

Das 2. Kapitel haben wir dem Thema „mein Leben beglückend gestalten" gewidmet. Dieses 3. Kapitel erörtert in den ersten Abschnitten, wie Sie Ihr persönliches Feuer der Begeisterung immer wieder entfachen, fürsorglich pflegen, gut hüten und weiterreichen können. Und mehr noch: Die Ermutigung, Ihre Einzigartigkeit selbst-bewusst in (beruflichen) Gemeinschaften zu leben und Ihre persönlichen Stärken werteorientiert und sinnerfüllt für gemeinsame Ziele zu nutzen, zieht sich als roter Faden durch das Konzept „leistungsstark & lebensfroh".

Zentraler Führungsansatz: zunächst sich selbst klug führen

Sich selbst klug zu führen, um Menschen und Vorhaben zum Erfolg führen zu können, ist unser zentraler Führungsansatz. Darum sind auch in diesem Buch die Kapitel zum klugen Selbstmanagement dem Kapitel „Unternehmens-Führung" vorgelagert - und die „Persönliche Weiter-Entwicklung" im hinteren Teil des Buches schließt den Bogen.

7 Säulen, um krisenfester und stressresistenter zu werden

1. Den Tatsachen ins Auge blicken - mit der Situation arrangieren

Verschaffen Sie sich möglichst viele relevante Informationen, um Situationen realistisch einschätzen zu können. Die Fähigkeit, Beeinflussbares von nicht Beeinflussbarem zu unterscheiden ist trainierbar. Klar zu kommunizieren, was gegeben und was gestaltbar ist, bietet eine Orientierung. Probleme zu verdrängen oder zu verharmlosen wäre dagegen toxisch. Unrealistische Hoffnungen führen zwangläufig zu entmutigenden End-Täuschungen.

Mit dem Schicksal zu hadern bindet viele wertvolle Energien. Daher ist es viel klüger, anzunehmen was ist und daraus das Beste zu machen. Der Motivations-Check *(Tool Nr. 6 Seite 273)* hilft, bei allem Schmerzlichen und allen Verlusten zu erkennen, was man nach wie vor Positives hat. So fällt es leichter, sich mit der Situation zu arrangieren und vielleicht sogar anzufreunden.

2. Sinn erkennen

Das Geschehene lässt sich nicht verändern - sehr wohl jedoch unsere Sicht darauf. Viktor Frankl wusste, WARUM es ihm so wichtig war, zu überleben und hat so schreckliches WIE ertragen. Von ihm stammt auch das Prinzip **WIDEG** - **W**ofür **I**st **D**as Eine **G**elegenheit? *(Tool Nr. 25 Seite 290)* Wenn ich den Sinn meines Lebens kenne, so relativiert dies auch heftige Krisen.

Vielleicht gelingt es Ihnen sogar, sich so weit vom Problem zu lösen, dass Sie sogar die vielzitierte Chance in der Krise erkennen können: Durch außergewöhnliche Herausforderungen erschließen wir neue Strategien und Fähigkeiten, überwinden alte Muster und gewinnen neue Sichtweisen.

3. Wahrnehmung schärfen - für sich und das Umfeld

Einerseits gilt es den Überblick im Außen zu wahren. Dazu hilft es, emotional in Distanz zu gehen und zum Beispiel die Vogelperspektive einzunehmen. Andererseits ist die Reflexionsfähigkeit von zentraler Bedeutung. Sie hilft, eigene Verhaltensmuster zu erkennen und angemessen zu steuern. Über sich selbst schmunzeln, vielleicht sogar lächeln oder lachen zu können, dämpft die Ecken und Kanten des Lebens.

Annehmen, was ist: zwischen Veränderbarem und Unabänderlichem unterscheiden

Schließlich ist es wichtig, sich selbst und die eigenen Bedürfnisse zu spüren. Wer eisern immer wieder seine eigenen Grenzen überfährt, riskiert ins Burnout zu schlittern. Mit sich selbst achtsam umzugehen steigert die körperliche, geistige und seelische Gesundheit *(siehe Tool Nr. 16 Seite 281)*.

4. Selbstvertrauen und Zuversicht pflegen

Selbstvertrauen ist gerade in Zeiten mit einem hohen Grad an Ungewissheit unglaublich stressmildernd: Egal wie es weiter geht, in mich kann ich vertrauen. Fundiert wird dieser Glaube an mich und meine Fähigkeiten durch all das, was ich schon geschafft und erzielt habe. Gesundes Selbstbewusstsein heißt, dass ich meine Stärken kenne und sie damit gezielt nutzen kann *(siehe Tool Nr. 11 Seite 277)*. Eine zuversichtliche Einstellung - auf Basis der realistischen Einschätzung der Situation - lenkt die Aufmerksamkeit auf das Positive, ermöglicht das Erkennen von Chancen und fördert unsere Kreativität, die wir brauchen, um rettende Ideen zu entwickeln. Lachen ist die wirkungsvollste Methode, um aus Stress auszusteigen, sich zu entspannen und die Kreativität wieder zu aktivieren.

5. Zukunfts- und Lösungsorientierung

Völlig kontraproduktiv ist die Falle, ins „Ach-wäre-es-nicht-passiert"-Denken zu rutschen. Vielmehr gilt es den Blick nach vorne zu richten. Mitten in der Krise und bei einem hohen Grad an Ungewissheit ist es wichtig, „auf Sicht zu fahren": Zunächst geht es darum, bis dahin ... jetzt dieser Schritt ... die nächste Stunde überleben ... diese Aufgabe bewältigen ... den heutigen Vormittag meistern ... diese Gefahr gebannt ... diese Klippe überwunden ... am Abend möchte ich da stehen.

Sich immer den ganzen langen Weg aus der kritischen Situation vor Augen zu halten, würde entmutigen und lähmen. Wenn die akute Gefahrensituation gemeistert ist, ist es sinnvoll, wieder beherzte Visionen Ihrer lebenswerten Zukunft zu entwickeln. Das Visualisieren von glaubwürdig-ehrgeizigen Zielen bestärkt und beflügelt *(siehe Tool Nr. 4 Seite 271)*.

Bedenken Sie PROblem heißt „zur Lösung vorgelegt". Entwickeln Sie mindestens erste drei Ideen, was Sie zur Bewältigung der Herausforderung tun könnten - das dürfen völlig verrückte „Schnapsideen" sein. Es geht darum, die Kreativität wieder einzuschalten.

Lassen Sie sich überraschen, wie vieles Ihnen einfällt und möglich wird, wenn Sie den Damm der alten Glaubenssätze gebrochen und den Schritt von der Komfortzone in die Komm-Vor-Zone geschafft haben *(siehe Tool Nr. 47 Seite 305).*

6. Eigenwirksamkeit stärken

(Selbst-)Mitleid und Ohnmachtsgefühle wirken höchst toxisch. Leicht führen sie in die Abwärtsspirale der Opfertrance. Bestärkendes Mitgefühl und Hilfe zur Selbsthilfe sind hingegen sehr heilsam. Zunächst gilt es aus der lähmenden Rolle „Ich bin Opfer der Umstände" auszusteigen. Ja, manchmal gibt es einen hohen Grad der Fremdbestimmung. Da fällt es schwer und braucht es Kreativität zu erkennen, was ich zum Meistern bzw. Lindern der Situation beitragen kann. In solchen Fällen kann eine paradoxe Intervention hilfreich sein: „Was könnte ich tun, um es noch weiter zu verschlimmern?" Darauf fällt uns immer etwas ein. Das heißt aber auch, dass es mir prinzipiell möglich ist, auf mein (Er-)Leben Einfluss zu nehmen.

Gescheiter, weil gescheitert! Was mache ich zukünftig anders?

Sehr wichtig ist auch der kluge Umgang mit Rückschlägen. Bedenken Sie, dass sich „gescheitert" und „gescheiter" nur durch ein „t" unterscheiden. Hier gilt der Grundsatz: Nach dem letzten Hinfallen noch einmal aufstehen. Dann steht man. Bitte denken Sie daran, die Krone wieder zurechtzurücken und dann auch zu reflektieren: „Was mache ich zukünftig anders, um meine Erfolgschancen zu erhöhen?" *(siehe Tool Nr. 13 Seite 279).*

7. Beziehungen pflegen - Unterstützung organisieren

Souverän zu agieren heißt auch, dass mir kein Stein aus der Krone fällt, wenn ich um Tipps, Hilfe und Unterstützung bitte. Menschen, denen es schwer fällt, Ratschläge und Hilfe anzunehmen - z.B. weil sie einen Glaubenssatz verfolgen „es ist ein Zeichen von Schwäche und Versagen, wenn ich Unterstützung brauche" - sind tatsächlich Burnout gefährdet *(siehe Tool Nr. 16 Seite 281).*

Dabei gilt der Grundsatz „Get a contact before you need it". FreundInnen hat man nicht, Freundschaften muss man pflegen - und das gilt auch für alle anderen Beziehungen. Das ist auch unglaublich gesund: Menschen, die gut sozial in ein Beziehungsnetz eingebettet sind, haben - unabhängig vom Lebensalter - eine doppelt so große Chance, das nächste Jahr zu überleben.

Souveräne Gelassenheit durch stressmindernde Gedanken

Krankmachender Stress ist das Resultat einer inneren Bewertung. Entscheidend ist die Wirklichkeit 2. Ordnung, das ist, wie wir die Situationen erleben und wie wir mit den Herausforderungen der Wirklichkeit 1. Ordnung umgehen.

Auch William Shakespeare wusste, dass unsere eigene subjektive Einschätzung und Beurteilung entscheidend ist.

„An sich ist nichts gut oder böse. Das Denken macht es erst dazu."

Wir bieten Ihnen ein Repertoire an stressmindernden Gedanken, um durch einen Perspektivenwechsel Ihre Lösungsmöglichkeiten zu erweitern.

Ein hilfreiches Repertoire an stressmindernden Gedanken

Realitätscheck
- Ist es wirklich so?
- Wie kann ich die Situation anders sehen?
- Welche positiven Seiten hat die Situation?
- Habe ich zu hohe oder falsche Erwartungen?

Reflektieren der Gefühle
- Wie fühle ich mich, wenn ich diesen Gedanken denke?
- Hilft mir der Gedanke, die Situation gut zu bewältigen?
- Wie reagiere ich, wenn ich diesen Gedanken glaube?
- Was wäre möglich, wenn ich mich von dieser Überzeugung lösen würde?

Rollentausch
- Was würde ich einem Freund/einer Freundin sagen, die sich in einer ähnlichen Situation befindet?
- Wie gehen andere mit einer ähnlichen Situation um?

Zeitliche Relativierung
- Wie werde ich in einem Monat/einem Jahr darüber denken?
- Wie werde ich in 10 Jahren, rückblickend die jetzige Situation betrachten?
- Totenbettperspektive zum Erkennen von Prioritäten *(siehe Tool Nr. 9)*

Entkatastrophisieren
- Was könnte schlimmstenfalls passieren?
- Wie schlimm wäre das wirklich?
- Wie kann ich den Worst case absichern?
- Was wäre schlimmer als diese Situation?

Stärken des Selbst-Vertrauens
- Habe ich schon einmal eine ähnlich schwierige Situation gemeistert?
- Wie habe ich das damals geschafft?
- Was gibt mir Mut und Sicherheit?
- Worauf kann ich vertrauen?

Suche nach Sinn

» Was kann ich in dieser Situation lernen?
» Welche Aufgabe habe ich in dieser Situation?
» Welchen Sinn finde ich in dieser Situation?

Weitere Möglichkeiten finden Sie in der Toolbox, z.B. Tool Nr. 13 „Perspektivenwechsel für PRObleme, End-Täuschungen und Niederlagen".

„Es ist, was es ist, sagt die Liebe."

beginnt ein berühmtes Gedicht von Erich Fried.

Den Uralt-Programmen unseres Hirns trotzen: risikobewusst statt angstgetrieben

Unser Hirn ist optimiert, um bestmöglich unser Überleben zu sichern. Allerdings waren die Rahmenbedingungen während der Entwicklung unseres Hirns die des Rudels in der Steppe. Angst ist das intensivste Gefühl in unserem Hirn - soll es doch vor Gefahren schützen. Ärger macht uns kampfbereit. „Fight or flight" sind die instinktiven Muster unseres Stammhirns. Stress erzeugt Tunnelblick. Das schränkt unsere Wahrnehmungsfähigkeit drastisch ein und hemmt unsere rationale Denkleistung. Die von den frühzeitlichen Umweltbedingungen geprägten Denk- und Handlungsmuster sind häufig kontraproduktiv für die aktuellen Risikofaktoren.

„Jäger zum Abschuss freigegeben" ist der Titel eines Beitrags vom 8.1.2014 im DerStandard. Die australische Regierung möchte den Artenschutz teilweise aufheben und große Haie töten, weil die Anzahl der Todesfälle durch Haibisse zugenommen habe: In den vergangenen 100 Jahren sind in den Gewässern Westaustraliens 20 Menschen einem Hai zum Opfer gefallen, davon sieben in den letzten drei Jahren. Weltweit töten jedes Jahr Haie im Mittel fünf bis zehn Menschen - und Menschen im Mittel 70 bis 100 Millionen Haie, kontert Greenpeace. Tatsächlich sterben in Österreich viel mehr Menschen an Rehen. Werden zukünftig rehbraune Augen in Thrillern statt in Heimatfilmen zu sehen sein? Niemand käme auf die Idee, Hausarbeit zu bekämpfen, weil dabei am meisten Menschen verunfallen. Oder weltweit Autos zu verbieten, weil sie in 100 Jahren deutlich mehr als 20 Tote verursacht haben. Ängste und Phobien haben ihre Ursache häufig in diesen archaischen Mustern. Monster aus der Tiefe, Absturz aus der Höhe, Fluchtweg abgeschnitten, Tiere, die sich schlängeln oder mehr als 4 Beine entsprechen den urzeitlichen Gefahren und geben den Stoff für Nervenkitzel in Mainstream-Filmen.

Risiken und Chancen werden vom Hirn unterschiedlich wahrgenommen

Wie wir beim Einschätzen von Chancen und Risiken häufig gründlich daneben liegen, wird auch dadurch verdeutlicht: Es ist 100 000 mal wahrscheinlicher trotz Pille schwanger zu werden als im österreichischen Lotto zu gewinnen. Und trotzdem halten wir die Pille für ein sicheres Verhütungsmittel und investieren unser Geld in die drastisch kleinere Chance des Lottogewinns. Der Physiker und Hirnforscher Stefan Klein beschreibt in seinem Buch „Alles Zufall" viele eindrückliche wissenschaftliche Studien, wie wir dazu neigen, Risiken auszublenden. Das gilt ganz besonders, wenn wir Chancen wittern und noch mehr, wenn wir unter Erfolgsdruck stehen. Wir gehen z.B. riskante Überholmanöver ein. Auf dem Spiel stehen Menschenleben - gewinnen können wir wenige Minuten, die wir früher ankommen. Oder für die vage Aussicht auf mehr Rendite riskieren wir unser Kapital.

Bias nennt man in der Statistik diese systematisch verzerrten Einschätzungen. Rolf Dobelli hat eine beeindruckende Sammlung wissenschaftlich nachgewiesener, psychologisch bedingter Fehlleistungen in den beiden Bestsellern

„Die Kunst des klaren Denkens" und „Die Kunst des klaren Handelns" griffig beschrieben.

Angst lähmt uns. Angst vor dem Scheitern erhöht das Risiko des Scheiterns. Wenn wir den Baum fixieren, gegen den wir auf KEINEN Fall fahren möchten, folgt die Bewegung unseren Augen - und wir treffen den Baum. Darum wird auch in Fahrsicherheitstrainings empfohlen, auf den Zwischenraum zwischen den Bäumen zu fokussieren. „Was sind die Frühanzeichen der Gefahr, auf die ich aufmerksam achten sollte?" und „Was braucht es, um das Risiko abzusichern und die Hürden souverän zu meistern?" sind zielführende Fragen, um kritische Passagen heil zu überstehen.

Das Erfolgstrio für das Meistern von Krisen

1.realistische Einschätzung der Situation: Kopf in den Sand zu stecken, Gefahren zu negieren oder zu verharmlosen hat schon so manchem das Genick gebrochen.

2.souveräne Gelassenheit: Im militärischen Führungsverfahren ist der Feldherrnhügel bedeutsam. Aus der Distanz fällt es leichter den Überblick zu wahren und zielführende Strategien zu entwickeln.

3.Lösungsorientierung, Zuversicht, Selbstvertrauen: „Wie gehe ich mit der jetzigen Situation bestmöglich um?", „Was stimmt mich zuversichtlich, dass ich es schaffen werde?", „Wie könnte ein Plan B aussehen?", „Auf welche Sicherheitsnetze kann ich vertrauen?", „Wie kann ich mir Unterstützung organisieren?" erhöht die Erfolgschancen des Vorhabens.

Eine schwedische Volksweisheit fasst Resilienz, die Überlebensfähigkeit treffend zusammen:
Auf das Beste hoffen, auf das Schlimmste gefasst sein und es nehmen, wie es kommt.

Und wenn es Ihnen schwer fällt, sich mit Risikobewusstsein und Sicherheitsthemen Gehör zu verschaffen, können Sie auch noch diesen Witz erzählen - er ist aktueller denn je:

Mit Witzen das Risikobewusstsein stärken

Ein Mann springt aus dem 10. Stockwerk eines Hochhauses. Beim 2. Stockwerk winkt er hinein: „Ihr Risikomanager, nichts ist geschehen, 80 % überlebt." Im 1. Stockwerk: „90 % geschafft. Wann glaubt Ihr es endlich, dass Springen gefahrlos möglich ist?!?" Wenige Zentimeter über dem Erdboden: „Geschwindigkeit ist geil!" Wenn er nach der Landung noch sprechen kann: „Ich kann nichts dafür. Ohne Boden wäre es ein erfolgreicher Sprung gewesen. Den Boden haben andere gemacht."

Diesen Witz hat Monika sehr gerne auch schon vor der Finanzkrise von 2008 erzählt.

Unternehmens-Führung

Ein Unternehmen ohne Führung ist wie ein steuerloses Boot im Wildwasserbach. Allerdings reicht es zur Bewältigung der vielfältigen Wagnisse und Gefahren nicht aus, nur eine „Führung" als Person oder Personengruppe zu haben. Unternehmens-Führung schließt bereits sprachlich mit ein, dass es um ‚das Führen', d.h. ein bestimmtes Verhalten der verantwortlichen Personen geht, nicht nur, aber auch, auf der obersten Hierarchiestufe im Unternehmen.

Das Spektrum von Unternehmens-Führung und damit von Führungsaufgaben und Verhalten ist groß. Vielfältige Aspekte laden zum Nachdenken und Überdenken ein. Unternehmen Sie mit uns einen Streifzug in einige der wichtigen Aspekte von Unternehmens-Führung.

Führungs-Qualität

Führungskräfte sind massiv gefordert, wenn es darum geht, Chancen der sich rasch ändernden Märkte schneller als der Mitbewerb zu erkennen und zu nutzen sowie Hürden und Risiken souverän zu meistern. Neben dem Zeitfaktor sind vor allem Flexibilität und Innovationskraft zunehmend gefordert. Für ManagerInnen stellt sich die Frage: „Wie führe ich meine MitarbeiterInnen zum nachhaltigen Erfolg?"

Ist „Fachkompetenz" das ‚A und O' einer erfolgreichen Führungskraft?

„Was ist eine gute Führungskraft?" Die Antworten auf diese hintergründige Frage sind vielfältig, spiegeln sie doch die Werte und Normen der Unternehmenskultur wider. Häufig steht besondere Fachkompetenz an vorderer Stelle. Dieses Bild von Führung drückt sich dann zum Beispiel in Aussagen aus wie „Die MitarbeiterInnen benötigen so viel Zeit, dass ich kaum mehr zu meiner eigentlichen Arbeit komme." Was sind die „eigentlichen Aufgaben" einer Führungskraft?

„Derjenige, der immer weiß wie,
wird immer einen Job haben.
Derjenige, der immer weiß warum,
wird immer eine Führungskraft sein."

Ralph Waldo Emmerson

Wenn sich Führungskräfte vor allem über ihre herausragende Fachkompetenz definieren, wird es für sie ein zweischneidiges Schwert, ihrer eigentlichen Aufgabe nachzukommen, nämlich MitarbeiterInnen und vor allem deren Leistungsfähigkeit zu fördern. Wissen und Information wird so häufig zum Machtfaktor. Personalentwicklung und -weiterbildung kann sogar als bedrohlich erlebt werden. Mit ein Faktor, warum in unserer Kultur die Ernte des betrieblichen Vorschlagswesens oft so bescheiden ausfällt. ManagerInnen als Coaches und MentorInnen definieren hingegen ihre Leistung über den gemeinsamen Erfolg des von Ihnen geführten Teams.

Diese Veränderung des Blickwinkels ermöglicht WIN-WIN-Strategien, in denen der Zuwachs des Know-how, der Skills und der Ideen der MitarbeiterInnen Teil der Zielerreichung der ManagerInnen werden.

Klar kommunizierte Ziele schaffen die Voraussetzung dafür, dass die Energie, die Aufmerksamkeit und die (vielleicht knappen) Ressourcen strategisch auf das Wesentliche ausgerichtet werden. Motivation ohne Information ist Illusion. Einerseits reduziert mangelnde Information und die damit verbundene Verunsicherung dramatisch den Wirkungsgrad der persönlichen Leistung. Andererseits sind Information und Einbindung Ausdruck einer Wertschätzung. Die Orientierung an der vorgegebenen Richtung dient als Entscheidungsgrundlage und ermöglicht Vereinbarungen, wer welchen Beitrag zur Zielerreichung leistet.

Motivation ohne Information ist Illusion

„Nachdem wir das Ziel endgültig aus den Augen verloren hatten, verdoppelten wir unsere Anstrengungen."

Mark Twain

Umfang und Grenzen von Aufgaben, Verantwortungen und Befugnisse müssen nicht nur klar definiert, sondern auch aufeinander abgestimmt sein. Nur wenn entsprechende Entscheidungs- und Gestaltungsmöglichkeiten gegeben sind, kann einE MitarbeiterIn der mit der Aufgabe verbundenen Verantwortung nachkommen. Als wesentliche Qualitätskriterien von Führungsarbeit ergeben sich daraus, dass klar kommuniziert wird, was vorgegeben und was gestaltbar ist, sowie dass Verantwortlichkeiten klar festgelegt und Aufgaben inklusive Ergebnisverantwortung gemeinsam mit den dafür erforderlichen Befugnissen delegiert werden.

Die Visualisierung der Zielerreichung und der (Teil-)erfolge bietet Führungskräften und MitarbeiterInnen einerseits die Möglichkeit, die Prozesse Richtung Erfolg zu steuern und zu verbessern und sich andererseits über Erreichtes zu freuen, bevor man ans Meistern neuer Herausforderungen geht.

„Führen heißt Ausgleich zu schaffen, zwischen gemeinsamen Zielen und individuellen Bedürfnissen."

Monika Herbstrith-Lappe

Das systematisierte jährliche MitarbeiterInnen-Gespräch wird zum zentralen Führungswerkzeug, um das gemeinsame und gegenseitige Verständnis zu fördern. Einerseits dient es zur Zielvereinbarung und –überwachung sowie zur Aktualisierung und Weiterentwicklung des Aufgabenfeldes. Andererseits wird in diesem Rahmen Feed-back hinsichtlich Stärken und Verbesserungspotenzialen gegeben und werden konkrete Maßnahmen vereinbart. Auch von der/dem MitarbeiterIn an die Führungskraft: Welche Inputs und Rahmenbedingungen benötige ich, um die vereinbarten Outputs zu liefern?

Zielsetzung ist,
- Stärken zu stärken und gezielt einzusetzen,
- Potenziale zu entwickeln und zu nutzen,
- Lernfelder zu identifizieren und gezielte Weiterentwicklung zu fördern,
- so genannte „Schwächen" so weit abzusichern, dass sie den Erfolg nicht vermasseln
- und Strategien zu entwickeln, um in vielen Situationen mit den Stärken punkten zu können und nur selten die Defizite ausgleichen zu müssen.

Schwächen werden durch zu intensive Beschäftigung mit ihnen verstärkt

Anpassungsleistungen, um sich Soll-Profilen zu nähern, haben einen ganz schlechten Wirkungsgrad. Sie kosten hohe Anstrengungen und stärken nur wenig die Erfolgs-Chancen – häufig schwächt das sogar die Stärken. Wenn man sich zu sehr mit „Schwächen" beschäftigt, stärkt man die Schwächen durch Verunsicherung. Viel klüger und wirkungsvoller ist es, Stärken effektiver zu nutzen.

„Führen heißt individuelle Stärken auf gemeinsame Ziele zu fokussieren."

Monika Herbstrith-Lappe

Attraktive Ziele, verbindende Gemeinsamkeiten und bereichernde unterschiedliche Stärken kennzeichnen das Winning-Team. Zentrale Führungsaufgaben sind, Rahmenbedingungen zu schaffen, in denen alle im Team ihre individuellen Fähigkeiten und Erfahrungen wirkungsvoll einbringen können und die einzelnen MitarbeiterInnen möglichst gemäß ihren Stärken eingesetzt werden.

Und für Führungskräfte gilt:

„Kritik ist gut. Vorbild ist besser."

Führungsarbeit als Dienst-Leistung

MitarbeiterInnen gemeinsam zum Erfolg führen

„Das brauchen wir nicht. Wir sind alle erfahren und kompetent." Führungskräfte-Trainings werden oft nicht als Bereicherung der Persönlichkeit wahrgenommen. Vielmehr lösen sie manchmal Widerstände und Skepsis aus. „Glauben Sie vielleicht, dass ich ein besonders schwieriger Fall bin, dass Sie mir jetzt sogar noch zusätzlich ein persönliches Coaching anbieten." Im Sport ist es ein Zeichen, dass man das Hobby-Stadium überwunden hat und zur Profi-Liga zählt, wenn man TrainerInnen und Coaches zur Unterstützung nutzen kann. Im Management hat sich noch nicht überall diese Werteskala durchgesetzt.

Vom Macher zum/zur ErmöglicherIn

Weit verbreitet ist nach wie vor die Praxis, dass die besten ExpertInnen zu Führungskräften befördert werden. In unseren Schulen schneidet gut ab, wer alles weiß. Das Wissen und die Fähigkeiten anderer zu nutzen, wird im schulischen Umfeld als „Schummeln" disqualifiziert. Professionalität heißt in der Konsequenz dann, die Dinge selbst besser zu können. Und die Belastung des ‚besten Arbeitstieres' mit Führungsaufgaben bedeutet dann oft, dass aufgrund der zu hohen Arbeitsbelastung die Qualität sinkt. Andere zu Höchstleistungen zu führen, hat dann gleichzeitig den Pferdefuß, sich selbst unter Konkurrenzdruck zu setzen. Oftmals wird es als Schwäche statt als effektives, wirkungsvolles und daher professionelles Handeln wahrgenommen, wenn Unterstützung und Ressourcen anderer genutzt werden. Das Bild vom „Self-Made-Man", der autark handelt, ist nach wie vor sehr attraktiv. Der vielzitierte Team-Geist hat oftmals Durchsetzungsprobleme gegen die vorherrschenden „Platzhirschen".

„Was ist eine gute Führungskraft?"

Diese scheinbar banale Frage ist auf dem direkten Weg nur schwer zu beantworten. Versuchen wir es daher indirekt über die internen KundInnen der Führungskraft, die von ihr geführten MitarbeiterInnen. Plakat-Designer nehmen von verschiedenen Frauen deren attraktivste Partien und gestalten so bewundernswerte Modell-Frauen. Wenden wir doch diese Methodik auch auf Führungskräfte an. Lassen Sie die Führungskräfte aufmarschieren, denen Sie selbst anvertraut waren. Nehmen Sie sich von jeder Person jene Aspekte, die Sie als MitarbeiterIn als förderlich und beispielgebend erlebt haben und lassen Sie den Rest weiterziehen. Mal sehen, welche Pracht-Mischung da raus kommt: Fachexpertise fehlt so gut wie nie in der Erfolgsrezeptur. Allerdings ist es nur ein Punkt neben vielen anderen. Aus der Perspektive der MitarbeiterInnen ist die Einbeziehung in Entscheidungsprozesse und das Gefragt-/Gehörtwerden absolut auf der positiven Bewertungsseite. Kaum jemand, der das als Schwäche der Führungskraft empfindet!

Basteln wir uns die ideale Führungskraft - welcher Zutaten bedarf es?

Der Entwicklungsweg vom „Macher" zum „Ermöglicher", der ein Team zu Höchstleistungen und zur Zielerreichung führt, setzt radikales Umdenken voraus. Monika Herbstrith-Lappe selbst hat ihr ehemaliger Chef in der berufsbegleitenden Erwachsenenbildung verblüfft: „Wenn du eine gute Lehrerin sein willst, erwarte ich von dir, dass etliche deiner SchülerInnen einmal wesentlich mehr verdienen als du!" Es ist schon gewöhnungsbedürftig, dass man seinen eigenen Erfolg daran misst, welche Erfolge man bei anderen bewirkt. Das deutsche Wort „Dienst-Leistung" bringt diese Ambivalenz auf den Punkt: Einerseits die Expertise und Professionalität der Leistung und andererseits die Bereitschaft zu dienen.

Führungsarbeit als Dienst-Leistung zu verstehen ist ein zukunftsweisender Lösungsansatz. Neben den MitarbeiterInnen sind natürlich auch die Unternehmensleitung, andere Bereiche des Unternehmens und – wie könnte man es vergessen – die externen KundInnen InteressenspartnerInnen, deren Erwartungen es zu erfassen, zu priorisieren und umzusetzen gilt.

DompteurIn oder VoyeurIn? Regie führen auf beruflichen Bühnen

Es heißt, der Entwurf für ein Theater sei zugleich der Entwurf für eine Gesellschaft. Nicht zufällig verstehen wir unter Performance sowohl eine künstlerische Aufführung als auch die Leistung von Unternehmen. Es gibt viele Parallelen zwischen den Theater- und den beruflichen Bühnen.

Wenn wir anderen Ideen schmackhaft machen möchten, Verbündete gewinnen wollen, Veränderungen anstreben, in einer Verhandlung gute Ergebnisse anpeilen oder etwas verkaufen, so inszenieren wir. Wir wollen unser Anliegen ins rechte Licht rücken. Eine gute Dramaturgie ist für das Gelingen von Gesprächen, Verhandlungen, Führungs-, Veränderungs- und Verkaufsprozessen erfolgsentscheidend. Wie gehen Profis vor, wenn sie Botschaften vermitteln, Emotionen erzeugen und Menschen bewegen wollen?

Kernwerte und -botschaften in wahrnehmbarer Form gestalten und präsentieren

In Unternehmen wie im Theater geht es darum, Kernwerte und -botschaften in wahrnehmbarer Form zu gestalten und die Zielgruppe in das Geschehen eintauchen zu lassen. Regieführen ist nicht nur ein künstlerischer, sondern auch ein Führungsprozess. Wie gelingt es, gemeinsam mit einem Team Ideen und Konzepte zu verwirklichen?

„Wie inszenieren TheaterregisseurInnen und was können Führungskräfte daraus lernen?" war die Zielsetzung für Interviews mit mehreren RegisseurInnen.

Rosee Riggs hat an der Hochschule für Schauspielkunst „Ernst Busch" Schauspielregie unterrichtet und ist jetzt Professorin am Max Reinhardt Seminar für das Fach „Grundlagen der Rollengestaltung", in dem aus den neu aufgenommenen StudentInnen ein Ensemble geformt wird. Ihre Inszenierungen wurden mit mehreren Theaterpreisen ausgezeichnet. In ihrem Nachwort zum Buch „Der Schauspieler und das Ziel" von Declan Donnellan (Alexander Verlag Berlin) schreibt sie:

„Ein Schauspieler ist jemand,
der wegen seiner überhöhten Wahrnehmung
der Begebenheiten im Leben
imstande ist, Geschichten zu erfassen
und sinnlich erfahrbar zu machen."

Friedrich Schiller beschreibt den

„spielenden Menschen als den, der in der Lage ist, sein höchstes Potenzial zu erreichen. Spiel als Mittel, sich selbst zu entdecken, unserer Fantasie freien Lauf zu lassen und unsere Entdeckungen mit anderen zu teilen."

Die Macht der sinnlichen Vorstellungskraft und der positiven Emotionen zu nutzen, ist auch ein zentrales Prinzip des Mentaltrainings, das zunehmend nicht nur im Leistungssport, sondern auch von Führungskräften praktiziert wird. Spätestens seit dem Kult-Motivationsbuch „Fish" ist die spielerische Leichtigkeit als wesentlicher Erfolgsfaktor vielen Menschen bewusst.

In spielerischer Leichtigkeit den Herausforderungen begegnen

Rosee Riggs: „Die Energie für den fordernden Prozess kommt von Freude, weil ohne Freude alle ihren Humor und ihre Fantasie verlieren und das ist das Schlimmste, was dir passieren kann. Falls das passiert, wenn ein Krampf einkehrt, dann löse ich das Problem sofort, wenn ich kann, so dass die Betroffenen das Ganze nicht als Problem begreifen, sondern als ein Geschenk. Wenn ich das Problem zeitnah nicht lösen kann, weil ich müde bin, breche ich die Probe ab, wir trinken ein Glas Sekt und schlafen eine Nacht darüber. Deshalb ist es so wichtig, immer ausgeruht und so fit wie möglich zu sein, so hast du noch Ressourcen, mit Hürden umzugehen."

Aus Sicht des High Performance Coach ist es auch die Führungsaufgabe mit der größten Hebelwirkung, immer wieder bewusst dafür zu sorgen, selbst „gut drauf zu sein, wenn es drauf ankommt". Denn nichts hat größeren Einfluss auf die Produktivität und Motivation von MitarbeiterInnen als das Verhalten der direkten Führungskraft in kritischen Situationen.

Anna Maria Krassnigg zeichnet für zahlreiche Inszenierungen und Textfassungen an Stadt- und Staatstheatern und für freie Gruppen in Deutschland, Österreich und der Schweiz verantwortlich. 2007 gründete sie den salon5 (www.salon5.at), ein innovatives Kunst- und Kommunikationsprojekt und lehrt als Professorin für Regie am Max Reinhardt Seminar in Wien. Auch sie setzt auf das kraftvolle Miteinander von analytischem Verstand mit der Schubkraft des Feuers der Begeisterung:

„Für mich besteht das größte Glück darin, dass die Ent-Zündung des Bauches mit dem Gehirn parallel läuft."

Eine der revolutionärsten Erkenntnisse der modernen Hirnforschung ist die Schnelligkeit und die Macht der Emotionen. Der renommierte Neurowissenschafter Antonio R. Damasio hat eines seiner Bücher „Descartes' Irrtum" genannt. Dessen Devise "Cogito ergo sum", die auch dazu geführt hat, dass Mitarbeiter häufig auf Headcounts reduziert werden, war historisch bedeutsam und stellt sich jetzt als zu kurz greifend heraus. Schon C.G. Jung war überzeugt, dass wir über Kombinationen von Denken, Fühlen, Wahrnehmen und intuitivem Ahnen verfügen, um uns mit unserem Umfeld effektiv auseinanderzusetzen. In unserem immer schnelllebigeren (Geschäfts-)Leben mit steigendem Grad der Komplexität und Ungewissheit gewinnt das zunehmend an Bedeutung.

Viele Führungskräfte kennen es: Entscheidungen mittragen, bei denen es selbst schwer fällt, einen positiven Zugang zu finden. Wie geht einE RegisseurIn damit um, ein Stück am Spielplan zu inszenieren, das er nicht besonders mag? Rosee Riggs unterscheidet im Sinn von Berthold Brecht zwischen der sogenannten Fabel, dem was objektiv betrachtet geschieht, und dem Thema, dem worum es ihr dabei geht. Über diesen Weg findet sie für sich einen Zugang, welche interessanten Aspekte ihr wichtig sind und was sie erzählen möchte. KonstruktivistInnen bezeichnen es als Wirklichkeit 1. Ordnung, wie die Dinge sind und Wirklichkeit 2. Ordnung, wie wir die Dinge sehen und wie wir damit umgehen. Letzteres können wir immer (mit-)gestalten.

Die Masteridee verleiht den einzelnen Rollen, Handlungen und Worten Bedeutung

Für alle befragten RegisseurInnen ist die Masteridee entscheidend, die sich durch alle Szenen zieht und den einzelnen Rollen, Worten und Handlungen Bedeutung verleiht. Wie viele Unternehmen haben einen so klaren strategischen Fokus, der dem Wirken aller Beteiligten Orientierung bietet? Rosee Riggs klärt zunächst für sich die Idee und bereitet gründlich vor, bevor sie Schauspieler einbindet. „Die Aufgabenteilung ist, dass der/die RegisseurIn für das Stück verantwortlich ist und die SchauspielerInnen für ihre Rollen. Je klarer ich das Stück auf den Boden lege, desto handlungsfähiger sind die SchauspielerInnen, ihre Rolle zu entwickeln. Sehr unerfahrene Regisseure denken, die Schauspieler können ganz viel improvisieren. Aber das ist so, wie wenn man mit Legobausteinen baut und dabei die Bodenplatte darunter vergessen hat. Dann findet alles statt, aber es hat keine Beziehung zueinander."

Anna Maria Krassnigg: „Letztendlich hat jede Inszenierung eine DNA. Es gibt eine Matrix der Wahrheit des Werks. Es gibt wie in der DNA einen Gesamtspeicher und der wiederholt sich in jeder Zelle. Ein Bühnenbild, ein Kostüm, eine Handlung oder ein Wort ist nicht falsch, weil es falsch ist. Es ist falsch, wenn es nicht zur DNA passt. Die Masteridee muss deutlich ausgesprochen werden." Sie geht dabei auch keine Kompromisse ein: „Wenn ich eine Idee habe, von der ich total begeistert bin, und ich gehe dann den ganzen Text darauf hin durch, und ich merke für zwei Akte ist es genial, aber dann bricht es zusammen, dann wird es flach, dann weg mit der Idee. Zunächst kommt die Idee aus dem Stoff, aus dem Text und dann muss sie am Text wieder überprüft werden. Und in dem Moment, wo ich die DNA eines Werkes verstehe, weiß ich, welche Kollegen ich fragen muss."

Sie bekennt sich ganz im Sinn von Max Reinhardt zum Ensemble-Gedanken. „Mit Menschen, mit denen ich bereits zusammengearbeitet habe, kann ich auf einem viel höheren Level beginnen, weil ich um das Vertrauen nicht mehr ringen muss."

Für die Unternehmen beginnt zunehmend der Wettbewerb um die besten MitarbeiterInnen. Für den Erfolg eines Theaterabends ist die Besetzung der einzelnen Rollen von entscheidender Bedeutung. Der wesentliche Aspekt des Castings ist die Bedeutung der einzelnen Rolle für die Inszenierung. Rosee Riggs räumt ein, dass die Wahlmöglichkeit beschränkt ist, wenn das Ensemble vorgegeben ist: „JedeR SchauspielerIn hat eine Persönlichkeit, eine bestimmte Energie und Lebenserfahrung. In gewisser Weise hängt man die Figuren an die Psychologie der SchauspielerInnen. Was man auch nicht weginszenieren kann, ist die wahre Beziehung zwischen den SchauspielerInnen. Das wirst du immer spüren, weil es so elementar ist."

Für den Erfolg ist die Besetzung der einzelnen Rollen von entscheidender Bedeutung

Einerseits haben RegisseurInnen eine sehr ausgeprägte konzeptionelle Idee. Andererseits sind SchauspielerInnen sehr eigenindividuell. Sie haben große Kraft und viel anzubieten. In einem dialogischen Prozess entsteht so gemeinsam das Theaterstück. In idealer Weise wird so verbunden, was in Unternehmen Top-Down- und Bottom-up-Prozesse genannt wird.

Rosee Riggs unterscheidet 2 Arten von RegisseurInnen, die sich durch die Zugänge Zugriff und Zulassen unterscheiden: „Die einen sind (stärker) DompteurInnen und die anderen (stärker) VoyeurInnen. Voyeuristisch klingt nach passivem Prozess, ist aber tatsächlich hochaktiv. Je mehr man voyeuristisch führt, desto strahlender kommen die SchauspielerInnen einem entgegen. Je mehr man sie dazu bringt auszuführen, was vorgegeben ist, desto braver ist das Stück. Weil sie dann zu sehr damit beschäftigt sind, Erwartungen zu erfüllen. Alles, was der Regisseur ausdrücklich sagt, ist dann tot. Die SchauspielerInnen werden immer versuchen das abzuhaken. Das kommt dann mit einem Impuls von jemand anderen. Deswegen vermittle ich den SchauspielerInnen, dass ich alles sehe ohne es zu bewerten. Es sei denn, es passt nicht zur Geschichte, die wir erzählen wollen (Fabel und Thema). Das ist wichtig und das ist konstant natürlich. Dann ist es meine Aufgabe mich zu melden!"

Und: „Führungskräfte oder RegisseurInnen sind tendenziell VoyeurInnen oder DompteurInnen und die VoyeurInnen sind meines Erachtens die besseren. Es ist aber nützlich manchmal die Qualität/Eigenschaft von DompteurInnen zu haben, falls du proaktiv eingreifen musst, oder aber auch, wenn die SchauspielerInnen etwas Input brauchen. Ich sage es deshalb, weil viele junge RegisseurInnen es missverstehen und sie lassen die SchauspielerInnen arbeiten und schauen, was für die Regie abfällt. Das ist auch nicht fair."

Sie betont auch die große Bedeutung der Rückmeldung an die Beteiligten.

„Was man nicht sieht, findet nicht statt."

„Die SchauspielerInnen sind aufgrund ihrer Erfahrung in der Lage, die Geschichte zu erfassen, dann haben sie viel mehr Freiheit und Raum und werden richtig kreativ. Wenn sich die SchauspielerInnen nicht gesehen fühlen von den Regisseuren und der Regisseur nicht beschreiben kann, was er gesehen hat, werden sie es nicht mehr zeigen." Rosee Riggs nennt diese Art der Ideenvermittlung Projektion.

Das entspricht ganz unserem Konzept „Führungsarbeit als Dienst-Leistung" mit dem Paradigmenwechsel „Vom Macher zum/zur ErmöglicherIn".

Rosee Riggs begreift ihre Aufgabe als Regisseurin als die Bemühung, einen optimalen Prozess zu erfinden oder zu entdecken, und möglichst optimale Bedingungen zu erschaffen. „Es kommt darauf an, die Menschen zu beschützen und zu fördern. Ich kann mir nicht vorstellen, dass es möglich ist, Regie zu führen, wenn du wenig Interesse an Menschen hast, oder sie gar herablassend betrachtest. Das ist absolut kontra-produktiv. Menschen zu einem kreativen Ergebnis zu bringen, ist eine vielschichtige Herausforderung. Mit Einfühlungsvermögen die Leute anzunehmen, so wie sie sind, mit Wärme und Großzügigkeit, und auf ihren Stärken zu bauen, ist die Voraussetzung für kreative Entfaltung. Ich sage meinen Schauspielern nie, wie sie etwas umzusetzen haben. Da habe ich Vertrauen und es ist kontra-produktiv und demotivierend, den Kontrollfreak rauszuhängen. So reduzierst du andere nur auf das, was du selber machen würdest. Das finde ich total langweilig. Du musst dafür eine hohe Wahrnehmung haben. Es ist das Anstrengendste, alles wahrzunehmen und zu verarbeiten. Wenn Leute sich nicht wahrgenommen fühlen, hören sie auf zu geben."

High-Performance-Kultur braucht MitdenkerInnen, MitgestalterInnen und MitwirkerInnen

Die High-Performance-Kultur des Post-Fordismus braucht MitdenkerInnen, MitgestalterInnen und MitwirkerInnen. Eigeninitiative ist gefragt! Werden im Taylorismus nur einzelne Aufgaben delegiert, so geht es im Post-Fordismus in erster Linie um Ergebnis- und Wirkungsverantwortung - was nur gehen kann, wenn Aufgaben, Befugnisse und Kompetenzen aufeinander abgestimmt sind. „Fehlende Anerkennung ist wie eine chronische Vergiftung für Motivation und Leistungsfähigkeit": Unter diesem Titel hat Katrin Terpitz in der Wirtschaftswoche vom 9.2.2010 eine Studie veröffentlicht, wonach es die deutsche Volkswirtschaft Milliarden kostet, dass sich Mitarbeiter nicht wertschätzend geführt fühlen.

Auch für Anna Maria Krassnigg heißt das Zauberwort Vertrauen. „Das Entscheidende für mich ist Konzentration und Vertrauen. Als Regisseurin muss ich dafür einen Raum aufspannen. Es muss mir gelingen, in der Probe eine

Blase der Konzentration zu bilden, in der kein Vorher, kein Nachher, keine Außenwelt durchkann. In der Blase hat nichts außer der Geschichte Platz und alles passiert im gegenseitigen Vertrauen. Alle können sich gegenüber mir und einander absolut fallen lassen. Vertrauen heißt für sie die Sicherheit, dass du absolut nichts falsch machen kannst."

Systemtheoretisch gilt der Grundsatz, dass eine Entscheidung gut ist, wenn sie die Handlungsoptionen erweitert. Das deckt sich mit der Beschreibung des Probenprozesses der befragten Regisseure. Viele Organisationen wünschen sich mehr unternehmerisches Denken und Handeln. Das geht nur dann, wenn nicht nur Verantwortungsbereiche, sondern auch Gestaltungsbefugnisse delegiert werden. Und das setzt wiederum eine lösungs- und lernorientierte Fehlerkultur voraus.

Rosee Riggs über ihre Führungsrolle: „Du kannst nie von anderen verlangen, was du selber nicht bereit bist zu geben. Das ist eine Energiefrage und Menschen haben verständlicher Weise ein sehr genaues Gespür dafür, was fair ist."

Wir haben das als High Performance Führungsprinzip „Führen heißt Ausgleich zu schaffen zwischen gemeinsamen Zielen und individuellen Bedürfnissen sowie persönliche Stärken auf gemeinsame Erfolge zu fokussieren" beschrieben. Statt einer gut-gemeinten, traditionell angestrebten Gleichbehandlung ist es viel sinnvoller, Menschen individuell und fair zu behandeln.

Führung heißt: persönliche Stärken auf gemeinsame Erfolge fokussieren

Die wichtigste Erkenntnis aus den zahlreichen Begegnungen und Gesprächen mit RegisseurInnen und SchauspielerInnen ist die entscheidende Bedeutung der Authentizität und der hellwachen Wahrnehmung. Daraus resultierend Glaubwürdigkeit, Präsenz und eine stimmige Gesamt-Performance. Es wäre fatal, andere zu imitieren. Vielmehr geht es darum, als individuelle Persönlichkeit unterschiedliche Rollen glaubhaft zu verkörpern, indem man die Welt durch ihre Augen betrachtet und aus deren Perspektive auf ein Ziel hin agiert.

Max Reinhardt bringt es in seiner berühmten Rede über den Schauspieler auf den Punkt:

„Die Natur verleiht jedem Menschen ein besonderes Gesicht.
Aber im schmalen Flussbett des bürgerlichen Lebens,
vom Alltag hin und her gestoßen,
werden die Menschen schließlich so abgeschliffen
wie runde Kieselsteine."

Für SchauspielerInnen im Ensemble sollte gleichermaßen wie für Führungskräfte und MitarbeiterInnen im Unternehmen in Anlehnung an Hermann Hesse gelten:

*„Treue zu sich selbst
und Achtsamkeit für die anderen"*

und das auf einer tragfähigen gemeinsamen Basis mit einem klaren, strahlenden Ziel vor Augen.

Führungsteam: gemeinsam die erfolgreiche Zukunft gestalten

„Glauben Sie, dass man die Zusammenarbeit im Führungsteam verbessern sollte?" diese Frage trifft auf mehr Zustimmung als „Wollen Sie Ihre persönliche Führungsarbeit weiterentwickeln?" Zwischen den Zeilen steckt oftmals der Wunsch: „Die anderen sollen besser mit mir zusammenarbeiten."

Das Angebot einer „Führungsteamentwicklung" statt einer „Führungskräfteentwicklung" trägt diesem Umstand Rechnung. Es reicht auch wirklich nicht, dass sich nur die einzelnen Führungskräfte ständig verbessern. Das Motto sollte vielmehr

„Gemeinsam noch erfolgreicher"

Es ist kontraproduktiv, jedes Zahnrad für sich zu optimieren - das Zusammenspiel ist entscheidend

sein. Im Getriebe ist es einleuchtend: Es bringt kaum etwas und kann sogar sehr kontraproduktiv sein, die einzelnen Zahnräder - jedes für sich – zu optimieren. Vielmehr geht es um die Funktion des Getriebes und die daraus abgeleitete Positionierung und Anforderungen der einzelnen Komponenten. „Wie gut greifen die Zahnräder ineinander?" ist die erfolgsentscheidende Frage und darauf sollten Verbesserungsaktivitäten abzielen. Schlupf frisst Wirkungsgrad und beschleunigt den Verschleiß. Unklare, doppelbödige Organisations-Strukturen auch. In Gesprächen kann man leicht erkennen, wenn offizielle und gelebte Organisationsstruktur auseinander klafft. Aussagen wie „Prinzipiell ist das bei uns so geregelt ...", „Eigentlich müsste ...", „Theoretisch wäre ... zuständig ..." sind dann häufig zu hören.

Ein Teamtraining für Führungskräfte deckt im Gegensatz zur „Führungsteamentwicklung" auch nicht die Anforderungspalette ab: Da fehlt der Bezug auf die gemeinsamen Ziele, die Aufgabenstellungen im Unternehmen und die zu berücksichtigenden Rahmenbedingungen. Hier wird zwar vernetzt, aber es fehlt noch die Zielorientierung, die strategische Ausrichtung des gemeinsamen Tuns.

Die Balance zwischen gemeinsamen Zielen und individuellen Bedürfnissen lässt sich nicht nur an künstlichen Fallbeispielen oder in adrenalinförderndem Outdoor-Gelände ausloten. Vielmehr gibt es ja ganz konkrete Herausforderungen, die im Geschäftsalltag gemeinsam zu bewältigen sind.

In Workshops zur Führungsteamentwicklung gehen wir dementsprechend zunächst davon aus, welche Ziele gemeinsam angestrebt werden, welche gemeinsamen Strategien umgesetzt werden sollen und welche Arbeitsprogramme sich daraus ergeben.

Zeit für Dialoge, die zu einem gemeinsamen Verständnis und einer analogen Sichtweise der Unternehmenssituation beitragen, ist sinnvoll investiert.

„Nichts kostet mehr Zeit, als Gespräche, die man verabsäumt hat zu führen."

Und gerade Ziele haben es an sich, dass sie oft „eh klar" erscheinen und man dabei übersieht, dass das „eh klar" vom nächsten zwar genauso klar, aber nicht übereinstimmend ist. Das „Big Picture" der aktuellen Situation und der angestrebten, zukünftigen Erfolge muss soweit abgestimmt sein, dass die Einzelnen Ihre Beiträge darauf ausrichten können.

Noch etwas lässt sich am Getriebe klar erkennen: Die Funktion des Getriebes ergibt sich daraus, dass die Zahnräder verschieden sind. Im Berufsleben hört man oft die Klage: „Wir haben so viele unterschiedliche Berufsgruppen, das erschwert die Zusammenarbeit." Das Getriebe macht sichtbar, dass im Gegenteil die Unterschiedlichkeit das Handlungsspektrum wesentlich erweitert. Die Voraussetzung ist allerdings gegenseitige Wertschätzung.

Unterschiedlichkeit im Team erhöht die Handlungsmöglichkeiten wesentlich

Im alltäglichen Miteinander herrscht oft die gegenseitige Abwertung vor. Auf das Getriebe übertragen hieße das, dass die Großen den Kleinen zum Vorwurf machen „Igitt, seid Ihr winzig. So klein und traut sich schon ins Getriebe." Dem folgt auf Schritt der Gegenangriff der Kleinen an die Großen: „Ach, seid Ihr träge, so langsam wie Ihr Euch dreht." Jedes Rad auf seinem Platz, in seiner Funktionalität ist wichtig. Bei uns Menschen haben allerdings die Erfahrungen unserer kriegerischen Urzeit im Unterbewusstsein überlebt. Häufig herrscht jenseits des Intellekts die im Reptilienhirn verankerte Prägung vor: „Uups, der/die ist ganz anders, nicht unser Rudel - das könnte ein Feind sein!"

Zielgerichtete Vernetzung
Der Erfolg versprechende Dreischritt besteht daher aus

1) der gemeinsamen Sichtweise „Was streben wir an?",
2) aus der Bereitschaft der Einzelnen „Was kann ich zum gemeinsamen Erfolg beitragen?"
3) und drittens „Wie wollen wir die Zusammenarbeit gestalten, dass wir den Spagat zwischen den unterschiedlichen Anforderungen der InteressenspartnerInnen und unseren eigenen individuellen Bedürfnissen meistern?"

Durch die gemeinsame Arbeit an den Aufgabenstellungen auf der Sach-Ebene kann man gleichzeitig den Teamentwicklungsprozess auf der Beziehungs-Ebene fördern und steuern. In der Reflexion der erlebten Kooperation und der geführten Dialoge werden Rollen- und Verhaltensmuster in der Teamarbeit wahrnehmbar. Wünsche bzgl. produktiver Zusammenarbeit lassen sich dann einerseits durch Regeln und Aktionen, aber auch durch die Gestaltung der Geschäftsabläufe im Alltag verankern.

Neben der positiven Erinnerung an einen erfrischenden Workshop in angenehmer Umgebung und einem (Foto-)Protokoll, das die Eindrücke konservieren soll, bleiben vor allem konkrete Ergebnisse: Schriftliche Zielvereinbarungen, definierte, abgestimmte Einzelbeiträge, verbindliche Regeln, konkrete Aktionslisten und eine gemeinsame Kommunikationsgrundlage für die MitarbeiterInnen der unterschiedlichen Bereiche.

Von der Fach- zur Führungsexpertise

„Hilfe, ich glaube, es war eine falsche Entscheidung, Führungskraft zu werden!" war die zentrale Botschaft am Start eines Coaching-Prozesses. Wie so oft ist der/die beste ExpertIn Führungskraft geworden. Der Alltag der bisherigen Top-Entwicklerin, die jetzt die „Head of Research and Development" auf ihrer Visitkarte stehen hatte, brachte ihr nicht mehr die Freude, die sie beim Verwirklichen neuer, kreativer Ideen empfunden hatte. Das systemische Entscheidungstool Tetralemma half ihr aus ihrem Dilemma: In einer Aufstellung klärte sie für sich, wie sie „das Eine" nämliche ihre SpezialistInnenrolle, „das Andere", ihre Führungsrolle, „das Eine und das Andere" sowie „Weder das Eine noch das Andere" empfand. Besonders reizvoll war für Sie auch der Jolly Joker des Tetralemmas, nämlich „das ganz Andere".

„Das Eine", „das Andere", „das ganz Andere" – Hilfe durch Entscheidungstools

So erkannte sie rasch, dass sie es vorzog die Entwicklung zu leiten, als von einem anderen geführt zu werden. „Von der 1. Geigerin zur Dirigentin" war die kraftvolle, stimmige Metapher für die Musikliebhaberin, um die Freude am Führen zu stärken und die Führungsrolle authentisch wahrzunehmen. Allerdings ist aus dem Dirigentenstab noch nie ein Ton entsprungen. Erfolge operativer Aufgaben werden in unserem Hirn mit mehr Lustgefühl belohnt. Zentrale Fragen wie „Was macht meine Führungsarbeit wertvoll?" und „War-

um tue ich mir das an?" suchten nach kraftvollen Antworten. Die von uns auf Basis des systemischen Coachings und der Erkenntnisse der Hirnforschung entwickelte „Toolbox für mehr Erfolg, Leichtigkeit und Lebensfreude" *(siehe Seite 270)* bot die Instrumente, mit denen die Klientin ihre Eigenmotivation nachhaltig stärken, Voraussetzungen für kluges, nachhaltiges Delegieren schaffen und „ihr Orchester" zur High Performance führen konnte.
Nicht mehr das Geigensolo, sondern der symphonische Klang war ihr Metier. Als Ritual hat sie für sich und ihr Team das Erfolgs-Tagebuch als Abschluss des Arbeitstages etabliert. „Was ist mir heute gelungen?" UND: „Was gönne ich mir heute Abend?" Denn: „Fröhlich jodelnd zieht der Bauer mit seiner Ernte heimwärts." Die Bereichsleiterin fröhlich radelnd mit den Erfolgen ihrer Führungsarbeit. Die Lust auf's Dirigieren ist nachhaltig gestärkt.

Unternehmens-Leitbild

Attraktive Namen, ansprechende Logos, verheißungsvolle Slogans und Hochglanzbroschüren vom Haus sollen dazu dienen, die Produkte anzupreisen. Das sind wichtige Maßnahmen. Denn es reicht nicht, Gutes zu tun, man muss es auch ins rechte Licht rücken. Gerade wenn der Rotstift der Ressourceneinsparung überall lauert, ist Kommunikation existenziell wichtig, sind die eingesetzten Mittel für professionelle Leistungen gerechtfertigt. Doch Werbung alleine ist äußerlich, kann leicht schal wirken und weckt vor allem Erwartungen, die es zu erfüllen gilt. Die FlugbegleiterInnen der Austrian Airlines haben z.B. darunter gelitten, dass von allen Plakaten „Most Friendly Airline" versprochen wurde. Wenn sie Kunden aufmerksam gemacht haben, wo die Grenzen der bezahlten Leistungen sind, haben diese hämisch nachgefragt, ob das wirklich das „Allerfreundlichste" sei!

Äußeres und inneres Erscheinungsbild dürfen sich nicht widersprechen

„Es gibt zwei Dinge, auf denen das Wohlgelingen in allen Verhältnissen beruht: Das eine ist, dass Zweck und Ziel der Tätigkeit richtig bestimmt sind. Das andere aber besteht darin, die zu diesem Endziel führenden Handlungen zu finden."

Aristoteles

Externe KundInnenorientierung zu versprechen ohne interne KundInnenorientierung zu leben ist wie eine Fassade, die eine gewaltige Statik braucht, um den Schein aufrechtzuerhalten! Qualität der multiprofessionellen, bereichsübergreifenden Zusammenarbeit ist die Voraussetzung, um die durch Werbung geweckten Erwartungen zu erfüllen! Und diese beginnt im Führungsteam. Gemeinsam müssen die EntscheidungsträgerInnen der unterschiedlichen Bereiche und Berufsgruppen gegenseitige Wertschätzung, Respekt vor dem Kunden und Dienstleistungsqualität vorleben und bei den MitarbeiterInnen einfordern.

Ein gemeinsam erarbeitetes Leitbild dient dabei zur Orientierung und stiftet Identifizierungsmöglichkeiten.

Das Leitbild kann auch Basis einer höheren Eigenmotivation sein

- „Was charakterisiert unsere Organisation?"
- „Worin unterscheiden wir uns von anderen?"
- „Welchen Nutzen bringen wir den verschiedenen InteressenspartnerInnen und der Gesellschaft?"
- „Warum sind wir für unsere KundInnen eine gute Wahl?"
- „Wie möchten wir von anderen gesehen werden?"
- „Welchen Werten und ethischen Grundsätzen fühlen wir uns verpflichtet?" und
- „Wie soll unsere erfolgreiche Zukunft aussehen?"

sind dabei die zentralen Fragen. Naturgemäß bringen unterschiedliche Gruppen verschiedene Perspektiven in die Diskussionen ein. Aus der konstruktiven Auseinandersetzung scheinbar divergierender Sichtweisen entstehen neue Erkenntnisse, gemeinsame Ziele und so Zusammengehörigkeit. Allerdings unterscheiden wir bei Kindern Spiel- und Habzeug, das man nicht nutzen, sondern nur besitzen möchte. Leitbilder neigen in manchen Organisationen dazu, dass sie als Habzeuge verkommen und belächelt werden. Schade, denn sie wären wichtige, wirkungsvolle Führungsinstrumente.

„Vom lästigen Habzeug zum nützlichen Werkzeug: Es kann nur einen Nutzen bringen, wenn man es nutzt!"

Monika Herbstrith-Lappe

Erfolgsentscheidend sind daher die Antworten auf die Fragen:

- „Woran können ihre MitarbeiterInnen erkennen, dass wir gemeinsam und konsequent an der Realisierung des Leitbilds arbeiten?" und
- „Wie erleben unsere Kunden, dass wir unsere schönen, viel versprechenden Worte in die Tat umsetzen?"

Eine nützliche Charakterisierung von Strategie ist: „Wohin fokussieren wir unsere Aktivitäten, unsere Ressourcen, unsere Aufmerksamkeit?"

Aus den Zukunftsperspektiven des Leitbilds müssen daher verbindliche Regeln und Abläufe für die tägliche Praxis abgeleitet werden, damit aus dem angestrebten Wunsch-Selbstbild das wahrgenommene Fremdbild der KundInnen wird. Es ist Führungsaufgabe, das Unternehmen anhand konkreter Zwischenziele und Meilensteine auf Erfolgskurs zu steuern.

Wesentliche Voraussetzung dabei ist, an den gemeinsamen Erfolg zu glauben. Es gibt die Macht der selbsterfüllenden Prophezeiungen und sie haben die Wahl zwischen Erfolgsspirale und Teufelskreis. Denn:

„Die Menschen glauben zu denken,
dabei ordnen sie nur die Vorurteile neu."

Reinhard Sprenger

Und mit unserer selektiven Wahrnehmung gilt auch *(siehe „Wahrnehmung folgt der Vorstellung" Seite 246)*

„Die Menschen glauben wahrzunehmen,
dabei suchen sie sich Bestätigungen für ihre Annahmen."

Monika Herbstrith-Lappe

MitarbeiterInnengespräche

Ziele von MitarbeiterInnengesprächen

Unsere zentralen Thesen sind: Führen heißt, Ausgleich zu schaffen zwischen gemeinsamen Zielen und individuellen Bedürfnissen. Und weiters: Individuelle Stärken auf gemeinsame Erfolge zu fokussieren. Zu beidem eignet sich das MitarbeiterInnengespräch hervorragend.

Ohne Verständnis und Vertrauen entstehen Loose-Loose-Situationen

Wenn einerseits von MitarbeiterInnen immer mehr gefordert wird und andererseits Führungskräfte immer weniger Möglichkeiten haben, Anreize zu bieten, ist es besonders wichtig, das gegenseitige Verständnis und Vertrauen zu stärken. In Zeiten des Umbruchs und der dynamischen Veränderung wird Kommunikation zur zentralen Führungsaufgabe, um Orientierung zu bieten und lähmenden Ängsten entgegenzuwirken. Gilt es doch immer wieder eine gesunde Ausgewogenheit zwischen Fördern und Fordern zu finden. Andernfalls droht der Teufelskreis frustiger Loose-Loose-Situationen.

Umsetzung konkreter Veränderungen durch die Ergebnisse

In vielen Unternehmen sind relativ enge Rahmenbedingungen von außen vorgegeben. Wurden früher Ziele tatsächlich vereinbart, so gibt es jetzt zunehmend Druck und fordernde Leistungsansprüche von oben.

Das Gelassenheitsgebet ist aktueller denn je:

*„Gott gebe mir die Kraft,
die Dinge zu verändern, die ich verändern kann,
die Gelassenheit, das zu tragen, das ich nicht ändern kann,
und die Weisheit Ersteres von Zweiterem zu unterscheiden."*

Arrangieren oder Resignieren - der Unterschied ist gravierend

Den zweiten Teil des Satzes ändern wir leicht ab: Gott gebe mir die Gelassenheit, mich mit dem zu arrangieren, was ich nicht verändern kann. Ein oft übersehener Unterschied besteht zwischen dem Arrangieren mit den Gegebenheiten und dem Resignieren. Letzteres führt zu tiefer Unzufriedenheit und zumindest zu innerer Kündigung. Wenn ich mich mit der Situation arrangiere, heißt das, dass ich den Tatsachen in die Augen schaue und dabei in meiner Kraft und Würde bleibe.

Das MitarbeiterInnengespräch bietet einen idealen Rahmen, das frustrierende Ohnmachtsgefühl angesichts der kaum beeinflussbaren Vorgaben zu überwinden und das Augenmerk auf die Gestaltungsmöglichkeiten zu lenken. Zum ersten Gedanken vermitteln wir die gute Nachricht, dass wir fast immer mehr Gestaltungsmöglichkeiten haben, als wir auf den ersten Blick erkennen. In der Toolbox *(Seite 270)* finden sie einige hochwirksame Tipps, wie es uns leichter fällt beschränkende Glaubenssätze zu überwinden, die Komfortzone des Vertrauten zu verlassen und den Denk- und Handlungshorizont zu erweitern.

*„Der Frosch, der im Brunnen lebt, beurteilt
das Ausmaß des Himmels, der sich darüber wölbt,
nach dem Brunnenrand."*

Mongolisches Sprichwort

Ein ausgezeichnetes Werkzeug, um die Arbeitszufriedenheit im Mitarbeitergespräch zu fördern, ist der Motivations-Check. Es benötigt nur ein Blatt Papier, das durch 2 Striche in 4 Felder geteilt wird.

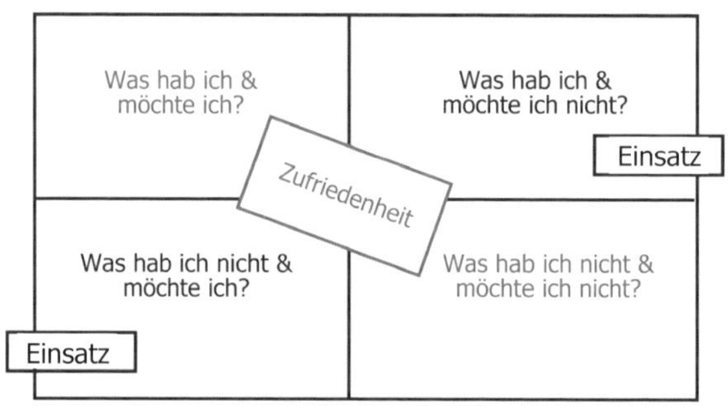

(Siehe auch Toolbox Nr. 6, Seite 273)

Unser Hirn nimmt das, was stört und fehlt, viel intensiver wahr, als das was o.k. ist. Schwören könnte ich, dass fast alle Ampeln rot (hier: Felder links unten und rechts oben) waren. Ungeduldig wartend prägen sie sich intensiv ein. Die grünen (hier: Felder links oben und rechts unten) nehme ich in der problemlosen Durchfahrt kaum wahr.
Offenen Problemen schenken wir viel mehr Aufmerksamkeit als positiv Abgeschlossenem. Vieles Positive wird rasch zur nicht mehr beachteten Selbstverständlichkeit. Wann haben Sie sich darüber gefreut, dass Sie regelmäßiges Einkommen erhalten, Urlaubsanspruch genießen dürfen, das Glück haben, in einem der reichsten Länder der Welt zu leben.
Das hat auch mit der Konstruktion unseres Hirns zu tun. Wir haben zwei Lernzentren: einerseits ein Vermeidungszentrum, wo gespeichert ist, womit wir (und unsere Vorfahren) schmerzliche Erfahrungen gemacht haben und andererseits das Lustzentrum, wo wir registrieren, wenn etwas überraschend gut oder besser als erwartet ist. Denn nur dann gibt es etwas zu lernen.

Glück trainieren durch Freude an bisher Selbstverständlichem

Wenn etwas bekannt und erwartet gut ist, springt das Lustzentrum nicht spontan an. Dazu müssen wir uns erst wieder willentlich bewusst machen, dass vieles nicht selbstverständlich ist.
Stellen Sie sich folgendem Gedankenexperiment:

**„Was würde passieren,
wenn morgen nur mehr das in Ihrem Leben wäre,
wofür Sie heute Dankbarkeit empfinden?"**

Vieles wissen wir – leider – erst dann zu würdigen, wenn wir darauf verzichten müssen. Die Kunst des Glücklichseins besteht in einem hohen Grad darin, das Vertraute wieder mit neuen, wertschätzenden Augen zu sehen. Das gilt für private Beziehungen genauso wie für die Arbeitszufriedenheit.

*„Glück ist kein Geschenk der Götter,
es ist die Frucht einer inneren Einstellung."*

Erich Fromm

Angst und Ärger sind viel intensivere Signale im Hirn als Glück und Freude - schließlich ist es in unserer Vorzeit dabei um das nackte Überleben gegangen. Die Fähigkeit zur Freude hat die Biologie übrigens ins Spiel gebracht, um Angst vor Veränderungen zu überwinden und damit die Entwicklung zu fördern.
Der Motivations-Check hilft, das Ungleichgewicht in der subjektiven Wahrnehmung auszugleichen, uns vor Augen zu führen, dass es neben dem Belastenden und Problematischen auch immer wieder viele Vorzüge gibt.
Der grünen Zufriedenheitsdiagonale steht die rote Diagonale des Preises dagegen: Alles hat Vor- und Nachteile. Und diese gilt es abzuwägen - gerade auch dann, wenn Aspekte, die man bisher geschätzt hat, weniger werden oder die Last dessen, was stört oder vermisst wird, sich mehrt.

Gemeinsam kann man im Mitarbeitergespräch erörtern, was der Mitarbeiter verändern möchte und wie ihn die Führungskraft dabei unterstützen kann, dass das Verhältnis zwischen den Sonnen- und den Schattenseiten verbessert werden kann. Das Motto lautet dabei:

"Love it, change it or leave it."

Verändern kann man dabei nicht nur die Wirklichkeit 1. Ordnung, wie die Dinge sind. Die Wirklichkeit 2. Ordnung ist mindestens genauso relevant, das ist, wie wir die Dinge erleben, wie es uns damit geht und vor allem auch, was wir daraus machen. Viktor Frankl, der die Extremsituation des Konzentrationslagers überlebt hat, ist überzeugt

*„Wir können immer etwas verändern,
nämlich unseren Zugang und unsere Sichtweisen."*

Und:

*„Die schlimmsten Mauern sind
die Gefängnismauern in unserem Kopf."*

Von ihm stammt auch das Reframing-Tool WIDEG:
Wofür Ist Das Eine Gelegenheit? *(siehe auch Toolbox Nr.25, Seite 290)*

*„Wenn man dir eine Zitrone gibt,
dann mache Limonade daraus."*

Virginia E. Wolff

Erhöhung der Aussagekraft durch ehrliche Antworten

Vertrauen als Bringschuld der Führungskraft

Die wesentliche Voraussetzung für ein wirkungsvolles MitarbeiterInnengespräch, das mehr ist als das Erledigen einer Pflichtübung, ist eine tragfähige Vertrauensbasis. Dabei muss die Führungskraft in Vorleistung gehen. Offenheit und Glaubwürdigkeit der Führungskraft sind die Voraussetzung für eine ehrliche Kommunikation des/der MitarbeiterIn.

*„Manipulieren heißt,
die MitarbeiterInnen so schnell über den Tisch zu ziehen,
dass sie Reibungswärme mit Nestwärme verwechseln."*

Dabei riskiert man die wertvollen Güter Vertrauen, Identifikation und Loyalität, die leicht brechen und schwer wieder herstellbar sind.
Ein wertschätzender Rahmen, der ungestörtes miteinander Reden ermöglicht, ist die äußere Form einer vertrauensvollen Beziehung.

Richtschnur: Einem/r MitarbeiterIn sollte dabei die gleiche Gastfreundschaft entgegengebracht werden, wie wichtigen externen BesucherInnen.

Wer sollte die Gespräche durchführen?

Es gilt die Regel: Nichts prägt Motivation und damit Produktivität der MitarbeiterInnen mehr als das Verhalten der unmittelbaren Führungskraft - insbesondere in herausfordernden Zeiten. Wenn der/die direkte Vorgesetzte ausgerechnet bei diesem reflektierenden Gespräch zur Vergangenheit, aktuellen Situation und vor allem der Zukunft nicht dabei wäre, setzte man damit ein äußerst kontraproduktives Zeichen. Personalabteilung oder Externe als ‚ExpertInnen' in MitarbeiterInnenführung können diesen Malus nicht ausgleichen - im Gegenteil.

Wodurch kann man die Akzeptanz bei den MitarbeiterInnen erhöhen?

Das Wesen des MitarbeiterInnen-GESPRÄCHS ist ein vertrauensvolles persönliches miteinander Reden. Anwesenheit von Dritten wäre dabei äußerst störend. Das könnte leicht eine selbsterfüllende Prophezeiung und ein Teufelskreis in Richtung Misstrauen zwischen MitarbeiterIn und Führungskraft werden. Übrigens ist evolutionspsychologisch die Fähigkeit des Sprechens als „Fernkraulen" entwickelt worden:

„Fernkraulen" stärkt das Vertrauen zwischen Führung und Geführten

Die Primaten kraulen sich, um die Rudelzusammengehörigkeit zu stärken. Als die Rudel weitläufiger wurden, haben sie zunehmend statt der Hände die Stimme genutzt. Erst viel später hat die Evolution die Voraussetzungen geschaffen, dass das Sprechen auch zum Informationsaustausch genutzt wurde.

In Zeiten, wo so viel virtuell kommuniziert wird, ist das persönliche Gespräch besonders wertvoll und sinnvoll. Schließlich kommen durch's Reden die Leute zusammen. Kluger Volksmund! - Die Neurowissenschaften haben das erst in den letzten Jahren eindrücklich erkannt und bewiesen.

MitarbeiterInnen-Zufriedenheit

Die Zeitschrift „Training" befragte für einen Artikel über MitarbeiterInnen-Zufriedenheit auch Monika Herbstrith-Lappe. Lesen Sie im Folgenden die Fragen an und die Einschätzungen von Monika Herbstrith-Lappe.

Welchen Mehrwert bringt die Zufriedenheit der MitarbeiterInnen fürs Unternehmen? Messbar?

Es gibt keine nachhaltige KundInnenzufriedenheit ohne MitarbeiterInnenzufriedenheit. Die Identifikation der MitarbeiterInnen mit dem Unternehmen ist der siamesische Zwilling zum externen Image. Wie sollen KundInnen das Unternehmen und seine Leistungen attraktiv finden, wenn die MitarbeiterInnen nicht loyal zum Unternehmen sind?

Je persönlicher die Dienstleistung, desto stärker korrelieren MitarbeiterInnen- und KundInnenzufriedenheit

Das gilt insbesondere für Dienstleistungsunternehmen. Doch auch in produzierenden Unternehmen nimmt der Anteil der Serviceleistungen rund um die Produkte ständig zu. Internationale Langzeit-Studien belegen eindrucksvoll: Je persönlicher die Dienstleistungen sind, desto enger ist die Korrelation zwischen MitarbeiterInnen- und KundInnenzufriedenheit.

Am 9. Februar 2010 hat das deutsche Handelsblatt unter dem Titel „Probleme der Mitarbeiter kosten Milliarden" die Ergebnisse einer Umfrage des Meinungsforschungsinstituts Forsa unter mehr als 1 000 Arbeitnehmern veröffentlicht. 63 % der Befragten gaben an, dass sie unter besseren Arbeitsbedingungen mehr leisten könnten. Diese Produktivitätsverluste kosten Arbeitgeber in Deutschland jährlich etwa 262 Mrd. Euro, hat das Hamburger Weltwirtschaftsinstitut (HWWI) hochgerechnet. Joachim Fischer, Professor für Public Health an der Universität Mannheim bringt es auf den Punkt: „Fehlende Anerkennung ist wie eine chronische Vergiftung für Motivation und Leistungsfähigkeit."

http://www.handelsblatt.com/unternehmen/management/strategie/studie-probleme-der-mitarbeiter-kosten-milliarden/3365240.html

Wie kann man die Zufriedenheit direkt messen? Welche Methoden (360°? Mitarbeitergespräche etc.) sind zeitgemäß? Wer soll es durchführen?

Am Beginn der Erhebung der Zufriedenheit sollte die Frage stehen: Wer will aus der Befragung welche Erkenntnisse ziehen? Mögliche Ziele der Befragung können sein: ein allgemeines Stimmungsbild, um unternehmensweite Personalentwicklungsmaßnahmen abzuleiten, Feed-back an die Führungskräfte, um die Wirksamkeit der Führung zu evaluieren und gezielt zu verbessern, Akzeptanz und Identifikation der MitarbeiterInnen in Veränderungsprozessen, etc. In unseren Zeiten steigender Geschwindigkeit und Leistungsansprüche ist das Erkennen von Stressfaktoren und Burnout-Gefährdung ein wesentlicher Nutzen.

Davon hängt dann die ideale Form der Befragung ab. Schließlich sollen ja relevante, aussagekräftige Auswertungen erzielt werden. Und das setzt eine gezielte Planung der Messung voraus.

Schriftliche Befragung erfolgen jetzt meist elektronisch - mit angemessenen Kommunikationsstrategien rund um die Befragung, um die Beteiligung auf ein Maß zu bringen, das repräsentative Aussagen ermöglicht. Vor- und Nachteil der schriftlichen Befragung sind die Anonymität. Einerseits erhöht dieser Schutz der Vertraulichkeit die Offenheit der Antworten.

Andererseits sind aus den Auswertungen häufig nur schwierig gezielte Maßnahmen abzuleiten. So wie Albert Einstein gemeint hat

*„Häufig können wir das was zählt,
nicht zählen und das,
was wir zählen können,
zählt nichts".*

Bei geringer Rücklaufquote beteiligen sich hauptsächlich die sehr zufriedenen und äußerst unzufriedenen MitarbeiterInnen. Dann trifft der alte Statistikwitz zu:

*„Wenn ein Fuß auf der Herdplatte brutzelt
und ein Fuß im Eiswasser friert,
so fühlt man sich im Mittel wohl."*

Eine Befragung kann das persönliche MitarbeiterInnengespräch nicht ersetzen

Das persönliche Gespräch zwischen Führungskraft und MitarbeiterIn kann durch eine Befragung allenfalls ergänzt, nicht jedoch ersetzt werden. Ein vertrauensvolles, einfühlsames, konstruktives Gespräch ist Ausdruck von Wertschätzung. Tatsächlich ist bei fast allen schriftlichen Befragungen das Thema Kommunikation und direktes, zeitnahes Feed-back von den Vorgesetzten ein Bereich, der besonders häufig als verbesserungswürdig genannt wird.

In vielen Unternehmen bewährt sich das 3-Ebenen-Gespräch: Führungskraft, MitarbeiterIn und Vorgesetzter der Führungskraft machen sich gemeinsam ein Bild über die Beziehung des Mitarbeiters zum Unternehmen, zu den KollegInnen, Prozesspartnern sowie zu seiner Führungskraft und leiten daraus Maßnahmen zur Erhöhung der MitarbeiterInnenzufriedenheit ab. Frei nach dem Motto: Führung ist Dienstleistung für die MitarbeiterInnen. Welche Führungsleistungen benötigen die Mitarbeiter, um ihrerseits wieder gute Ergebnisse zu erzielen?

Wie kann man die Zufriedenheit indirekt messen? (Fluktuation, Krankenstand, Beschwerden etc.)

Der wichtigste Indikator für MitarbeiterInnen-Zufrieden- bzw. -Unzufriedenheit ist nach wie vor die Einschätzung der direkten Führungskraft - vorausgesetzt sie nimmt ihre Führungsaufgabe wahr. Dabei gilt das SanitäterInnenprinzip:

„Nicht gleich die versorgen, die am lautesten schreien!"

Letztere haben immerhin noch genug Kraft und Atem, um zu klagen. Mitarbeiter, die sich immer mehr zurückziehen und stiller werden, brauchen die besondere Aufmerksamkeit der Führungskraft. Es könnte auch ein Indiz für eine innere Kündigung oder eine relativ hohe/akute Phase von Burnout sein.

Wie kann man die MitarbeiterInnenzufriedenheit erhöhen? Gibt es hier Unterschiede zwischen Jung und Alt? Welche Art von Goodies sind zu empfehlen? Welche nicht?

Der anerkannte Neurobiologe Gerald Hüther von der Universität Göttingen appelliert immer wieder: Menschen von ganz klein bis in hohe Alter brauchen vor allem das Erleben von Eigenwirksamkeit: das gute Gefühl, das entsteht, wenn Menschen die Erfahrung machen, für sie sinnvolle Probleme und Herausforderungen aus eigener Kraft gelöst zu haben. Wirkungsbereiche mit klaren Zielen und Ergebnisverantwortungen und ausreichend Gestaltungsmöglichkeiten bieten Identifikation und steigern die Motivation nachhaltiger als externe Anreize. Gelebte Wertschätzung und eine ausgeprägte Feedback-Kultur geben dem Mitarbeiter Vertrauen und Orientierung. Förderlich ist es auch, erzielte Erfolge gemeinsam zu feiern und daraus Kraft zu schöpfen.

Feedback-Kultur gibt den MitarbeiterInnen Vertrauen und Orientierung

Psychologen gehen schon seit einiger Zeit der Frage nach, ob Geld glücklich macht. Zu diesem Zweck haben sie untersucht, ob Menschen, die plötzlich z.B. durch Lottogewinne oder Erbschaft zu viel Geld gekommen sind, auch noch nach einiger Zeit glücklicher geworden sind.
Manfred Spitzer, ärztlicher Direktor der Psychiatrischen Universitätsklinik in Ulm, beschreibt im Buch „Geld im Kopf: Wie Ihr Gehirn mit Geld umgeht" das Ergebnis:

„Wenn Geld genutzt wird,
um sich Materielles zu kaufen,
macht es tendenziell süchtig".

Kurz freuen wir uns über das Neue. Doch dann ist es vertraut und die Sehnsucht nach der nächsten noch besseren Version entsteht. Wenn jedoch um Geld gemeinsames Erleben ermöglicht wird, so macht es nachhaltig glücklich: Immer wieder kann man sich daran gemeinsam erinnern und im immer wieder Erzählen wird die Freude immer mehr. Selbst erlebte Pannen sind im Nachhinein lustige Erinnerungen.

Frustfallen sind hingegen sich ständig ändernde oder unrealistische Ziele, denen man wie Karotten vor der Nase nachjagt, Ziele, deren Erreichung man kaum beeinflussen kann, weil die eigenen Befugnisse in keiner angemessenen Relation zur Verantwortung stehen. Willkür ist die wirkungsvollste Foltermethode und führt auch in Rudeln von Pavianen zu Stresskrankheiten.

Unrealistische und sich ständig ändernde Ziele sind Frustfallen

Erhöht alleine das Messen der Zufriedenheit bereits die Zufriedenheit?

Häufig erhält man beim erstmaligen Messen der MitarbeiterInnenzufriedenheit einen Vertrauensbonus. Da steigert bereits das Messen als Ausdrucks des Interesses an der Befindlichkeit der MitarbeiterInnen deren Zufriedenheit. Dann kommt allerdings der Moment der Wahrheit: Wenn im Anschluss die MitarbeiterInnen nicht erfahren, dass und welche Maßnahmen zur Umsetzung der Erkenntnisse aus der Befragung eingeleitet und durchgezogen werden, kippt das Vorschussvertrauen in Frust.

Bei der Konzeption der Erhebung ist es daher schon essentiell wichtig, mitzuplanen wie die Ergebnisse und die Maßnahmen kommuniziert werden. Die Themen sollen so ausgewählt und die Fragen so gestellt werden, dass aufgrund der Auswertungen gezielte Maßnahmen erfolgen können.
Wir haben Euch zwar gefragt, aber wir berücksichtigen Eure Antworten nicht bei unseren Entscheidungen und Entwicklungen, wäre ein Schuss ins eigene Knie.

Neue Führungskräfte

Wichtigkeit von Kompetenzen

Eine uns befreundete Tierärztin hat uns erzählt, dass sie sich bewusst dafür entschieden hat Veterinär- und nicht Humanmedizin zu studieren. Und jetzt stellt sie fest, dass sie mehr mit der Psychologie der Menschen als mit der Anatomie der Tiere beschäftigt ist.

Ähnliche Erfahrungen machen häufig auch Nachwuchs-Führungskräfte, wenn sie sich von Fach- zur Führungsexpertise weiterentwickeln. Das Bewusstsein nimmt ständig zu, dass die sozialen Kompetenzen von großer Bedeutung für Führungsstärke sind.

Und die beginnt mit der Reflexion der eigenen Führungsrolle und klugem Selbstmanagement, ganz besonders dann, wenn Führungskräfte - wie häufig der Fall - auch noch selbst operativ als ExpertInnen tätig sind. Hier steht die Falle weit offen, dass meist fachliche Aufgaben eine größere Dringlichkeit haben und die Führungsaufgaben dann leicht nicht den erforderlichen Stellenwert bekommen. Eigen- und Teamorganisation gemäß „Wichtig vor dringend" braucht Bewusstsein, Methoden und Tools, die trainiert werden sollen.
Von SanitäterInnen kann man weiters lernen:

„Sich zuerst einen Überblick verschaffen, um die zu versorgen, die die Aufmerksamkeit am wichtigsten brauchen."

Nachhaltiges Delegieren ist erfolgsentscheidend. Empathische Kommunikation, um ein gemeinsames Bild von Zielen und das gegenseitige Verständnis zu stärken, ist eine zentrale Führungskompetenz - einschließlich den Tools und Fallen für Anerkennung und lösungsorientierter Kritik.
(siehe Toolbox Nr. 40 bis 44, Seite 300)

Gerade in dynamischen Zeiten vieler Veränderungen und Umbrüche gilt es, die Vertrauensbasis zu stärken und durch offene, wertschätzende Kommunikation Orientierung zu bieten.

Das lustvoll-sinnliche Visualisieren von Zielen fördert den Erfolg

Der Druck ist in den Unternehmen deutlich gestiegen. Trotz Stress- und Frustfalle die Motivation bei sich und anderen hoch zu halten ist von zentraler Bedeutung. Die Methoden des Mentaltrainings aus dem Leistungssport, basierend auf den Erkenntnissen der Hirnforschung der letzten Jahre, sind hochgradig wirkungsvoll, um sich selbst und Teams zur High Performance zu führen. Dazu zählen das lustvoll-sinnliche Visualisieren von angestrebten Zielen, das Schöpfen von Kraft aus erzielten Teil-Erfolgen und das Nutzen der Macht der positiven Emotionen und des Unbewussten sowie kluge Alternativen zu Stress und Ärger - schließlich frisst 1 Stunde Stress, Angst oder Ärger die Energie für ca. 8 Stunden produktiven Arbeitens.
(siehe Toolbox Nr. 27, Seite 291)

„Sich zu ärgern gleicht dem Trinken von Gift und dann zu hoffen, es würde deine Feinde töten."

Nelson Mandela, Friedensnobelpreisträger

High Performance baut auf die individuellen Stärken der Einzelnen im Team. Von daher ist es wichtig, Stärken bei sich und anderen zu erkennen, zu stärken und auf gemeinsame Ziele zu fokussieren. MitarbeiterInnen - so weit möglich - ihren Stärken gemäß einzusetzen, ist eine sinnvolle Strategie. „Welche Erfolge hast du schon erzielt - privat und beruflich - und welche Stärken und Vorgehensweisen haben sich dabei bewährt?" ist ein einfacher, hochwirksamer Zugang zum Erkennen des Stärkenprofils.
(siehe Toolbox Nr. 11, Seite 277)

Führen heißt vor allem auch, im Spannungsfeld unterschiedlicher Interessen Position zu beziehen. Zum Beispiel besteht im Sandwich oft ein Loyalitätskonflikt zwischen dem Unternehmen und dem Team, z.B. wenn es gilt unliebsame Entscheidungen mitzutragen oder schlechte Nachrichten zu übermitteln.

Konfliktmanagement gehört daher zu den wesentlichen Führungskompetenzen. Gestärkt werden sollte in jedem Fall die Bereitschaft, sich Konflikten frühzeitig zu stellen und einer Eskalation proaktiv entgegenzusteuern – bei Konflikten im Team, zwischen Führungskraft und Mitarbeitern, dem Team und anderen Organisationseinheiten.

Führen heißt auch, Konflikten proaktiv zu begegnen

Tipps und Überlegungen für den Karriereweg von Nachwuchs-Führungskräften

Peter Drucker hat gemeint

„Es gibt genau einen Menschen, den wir 1:1 beeinflussen können - nämlich uns selbst."

Sich selbst klug zu führen, die eigene Motivation hoch zu halten und Reflektiertheit in Bezug auf das eigene Handeln sind daher die Grundvoraussetzungen um andere klug führen zu können.

Im Sinn von gesundem Selbst-Bewusstsein und Selbst-Vertrauen - im wahrsten Sinn des Wortes - braucht die Führungskraft kraftvolle Antworten auf:

- „Warum bin ich als Führungskraft eine gute Wahl?"
- „Was macht mir am Führen Freude?"
- „Auf welche Stärken von mir kann ich vertrauen?"

Das ist eine solide Basis, um dann auch Akzeptanz bei anderen zu finden. Erkenntnisreich ist auch ein Spruch von Max Reinhardt

„Hohe Schauspielkunst bedeutet nicht Verbergen sondern Enthüllen."

Großartiges Rollenspiel entsteht, wenn Menschen als Persönlichkeiten Rollen verkörpern. Authentizität in der Führungsrolle ausgestattet mit der Auswahlmöglichkeit einer Toolbox mit wirkungsvollen Führungsinstrumenten ist wesentlich Erfolg versprechender und wirkungsvoller als sich an uniformen Stereotypen und vermeintlichen Idealbildern zu orientieren. Seine eigenen Stärken zu kennen, ermöglicht, sie gezielt einzusetzen. Das erschließt Freiheit durch Bewusstheit - und stärkt das Selbst-Bewusstsein.

Reinhard Sprenger meint:

„Achten Sie darauf, dass Sie auf einem Spielfeld aktiv sind, wo Sie mit Ihren Stärken ein Lächeln bewirken."

Und dann gilt es, das Spiel strategisch so anzulegen, dass man in viele Situationen kommt, wo man mit den Stärken punkten kann und in wenige, wo die Nachteile zum Verhängnis werden könnten.

M³ ist ein guter Nährboden für Führungsstärke:

„**M³** = **M**enschen **M**ögen - incl. **M**ir"

Am besten beginnend bei sich selbst. Einen wertschätzenden Zugang zu sich und anderen zu finden, ist der Ausgangspunkt, um Beziehungen zu gestalten und Verhalten zu vereinbaren. Selbst-Bewusstsein - d.h. ein wertschätzend-realistische Bild von sich selbst - ist ein siamesischer Zwilling zu Respekt und Achtung für andere.

Das Harvard-Prinzip **„weich in der Form und hart in der Sache"**, wohlwollend-verständnisvoll auf der Beziehungs- und klar-konsequent auf der Sachebene, ist hilfreich um Grenzen zu setzen sowie Abweichungen von Vereinbarungen und Regelverstöße anzusprechen.

Wirkungsvolle Trainings für Nachwuchs-Führungskräfte

Fallen für Nachwuchs-Führungskräfte

Am wirkungsvollsten sind Inhouse-Trainings, die den Schulterschluss zwischen den Nachwuchsführungskräften stärken. Weit offen steht die Nettigkeits- bzw. Kumpelfalle, wenn sich Führungskräfte aus dem Team entwickeln.

In die Führungsrolle zu schlüpfen heißt auch, sich innerhalb des Teams zu exponieren. Das hat den Preis, dass ich es nicht allen Recht machen, von allen geliebt werden und nur der nette Kumpel sein kann. Wenn die Führungskräfte aus ihrem Team ein Stück herauswachsen, ist es bestärkend, wenn sie umgekehrt ins Führungsteam hineinwachsen können.

Inhouse-Trainings bieten außerdem die Möglichkeit, dass gemeinsame Tools und Rituale vereinbart werden können. Durch das gegenseitige Bestärken und Wieder-in-Erinnerung-Rufen wird die Nachhaltigkeit des Lernerfolgs maßgeblich gestärkt.

Erfahrungsorientiertes, praxisnahes Verhaltenstraining gemäß dem Motto „Problem sucht Lösung statt Methode sucht Anwendung" sichert die nachhaltige Wirkung der Erkenntnisse und Erfahrungen.

Teamarbeit

Die meisten der komplexeren und zeitaufwändigeren Tätigkeiten sind nicht mehr durch Einzelpersonen bewältigbar. Zwei oder mehr MitarbeiterInnen teilen sich die Aufgabe als Team, zumeist durch eineN TeamleiterIn geführt. Was aber sind die erfolgsbestimmenden Faktoren, dass die Zusammenarbeit im Team auch wirklich funktioniert? Lassen sich gar Synergiepotentiale erschließen oder ist die Teamarbeit immer die Summe der Einzelarbeiten der Teammitglieder?

T	oll	**T**	ogether
E	in	**E**	verybody
A	nderer	**A**	chieves
M	acht es	**M**	ore

Was bei normalen Teams bereits schwierig sein kann, wird bei Teams in Matrix-Organisationen nochmals komplizierter. Dies liegt an den komplexeren Umfeldbedingungen, oftmals zu vagen Abgrenzungen und der Gefahr, in die Schusslinie von ‚Stellvertreterkriegen' zu geraten. Tipps, die hier konstruktives Steuern quer zur Linie und produktives Arbeiten fördern, geben wir Ihnen gerne mit an die Hand:

Erfolg durch Teamarbeit

Erfolg durch Teamarbeit:
Warum Kooperation, Kundenorientierung und Geschäftserfolg zusammenhängen und wie erfolgreiche Zusammenarbeit im Team funktioniert

Teamorientierung, Kundenorientierung und Geschäftserfolg

Im Grundsatz

Führung als Basis der KundInnen-Orientierung

„Schau dir an, wie du deine MitarbeiterInnen behandelst, dann weißt du, wie sie deine Kunden behandeln werden."

Monika Herbstrith-Lappe

drückt sich die enge Verbindung zwischen MitarbeiterInnen-Orientierung, KundInnenzufriedenheit und Geschäftserfolg aus, die sich in internationalen Studien eindrucksvoll belegen lässt.

Die Organisation wird von (potenziellen) KundInnen durch die MitarbeiterInnen erlebt. KundInnen können erst dann zu PartnerInnen werden, wenn es gelingt, in der Organisation eine Vertrauenskultur des respektvollen Miteinanders zu leben. Innerbetriebliche Konkurrenz und KundInnenorientierung schließen einander daher aus. KundInnenorientierung ist nur durch Kooperation erreichbar, und Kooperation erreicht man am besten durch eine teamorientierte Kultur, die vom respektvollen Miteinander bestimmt ist.
Kooperation und Zusammenarbeit im Team als Grundlage des Geschäftserfolges ist allerdings nicht neu. Wenn man Anthropologen glauben darf, hat der Mensch schon vor Urzeiten durch die Fähigkeit zur Kooperation bzw. das Zusammenarbeiten in Gruppen sein Überleben gesichert. Der durch Gruppenverhalten bestimmte Cro-Magnon Mensch hat sich in der Menschheitsgeschichte gegenüber dem Neandertaler, der als Einzelkämpfer gilt, letztendlich durchgesetzt.

Die Vorteile der Zusammenarbeit im Team erkennen auch heute wieder viele Organisationen: Teamleistung ist höher als Einzelleistungen, da ein Synergieeffekt genutzt werden kann. Die Fähigkeiten jedes einzelnen Teammitglieds werden durch das Gesamtteam verstärkt und gesteigert. Dies gilt gleichermaßen für die Erweiterung und Entwicklung von Fachwissen wie für die Persönlichkeitsentwicklung. Der wechselseitige Kontakt und die emotionale Bindung im Team befriedigen soziale Bedürfnisse und führen daher zu gesteigerter Motivation und Leistungssteigerung. Der Informationsfluss verläuft im Allgemeinen reibungsloser, wodurch z.B. organisatorische Veränderungen schneller und einfacher durchgeführt werden können. Die Kreativität aller Teammitglieder kann während der Planungs- und Realisierungsphase genutzt und damit der Reifegrad der Produkte und Prozesse wesentlich verbessert werden. Kurz: „Teamarbeit führt zu besserer Qualität und macht mehr Spaß!"

„Kosten lassen sich häufig so viel einfacher erfassen als der Nutzen."

Monika Herbstrith-Lappe

Was unterscheidet ein Team von einer Arbeitsgruppe?

Was ist ein Team? „Ein Team ist eine kleine Gruppe von Personen (im Idealfall weniger als 10), deren Fähigkeiten einander ergänzen und die sich für eine gemeinsame Sache einsetzen, wobei sie sowohl als Einzelpersonen wie als Gruppe für das Erreichen des Teamziels Verantwortung übernehmen." Die geteilte Verantwortung ist Grundlage des „Teamgeistes". Ein effektives Team ist mehr als nur die Summe seiner Mitglieder, es hat eine eigene Identität. Wenn Mitglieder z.B. ausscheiden, neue Mitglieder aufgenommen werden oder ein Team geteilt wird, verändert sich die Teamidentität damit grundlegend. Man kann ja auch nicht zwei Hunde dadurch herstellen, dass man einen Hund in der Mitte auseinander schneidet. Das unterscheidet ein echtes Team von einer Arbeitsgruppe. Eine Arbeitsgruppe hat keine eigene Identität, wie ein Blatt Papier lässt es sich „auseinander schneiden" und man erhält zwei kleinere Blätter/Gruppen. Denn eine Arbeitsgruppe produziert

Entscheidungen, die dann einzelnen Mitgliedern zugewiesen werden, denen die Verantwortung für die Durchführung übertragen wird. Die Summe der Einzelleistungen ergibt die Gesamtleistung der Arbeitsgruppe (1+1=2). Anders beim echten Team: Geteilte Verantwortung und einander ergänzende Teamleistungen bewirken einen Synergieeffekt, der sich am besten durch die Formel 1 & 1 > 2 ausdrückt; das Leistungsergebnis eines echten Teams ist mehr/wirkungsvoller als die Summe der Einzelleistungen der Mitglieder.
Unser Unternehmen ‚Impuls & Wirkung - Herbstrith Management Consulting GmbH' hat ganz bewusst ein Logo gewählt, in dem eine fallende Kugel eine kreisförmige Wasserwelle bewirkt. Unsere Gedanken dabei:

1. Kreiswelle

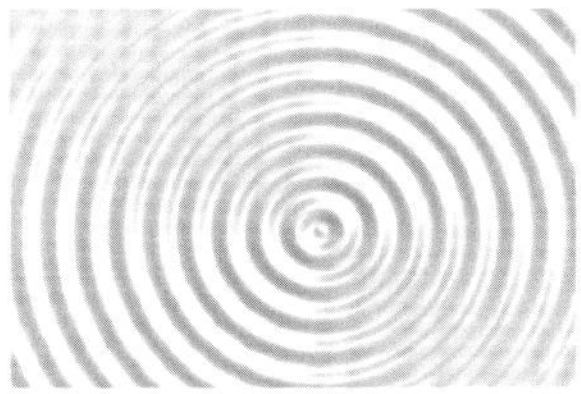

Veränderung beginnt immer bei mir selbst. Das zieht dann Kreise und hat so Auswirkungen auf mein Umfeld. Ich bin verantwortlich für mein Handeln. Welche Wirkung es erzielt, hängt auch vom Umfeld ab. In der Physik gilt das Huyghens'sche Prinzip: Jeder Punkt der von einer Kreis- (bzw. Kugel-)welle getroffen wird, ist wiederum Ausgangspunkt einer neuen Welle.

Jeder Impuls zeitigt eine Wirkung

2. Interferenz von Wellen

Wenn sich 2 Kreiswellen überlagern, dann entsteht ein sogenanntes Interferenzmuster, etwas Neues, das als Sinnbild für die Synergien von Teamarbeit verstanden werden kann.

3. Ebene Wellen als Überlagerung mehrerer Kreiswellen

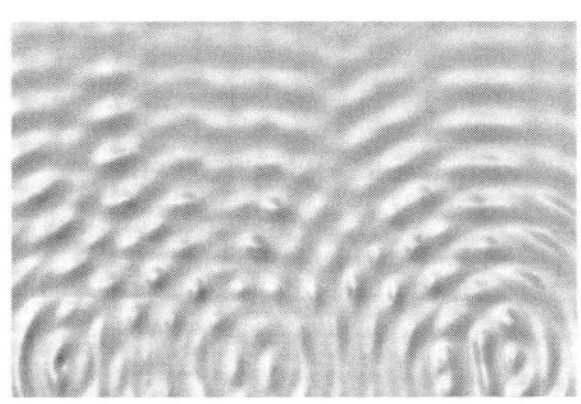

Eine ebene Welle mit geradliniger Wellenfront entsteht aus der Überlagerung mehrerer Kreiswellen. Für uns eine Metapher dafür, dass die Organisation durch die einzelnen Menschen in der Organisation wahrnehmbar wird. Jeder Kontakt mit Externen ist ein Moment der Wahrheit, ein Puzzle-Teil, durch den das externe Image bestimmt wird.

4. Beugung am Spalt – Ausgangspunkt von Neuem

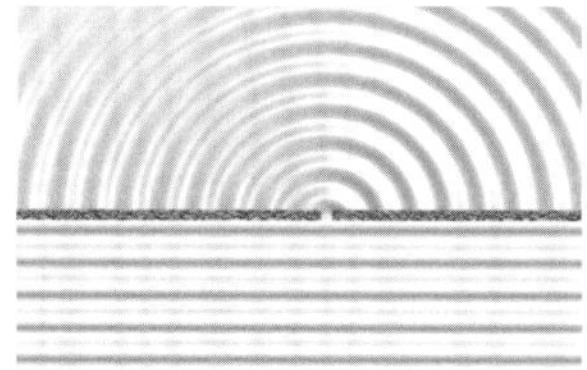

Einerseits wird die Welle durch das Hindernis gestoppt andererseits entsteht dadurch eine neue Kreiswelle. Für uns ein kraftvolles Bild für „Krise als Chance".

Teamentwicklungstrainings umfassen auch die Beziehungsebene

Die übliche Praxis, ein paar Leute zusammenzustellen und „Team" zu nennen, wird spätestens nach den ersten auftretenden Störungen und Konflikten als teures und sinnloses Verfahren erkannt. Denn um den Teamgeist und die Synergie zu erzeugen, welche die Arbeit eines Teams für die Organisation so wertvoll macht, muss zu Beginn der Teamarbeit Zeit und Energie dafür investiert werden, das Team zu entwickeln. Denn jedes Team muss neben der Arbeit an der gemeinsamen Aufgabe („WAS tun wir?"), festlegen, wie die Zusammenarbeit untereinander geschehen soll („WIE tun wir das?"). Für unsere Teamentwicklungs-Trainings gilt daher der Grundsatz: „Die parallele Arbeit auf der Sach- und Beziehungsebene quadriert den Erfolg." Ziel der Trainings ist es, den stattfindenden Teamentwicklungsprozess zu unterstützen, bewusst zu machen und derart zu steuern, dass die Basis für die erfolgreiche Arbeit an der Sache gelegt wird. Dabei muss das Team Klarheit in Bezug auf bestimmte Fragen gewinnen: zum Beispiel Fragen der Mitgliedschaft: „Werde ich als Mitglied akzeptiert?", oder der Rollen im Team „Welche Rolle habe ich?", der Entscheidungsfindung: „Wie treffen wir Entscheidungen?" und „Welchen Einfluss kann ich nehmen?", sowie der Beziehungen und Spielregeln untereinander: „Wie wollen wir miteinander umgehen?" und „Bekomme ich ausreichend Unterstützung?", und natürlich auch in Bezug auf Ziele und den Zweck des Teams: „Was wollen wir erreichen?", „Für welche Ziele setzen wir uns ein und übernehmen die gemeinsame Verantwortung?".

Die wichtigste Fähigkeit zur Problemlösung im Team ist die Fähigkeit, konstruktive Kritik und Feed-back zu geben. Denn destruktive Kritik ruft Abwehrhaltungen hervor, die das Problem meist verschlimmern, anstatt es zu lösen. Druck erzeugt Gegendruck - augenblicklich, nicht nur in der Physik sondern auch in zwischenmenschlichen Beziehungen. Ziel ist es, Verhalten zu verändern und nicht den Menschen.

„Menschen wirken wie verwandelt,
wenn man sie als Mensch behandelt"

Erich Kästner

In unseren Trainings und Teamentwicklungs-Projekten kann daher die zentrale Fähigkeit, konstruktiv Feed-back zu geben, in einem sicheren Rahmen ausprobiert und geübt werden.

Daneben ist auch die **Klärung der Rolle des/r TeamführerIn** notwendig. Grundsätzlich gilt: „Das Team ist der Star, nicht der/die TeamführerIn!" Erfolgreiche Führungskräfte wissen, dass das Ziel nur der Erfolg des Teams sein kann und nicht der Erfolg einzelner Personen, auch nicht der eigene. Aufgabe des/r TeamführerIn ist, in dem Maß Entscheidungsfreiheit zu geben, in dem das Team diese annehmen und nutzen kann. Klar zu kommunizieren, was vorgegeben und was gestaltbar ist, zählt zu den wichtigsten Führungsqualitäten. Sowohl ein Übermaß an Leitung wie der Mangel kann ein Team lähmen.

Jede/r Führungskraft sollte sich daher zu Beginn die Frage stellen und ehrlich beantworten: „Bin ich wirklich dazu bereit, hinter gemeinsamen Entscheidungen des Teams zu stehen, auch dann, wenn ich selbst eine andere Lösung als bessere empfinde; und bin ich auch bereit, den Teamerfolg über meinen eigenen zu stellen?" In der Praxis wird leider allzu oft versucht, eigene Entscheidungen als Teamentscheidungen zu verkaufen (und zwar sowohl den Teammitgliedern wie der Organisation). Dieses manipulative Täuschmanöver mag wohl kurzfristig funktionieren, langfristig wirkt es sich nicht nur negativ auf das Vertrauen untereinander aus, es hat Demotivation und manchmal auch die Aufgabe des Teamgedankens zu Folge: „Teams funktionieren bei uns nicht - es bleibt ohnehin alles beim Alten!"

Manipulative Täuschungsmanöver untergraben das Vertrauen

Erfolgreiche TeamführerInnen glauben an die Aufgabe und an ihre Leute. Sie nehmen eine Rolle an, die der eines Coaches, MentorIn oder ModeratorIn entspricht, und unterstützen das Team auf seinem Weg; wobei:

„Der beste Führer ist der, dessen Existenz gar nicht bemerkt wird; der zweitbeste der, welcher geehrt und gepriesen wird; der nächstbeste der, den man fürchtet, und der schlechteste der, den man hasst."

Lao-Tse

Probleme und Konflikte sind normaler Bestandteil der Zusammenarbeit im Team und als solche auch für den Weg zum Erfolg unbedingt notwendig:

„Erkenntnis entsteht in der Auseinandersetzung und nicht aus der Harmonie."

Wenn jede Störung als Problem des Gesamtteams und nicht einzelner Teammitglieder - der Sündenböcke - gesehen werden kann, ist das Team am besten Weg, konstruktiv mit Störungen umzugehen. Gut geregelte Konflikte vertiefen das Vertrauen und stabilisieren die Beziehungen. Man ist zusammengerauft und darf darauf vertrauen, dass auch bei Streitthemen eine Lösung gefunden wird.

Fried-Höf-Lich-Keit als falsch verstandene höfliche Rücksichtnahme

Aus gut gemeinter Harmoniesucht vermiedene Konflikte, die unter den Teppich gekehrt werden, führen hingegen zur Fried-Höf-Lich-Keit: In falsch verstandener höflicher Rücksichtnahme werden strittige Themen nicht angesprochen, sondern übergangen. Das führt zu wahren Minenfeldern in Beziehungen, wo viele Themen tabuisiert werden und allmählich Sprachlosigkeit einzieht.

Ziel eines Teamtrainings ist es unter anderem, WIN-WIN Strategien im Team zu fördern. Denn in unserer Kultur werden Unterschiede meist mit Wertungen „besser und schlechter" belegt und erzeugen Verlierer auf beiden Seiten, da sie das Vertrauen untereinander und damit die Beziehungen miteinander gefährden. Wie in einem Getriebe sollte stattdessen die Frage lauten: „Was ist meine Rolle im Team?" und „Wie kann ich mit meinen Stärken zum Gesamtergebnis beitragen?" Die optimale Aufeinanderabstimmung der einzelnen „Zahnräder" erfolgt im Teamentwicklungsprozess und während der Team-Coachings. TeamleiterInnen und -beraterInnen fungierend dabei als Coaches, die den „Sand aus dem Getriebe" entfernen, indem sie auf Steinchen und Steine aufmerksam machen, und indem sie mit Fragen, Bewusstmachen von Stärken und Potenzialen bzw. konstruktiver Kritik das Öl für einen möglichst reibungsfreien Teamablauf bereitstellen.

„Wir alle leben unter dem gleichen Himmel - allerdings mit unterschiedlichem Horizont."

Konrad Adenauer

Nicht nur überwundene Konflikte oder Krisen, sondern vor allem auch Erfolge schweißen das Team zusammen. Ziel eines Team-Coachings ist es daher auch, auf die so genannten kleinen und alltäglichen Erfolge aufmerksam zu machen. Denn diese gehen oft unter, da unsere Aufmerksamkeit häufig auf Störungen und Probleme ausgerichtet ist und wir dabei den Weg, den das Team bereits erfolgreich gegangen ist, übersehen. Erfolge feiern und Anerkennung für die geleistete Teamarbeit geben, ist essenziell für den zukünftigen Erfolg des Teams und damit auch der gesamten Organisation.

Managing Diversity

„Rund oder eckig", „richtig oder falsch", „alles oder nichts", „Freund oder Feind": In unserer abendländischen Kultur herrscht polarisierendes Schwarz-Weiß-Denken. Facettenreiches „anders" und konziliantes „sowohl als auch" ermöglichen ganz neue Perspektiven und wesentlich bessere Ergebnisse in Wirtschaft und Privatleben. Aber dafür bedarf es einer bewussten Einstellungsänderung. Gemeinsame Ziele, verbindlich vereinbarte Kooperationsregeln, Verständnis fördernde Kommunikation sowie gegenseitige Wertschätzung sind tragende Säulen, die die Synergien der bereichernden Unterschiedlichkeiten erschließen.

„DIE" Realität? - Unterschiedliche Wirklichkeiten!

In unserer Gesellschaft ist längst der Absolutismus durch die Demokratie abgelöst. Die Relativitätstheorie gehört zu den meistzitierten Konzepten. Gerne sagt man „alles ist relativ" - doch nur wenige sind sich der vollen Tragweite und tiefen Konsequenzen dieser Aussage bewusst. Faszinierend sind die Gedankenexperimente Albert Einsteins mit seinen fast lichtgeschwindigkeitsschnellen Zügen, wenn der eine Beobachter zum Messergebnis kommt, das Ereignis A sei früher, der Andere A sei später und der Dritte zur Erkenntnis A sei gleichzeitig mit dem Ereignis B geschehen. So widersprüchlich diese drei Aussagen erscheinen. Jeder hat Recht - in seinem Bezugssystem. Und die absolute Wahrheit gibt es ebenso wenig wie den einen absoluten Raum. In der Atombombe manifestiert sich in tragischer Weise die Gewalt der Erkenntnisse der Einstein'schen Theorie. Es braucht die zusätzliche Dimension der Ethik und des Verantwortungsbewusstseins, um die hellen Seiten der Macht zu erschließen und deren dunkle Schattenseiten im Griff zu behalten.

Erkenntnis aus der Physik: Es kommt auf das Bezugssystem an

Die Erkenntnisse der Quantenphysik sind uns seit mehr als 100 Jahren erschlossen. Die tiefgreifende Menschheitsfrage, was die Welt zusammenhält, hat darin revolutionäre Antworten gefunden, die die Grundfesten unseres kausalen Denkens untergraben. Der alte Dualismus zwischen körniger Teilchen- und kontinuierlicher Wellennatur des Lichts und der Materie findet in den Wirkungsmöglichkeiten und Wahrscheinlichkeitsräumen eine mathematisch-exakt fundierte Synthese. Eines ist für die Naturwissenschaftler klar: Je nach Fragestellung und der daraus resultierenden Betrachtungsweise des/der BeobachterIn erhält man andere messbare Versuchsergebnisse. Wenn der international hoch geschätzte österreichische Quantenphysiker Zeilinger die Theorie entwickelt, dass unsere Welt aus Information aufgebaut ist, die sich in Teilchen- und Welleneigenschaften der Quanten manifestiert, spiegelt sich darin deutlich unser Zeitgeist als Wissens- und Informationsgesellschaft.

„Wir erleben viel mehr als wir begreifen"

erörtert Quantenphysiker Dürr im gleichnamigen Buch mit der Philosophin Österreicher die Konsequenzen dieser 100-jährigen naturwissenschaftlichen Fundamente für unseren Alltag und vor allem für die Auseinandersetzung mit unserer Lebenswelt. Die geläufige Bezeichnung „Realität", die sich vom lateinischen „res" die Sache ableitet, ist Ausdruck unserer materialistisch-mechanistischen Weltsicht. Wir glauben, dass wir die Natur der Dinge verstehen, wenn wir sie auseinander nehmen, analysieren.

Doch verstehen wir die Prinzipien des Felsen, wenn wir die einzelnen Kieselsteine und Sandkörner begreifen, in die er sich zerlegt hat? Das System des Felsens ist gerade durch die starken verbindenden Kräfte zwischen seinen Teilchen gekennzeichnet.
Prof. Dürr appelliert, dass wir uns vielmehr damit auseinander setzen müs-

sen, wie die Dinge miteinander verwoben sind, wie alles auf alles wirkt – und spannt dabei einen Bogen zwischen den aktuellen, westlichen naturwissenschaftlichen, mathematisch und empirisch fundierten Erkenntnissen der Quantenphysik und den traditionsreichen philosophischen Prinzipien des fernöstlichen Buddhismus.

In der Geschichte der abendländischen Kultur ist Galileo Galilei in einen Glaubensstreit mit der katholischen Kirche geraten.
Sein Prinzip

„Messen, was messbar ist - und messbar machen, was noch nicht messbar ist!"

Das Zeitalter der Zahlengläubigkeit hat seine Grenzen erreicht

hat das Zeitalter der Zahlengläubigkeit eingeläutet und mündete in Allmachtsphantasien: Es ist eine Frage der Messtechnik und der Rechnerleistung, um alle Materie zu orten und die Welt vorwärts und rückwärts berechnen zu können. Die Heisenberg'sche Unschärferelation hat die NaturwissenschafterInnen am Beginn des 20. Jahrhunderts auf den Boden der Realität zurückgeholt: Es ist prinzipiell unmöglich, völlig exakt zu messen, weil das Messsystem das zu Messende beeinflusst. Die PhysikerInnen haben schmerzlich, aber doch zur Kenntnis genommen, dass sich wesentliche Teile der Wirklichkeit prinzipiell der naturwissenschaftlichen Methodik und der Messung entziehen. Lediglich Potenziale und Wahrscheinlichkeiten des Möglichen lassen sich exakt berechnen. Der Beobachtungsauftrag, der Kontext der Messung und die daraus zwangsläufig resultierende Unschärfe sind immer Teil des Kalküls.

„Die Wirklichkeit ist immer (m)ein menschliches Konstrukt."

Monika Herbstrith-Lappe

Und wo steht das Management in diesem Entwicklungs- und Erkenntnisprozess?

Vernunft ist mehr als Verstand

In unseren Schulen wird vermittelt, was als richtig und was als falsch zu bewerten ist. Der beurteilende Rotstift vermerkt, wo noch Defizite sind. Toleranz gegenüber anderen Sichtweisen und Kulturen sowie wertschätzend-kritische Auseinandersetzung mit Inhalten sind als Unterrichtsprinzipien gesetzlich verankert, in der Schulrealität über weite Strecken jedoch nicht wahrnehmbar. Vielmehr kommt die dichotomische entweder-oder Denkweise unserer abendländischen Kultur zum Ausdruck, in der immer mehr digitalisiert wird: alles oder nichts, richtig oder falsch, 0 oder 1, Informationsgehalt 1 bit.
Dabei ist „die Wirklichkeit" viel facettenreicher.

Auch in der Wirtschaft gilt: Die Sicherheit, die Zahlen, Daten und Fakten dem Management geben, ist oft eine trügerische! Albert Einstein meint dazu:

„Manchmal kann das, was zählt, nicht gezählt werden, und das, was gezählt werden kann, zählt nicht."

Selbst so einfache Dinge wie 1 + 1 = 2 sind nur richtig, wenn man sich auf das Zehner-Zahlensystem geeinigt hat. In einem binären System ist dagegen 1 + 1 = 10 die richtige Lösung. Wenn man die Geschichte der Mathematik in den unterschiedlichen Kulturen verfolgt, erkennt man, wie viele Annahmen, Konventionen, Vereinbarungen getroffen werden, um das Konstrukt der uns so geläufigen Mathematik zu etablieren.

In der Mathematik ist es ganz klar und trivial, dass das Optimum ganz wesentlich davon abhängt, welche Zielgröße man wählt, welche Annahmen man über die Rahmenbedingungen trifft und welche Konventionen man weglässt. Ob dies Managern bei ihren oft folgenreichen Entscheidungen immer so bewusst ist?

Der Freud-Schüler C.G. Jung beschreibt die 4 Aspekte der Auseinandersetzung mit unserer Umwelt: das Denken, Wahrnehmen, Ahnen und Fühlen.

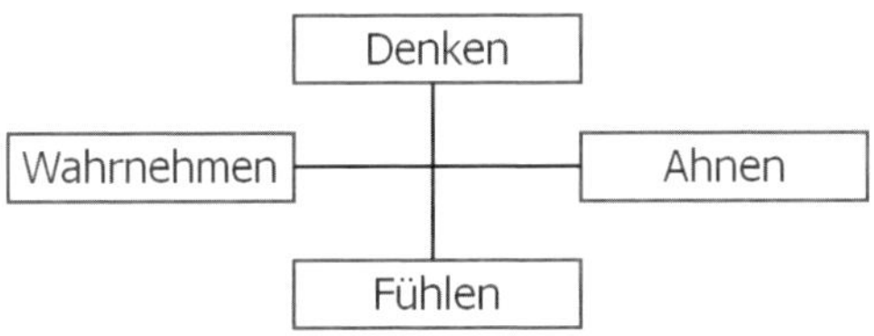

In der westlichen Welt ist die Ratio eindimensional forciert worden. Achtsames Wahrnehmen des Umfelds mit unseren Sinnen wie z.B. aufmerksames Sehen und Zuhören, körperliches Empfinden, nuanciertes Schmecken oder Riechen wird im Abendland viel weniger kultiviert.

Emotion wird häufig in den Privatbereich verbannt und Intuition als unprofessionell abgetan. Wissenschaft und Wirtschaft verschließen sich diesen facettenreichen Kanälen des Austausches mit unserer Umwelt fast gänzlich. Entscheidungen „aus dem Bauch" gelten in Wirtschafts- und Managementkreisen als nicht salonfähig und werden dementsprechend abgewertet.

Emotionen und Intuition: besser als ihr Ruf

Dabei haben sich jetzt auch Biologen auf die Suche nach Gefühl und Intuition begeben und sind dabei im Bauch fündig geworden.
Der Artikel „Das 2. Gehirn - Wie der Bauch den Kopf bestimmt" beschreibt eine sensationelle Entdeckung: Das „Bauchhirn" mit seinen 100 Millionen „intelligenten" Nervenzellen sendet wesentlich mehr Signale zum „Kopfhirn" als umgekehrt.

„Zuerst zum Menschen und erst dann zur Sache kommen."

Erst wenn die Beziehungsebene geklärt ist, können konstruktive, zielgerichtete Gespräche entstehen. Davor dient das pseudosachliche Geplänkel zeitvernichtend der Selbstdarstellung und dem Ausloten der Reviere. Nur wenn wir uns auf der Beziehungsebene wahr- und ernstgenommen fühlen, können wir auf der Sachebene zuhören. Gegenseitige Wertschätzung wäre ein guter Tausch gegen unproduktive Machtrituale. Etwas mehr menschliche Wärme wäre ein guter Nährboden für Leistungsbereitschaft und höhere persönliche Wirkungsgrade. Mit den Worten von Johann Wolfgang von Goethe:

*„Nimmst du jemanden, wie er ist,
wird er bleiben, wie er ist.
Behandelst du ihn so, als ob er wäre, was er sein könnte,
wird er zu dem werden, was er sein könnte."*

Dessen ungeachtet werden in vielen gängigen Persönlichkeitsmodellen emotionale Stärke und intellektueller Verstand nach wie vor diametral als Gegensatzpaar dargestellt. Da ist sie wieder: die Falle unseres binären „entweder-oder"-Denkens! Warum soll ich weniger mein Hirn gebrauchen, nur weil ich auch für Emotionen offen bin? Warum soll ich über weniger Einfühlungsvermögen verfügen, nur weil ich abstrakt und analytisch denken kann? Bin ich emotional oder rational, wenn ich mit Leidenschaft ein abstraktes, theoretisches Konzept entwickle und vertrete?

Intuition als Ergebnis langjähriger Erfahrung

Wer einerseits Probleme auf der Basis von Zahlen, Daten, Fakten analysiert und andererseits auch das intuitive, nonverbale Vokabular beherrscht, erzielt mehr Tiefenschärfe und erzielt so optimale Ergebnisse. Es wäre unklug, sich diesem bereichernden Spektrum zu verschließen. Intuition ist eine wertvolle Fähigkeit, die man sich in langjähriger, mühsamer Erfahrung erwirbt. Viele kleine Puzzlesteine erfahrener Wahrnehmungen lassen ein erkenntnisreiches Gesamtbild der Situation erahnen, das tausendmal mehr sagt als die einzelnen Fakten. Ein diffuser Eindruck, hier stimmt was nicht, schärft gezielt die Aufmerksamkeit und erschließt somit weiterführende Erkenntnisse, die der Denkapparat analysiert und für aussagekräftige Ergebnisse nutzt.

Zum Glück entmystifiziert jetzt auch die Wissenschaft die Intuition: Neueste Hirnforschungen haben ergeben, dass unser Hirn ein Millionenfaches an Informationen speichert als es bewusst wahrnimmt. Eine tolle Fähigkeit, wenn man dieses nahezu unerschöpfliche Reservoir impliziten Wissen immer wieder einzusetzen versteht.

Die Denkleistung von Albert Einstein besteht darin, dass er aus den experimentellen Ergebnissen der Lichtmessungen, die seit Jahren vorgelegen sind, Schlüsse und Konsequenzen gezogen hat, die seine Vorreiter und auch Zeitgenossen für undenkbar gehalten haben. Er vertritt auch die Meinung:

„Fantasie ist wichtiger als Wissen, denn Wissen ist begrenzt."

Vom Konfliktpotenzial zum Perspektivenreichtum

Wir nehmen Unterschiedlichkeiten oft als Anstoß für Konflikte wahr. Geprägt von hierarchischen Strukturen, assoziieren wir Unterschiedlichkeiten rasch mit „Ober sticht Unter" oder „Gewinner erzeugen Verlierer". Wenn „des einen Freud - des andern Leid" als Glaubenssatz angenommen wird, ist klar, auf welcher Seite man stehen will.

Angst vor Veränderungen als Relikt der Vergangenheit

Viel Energie wird auf kontraproduktive Machtspiele und daraus resultierendes Tauziehen vergeudet. Das Abwerten des anderen, des Fremden ist die daraus resultierende Logik. Erschwerend kommt hinzu, dass gerade in verunsichernden Situationen z.B. in Veränderungsprozessen die „Maschinensprache" unseres Stammhirns im Hinterkopf die hochentwickelte „Software" des denkenden Vorderkopfs dominiert.

Biologisch verankerte Verhaltensmuster aus der längst überwunden geglaubten Vergangenheit des Überlebenskampfes in der Natur kommen zum Tragen, und die Programmierung ist einfach:

„Uuups - anders, das könnte ein Feind sein. Kämpfen oder fliehen?"

Konrad Lorenz meint sogar ernüchternd:

„Es ist erstaunlich, was der Mensch alles schafft - mit einem Erkenntnisapparat, der gebaut ist, um in Bäumen zu leben."

Aus meiner Sicht - aus deiner Sicht - unser Objekt der Betrachtung

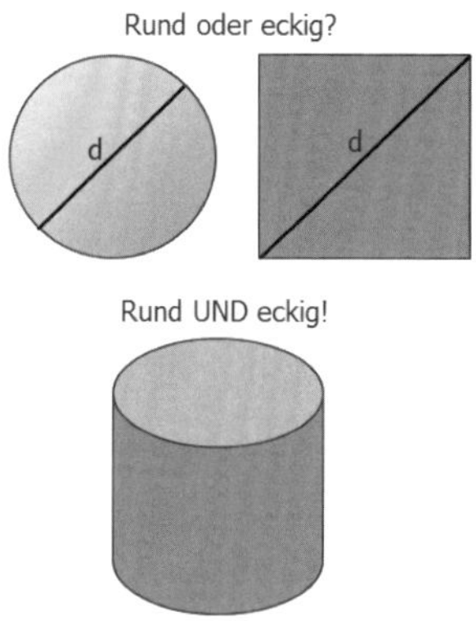

Unser Alltag ist geprägt von gegenseitiger Abwertung:
„Bist du aber kantig, du eckst ja überall an" kritisiert der „Runde" den „Eckigen". „Du bist aber instabil und du bist unpraktisch: Man kann dich weder mit dem Lineal zeichnen noch einfach die Fläche berechnen." kontert prompt der „Eckige" an den „Runden". Missverständnisse sind vorprogrammiert:
Der „Runde" sagt „d" – der „Eckige" hört „d" und versteht die Welt nicht mehr, wenn der „Runde" behauptet „d" sei das Doppelte vom Radius. Das kann nicht sein, die Diagonale „d" berechnet sich doch aus den Seiten!

Wenn sich abzeichnet, dass sich weder der „Runde" noch der „Eckige" durchsetzen können, tritt man in Verhandlungen. Ein Vieleck, ein Viereck mit abgerundeten Ecken, Kreis im Viereck oder Viereck im Kreis – bei all diesen Möglichkeiten bleibt das Machtspiel „Wer behält Oberhand?" aufrecht.

„Ein Kompromiss ist dann gut, wenn beide Seiten gleichermaßen unzufrieden sind."

Henry Kissinger

Erst wenn man eine zusätzliche Dimension in Betracht zieht, findet man den Zylinder mit Grundfläche Kreis und Aufriss Quadrat als Synthese.

Wahrgenommene Unterschiedlichkeit als Resultat der Betrachtungsweise

Fast alle Gegenstände sehen im Grundriss anders aus als im Aufriss. Das ist wahrlich kein Problem, sondern im Gegenteil höchst aufschlussreich. Erkenntnis entsteht aus der Auseinandersetzung, aus der Asymmetrie, aus der herausragenden Auffälligkeit und nicht aus dem Gleichklang. Nachhaltiger Konsens setzt voraus, dass man sich zunächst mit dem Dissens, der Unterschiedlichkeit auseinandergesetzt hat.

Nur bei Menschen – insbesondere MitarbeiterInnen – wünschen wir uns in falsch verstandenem Harmoniestreben, dass sie sich uniform verhalten. Verkäufer und Techniker haben eine unterschiedliche Sichtweise ein und desselben Auftrags. Für ÄrztInnen, Pflegepersonal und ControllerInnen sind andere Aspekte ihrer PatientInnen relevant. Menschen aus verschiedenen Kulturen mit unterschiedlichen Erfahrungs-, Sozialisations- und Kulturhintergründen erweitern den Wahrnehmungshorizont, die Lösungsperspektiven und das Handlungsrepertoire.

"Gleichheit erlaubt Richtung und Verschiedenheit macht produktiv"

Unterschiedliche Sichtweisen und daraus resultierende divergierende Interessen erzeugen ein konstruktives Spannungsfeld, in dem sich Neues entwickeln kann. Vorausgesetzt, man stellt sich den Konflikten und regelt professionell, wie man gemeinsame, verbindliche Entscheidungen trifft. Das Motto sollte lauten: *„Statt Menschen ändern zu wollen, gilt es, die Beziehungen zu gestalten sowie Verhalten zu vereinbaren und einzufordern."*

Monika Herbstrith-Lappe

Gegenseitiges Verständnis und Wertschätzung sind das Öl im Getriebe der Zusammenarbeit. Anstelle des kontraproduktiven Machtspiels „wer hat Recht" oder „wer ist wichtiger" möge der dialogische Austausch „Aus meiner Sicht ... und aus deiner Sicht ..." bzw. „worin sind wir uns einig und was wollen wir noch klären" treten. Marshall Rosenberg, der Begründer der gewaltfreien bzw. empathischen Kommunikation stellt immer wieder die Frage:

„Willst du Recht behalten oder glücklich sein?"

Auf die Zusammenarbeit übertragen:

„Willst du Recht behalten oder gemeinsam eine Lösung für die Zukunft finden?"

Diese kritische Selbsthinterfragung ist besonders im Umgang mit KundInnen sinnvoll. Sie könnten ihrem Vis-a-vis möglicherweise nachweisen, dass er/sie im Unrecht ist und hätten so wahrscheinlich eineN AuftraggeberIn verloren.

Die Trainerin und Autorin Mimi St. Clair bringt es besonders augenzwinkernd trefflich auf den Punkt. MEINung drückt ja schon aus, dass es MEINE MEINung ist, neben der Platz sein sollte für DEINE DEINung bzw. wenn man per Sie ist: IHRE IHRung. Wir tun immer wieder so, als wäre es Ihre IRRung. „Du siehst das völlig falsch." hören wir häufig,in der kontraproduktiven Absicht, den Anderen von meiner eigenen Sicht der Dinge zu überzeugen. André Heller singt auf seinem Album „Kumm ma mit kane Ausredn mehr" das Lied:

IHRE IHRung statt IHRE IRRung

„I burg dir meine Aug'n, kannst amol aus mir auße schaun"

Häufig reicht schon die äußerst konstruktive und wertschätzende Einsicht:

„Wir sind uns einig, dass wir uns uneinig sind."

Wenn wir auf der Suche nach einer gemeinsamen Lösung sind, braucht es noch Klärungen, bis wir gemeinsam UNSERE UNSung entwickeln.
Übrigens nennt die Wissenschaft die Unabänderlichkeit, dass Menschen manchmal mit ihrer Meinung auch falsch liegen, doxastischen Fallibilismus.

„Irren ist menschlich, aber auf Irrtümern zu bestehen ist teuflisch."

Cicero und Seneca der Ältere

In der klassischen Physik beschreibt man elektrische Kräfte mit dem Coulomb'schen Gesetz:

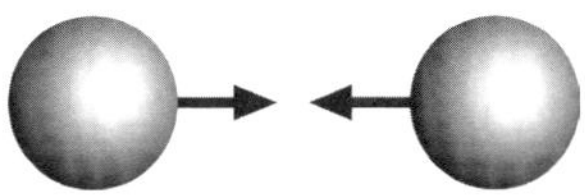

Eine einzelne Ladung bewirkt noch nichts. Wenn aber eine zweite Ladung ins Spiel kommt, herrscht plötzlich eine anziehende oder abstoßende Kraft zwischen den beiden elektrischen Ladungen. Zwischenmenschlich verfolgen wir ähnliche Glaubenssätze: „Wenn der richtige Mann/die richtige Frau in mein Leben tritt, dann wird es die große Liebe!"

Selbst-bewusst Eigen-Verantwortung übernehmen

Analog hört man ja auch häufig: „Zum Streiten gehören zwei!" Und natürlich gilt das erst recht für konstruktive Gespräche. „Ich würde ja eh, aber was kann ich dafür, wenn der Andere nicht mitspielt!" gehört dementsprechend zu den häufig verwendet Killerphrasen. Tatsächlich ist in unserer Gesellschaft die Unsitte weit verbreitet, andere für unser Lebensglück verantwortlich zu machen: „Mit der Kindheit, dem Mann, der Frau, diesen Führungskräften, den NachbarInnen ... kann ich nicht glücklich werden." Wir ermutigen hingegen Menschen ihr eigenes Leben in die Hand zu nehmen und freudvoll zu gestalten.

„Sei das 5. Rad am Wagen – das Lenkrad!"

Roman Braun

In der später entwickelten, aussagekräftigeren Feldtheorie beschreibt das Faraday'sche Gesetz:

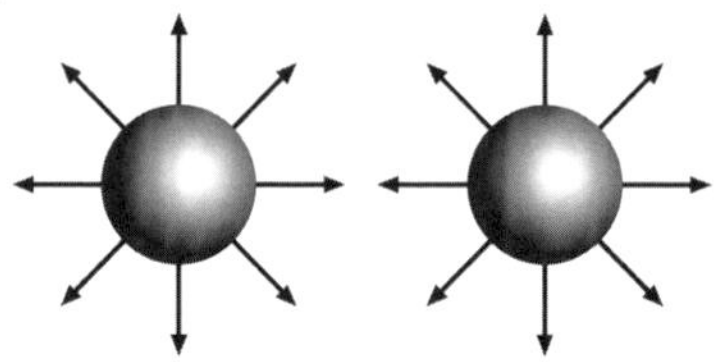

Jede einzelne Ladung erzeugt von sich aus ein Feld. Auf eine andere Ladung wirkt in diesem Feld eine Kraft. Natürlich erzeugt auch diese andere Ladung ein Kraftfeld, das wieder auf die erste wirkt. Rein zahlenmäßig liefern Coulomb und Faraday den gleichen Wert der Kraft. Es resultieren aber daraus ganz andere Konsequenzen: Jeder kann sein „Beziehungsfeld" selbst gestalten und damit wesentlich beeinflussen, welche Kräfte auf andere und von anderen wirken.

In einem seiner Trainings wurde Professor Samy Molcho, Pionier der Pantomime und der Körpersprache, von einer Teilnehmerin gefragt, wie sie ihren Selbstwert besser schütze könne. Darauf hat er sie aufgefordert, ihn einen Idioten zu nennen. Nach erstem Zögern und nochmaliger Aufforderung tat sie dies und warf ihm vor: „Sie sind ein Idiot." Samy Molcho lächelnd: „Und bin ich jetzt einer? Warum soll ich ein Idiot sein, nur weil Sie mich einen Idioten genannt haben!" Damit verdeutlichte er, was eigentlich klar in den Worten liegt:

„Ich bin die einzige Person,
die meinen Selbst-Wert stärken oder verletzten kann."

Denn sonst wäre er kein Selbst- sondern ein Fremd-Wert. Selbst wenn jemand in der Hausverwaltung erbost anruft und ins Telefon brüllt „Sie dumme Gans, hören sie überhaupt zu?" wird es erst dann zu einer Verletzung meines

Selbstwerts, wenn ich ernsthaft überlege, ob er mich jetzt für dumm hält. Eine viel klügere Strategie wäre es, sich die empathische Frage zu stellen:

„Was mag wohl in dem Menschen vorgehen?"

oder „Was veranlasst ihn, dies zu sagen?" wahrt man gleichzeitig auch gesunde Distanz und gelingt es, unüberlegte Äußerungen weniger persönlich zu nehmen. „Auch dieser Mensch hat als wundervoller Säugling sein Leben begonnen." kann im Umgang mit schwierigen Menschen ein hilfreicher Gedanke sein, um in der Souveränität zu bleiben *(siehe Toolbox Nr. 28, „Empathisch Distanz wahren" Seite 292).*

‚Erste Reihe fußfrei in der Beobachterrolle' schafft gesunde Distanz

Sehr aufschlussreich ist auch der Grundsatz: Wann immer mich etwas kränkt, verletzt, ärgert, verunsichert etc. heißt das immer, dass ein Muster in mir aktiviert wird und in Resonanz tritt. Sonst würde es mich nicht treffen oder berühren. Daher ist die Frage angebracht: „Was hat der Ärger, die Kränkung, die Verletzung ... mit mir zu tun?" „Warum trifft mich das?" Oder pointierter ausgedrückt:

„Betrachte deine FeindInnen als kostenlose TrainerInnen."

Selbst-Reflexion ist eine wertvolle Fähigkeit zur Stärkung des Selbst-Bewusstseins und des Selbst-Vertrauens. Eine realistische Sicht der eigenen Stärken und Fähigkeiten fördert die souveräne Gelassenheit und macht die Haut resistenter gegen untergriffige Vorwürfe von außen. Virginia Satir meinte dazu:

„Wir dürfen uns von den begrenzten Wahrnehmungen anderer nicht definieren lassen!"

Managing Diversity als Führungsanspruch

Eines ist klar: Führungskräfte sind hier in besonderer Weise gefordert. Uniforme Massen sind leichter auf Kurs zu halten als facettenreiche Persönlichkeiten. Wenn ich in Vorträgen und Trainings meine Überzeugung vertrete

„Ich bin eine bekennende Gegnerin der Gleichbehandlung und eine flammende Befürworterin der individuellen Behandlung mit fairen Chancen"

Monika Herbstrith-Lappe

so löst der erste Teil des Satzes, gerade aus dem Mund einer Frau in Management-Position, die sich unter anderem für Gender Mainstreaming engagiert, Verwunderung bis Empörung aus.

Der Vergleich mit der Kindererziehung untermauert dieses Prinzip jedoch eindrücklich. Der zweitgeborener Sohn Tim fragte seine Mutter: „Hast du mich auch gleich lieb wie Hanna?" Ihre Antwort: „Ich kann dich nicht gleich lieb haben, weil du ein anderer Mensch bist. Dich hab ich Tim-lieb und Hanna hab ich Hanna-lieb." Die prompte Frage des Sohnes: „Was ist mehr lieb Tim-lieb oder Hanna-lieb?"

Was ist mehr: ein Kilogramm oder eine Stunde?

Physikalische Gegenfrage: „Was ist mehr: ein Kilogramm oder eine Stunde?" Würde ich die beiden charakterlich deutlich verschiedenen Kinder gleich erziehen, würde ich zumindest eines von ihnen suboptimal fördern. Stark verankert sind in unserer Kultur die Werte Objektivität und Gerechtigkeit. Diese sind zugunsten der Fähigkeit zu relativieren, auf unterschiedliche Rahmenbedingungen, Bedürfnisse und Situationen angemessen einzugehen.

Eine zentrale Führungsaufgabe besteht darin, immer wieder für den Ausgleich zu sorgen zwischen den angestrebten Zielen und den individuellen Bedürfnissen. So wird Motivation ermöglicht und gefördert. Führungskräfte müssen die Rahmenbedingungen gestalten, in denen sich die individuellen Stärken entfalten und Synergien entstehen können.

Ups und Downs? Einzigartige Menschen!

In jeder Kategorie der Unterschiedlichkeit gibt es die sogenannten Ups, die mehr Macht haben, und die anderen, die Downs. Unternehmen werden in Profit- und Nonprofitorganisationen gegliedert, in Unternehmen wird von produktiven und unproduktiven Bereichen gesprochen, usw. Da ist es rein sprachlich klar, wer die Ups und wer die anderen sind, die dadurch definiert werden, was Sie NICHT sind. Die gegenseitige Wertschätzung sollte hier auch in der Bezeichnung zum Ausdruck kommen: z.B. Financial-Profit- und Social- oder Common-Profit-Unternehmen und externe und interne Kompetenzbereiche in Unternehmen.

Die Regeln werden von den Ups geprägt. Die Downs müssen sich dann immer wieder reinreklamieren und in Erinnerung rufen, dass sie auch zu berücksichtigen und zu informieren sind. Z.B. in einem technischen Unternehmen braucht es nicht nur technische fachliche Weiterbildungen, sondern auch betriebswirtschaftliche.

Ups sind fest davon überzeugt, dass es keine Barrieren gibt. Die Downs erleben sie! Wer mit dem Kinderwagen durch eine Stadt gefahren ist, von der er/sie bisher geglaubt hat, sie sei rollstuhlfreundlich, spürt plötzlich am eigenen Leibe, wie viele Stufen es zu überwinden gilt. Das gilt für körperlich gehandicapte Menschen, MitarbeiterInnen mit migrantischem Hintergrund, außergewöhnlicher Körpergröße, homosexueller Orientierung, anderer Religion, ungewöhnlichem Bildungsweg etc.

Die Lösung besteht darin, dass wir aufhören, die Downs auf die Downzugehörigkeit zu reduzieren. Fragen wie: „Welche Erfahrungen haben Sie mit Frauen in Führungspositionen, Teilzeitkräften, MitarbeiterInnen 50 + etc.?" sind unsinnig. DIE Frauen und DIE Männer gibt es nicht. Die einzelnen individuellen Menschen zu sehen, hilft Vorurteile zu überwinden.

Matrix Teams

Teamarbeit ist wichtig und oft genug sehr fordernd. Zu einer weiteren Erhöhung von Anforderungen und Komplexitätsgrad kommt es jedoch, wenn Teams im Spannungsfeld von Matrix-Organisationen erfolgreich geführt und motiviert werden sollen. Grund und Anlass zugleich genug, uns einmal mit einer (noch) besseren Führung von Teams und Themen quer zur Linienstruktur auseinander zu setzen.

1. Schärfen Sie Ihre Mission und stärken Sie das gemeinsame Selbst-Verständnis:

Gerade für Matrix-Teams mit Team-Mitgliedern aus unterschiedlichen Bereichen mit vielfältigen Kulturen ist die gemeinsame Sicht auf den Daseinszweck des Teams immer wieder wichtig und zu aktualisieren. Meiden Sie die Sichtweise „Was machen wir?" oder „Welche Aufgaben erfüllen wir?". Wesentlich kraftvoller sind Orientierungsfragen wie „Welchen Nutzen bewirken wir für wen?" „Was ist unser direkter oder indirekter Beitrag zu Unternehmenserfolg und KundInnen-Zufriedenheit?" und weil Leistungen von Matrix-Teams oft systemerhaltend sind: „Was ginge verloren, wenn es uns nicht gäbe?"

Orientierungsfragen dienen der Identitätsfindung und -festigung

Eine kraftvolle Mission charakterisiert die Identität. Von daher ist es wichtig darauf zu achten, dass die Aussagen nicht auf einer beliebigen, leicht austauschbaren Oberflächlichkeit bleiben. „Was können wir über unseren Daseinszweck sagen, was uns auch von anderen unterscheidet?" Nachhaltiger Konsens braucht zunächst den Dissens: Sehr aufschlussreich ist es, zunächst von unterschiedlichen Beteiligten - Teammitgliedern und InteressenspartnerInnen/KundInnen - obige Fragen beantworten zu lassen. Danach gilt es aus den Antworten möglichst viel Gemeinsamkeit zu schälen: „Worin sind wir uns einig und was müssen wir noch klären?" Auf diese Weise erhält das Mission-Statement einerseits Schärfe und Aussagekraft sowie andererseits breites Commitment.

2. Entwerfen Sie ein strahlendes Bild von der erfolgreichen Zukunft:

Eine gute Vision ist wie ein Orientierungsstern, die gerade in stürmischen und dunklen Zeiten den Weg weist und strategischen Entscheidungen eine Ausrichtung gibt. Eine lustvolle Möglichkeit dazu ist das gemeinsame Verfassen des „Briefes aus der erfolgreichen Zukunft" *(siehe Toolbox Nr.5, Seite 272)*, in dem sie sich die angestrebte erfolgreiche Zukunft in ca. 3 - 5 Jahren ausmalen.

Richard Bach beschreibt in seinem Kultbuch „Die Möwe Jonathan" die mentale Vorwegnahme des angestrebten Erfolgs. Die weise Möwe gibt Jonathan den entscheidenden Tipp:

„Sei schon da, bevor du ankommst!"

Das Mentaltraining ist im Leistungssport nicht mehr wegzudenken, denn es gilt, der Erfolg folgt der Vorstellung vom Erfolg. Unser Hirn kann kaum zwischen Sinneseindrücken und Vorstellungen unterscheiden. Wenn mindestens zwei Sinne in der Vorstellung angesprochen werden, kann das Hirn auch aus Vorstellungen Erfahrungen lernen. Studien haben gezeigt, dass das so weit geht, dass nur vorgestelltes Muskeltraining immerhin 20 % des Muskelwachstums erzeugt wie reales körperliches Training.

Um erfolgreich zu sein, braucht es SMARTe Ziele:

SMARTe Ziele erhöhen die Erfolgschancen wesentlich

- **S**pezifisch, d.h. möglichst konkret,
- **M**essbar oder zumindest objektivierbar
  (Woran kann man die Zielerreichung erkennen?)
- **A**ktiv beeinflussbar
- **R**ealistisch
- **T**erminisiert.

Damit diese auch hirngerecht sind, sollten sie darüber hinaus folgende Kriterien erfüllen:

- Positiv formuliert (Achtung: Unser Hirn kann nicht NICHT denken.)
- Fordernd und glaubwürdig
- aktiv formuliert sein.

Unerreichbare „Karotten", die immer wieder weggezogen werden, sind ebenso giftig für unser Hirn wie Absichtserklärungen („Wir möchten", „Wir bemühen uns", „Wir schauen einmal"). Mit negativ formulierten Zielen wie „Kosten reduzieren", „keine Fehler", „keine Unfälle", „weniger Reklamationen" fängt unser Hirn nichts an. „Ressourcen effektiv einsetzen", „auf Anhieb alles richtig", „jeden Tag gesund und heil nach Hause kommen", „Kundenzufriedenheit steigern" sind dagegen wirkungsvoll.
Bei wenig fordernden Zielen schaltet unser Hirn auf halbe Kraft. Erfolg braucht Entschlossenheit. Lauwarm und halbherzig steht in Widerspruch zu High Performance.
Der Großteil unserer Gehirnaktivitäten erfolgt unbewusst - ein Millionenfaches des Bewussten. Unser Unbewusstes ist unser mächtigster Verbündeter oder unser kraftvollster Gegner. Um es für unsere Ziele zu aktivieren gilt es die SMARTen, positiven, fordernden Ziele hirngerecht zu verpacken: als sinnlichen, lustvollen, merkwürdigen Film des Erfolgs. Die Wahrnehmung folgt der Vorstellung.

3. Innovative Leistungspakete für die unterschiedlichen Zielgruppen:

Matrix-Teams sind oft Dienstleister für unterschiedliche Anspruchsgruppen. Betreiben Sie interne Marktforschung. Erheben Sie die aktuellen Entwicklungen Ihrer internen KundInnen-Gruppen und leiten Sie daraus Erwartungen an Ihre Leistungen ab. Das können Sie zum Beispiel gut mit internen Zufriedenheitserhebungen kombinieren. Schnüren Sie abgestimmt mit Ihren KundInnen zukunftsorientierte Leistungspakete - mit abgegrenzten Leistungsinhalten. Damit vermeiden Sie die „Gut-gemeint-Falle" und unrealistische Erwartungen, die unweigerlich zu Enttäuschungen führen müssen.

Leistung orientiert sich am Empfänger, nicht am Sender

„Zusammenkommen ist der Beginn.
Zusammenhalten ist der Fortschritt.
Zusammenarbeiten ist der Erfolg."

Henry Ford

Am Beginn steht die Aufgabe, die unterschiedlichen Gruppen der KundInnen zu identifizieren und priorisieren. Häufig gibt es eineN AuftraggeberIn, die unmittelbaren und mittelbaren LeistungsempfängerInnen, Beteiligte und Betroffene, die sowohl KundInnen als auch PartnerInnen/LieferantInnen sein können.
Hilfreich ist das Modell des Best-Partner-Prinzips:

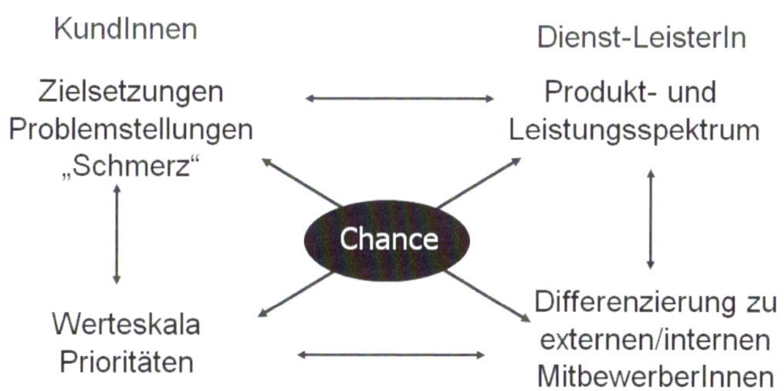

Wie gut treffen meine Leistungspakete die Ziele, Erfolgsfaktoren und Interessen meiner AuftraggeberInnen und KundInnen?

Inwiefern unterstützen Sie dabei, Herausforderungen und Probleme zu meistern und „Schmerzen" zu lindern?

Worin unterscheiden wir uns von unseren MitbewerberInnen und sich unsere Leistungen von denen anderer?

Welchen Mehrwert und Zusatznutzen können wir daher unseren AuftraggeberInnen und KundInnen bieten?

Was macht uns mit unseren Leistungen zu wertvollen PartnerInnen - wobei die Werte der AuftraggeberInnen und KundInnen relevant sind?

Mit diesem Modell können Sie Ihre strategische Positionierung schärfen und die Voraussetzungen für erfolgreiches internes Marketing sowie eine solide Beauftragung schaffen. Abgesehen davon, dass sie durch das Bewusstmachen des Werts und des Nutzens der Leistungen das Selbst-Bewusstsein von Ihnen und Ihrem Team stärken - was wiederum die Motivation und Identifikation stärkt und steigert. Wichtig ist bei der Darstellung des Nutzens das Prinzip „Der Köder muss dem Fisch schmecken und nicht dem Angler.“
(siehe auch Beitrag Seite 146: „Marktorientiertes Denken - KundInnenorientiertes Handeln“ und Toolbox Tool Nr. 35, Seite 297).

4. Kluges Win-Win-Verhandeln bei der internen Beauftragung:

Mehrdimensionale Verhandlungen stärken die eigene Position und die Erfolgschancen

Häufig ist der/die AuftraggeberIn, der auch für die Ressourcenausstattung verantwortlich ist, nicht der/die unmittelbare bzw. ausschließliche LeistungsempfängerIn. Bei der Beauftragung interner Servicebereiche geht man häufig relativ achtlos um. Umfangreichere Leistungspakete brauchen dementsprechend auch mehr Ressourcen. Meiden Sie eindimensionale Verhandlungen in denen es z.B. nur um finanzielle Ausstattung geht.
Solide vorbereitetes Verhandeln in mehreren Dimensionen z.B. Leistungsumfang, Qualitätskriterien, finanzielle Ausstattung, Anzahl der MitarbeiterInnen, Zeitrahmen, Flexibilitätskriterien, Rahmenbedingungen etc. gibt mehr Spielraum und ermöglicht, dass alle vom Verhandlungstisch zufrieden aufstehen.

Erfolgreiche Verhandlungsstrategien stellen den Wert und den Nutzen der Leistungen in den Vordergrund. Erst relativ spät, wenn der Wunsch nach den nützlichen Leistungen bereits gereift ist, wird auch über die Kosten gesprochen – im Fall von internen Leistungen ist das häufig die Ressourcenausstattung. Nichts geht über eine solide Verhandlungsvorbereitung, in der man sich sowohl seine eigenen Ziele und Verhandlungsspielräume klar macht als auch die seines Vis-a-vis überlegt.
Kluges Verhandeln heißt immer auch, die Zeit nach der Verhandlung im Auge zu haben, in der man den/die VerhandlungspartnerIn in der Umsetzung braucht. Mit Manipulation riskiert man dabei das wertvollste Gut - nämlich das gegenseitige Vertrauen.
(siehe auch Beitrag Seite 163: „Verhandlungstechnik“)

5. Rollenklarheit für wirkungsvolles Handeln:

Matrix-Teams sind häufig in einer exponierten Position, die das Risiko für ein Prellbock- oder Feigenblatt-Dasein erhöht. Von daher ist Rollenklarheit besonders wichtig - sowohl was die Position des Teams im Unternehmens als auch was die Rolle der einzelnen Team-Mitglieder betrifft. Für das effektive Führen in der Matrix-Organisation ist der Schulterschluss zu den Linienführungskräften erfolgsentscheidend. Das braucht die klärende Frage, für welche Themen die Linienführungskräfte und für welche der/die LeiterIn des Matrix-Teams verantwortlich zeichnet und wer welche Entscheidungsbefugnisse hat.
(siehe Toolbox Nr. 23, Seite 288).

Abgrenzung von Aufgaben und Verantwortlichkeiten trägt zum Erfolg bei

Wenn offizielle und gelebte Organisation auseinanderklaffen, erkennen Sie das daran, dass Wörter wie „prinzipiell", „theoretisch", „eigentlich" ... häufig bei Nachfragen zu Zuständigkeiten fallen.
Eine alte Bauernregel appelliert für die Schriftlichkeit:

„Wer schreibt, der bleibt, wer net, der geht."

Für Rollen, Funktionen und Stellen gilt das auch. Wenn sich Funktionen nur schlecht beschreiben und die Verantwortlichkeiten bzw. die Eingliederung in die Organisation nur schwer grafisch darstellen lassen, dann kann man das auch nur schwer im Kopf klar bekommen.

Häufig hat auch der einzelne Mensch unterschiedliche Rollen. Da ist dann umso wichtiger, sich selbst immer wieder klar zu machen, welchen Hut man gerade trägt und beim Einstieg in das Gespräch auch den anderen zu kommunizieren: „Ich habe mit dieser Vorgehensweise gute Erfahrungen gemacht ..." macht klar, dass man als ExpertIn bzw. KollegIn spricht. „Im Sinn des Themas XY ist es wichtig, ..." verdeutlicht, dass man in der Rolle des/der ThemenführerIn agiert. „In unserem Team möchte ich, dass wir das so handhaben." spricht für Führungsstärke im Team.

6. Führen ohne disziplinarische Verantwortung:

Matrixorganisation und Themenführerschaft bringt es meist mit sich, dass man für MitarbeiterInnen die Führung übernimmt, die disziplinarisch einer anderen Linien-Führungskraft unterstellt sind. Dadurch hat man nur eingeschränkte Mittel der Führung - beginnend bei der Auswahl der MitarbeiterInnen über die Entwicklung und Stärkung der für die Themen erforderlichen Kompetenzen bis zur Vereinbarung und Einforderung von Leistungen. Für die hohe Schule des Führens ohne disziplinarische Verantwortung gilt noch mehr als bei anderen Führungsaufgaben: Sich selbst klug zu führen ist die wichtigste Voraussetzung um andere gut führen zu können.

Auch hier gilt die Macht des Unbewussten. Entscheidend ist es, für sich selbst eine stimmige Antwort auf folgende Fragen zu finden: „Warum bin ich für meine Führungsrolle eine gute Wahl?", „Warum kann ich gut verstehen, dass man mir diese Führungsverantwortung anvertraut hat?" und „Warum ist es o.k., dass ich die (Themen-)Führung für diese Menschen übernehme, selbst wenn sie vielleicht in der Hierarchie höher als ich gestellt sind?"

Das eigene Sich-selbst-Bewusstsein und Sich-selbst-Vertrauen ist die Grundvoraussetzung für überzeugtes Auftreten. Beantworten sie auch für sich die Fragen „Warum übernehme ich gerne diese Führungsrolle?" „Welche Vorzüge hat es, Führungskraft ohne disziplinarische Verantwortung zu sein?" „Was macht mir am Führen Freude und Spaß?" Für sich selbst die Eigenmotivation zu stärken ist die beste Voraussetzung, um andere mit ins Boot zu holen. *(siehe dazu auch Motivations-Check Toolbox Nr. 6, Seite 273).*

Delegieren betrifft nicht nur Aufgaben, sondern auch Verantwortung

Delegieren Sie Wirkungsbereiche mit Ergebnisverantwortung (und nicht nur vage Teile von Aufgaben) einschließlich Eigenkontrolle: „Woran können Sie erkennen, dass Ihr Verantwortungsfeld im grünen Bereich ist und Sie auf einem guten Weg sind die vereinbarten Ergebnisse zum vereinbarten Zeitpunkt zu erzielen?" und „Wie überzeugen wir uns gemeinsam davon?" Kommunizieren Sie klar, was der vorgegebene Rahmen ist und lassen Sie genügend Gestaltungsmöglichkeiten. Denn diese stiften Identifikation.
Es braucht die Konsequenz, Regelverstöße und nicht erfüllte Vereinbarungen möglichst direkt und zeitnah anzusprechen. Hilfreich sind dazu die Regeln konstruktiver, lösungsorientierter Kritik *(siehe Nr. 6 bis 9, 20 und 24 aus „Hochwirksame Interventionen für mehr Erfolg, Leichtigkeit und Lebensfreude" in der Toolbox Seite 273-276, 285, 289).*

Denn wenn sie die Verstöße nicht aufzeigen, tragen Sie Mitverantwortung, dass die Regeln an Kraft und Durchsetzbarkeit verlieren. Unterhöhlt werden dann nicht nur die Regeln und Vereinbarungen, sondern vor allem auch sie als Führungsauthorität. Daher ist es klug, sich zunächst die Kontrollfragen zu stellen: „Ist mir die Regel so wichtig, dass ich die Konsequenz aufbringe, sie immer wieder einzufordern?" Und: Es braucht ausreichende Rückendeckung von der/dem AuftraggeberIn und Schulterschluss zu den Linienführungskräften.

7. Verbindende Gemeinsamkeiten stärken und bereichernde Unterschiede nutzen:

Neueste Erkenntnisse der Hirnforschung zeigen eindeutig: „Gleich und gleich gesellt sich gern." Wir alle haben so viele Facetten, dass es gelingen sollte, Gemeinsamkeiten zu finden, zu kultivieren und so die soziale Verträglichkeit zu stärken. Umgekehrt wirken Unterschiedlichkeiten oft befremdlich und irritierend. In unser abendländischen Kultur fällt uns dabei leicht „Ober sticht Unter" ein. Daher sind kontraproduktive Macht-Spielchen „Wer hat Recht?" oder „Wer ist wichtiger?" an der Tagesordnung.

Stattdessen sollte „Wer trägt was zu den gemeinsamen Erfolgen bei?“ im Mittelpunkt des Interesses stehen.
Albert Einstein hat gemeint

„Wenn zwei immer einer Meinung sind, ist einer überflüssig.“

Killerwörter führen zu rasch eskalierenden Konflikten

Nutzen Sie daher die Unterschiedlichkeiten in gegenseitiger Wertschätzung, um zusätzliche Perspektiven und Lösungsmöglichkeiten zu gewinnen.

Eines der häufigsten verwendeten Killerwörter ist „aber“. Setzt es doch das, was vor dem „aber“ steht, außer Kraft. Gegenseitiges „ja, aber ...“ führt zu ineffizienten Meetings, zur Verhärtung von Standpunkten und zu rasch eskalierenden Konflikten.
Viel häufiger als wir es zunächst sehen ist statt dem strittigen „entweder-oder“ ein konziliantes „sowohl-als-auch“ möglich. Das entwertende „aber“ lässt sich häufig durch ein verbindendes „und“ ersetzen: „Aus meiner Sicht ... und aus Ihrer Sicht ...“ schauen wir beide auf gemeinsame Ziele.

Zwei zentrale Führungsthesen für High Performance:
„Führen heißt Ausgleich zu schaffen zwischen gemeinsamen Zielen und individuellen Bedürfnissen.“ Und: „Führen heißt individuelle Stärken auf gemeinsame Erfolge zu fokussieren.“

Im zunehmend komplexen Umfeld mit immer mehr Spezialwissen kann man es sich nicht mehr leisten, auf individuelle Stärken und Expertisen zu verzichten. Übrigens ein Dirigent, der an sich den Anspruch hätte, alle Instrumente am besten zu spielen, hätte die Mittelmäßigkeit des Orchesters zu verantworten. Die hohe Schule des Orchesterleitens besteht darin für die einzelnen Plätze die jeweiligen Spitzenkräfte zu rekrutieren und zu fördern!

8. Wirkungsvoll kommunizieren und so das gegenseitige Verständnis stärken:

Der Volksmund weiß

„Durch's Reden kommen die Leute zusammen.“

Und die aktuelle Hirnforschung gibt ihm Recht: Die Evolutions-Psychologie meint, dass Kommunizieren als „Fern-Kraulen“ erfunden wurde, um wie das Kraulen die Rudelzusammengehörigkeit und -identität zu stärken. Gerade in virtuellen Teams ist es wichtig, immer wieder darauf zu achten, dass miteinander Reden viel mehr bedeutet als bloßer Informationsaustausch per Mail und Internet. In einem persönlichen Gespräch wirkt deutlich mehr als 80 % die non-verbale Kommunikation und nur zu 10 - 20 % der Inhalt der Worte.

In Telefonaten und Video-Konferenzen erreicht deutlich mehr der Botschaft die Empfänger als in Mails. In multikulturellen Teams ist besonders darauf zu achten, dass Worte bei Sender und allen Beteiligten mit den gleichen Bildern belegt sind. Frido Hütter, ein mehrfach ausgezeichneter Journalist, hat gemeint „Kommunikation findet im Kopf vom Empfänger statt." Das, was ich höre, bringe ich in Zusammenhang mit meiner Erfahrungswelt.

Das Wahrnehmen von Kommunikation erfolgt durch die Brille der eigenen Erfahrungen

Missverständnis ist daher die normale Kommunikationsform – weil wir unterschiedliche Menschen mit unterschiedlichen Vorstellungen sind. Sich achtsam um gegenseitiges und gemeinsames Verständnis zu bemühen, indem die Sichtweisen immer wieder aktiv hinterfragt werden, ist daher äußerst empfehlenswert. In der Gesprächsform des Dialogs ist man sich bewusst, dass alles, was man sagt und hört, von der eigenen Erfahrungswelt und den persönlichen Werten gefärbt ist.

Wie bei einem Flug sind auch bei der Kommunikation Start und Landung besonders erfolgskritisch. Für unser Hirn ist produktives Denken und Handeln erst dann möglich, wenn ich mich als Mensch akzeptiert und verstanden fühle. Verständnis auf der Beziehungsebene ist Voraussetzung für Zuhören auf der Sachebene. In den ersten Mikrosekunden unterscheidet unser Unbewusstes Freund oder Feind. Ein wertschätzender Einstieg ist Voraussetzung für gelungene Gespräche *(siehe auch Toolbox Nr. 31, Seite 295)*.

Achtung: Für das Ankommen in einem Gespräch gilt die Beziehungsebene Mensch zu Mensch bzw. Gast zu GastgeberIn, erst danach nehmen die Menschen ihre konkreten Funktionen ein. Für die erste Phase gelten die Höflichkeitsregeln des/der GastgeberIn. Unser Stammhirn reagiert aggressiv auf Revier-Verletzungen. Auch wenn es das Großhirn einzudämmen und zu tarnen versteht, leidet darunter die Leistungsfähigkeit unseres Denkens. Es ist daher klug, nicht gleich mit der Tür ins Haus zu fallen, sondern zunächst höflich anzuklopfen!

9. Standpunkte vertreten im Spannungsfeld unterschiedlicher Interessen:

Matrix-Teams stehen häufig im Spannungsfeld unterschiedlicher Erwartungen und Ziele. Hier gilt es Position zu beziehen und sich durch die Rückendeckung von den AuftraggeberInnen Entscheidungsbefugnisse zu sichern. Macht ist die Fähigkeit, gegen Widerstand etwas zu bewirken.
Enttabuisieren Sie das Thema Macht und sichern Sie sich ausreichend davon, um Ihrer Verantwortung gerecht zu werden. Querschnittsthemen zeigen häufig Systemkonflikte auf und bieten sich auch als Stellvertreter-Konflikte bzw. Sündenböcke an. Es zahlt sich immer wieder aus, erkannte Konfliktpotenziale frühzeitig anzusprechen. „Wem gehört der Konflikt?" bzw. „Auf welcher Beziehungsebene liegen die Konfliktursachen und damit die Lösungsmöglichkeiten?" sind wichtige Fragen, um Konflikte nachhaltig zu regeln und nicht nur Konfliktsymptomen nachzulaufen.

Dabei gilt die Anti-Mikado-Strategie: Wer sich zuerst bewegt, hat mehr Einfluss im Spiel. Souveränität zeigt sich darin, auf die Anderen zuzugehen. Das direkte Feed-back an die Beteiligten ist der erste Schritt. Wenn sich auf dieser Ebene Unstimmigkeiten nicht bereinigen lassen, kann im nächsten Schritt das Gespräch mit den Führungskräften der Beteiligten gesucht werden. Und schließlich ist es Verantwortung der AuftraggeberInnen Prioritäten zu klären und die Rahmenbedingungen zu schaffen, die das Führen in der Matrix und die Themenführerschaft ermöglichen *(siehe Toolbox Nr.30, Seite 294)*.

10. (Teil-)Erfolge gemeinsam würdigen und daraus Kraft schöpfen:

In Matrix-Teams ist noch mehr als sonst Eigen-Motivation gefragt. Vera Birkenbihl, DIE Expertin für hirngerechtes Arbeiten meint auch, dass noch wichtiger als Anerkennung von außen die eigenen „Ball-im-Tor-Erlebnisse" sind: Setzen Sie sich markante Ziele und Zwischen-Ziele, um aus deren Erreichung Kraft und Zuversicht zu tanken. Nachhaltig motivierend wirkt das gute Gefühl, etwas Sinnvolles bewirkt und nützliche Ergebnisse erreicht zu haben. Etablieren Sie dazu Team-Rituale, um erzielte (Teil-)Erfolge bewusst wahrzunehmen und gemeinsam zu würdigen.

Team-Rituale einführen zum Wahrnehmen und Würdigen von Erfolgen

Übrigens: Sich bei anderen zu bedanken, dass sie zum Erfolg beigetragen haben, ist eine sympathische Art, eigene Leistungen zu kommunizieren. Und selbst wenn Sie zwischendurch Unterstützung und Rückendeckung Ihrer Vorgesetzten vermisst haben, können Sie sich bei ihnen bedanken, dass man Ihnen das Vertrauen entgegengebracht hat und Ihnen Gestaltungsmöglichkeiten übertragen hat.
Hier hat auch die Mailkommunikation Vorzüge: Bedanken Sie sich beim Team für den tollen Einsatz und die hervorragenden Leistungen und schicken dieses Mail an Ihre Führungskräfte. Vor den ChefInnen Anerkennung erfahren schmeckt doppelt so gut. Oder Sie bitten Ihre Führungskräfte ein Danke-Mail an das Team zu übermitteln und liefern Inputs für dessen Inhalt.

Legen Sie sich für sich persönlich und für das Team ein Erfolgs-Tagebuch zu *(siehe Toolbox Nr. 10, Seite 277)*.

11. Gesunder Umgang mit Dynamik:

Alle Trendforscher sind sich einig, dass unser Umfeld noch schneller und dynamischer wird. Daher sind wir gefordert mit raschen Veränderungen und zunehmender Komplexität professionell umzugehen.
Abraham Lincoln hat an die Kreativität und Innovationskraft appelliert:

„If you always do, what you always did,
you will always get, what you always got."

Boxenstopps zum Auftanken – auch für Menschen

Mehr vom Gleichen kann nicht die Lösung sein und die Lösungen von gestern sind die Probleme von heute. Mit Segelbooten kann man in zielstrebiger Wendigkeit gegen den Wind kreuzen. Je klarer die mittel- und langfristige Strategie ist, desto mehr Flexibilität kann man sich bei den operativen Manövern erlauben. Freude, Spaß und Begeisterung an den eigenen Leistungen sind die besten Vorkehrungen gegen Stress und die Gefahr des Ausbrennens. Wichtig ist dabei, mit den eigenen Bedürfnissen achtsam umzugehen. Hochleistungsmotoren brauchen immer wieder Boxenstopps zum Auftanken. Berücksichtigen Sie das Stewardessen-Prinzip: Zuerst sich selbst gut mit Sauerstoff zu versorgen, um dann andere gut servicieren zu können.

In „Hochwirksame Interventionen für mehr Erfolg, Leichtigkeit und Lebensfreude" in der Toolbox Nr. 27 *(Seite 291)* finden Sie Tipps und Tricks für mehr Souveränität und Gelassenheit sowie gesunde Alternativen für Stress und Ärger.

Mit den „Übungen für Glück und Leistungsfähigkeit sowie gegen Stress" in der Toolbox können Sie willentlich Einfluss auf Ihren Körper und damit auf die Hormonsuppe Ihres Hirns und damit auf Ihr Fühlen, Denken und Wahrnehmen nehmen. Die innere Haltung und unsere äußere Körperhaltung sind in unserem Hirn eng verwoben. Auf letztere können wir relativ leicht Einfluss nehmen.

„Tu deinem Körper etwas Gutes,
damit deine Seele Lust hat, darin zu wohnen."

Teresa von Avila

In Eigenverantwortung können wir unsere Wirklichkeit gestalten: die Gegenwart unseres Empfindens, die Zukunft unseres privaten und beruflichen Lebens und sogar die Erinnerung an unsere Vergangenheit.

Interne Dienst-LeisterInnen

Bei sehr kleinen Unternehmen und in den Köpfen vieler Menschen findet sie sich noch: die Vorstellung, dass sich ein Unternehmen auf die Basisfunktionen „Einkauf" - „Produktion/Verarbeitung" und „Verkauf" reduzieren lässt. Alles andere diene nicht der Erzielung von Gewinn.

Aber ist diese Vorstellung richtig und zeitgemäß? Was bedeutet sie für die MitarbeiterInnen, die in diesen „anderen" Abteilungen arbeiten und – so die Vorstellung - eigentlich keinen positiven Beitrag zum Unternehmenserfolg leisten. Sogar Kosten verursachen und damit die Wettbewerbsfähigkeit des Unternehmens gefährden?

Stabstellen als interne Dienst-Leister

Erfolgreich auf den internen Marktplätzen des Unternehmens

Interne Servicebereiche müssen ihre Leistungen transparent machen

Gerade in Zeiten zunehmenden Kostendrucks ist es für Stabsfunktionen wie Controlling, PR, Personalentwicklung, IT, Zentraler Einkauf, Facility Management, Qualitäts-, Sicherheits-, Umweltbeauftragte etc. überlebenswichtig, ihre Leistungen transparent zu machen. Der Wertschätzung als interner Servicebereich steht die Anforderung gegenüber, interne Kunden wie externe Kunden zu servicieren. Das Wort Dienst-Leistung drückt es aus: Mit der Professionalität der eigenen Leistung und den Kunden zum Nutzen dienen.

„Effizienz steigern" ist in vielen Organisationen die Devise. Alles konzentriert sich auf die Wertschöpfungskette. Wer nicht unmittelbar zur Leistungserbringung, Produktentstehung oder zum Kundennutzen beiträgt, wird häufig als „Overhead", „unproduktiver Bereich" oder „Cost Center" abgestempelt. Allen diesen Begriffen ist gemein, dass sie wenig wertschätzend sind. Kein Wunder, dass Profit-Center beliebter sind als Cost-Center. Dementsprechend gehen sie gestärkt in Budget-Verhandlungen und sind besser mit Ressourcen ausgestattet. Oftmals spiegeln auch Entlohnungssysteme diese Wertschätzung wider. Kein Wunder, dass oftmals MitarbeiterInnen Stabstellen als Stufe der Karriereleiter betrachten, um sich in Richtung der Business Units weiterzuentwickeln. Die damit verbundene erhöhte MitarbeiterInnen-Fluktuation erleichtert nicht das Führen dieser oft exponierten Bereiche. Andererseits stellt diese MitarbeiterInnen-Entwicklung eine Leistung von Know-how-Aufbau für das Unternehmen dar. Leider wird dies selten wertgeschätzt.

„Grabe den Brunnen bevor du Durst hast."

Chinesische Weisheit

Im von uns entwickelten Prozessmanagement-Modell gibt es neben den wertschöpfenden auch wertdefinierende, wertschaffende und werterhaltende Prozesse: Das Management muss die strategische Positionierung definieren sowie die Richtung der Weiterentwicklung vorgeben und mit Zielen objektivieren (**WERT-definierende Prozesse**).
WERT-schaffende Prozesse wie z.B. Innovation/Forschung/Entwicklung, Marketing, Strategisches Controlling, Personal- und Organisationsentwicklung, Technologiemanagement schaffen die Voraussetzungen, um mit den Strategien von heute zukünftige Gewinne zu erwirtschaften.
WERT-sichernde Prozesse wie z.B. Facility Management, Instandhaltung, interne IT, Qualitäts-, Sicherheits-, Umwelt-, Risikomanagement aber auch operative Finanzprozesse sorgen für geeignete Rahmenbedingungen für die professionelle Geschäftsabwicklung.

Schärfen Sie die strategische Positionierung Ihrer Person und Abteilung innerhalb des Unternehmens:

- Was macht Ihre Leistungen für das Unternehmen wertvoll?
- Wie tragen Sie direkt oder indirekt zu KundInnen-Nutzen und Unternehmenserfolg bei?
- Wie sollte die Kooperation mit anderen Bereichen gestaltet werden, um gemeinsam mit den individuellen Stärken und Potenzialen ein unternehmerisches Gesamtoptimum zu bewirken?

WERT-volle Prozesse tragen direkt oder indirekt zum Erfolg bei

Insgesamt gibt es nur **WERT-volle Prozesse**, die direkt oder indirekt zu KundInnennutzen und Geschäftserfolg beitragen. Das energievernichtende Machtspiel „Wer ist wichtiger?" wird durch den systemischen Ansatz ersetzt: Wie müssen die verschiedenen Prozesse ineinandergreifen, damit die erfolgsorientierte, bereichsübergreifende Zusammenarbeit optimal funktioniert?

Schnittstellenregelungen und Leistungsvereinbarungen zwischen den einzelnen Bereichen minimieren „Reibungsverluste" und „Übergangswiderstände" und stellen so die Effektivität in der Zusammenarbeit sicher.

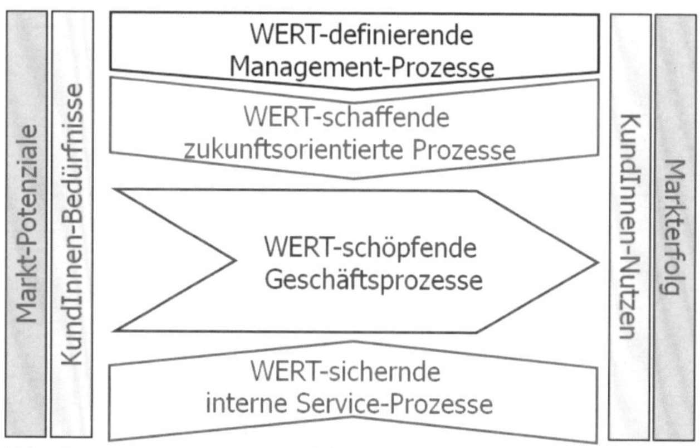

Abb.: Prozessmanagementmodell von Impuls & Wirkung

Sicherheitsbeauftragte

Sicherheit konsequent vor- und miterleben

Sicherheitskonzepte sind so gut, wie die MitarbeiterInnen diese im Geschäftsalltag leben. Damit wird Sicherheitsmanagement zu einer zentralen allgemeinen Führungsaufgabe: Alle Führungskräfte müssen Sicherheitsbewusstsein und entsprechende Schutzmaßnahmen vorleben und von ihren MitarbeiterInnen konsequent einfordern. Zusätzlich kommt erschwerend hinzu, dass unser Menschenhirn nicht wirklich in Wahrscheinlichkeiten und Risiken denken kann.
Internes Marketing und eine konsequente Kommunikationspolitik für das Thema Sicherheit sind daher gefragt!

Security als Feigenblatt?

Bei Kindern unterscheiden wir Spiel- und Habzeug. Spielzeug wird genutzt, Habzeug braucht man, um dazuzugehören. Ist Sicherheitsmanagement in den Unternehmen wirklich ein konsequent genutztes Werkzeug? Wie oft fristet diese Thematik ein Alibi-Schattendasein als Feigenblatt? Wunderbar eignet es sich als Sündenbock, den man notfalls in die Wüste schickt! Vielfach müssen sich Sicherheitsbewusste den Vorwurf gefallen lassen, Bremser, notorische Pessimisten oder detailverliebte Erbsenzähler zu sein! Als Überbringer schlechter Nachrichten sind sie nach wie vor dem Risiko ausgesetzt, im übertragenen Sinn des Wortes „geköpft" zu werden.

Von angstgesteuert zu risikobewusst

Wir Menschen neigen dazu, Risiken zu verdrängen. Der philosophische Physiker Prof. Pietschmann meint dazu:

*„Die radikalste Veränderung ist der Tod.
Wie können wir da Veränderungen im Leben lieben?"*

Unser Hirn ist auch nicht in der Lage, Wahrscheinlichkeiten in ihren Dimensionen zu erfassen. So ist es 100.000-mal wahrscheinlicher, trotz Pille schwanger zu werden, als im Lotto zu gewinnen. Trotzdem halten die meisten die Pille für sicher und pflegen viele die Hoffnung, durch Lotto reich zu werden.

Risiken und Chancen werden vom menschlichen Gehirn falsch bewertet

Weltweit sterben nur ca. 15 Menschen jährlich an Haibissen. Viel mehr Menschen sterben alleine in der Karibik an heruntergefallenen Kokosnüssen – ganz abgesehen von den jährlichen Toten durch Verkehrsunfälle unter Alkoholeinfluss. Trotzdem haftet an den Haien das angsteinflössende Monsterimage. Der Thriller müsste eigentlich „Die grüne Kokosnuss" und nicht „Der weiße Hai" sein. Keine Frage: Es bräuchte gewaltiger Marketing-Anstrengungen, um viele ins Kino zu bringen und sich mit dem Kokosnuss-Risiko auseinander zu setzen. Ob es möglich ist, der Palmenstrandidylle und dem Wunsch nach Schatten zum Trotz ein Sicherheitsbewusstsein bzgl. der über dem Kopf schwebenden Kokosnuss-Killer zu entwickeln? Übrigens der mit Abstand häufigste Grund, dass Touristen auf den Taucherinseln der Malediven ins Spital müssen, sind Verletzungen beim dilettantischen Versuch, Kokosnüsse mit Messern zu öffnen.

Offensichtlich reagiert unser subjektives Empfinden auf Angst und nicht auf Risiko oder Wahrscheinlichkeit.

„Wie man mit Mut verwirklicht, was man erhofft, so verwirklicht die Angst, was man befürchtet."

N.N.

Angst ist eines der intensivsten Gefühle in unserem Hirn. Hätten schließlich unsere Vorfahren auch nur ein einziges Mal eine große Gefahr übersehen, so hätten wir nicht überlebt. Darum reagiert auch unser Hirn so gereizt auf kleine Abweichungen in unserem angestammten „Revier":
All das könnten Hinweise auf Gefahren oder Feinde auf der Lauer sein. Wenn wir das fixieren, wovor wir uns fürchten, realisiert sich allerdings das, wovor wir Angst empfinden. Die Bewegung folgt unseren Augen. Darum ist es auch überlebenswichtig, z.B. in Schleudersituationen die Zwischenräume zwischen den Bäumen und nicht die Bäume zu fixieren.

Die Bewegung folgt den Augen - Misserfolg negativen Gedanken

Der wesentliche Schritt im Umgang mit Angst ist es, nicht in Kampf- oder Fluchtstress zu verfallen, welcher einen Tunnelblick erzeugt und die Denk- und Handlungsfähigkeit stark einschränkt. Im Gegenteil sollte die klare Wahrnehmung für die Gefahrensituation geschärft werden. Auf der Basis lassen sich Strategien entwickeln, um die Hürden zu meistern.

Flugpiloten unterziehen sich regelmäßig Trainings, in denen sie immer wieder Gefahrensituationen am Flugsimulator bewältigen. So wird das Hirn gedrillt, in gefährlichen Situationen auf bewährte Handlungsmuster zurückgreifen zu können. Die daneben sitzende FluglehrerInnen tun alles, dass das Flugzeug immer mit geringst möglichem Schaden davon kommt. Das Hirn des Flugpiloten soll mannigfaltige Handlungsmuster für Überleben haben und möglichst keine vom Absturz. In einer Gefahrensituation einmal gedacht: „Jetzt darf ich auf keinen Fall ..." könnte zur Tragödie führen.

In diesem Sinn ist auch kontraproduktiv, wenn man MitarbeiterInnen immer wieder Bilder von Unfällen zeigt oder ihnen immer wieder erzählt, wo sie keinesfalls hingreifen dürfen. Viel zielführender ist es, ihnen immer wieder zu vermitteln, was sicheres Arbeiten braucht.

„Wer will, findet Wege. Wer nicht will, findet Gründe"

N.N..

Es bedarf aufklärender Kommunikation und konsequenter Bewusstseinsbildung, um der Ratio eine Chance zu geben, sich gegenüber den einfach gestrickten Stammhirnfunktionalitäten durchzusetzen!
(Siehe auch Toolbox Nr. 29, Seite 294).

Sicherheitskonzepte konsequent umsetzen & einfordern

Eines ist klar: Papier ist geduldig und wenig wirkungsvoll. Werkzeuge, die man besitzt, aber immer wieder umgeht, haben keine Chance Nutzen zu bringen. Sicherheit ist daher in erster Linie eine Frage der Konsequenz und der Disziplin. Der Weg von der Erkenntnis zum konsequenten Handeln ist leider hürdenreich.

Führungskräfte müssen bzgl. Security Vorbild sein und unmissverständlich klarstellen, dass Sicherheitsvergehen keine Kavaliersdelikte sind. Es gilt der Grundsatz möglichst weniger klarer Regeln und die dann auch konsequent einzufordern *(Siehe Toolbox Nr. 39, Seite 300)*. Denn nichts prägt die Motivation und Produktivität von MitarbeiterInnen mehr als das Verhalten der direkten Führungskraft in kritischen Situationen!

Stoppt die Blaulichtkultur! Zeit für Boxenstopp!

Gerade unter Stress herrscht der Tunnelblick vor und ist das Risiko hoch, in irrationale Verhaltensweisen zu kippen. In vielen Organisationen herrscht das „Blaulicht-Syndrom": „Wir sind im Einsatz! Es ist ein Notfall!" verleiht MitarbeiterInnen immer wieder die Macht, sich über vereinbarte Regeln hinwegzusetzen. So ziemlich alles scheint dann erlaubt. Man vergisst häufig, das „Blaulicht" wieder auszuschalten und zur normalen „Straßenverkehrsverordnung" zurückzukehren. Oder man schaltet aus Bequemlichkeitsgründen auch für weniger Dringendes das „Blaulicht" ein - abgesehen davon, dass man das meiste durch genügend langes Zuwarten zur Dringlichkeit erheben kann. **PEP**s**L** - **P**roblem-**E**rzeugende-**P**seudo-**L**ösungen sind ein typisches Stressphänomen der Pseudo-Produktivität, der im schlimmsten Fall in der Blindleistung des „rasenden Stillstands" mündet! *(siehe Toolbox Nr. 7, Seite 274).*

Wir sind im Einsatz! Unter Stress mit Tunnelblick!

„Weil wir immer wieder die Hühner einfangen müssen, kommen wir nicht zum Flicken der Zäune."

N.N.

Verbindlichkeit von vereinbarten Regeln und Stressvermeidung zählen zu den wichtigsten Security-Maßnahmen. Gefragt ist ein gesundes Arbeitstempo, wo in einem wirkungsvollen „Drehzahlbereich" mit „schnurrendem Motor" rasches Vorankommen bei gutem „Fahrkomfort" gewährleistet ist!
Gerade weil in der Formel 1 Geschwindigkeit der zentrale Wert ist, muss Zeit für den Boxenstopp eingeplant werden. Pausen und Zeit für sichernde Aktivitäten ist allemal gut investiert!

Internes Security-Marketing

„Was ist wichtiger: Motor oder Fahrgestell? Gaspedal oder Bremse?"

Ab-Teilungs-Denken erschwert die Zusammenarbeit im Unternehmen

Natürlich sind das sinnlose Fragestellungen. Natürlich braucht man beides, vor allem aber richtig abgestimmt, um optimale Leistung, Fahrvergnügen, Steuerbarkeit und Sicherheit zu gewährleisten. In Unternehmen erschwert häufig das Ab-Teilungs-Denken eine wirkungsvolle Zusammenarbeit. Machtgeplänkel prägen den Geschäftsalltag und spitzen sich in der Ressourcenzuteilung zu. Eines ist klar: Der „Motor" ist augenscheinlicher, über die „PS" wird mehr gesprochen als über die Auslegung des Fahrgestells. Andererseits sieht man am Beispiel Volvo, dass Sicherheit auch zum zentralen Marketingargument erhoben werden kann.

„Die Sicherheit des Bremsens ermöglicht Geschwindigkeit."

Monika Herbstrith-Lappe

Die Leistungen des Sicherheitsmanagements verkaufen sich nicht von selbst. Vielmehr besteht ein Gutteil der Arbeit darin, dass alles gut läuft und man von den Sicherheitsaktivitäten möglichst wenig merkt. „Tu was Gutes und sprich darüber" muss daher die Devise sein. Dabei gilt der Grundsatz der Kundenorientierung „Der Köder muss dem Fisch schmecken und nicht dem Angler". Rationaler Fach-Jargon ist wenig geeignet die Menschen im Unternehmen bzgl. Security zu sensibilisieren. Vielmehr gilt es in der Kommunikation die Gratwanderung zwischen kontraproduktiver Ängstigung und zu förderndem Risiko- bzw. Sicherheitsbewusstsein zu meistern. Veränderungsvorhaben - wie z.B. eine Professionalisierung und Weiterentwicklung des Sicherheits- und Risikomanagements - können gelingen, wenn

L*V*KS > BV

gilt. Es braucht einen **L**eidensdruck und ein Problembewusstsein, die Einsicht zur Handlungsnotwendigkeit. Auf dem hohen Ross der Selbstzufriedenheit versanden Vorhaben! Genauso wichtig ist aber auch eine **V**ision, eine Vorstellung davon, was der verbesserte Zustand bewirkt und ermöglicht. Und schließlich müssen **k**onkrete **S**chritte vereinbart werden. Nur wenn das Produkt dieser 3 Faktoren größer ist als das **B**eharrungs**v**ermögen einer Organisation, kann sich etwas verändern! Zu beachten ist, dass die einzelnen Größen durch Multiplikation verbunden sind, das Ergebnis daher 0 ist, wenn nur ein einzelner Faktor auf 0 steht!
Zusätzlicher Druck ohne Aussicht auf Erfolg fordert die Leidensfähigkeit, fördert aber nicht die Veränderungsbereitschaft! Nicht zu unterschätzen ist dabei auch die Macht der selbsterfüllenden Prophezeiungen.

Sir Winston Churchill hat dazu gemeint:

„Ein Optimist sieht in jeder Schwierigkeit die Chance. Ein Pessimist in jeder Chance die Schwierigkeit"

Statt sich vor Gefahren zu fürchten, sollte der Verstand das Risiko einschätzen. „Was stimmt mich zuversichtlich, die Hürde heil zu meistern?" ist die zentrale Frage, um das eigene Unbewusste auf sicheren Erfolgskurs zu führen. Mit Schreckensbildern des Versagens und von Unfällen stärkt man die menschliche Stärke des Verdrängens. Vielmehr gilt es viele Abläufe des sicheren Handelns durch Rituale und häufige Wiederholung in unserem Hirn tief zu verankern - so fest, dass es auch noch unter Stress richtig reagiert.

Es braucht Beharrlichkeit, um sich mit neuen Ideen Gehör zu verschaffen. Mit einmal gesagt, ist es tatsächlich nicht getan. Leider ist unsere Merkfähigkeit begrenzt. Durch Wiederholung nach einem, drei, zehn und dreißig Tagen wird die Vergessenskurve deutlich flacher bis wir schließlich das Wissen so sehr verinnerlicht haben, dass wir es „selbst im Schlaf" noch zu 100 % parat haben.

Mit der Zahl der Wiederholungen wird die Vergessenskurve flacher

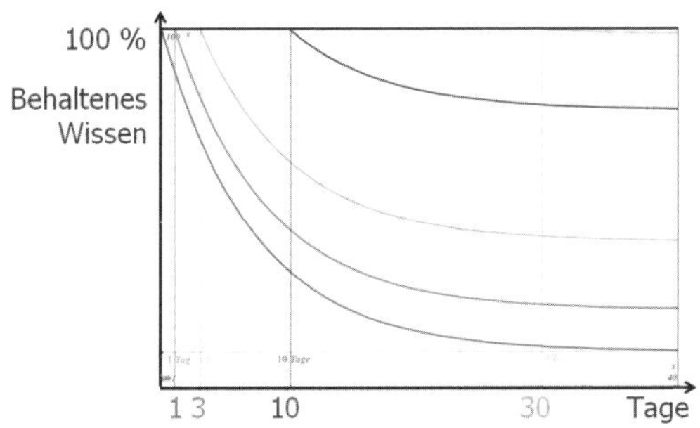

Die wichtigste Voraussetzung für den Erfolg des Security-Marketings ist die eigene Identifikation mit dem Thema. Für ManagerInnen eines Security-Bereichs sollten daher zentrale Fragen zur Erörterung mit den Security-MitarbeiterInnen sein:

- Was macht unsere Leistungen für das Unternehmen wertvoll?
- Was ermöglichen wir damit?
- Was gewährleisten wir damit?
- Was stellen wir sicher?
- Was ginge verloren, wenn wir unsere Leistungen nicht oder nicht so gut erbringen würden?

Mit dem Selbst-Bewusstsein, das man aus den Antworten schöpft, gepaart mit einer wertschätzenden Kommunikation mit den KollegInnen des Unternehmens ist der Weg gepflastert, der vom eigenen Wunsch-Selbstbild zum wahrgenommenen, anerkennenden Fremdbild der anderen führt.

Markt und KundInnen

Am KundInnenmarkt werden die Anstrengungen des Unternehmens in Umsatz und Gewinn getauscht. Nur dann, wenn es gelingt, ausreichend KundInnen für die eigenen Produkte zu gewinnen, kann das Überleben des Unternehmens gesichert werden.

Lassen sich Ansprüche an Service und Betreuung durch niedrige Preise ersetzen?

Die Methoden zur Ziel- und damit KundInnen-Erreichung sind unterschiedlichst: Zukauf von Marktanteilen, hohe Investitionen in Werbung, niedrige Produktpreise als Anreiz zum Kauf, etc. Gemeinsam ist diesen Methoden, dass es in unterschiedlichster Weise immer wieder um das liebe Geld geht. Aber sind niedrige Produktpreise oder vollmundige Werbung das, was unsere KundInnen wirklich von uns erwarten?

Spätestens Anforderungen im Bereich von Service und persönlicher Betreuung lassen sich nicht durch Werbung oder geringere Produktpreise ausgleichen. Hier sind dann Konzepte gefragt, wie das Unternehmen die KundInnen überzeugend bei deren Bedürfnissen abholen und die Bedürfniserfüllung in den angestrebten Verkaufserfolg ummünzen kann.

Smart ▸ wendig ▸ nachhaltig erfolgreich

„KLEIN" contra GROSS? - „DYNAMISCH" contra „TRÄGE"!

Wir sind auf dem Weg ins Zeitalter der vernetzten IndividualistInnen. Noch schneller, dynamischer und fordernder soll die Zukunft werden. Es gilt einerseits den großen globalen Trends amerikanischer Prägung gerecht zu werden und andererseits eine europäische Antwort zu finden. Service- und KundInnenorientierung könnten die Zugpferde für zukünftige Erfolge sein – MitarbeiterInnen- und Qualitätsorientierung vorausgesetzt!

Bedrohliche globale Entwicklungen

Die Legende vom gesättigten Markt hält sich hartnäckig. Im Ringen um Marktanteile und Zielgruppen werden mit immer mehr Einsatz immer weniger und immer kurzfristigere Effekte erzielt. Großen Unternehmen erschließen sich dabei Möglichkeiten, die kleineren oftmals verwehrt bleiben. UnternehmerInnen beobachten mehr oder weniger tatenlos die Aktivitäten von großen, international agierenden Unternehmen. Immer deutlicher spürt man, wie Märkte heiß umkämpft werden und die Preis- und Kostenpolitik beinhart um- und durchgesetzt wird.

Christine Bauer-Jelinek hat mit Ihrem Buch Businesskrieger einen Bestseller gelandet. Ihre Kernaussagen: Es herrscht nicht mehr sportlicher Wettkampf, sondern Krieg zwischen den Unternehmen. Feindliche Übernahmen stehen an der Tagesordnung. Gewaltiges Volksvermögen wird auf diese Art vernichtet. In erster Linie geht es um Marktanteile. Finanzstärke, externe Kommunikation und Technologie sind die wichtigsten Waffen.

Die Globalisierung ist eigentlich eine Kolonialisierung durch Amerika. Europa hat sich im Kalten Krieg gemeinsam mit Amerika gegen osteuropäische Prinzipien der Planwirtschaft abgegrenzt - und dabei übersehen, dass es einen wesentlichen Werteunterschied zwischen europäischer und amerikanischer Marktwirtschaft gibt: Während in Europa Unternehmertum immer auch soziale Verantwortung geheißen hat, gilt in Amerika, wenn jeder dafür sorgt, dass es ihm/ihr gut geht, geht es allen gut. Transnationale Wirtschaftsunternehmen entziehen sich immer mehr der nationalen Gesetzgebung und Steuersystematik. Ethikgrenzen sind dramatisch gesunken. Der mit sozialer Verantwortung einhergehende Real-Kapitalismus europäischer Prägung droht dem Turbo-Kapitalismus unterworfen zu werden. In ihm verkommen Unternehmen zu Spekulationsobjekten. So dienen mittlerweile mehr als 90 % der finanziellen Flüsse nicht mehr dem Austausch von Leistungen, sondern dem Geldmachen mit dem Geld. Klassische volks- und betriebswirtschaftliche Mechanismen sind untergraben: So stimmt es nicht mehr, dass Unternehmenserfolg automatisch mehr Arbeitsplätze bedeutet. Neue Konzepte sind gefragt!

In Richtung der MitarbeiterInnen sind die Botschaften sehr doppeldeutig: Noch nie hat man so oft gehört. „Der Mensch als Mittelpunkt." Wird nicht doch „Der Mensch als Mittel! Punkt!" gemeint? Headcounts, Fulltime-Equivalents und auch Humanressourcen sind zynische Begriffe. Wie können Ressourcen wertschätzend mit KundInnen umgehen? Einerseits wünschen sich Unternehmen von KundInnen und MitarbeiterInnen Loyalität. Andererseits können/wollen immer weniger ihren MitarbeiterInnen Loyalität bieten. Christine Bauer-Jelinek spricht in ihrem Buch von Kriegspropaganda, durch welche die Massen bei der Stange gehalten werden.

Nichtschwimmer retten das Floß, Schwimmer zuerst sich selbst

Ist es Zufall, dass gerade in den letzten Jahren über unternehmerisches Denken und Handeln gesprochen wird? Unternehmerisches Agieren heißt vor allem auch Verantwortung für Entscheidungen zu tragen – was voraussetzt, dass man einen angemessenen Gestaltungsrahmen für Entscheidungen hat. In früheren Zeiten wurden nur Flößer angeheuert, die Nichtschwimmer waren. Während sich Schwimmer in Notsituationen zu retten versucht hätten, haben Nichtschwimmer alles getan, um das Floß und damit sich selbst zu retten. Für Unternehmen in persönlichem Besitz gilt das nach wie vor. ManagerInnen in börsenotierten Unternehmen mit abstrakten Eigentümerstrukturen sind häufig mit vielfältigen Sicherheitssystemen ausgestattet und beherrschen oftmals die Fähigkeit, zum richtigen Zeitpunkt abzuspringen.

Lokale Entscheidungsspielräume werden immer enger. Gefragt ist das Umsetzen internationaler Konzepte. „Execute - Ausführen" ist die Devise!

Die MitarbeiterInnen müssen immer mehr selbst Verantwortung für ihr eigenes Überleben und ihre eigene Entwicklung übernehmen. Die schützende Geborgenheit des Unternehmens gibt es kaum mehr.

Wo bleibt die europäische Antwort?

Gibt es eine Renaissance des Unternehmertums europäischer Prägung mit sozialer Verantwortung?

Vereintes Europa?

Europa steht vor neuen Herausforderungen. Die letzten Jahre sind geprägt von der (noch immer nicht abgeschlossenen) Erweiterung der EU, auch in Richtung Osten. In den Diskussionen im Vorfeld steht dabei immer wieder im Mittelpunkt, wie es die neuen Mitgliedsstaaten schaffen können, sich auf EU-Niveau zu entwickeln. Doch ist die Überheblichkeit Mittel- und Westeuropas angebracht? Die Steigerungsraten im Osten übertreffen jene in Mittel- und Westeuropa bei weitem. Während in Österreich und Deutschland die junge Generation in Wohlstand aufgewachsen ist, vielleicht unter der hohen Arbeitslast der Eltern gelitten hat und daher auf work-life-balance setzt, gibt es in Osteuropa eine breite Masse gleich gut gebildeter junger Menschen mit ehrgeizigem Biss. Wir müssen - endlich - aufwachen und vom hohen Ross der Selbstzufriedenheit absteigen! Gefragt sind kreative, intelligente Lösungsangebote.

„Klage über die Schärfe des Wettbewerbes
ist in Wirklichkeit meist
nur eine Klage über den Mangel an Einfällen."

Walther Rathenau

Erfolg durch unternehmensweite KundInnen- und Service-Orientierung

Zukunft erfolgreich zu gestalten, heißt in erster Linie einen Perspektivenwechsel in Betracht zu ziehen und vorzunehmen.

„Die wahre Entdeckungsreise liegt nicht darin,
neue Länder zu erkunden
sondern darin,
die Welt mit neuen Augen zu sehen!"

Marcel Proust

Bestehende Service-Wüsten als Marktpotential begreifen

Internationale KundInnenzufriedenheitsbarometer weisen Deutschland und Österreich als Service-Wüsten aus. Tendenz sinkend. Die großen Unternehmen ziehen sich auf ihre Kernkompetenzen und hoch profitablen Bereiche zurück. Costcutting-Programme hinterlassen in Unternehmen blutige Spuren.

MitarbeiterInnen-intensive Servicebereiche fallen diesen Radikalkuren oft zum Opfer. Die Erwartungen/Bedürfnisse der KundInnen hinsichtlich Serviceleistungen und die wahrgenommene Dienstleistungs-Qualität der Unternehmen klaffen erschreckend weit auseinander.

Aus diesen bedrohlichen Szenarien entstehen für dynamische, wendige Unternehmen erfolgsträchtige Chancen. Konsequente KundInnen-, Service- und Qualitätsorientierung bieten sich als Zugpferde für nachhaltigen Unternehmenserfolg an! Erfolg versprechend ist es, sich beherzt zu positionieren, die eigene Einzigartigkeit zu fördern, sich der eigenen Stärken bewusst zu werden und diese wirkungsvoll umzusetzen.

Einerseits ist der Kostendruck deutlich gestiegen. Umso wichtiger ist es, den Nutzen und Mehrwert für den Kunden in den Fokus zu stellen - nämlich aus der Sicht des Kunden.

Warum sind wir für unseren (zukünftigen) KundInnen die beste Wahl?

- „Warum und für welche KundInnen sind wir der beste Partner?"
- „Warum würde ich mich an Stelle des Kunden für meine Leistungen entscheiden?"
- „Wie steigert die Zusammenarbeit mit meinem Unternehmen für den Kunden seinen Erfolg bei seinen KundInnen und auf seinen internen und externen Märkten?"
- „Worin unterscheiden sich meine Leistungen von denen der Mitbewerber und welcher Mehrwert ergibt sich daraus für den Kunden?"
- „Wenn der Kunde von seinem internen Revisor gefragt wird, warum er sich für meine Leistungen und nicht für die billigeren des Mitbewerbers entschieden hat, wie kann er stichhaltig argumentieren?"
- „Was stimmt mich zuversichtlich, dass der Kunde die Zusammenarbeit mit mir wählt bzw. fortsetzt und vertieft?"

Bevor ich auf diese Fragen zur mentalen Vorbereitung keine stichhaltigen, schlüssigen, glaubwürdigen Antworten gefunden und verinnerlicht habe, sollte ich nicht ins Verkaufsgespräch gehen. Je besser ich den Kunden kenne, desto besser kann ich mich in seine Situation hineinversetzen.

Es ist ein allgemeiner Marketing-Trend, dass es immer schwieriger wird, sich durch die Funktionalitäten der Produkte und Kernleistungen zu differenzieren. Vielmehr wird das Service-Paket rund herum - bzw. die Kooperations- und Kommunikationsfähigkeit des gesamten Unternehmens - immer mehr zum kaufentscheidenden Faktor für KundInnen. Das deutsche Wort Dienst-Leistung bringt die erfolgsträchtige Ambivalenz auf den Punkt: Mit der selbstbewusster Professionalität und profunder Expertise der eigenen Leistungen den KundInnen wertschätzend, verständnisvoll dienen.

Andererseits ist Sicherheit für viele Unternehmen in den letzten Jahren zu einem zentralen Wert geworden. Stabile, verlässliche Beziehungen zu partnerschaftlichen Lieferanten gewinnen zunehmend an Bedeutung und steigern für die Kunden die Effektivität der Abläufe. Offene Kommunikation, Transparenz und Nachvollziehbarkeit in den Informationen und enge Kooperation an den Schnittstellen sind tragfähige Säulen für Win-Win-Strategien.

Vertrauensvolle KundInnen-Beziehungen

Smalltalk zum Einstieg bewährt sich - vorausgesetzt das rechte Augenmaß ist gewahrt. Alles, was ich zum Einstieg sage, muss stimmig für mich sein. Sonst wirkt es künstlich und wirkt leicht abstoßend. Themen, mit denen ich möglichst konkret empfundene Wertschätzung für den Kunden ausdrücke, sind ein guter Nährboden für gelungene Gespräche. Allgemeinplätze wie „Das Bild ist toll." wirken leicht als nicht ernst zu nehmende Heucheleien. „Die kraftvollen Farben des Bildes sind für mich ein sehr stimmiger Kontrapunkt zu der wunderschönen Stuckdecke." ist wesentlich individueller. Das kann ich nicht bei jedem Kundenbesuch als einstudierten Satz aufsagen. Da muss ich mich wirklich im Büro des Kunden umsehen - und dieses Wahrnehmen ist gelebte Wertschätzung.

Vertrauen entsteht nicht unter Druck sondern erfordert Vorleistungen

Vertrauen lässt sich weder verordnen noch einfordern. Unter Druck kann es nicht entstehen. Mit Vertrauen kann ich nur in Vorleistung gehen. Mit mir selbst gut im Einklang zu sein ist das Fundament. Das, was ich vermitteln möchte, zuerst selbst-bewusst zu verinnerlichen, um es dann authentisch zu verkörpern, sind die wesentlichen Voraussetzungen, um wertschätzend, glaubwürdig und empathisch beim Vis-a-vis anzukommen. Je individueller und spezifischer ich KundInnen anspreche, desto größer ist die Chance, ihr Gehör zu finden.

„Wenn wir Menschen ansehen, steigern wir ihr Ansehen"

Wir wollen gesehen und erkannt werden. Bevor man zu KundInnen fährt, sollten daher auch in der Vorbereitung auf einen Kund-Innen-Besuch folgende Fragen überlegt werden:

- „Was ist mein höchst persönlicher Zugang zu genau diesem Kunden?"
- „Welche verbindenden Gemeinsamkeiten kann ich ihm anbieten?"
- „Warum biete ich gerade diesem Kunden gerne meine Leistungen an?"
- „Welche verbindenden Gemeinsamkeiten mit seinen KundInnen kann ich anbieten?"

Wenn ich z.B. in einem technischen Produktionsunternehmen vorstellig bin, erzähle ich von meinen Erfahrungen als Physikerin und meiner langjährigen Tätigkeit in der Ingenieursausbildung.
Werbe ich hingegen um die Zusammenarbeit mit einer Sozialeinrichtung, so stelle ich mich als Tochter eines Sonderschuldirektors vor, die von Kinderbei-

nen an den Wert von sozialer Unterstützung von benachteiligten Menschen kennengelernt hat. Ich bin intensiv verbunden mit empfundener Wertschätzung für die KundInnen, wenn ich die Türklinke drücke. Das sind gute Startvoraussetzungen für ein gelungenes Gespräch.

Natürlich sind Fakten wie Qualifikationen, Leistungsbeschreibungen und Referenzen ganz entscheidend. Diese passe ich jedoch in der Schwerpunktsetzung, Reihenfolge und Wortwahl immer wieder an die unterschiedlichen Kunden an.

Besonders gute Erfahrungen habe ich mit der „So-tun-als-ob-Strategie" gemacht: den KundInnen möglichst sinnlich einen Vorgeschmack vermitteln, wie die Zusammenarbeit mit mir für ihn konkrete Formen annehmen könnte. Ihn anhand von Kostproben erleben lassen, welchen Nutzen er aus meinen Leistungen erfährt. Relativ allgemein gehaltene Basislösungen, mit denen sich der Kunde in seinen Zielsetzungen verstanden fühlt, vermitteln Vertrauen und Sicherheit. Skizzierte Andeutungen, wie sein konkretes maßgeschneidertes Customizing aussehen könnte, sind häufig die Basis für ein wertschätzendes Miteinander. Wenn sich die (potenziellen) KundInnen mit den Worten verabschieden „selbst aus dem Erstgespräch habe ich bereits konkreten Nutzen erfahren." besteht eine hohe Wahrscheinlichkeit, den Zuschlag zu erhalten.

Dienst-Leistungs-Qualität braucht Beziehungsqualität - extern und intern

Damit die Menschen KundInnen- Qualität erleben, müssen ALLE MitarbeiterInnen Qualität leben. Externe KundInnenorientierung nach außen aufrechtzuerhalten, ohne sie nach innen zu leben, entspricht einer Fassade, die gewaltige Statik braucht, um den Schein aufrechtzuerhalten.
Die gesamte Organisation muss konsequent leisten, was Marketing und Vertrieb nach außen versprechen! Es gibt keine nachhaltige KundInnen-Zufriedenheit ohne MitarbeiterInnen-Orientierung. Internationale Studien belegen eindeutig, je persönlicher die Dienst-Leistung, desto enger korreliert KundInnen- und MitarbeiterInnen-Zufriedenheit. Wie sollen die KundInnen vom Unternehmen überzeugt sein, wenn die MitarbeiterInnen, mit denen sie sprechen, sich nicht mit der Organisation und den Leistungen identifizieren!

Je persönlicher die Dienst-Leistung, desto mehr korrelieren KundInnen- und MitarbeiterInnen-Zufriedenheit

In den letzten Jahren war der Fokus zu sehr auf die Gewinnung von NeuKundInnen ausgerichtet. Die Bedeutung der Betreuung bestehender KundInnen wurde unterschätzt. Dabei liegt gerade in der Pflege, Vertiefung und Verlängerung der Beziehung zu bestehenden KundInnen das wirkungsvollste Erfolgspotenzial! Oder anders gesagt: Wenn sich die Unternehmen einer Branche immer wieder mit Sonderaktionen auf Neukundenfang begeben (z.B. Bank: hohe Habenzinsen für 6 Monate; z.B. Telefonie: mehr Freieinheiten bei kurzzeitigem Wechsel) machen sie aus intelligenten KundInnen „Wechsel-KundInnen". Und erhöhen damit sowohl die (finanziellen) Anforderungen beim NeuKundInnen-Fang als auch beim AltKundInnen-Halten.

Laut Professor Günther von der Donauuniversität Krems leben wir im Zeitalter der vernetzten Individualisten. In unserer Gesellschaft geht man nur ungern feste Bindungen ein. Vielmehr bewegt man sich in mehreren mehr oder weniger losen Netzwerken, die untereinander wieder vernetzt sind. Alles muss MEINES sein. Undenkbar wäre es, sich auf ein Familienhandy oder einen Familienfernseher beschränken zu müssen. Mein Handy, mein Fernseher, meine Lösung, meine Ansprechperson! Wir wollen alles SOFORT. Unser Leben wird noch schneller und dynamischer, wir müssen uns auf immer kürzer werdende Anforderungszeiten einstellen! Und alles soll INDIVIDUALISIERT sein. Die Ära der uniformen Massen ist im Umbruch zu individuellen Persönlichkeiten einer Wissens- und Informationsgesellschaft. Was früher die Ausnahme und die „Extrawurst" war, wird zukünftig die Regel: KundInnen wollen persönlich angesprochen und verstanden werden. Ihre Lösungen, Leistungen, Produkte sollen eine individuelle Prägung tragen!

Einerseits Kostendruck und gestiegene qualitative und zeitliche Anforderungen. Andererseits immer flexiblere und individuellere Leistungspakete. Diese Schere kann ein Unternehmen nur mit fundierten Prozessen leisten. Veränderung und Dynamik braucht Stabilität, sonst wird sie völlig unsteuerbar.

Zentrale strategische Fragen sind daher:

- Wie müssen wir uns organisieren, dass wir mit unseren Stärken optimalen Markterfolg bewirken?
- Wohin fokussieren wir alle unsere Aktivitäten, unsere Ressourcen und unsere Aufmerksamkeit?

Klar ist, heute geht noch viel Wirkungsgrad an den Schnittstellen zwischen den Funktionseinheiten verloren. Das können wir uns zukünftig nicht mehr leisten. Machtspiele wie „Wer ist wichtiger?" sind kontraproduktiv. Genauso wie die Frage sinnlos ist, ob Motor oder Fahrgestell wichtiger ist! Natürlich braucht es beides - vor allem aber richtig abgestimmt, um Zielerreichung zu forcieren. Viel wichtiger als das Ab-Teilungs-Denken und energievernichtende Rangkämpfe ist die wirkungsvolle Zusammenarbeit, um gemeinsam die „PS" optimal auf die Straße zu bringen und gemeinsam Markterfolge einzufahren. Warum ist es dann derzeit Management-Trend, sich nur auf die „Motoren" des Kerngeschäfts zu konzentrieren und das „Fahrgestell" der internen Leistungsbereiche als Ballast abzuwerten und zu -werfen?

Ein Getriebe mit lauter gleichen Zahnrädern ist wirkungslos

So wie es völlig sinnlos ist, die einzelnen Zahnräder jedes für sich zu verbessern, und es nur Erfolg versprechend ist, die einzelnen Teile in ihrer Funktion und Relation zum Ganzen zu betrachten, gilt dies auch für Unternehmens-Teilbereiche! Und noch etwas verdeutlicht das Bild des Getriebes: Ein Getriebe mit lauter gleichen Zahnrädern wäre völlig wirkungslos. Erst das Zusammenwirken der kleinen schnellen mit den großen kraftvollen ermöglicht die Funktionalität!

„Wie müssen wir uns organisieren, damit wir unsere Kräfte auf KundInnen-Nutzen fokussieren und dabei mit unseren unterschiedlichen Stärken und Potenzialen einen optimalen Wirkungsgrad erzielen?" und „Wohin fokussieren wir unsere Ressourcen, Aktivitäten und Aufmerksamkeit?" sind dabei die Leitfragen.

Prozessorientiertes Qualitätsmanagement bietet wirkungsvolle Werkzeuge, um die Unternehmensstrategie in der operativen Zusammenarbeit wirkungsvoll zu realisieren und mit aussagekräftigen Kennzahlen den Kurs Richtung unternehmerisches Gesamtoptimum zu steuern. Mathematisch völlig klar: Die Summe von Teiloptima kann davon weit weg liegen!

Allerdings: Die beste Systematik ist nur so viel Wert, wie sie konsequent gelebt und eingefordert wird. Das Management der internen und externen Beziehungsprozesse, der Kommunikation und der Kooperation lässt sich am besten parallel auf der Sach- und Beziehungsebene gestalten - Vorbildwirkung der Entscheidungsträger und Schlüsselspieler vorausgesetzt.

„Was macht Ihre Arbeitsleistung für das Unternehmen wertvoll?" oder noch provokanter formuliert „Warum sind Ihre Leistungen Ihre Personalkosten (inkl. Nebenkosten) wert?" sind Fragen, die im Mittelpunkt von MitarbeiterInnengesprächen stehen sollten. Denn viel zu häufig beschäftigen wir uns damit, was wir tun, und viel zu selten damit, was wir mit unseren Leistungen bewirken (sollen). Denn noch wichtiger, als die Dinge richtig zu tun, ist es, die richtigen Dinge zu tun!

Warum sind Ihre Leistungen Ihr Gehalt wert?

„Die KundInnen sind kundig", ist das zentrale Coaching-Prinzip. Auch wenn Ihr Unternehmen über die Expertise auf Ihren Fachgebieten verfügt: Die KundInnen sind die ExpertInnen für ihre Bedürfnisse, für ihre Werte und für den von ihnen wahrgenommenen Nutzen! Dienlich ist die Empfehlung der Indianer:

„Du musst mit den Mokassins der Anderen gehen, um sie besser verstehen zu können."

Indianerweisheit

An den Schnittstellen zwischen Front- und Back-Office-Bereichen ist in ganz besonderer Weise der Prüfstein für unternehmensweite, wirkungsvolle KundInnenorientierung. Die Betreuungsqualität nach außen kann nur so gut sein, wie die Beziehungs-, Kooperations- und Informationsqualität intern funktioniert.

Wertschätzung für die Sichtweise der KundInnen UND für die Sichtweise der eigenen Leistungen ist die Grundlage für nachhaltigen Erfolg.

Selbstbewusstsein und Wertschätzung sind siamesische Zwillinge. Wer Toleranz, gegenseitiges Verständnis und Kooperationsfähigkeiten fördern möchte, investiert gut in alles, was das Selbst-Verständnis und –Bewusstsein der MitarbeiterInnen stärkt.
Hermann Hesse hat diese Beziehung von selbstbewussten individuellen Menschen mit ausgeprägter Persönlichkeit in einer Wertegemeinschaft so ausgedrückt:

„Treue zu sich selbst und Güte zu anderen."

Marktorientiertes Denken - KundInnenorientiertes Handeln

„Der Köder muss dem Fisch schmecken und nicht dem Angler!"

N.N.

Diese Binsenweisheit auf den Wirtschaftsalltag zu übertragen, ist oft eine Herausforderung. Technik- und Detailverliebtheit machen es oft schwer, den Blick von Funktionalitäten des Produkts und der Leistungen auf die Bedürfnisse des Marktes und den Nutzen des Kunden zu lenken.

KundInnenorientierung ist nicht auf einzelne Abteilungen beschränkt

„Was ist Ihr persönlicher Beitrag zum KundInnennutzen und zum Erfolg des Unternehmens am Markt?" ist die zentrale Frage, die im Rahmen von Informationsworkshops an alle MitarbeiterInnen gerichtet werden sollte. Hierbei ist es wichtig, dass die Gruppen völlig inhomogen über die Hierarchien und Bereiche zusammengesetzt sind. Die eindeutige Botschaft aller MitarbeiterInnen muss dann sein: ‚KundInnenorientierung geht alle an.' In homogenen Gruppen wäre nur zu hören: ‚Uns erzählen Sie das? Das müssten Sie denen sagen.' KundInnenorientiertes Handeln ist jedoch nicht nur auf einzelne Abteilungen beschränkt, sondern muss Aufgabe des gesamten Unternehmens sein.

Nicht immer fällt die Antwort auf die Frage nach der persönlichen Kundenorientierung prompt aus:

- Wer sind überhaupt die eigentlichen Kunden?
- Welche anderen Kunden gibt es noch?
- Welche Interessenskonflikte entstehen daraus?
- Wie gehen wir damit um?
- Was heißt Kundenzufriedenheit im Zusammenhang mit einem negativen Bescheid oder einer zurückgewiesenen Reklamation?
- Wissen die Kunden unsere Leistungen wirklich zu schätzen?
- Und können Sie die Qualität überhaupt beurteilen?

Manchmal hilft auch die Frage weiter, woran der Kunde es merken würde, wenn man seine Arbeit schlecht machte. Für spannende Diskussionen ist jedenfalls gesorgt und Erkenntnis entsteht bekanntlich in der Auseinandersetzung - nicht in der friedlichen Harmonie!

Sehr beachtenswert ist aber auch, dass neben den externen auch die internen Kunden angemessen "serviciert" werden: andere Abteilungen und Bereiche, die in der Prozesskette folgen oder die interne Leistungen in Anspruch nehmen. Begriffe wie „Overheads", „unproduktive Bereiche", „Cost Centers" im Gegensatz zu „Profit Centers" verraten oft die geringe Wertschätzung, die man internen Servicebereichen entgegenbringt. Dementsprechend stehen sie immer wieder unter Rechtfertigungszwang, wenn die nächste Sparwelle rollt. Sinnvoll ist hier die Unterscheidung in externe und interne „Dienst-Leister", die direkt oder indirekt zu Markterfolg und externer Kundenbindung beitragen. Von beiden erwartet man die selbstbewusste Professionalität der Leistungen und das respektvolle Dienen für den Kunden. Das deutsche Wort „Dienst-Leistung" bringt diese herausfordernde Ambivalenz auf den Punkt. Definierte Leistungspakete, saubere Auftragsklärung, um Kundenwünsche in ein Anforderungsprofil und Umsetzungskonzept zu „dolmetschen" und wertschätzender Umgang mit Kunden-Feed-back ist insbesondere auch für interne Leistungen wichtig. Internes Marketing ist die Voraussetzung für externes Marketing: Wie sollen sich potenzielle Kunden mit dem Unternehmen und seinen Produkten identifizieren, wenn es die MitarbeiterInnen nicht tun?

Stimmiges Teamverhalten schützt davor, in gewohnte Denkfallen zu tappen

Um den weiten Weg von Einstellungen und Erkenntnissen zu Handlungsweisen im hektischen Alltag zu sichern, helfen gegenüberstellende Auflistungen differenzierter Wahrnehmungen: Wie handeln Sie und welche Worte wählen Sie, wenn Sie gerade die Rolle „BankbeamteR" leben und wie agieren Sie als „KundInnenorientierter FinanzdienstleisterIn". Wertschätzender Humor und Karikatur sind dabei sehr förderlich. Eine positive Gruppendynamik, in der man scherzhaft gegenseitig wacht, ob wieder jemand in gewohnte Denkfallen tappt, hilft wesentlich, die Überzeugung der Markt- und Kundenorientierung in Verhaltensmuster zu integrieren.

Führungskräften kommt dabei eine zentrale Rolle zu – einerseits das Vorleben der Kundenorientierung und andererseits das Einfordern der vereinbarten Regeln. Woran können die MitarbeiterInnen erkennen, dass KundInnenorientierung den Führungskräften wirklich wichtig ist, dass sie selbst Kundenorientierung leben? Am besten in der eigenen Erfahrung, wie das Management mit den MitarbeiterInnen kommuniziert und agiert.

„Schau dir an, wie du deine Führungskräfte behandelst, dann weißt du, wie sie deine MitarbeiterInnen führen und dann weißt du, wie diese mit deinen KundInnen sprechen."

Monika Herbstrith-Lappe

KundInnen-Dienst

KundInnen-Orientierung braucht MitarbeiterInnen-Orientierung

Dienst-Leistungs-Qualität braucht Beziehungsqualität und diese wird von Menschen gestaltet und erlebt. KundInnen nehmen das Unternehmen durch einzelne Kontakte mit unterschiedlichen MitarbeiterInnen wahr.

Der Erstkontakt zum Kunden als Visitenkarte des Unternehmens

Organisationen werden durch einzelne MitarbeiterInnen für die KundInnen erfahrbar: Wenn ich mich zum Beispiel zum ersten Mal mit einem technischen Problem an einen HelpDesk wende, mache ich mir ein Bild, wie kundInnenfreundlich und technisch kompetent die Organisation arbeitet. KundInnen schließen von ihrem konkreten Erleben auf das, was sie eigentlich nicht beurteilen können: die Leistungsfähigkeit eines Unternehmens. EinE einzigeR unfreundlicheR MitarbeiterIn wird zum Bild vom ganzen Unternehmen.

Wenn sich potenzielle KundInnen für Produkte/Leistungen der Organisation interessieren sind für sie die ersten Gespräche - begonnen mit dem ersten Telefonat, das vielleicht im Empfang landet - entscheidend, bei welchem Anbieter sie konkretisierende Angebote einholen. Es gibt nur eine Chance für einen ersten Eindruck! In den Studien zeigt sich, dass der mit Abstand häufigste Grund dafür, dass KundInnen nicht wiederkommen, darin besteht, dass sie sich nicht wahrgenommen, wertgeschätzt, willkommen und verstanden fühlen. Gerade an den Schnittstellen zu den KundInnen gibt es noch mehrere Funktionen, die in den heutigen oft noch sehr techniklastigen Organisationen völlig unterbewertet sind.

Externes Marketing beginnt bei internem Marketing: Wie will man Externe von den Leistungen des Unternehmens überzeugen, wenn sich die MitarbeiterInnen nicht damit identifizieren? MitarbeiterInnen-Bindung und -Zufriedenheit ist in vielen Organisationen mittlerweile genauso wichtig, ja die Voraussetzung für KundInnen-Loyalität.

Zum Verhängnis wird dabei allerdings, dass die Messbarkeit die wahrgenommene Wirklichkeit stark beeinflusst: Im Controlling liegen die genauen Zahlen über Personalkosten auf. Nur sehr schwer zu beantworten und damit bzgl. der Amortisation der Investition in Mitarbeiter zu bewerten sind jedoch:

- Was kostet Personalfluktuation?
- Was kosten VertriebsmitarbeiterInnen, die innerlich schon gekündigt haben?
- Was kostet mangelnde Identifikation mit dem Unternehmen und seinen Produkten?
- Welche Produktivitätseinbußen erleidet man durch mangelnde Kommunikation und Information der MitarbeiterInnen?

Organisationen müssen es sich wieder leisten, nicht nur die Human-Ressourcen und das Know-how der MitarbeiterInnen zu sehen. Man muss auch die Menschen in ihren individuellen Lebenssituationen wahrnehmen: Laut einer Studie der Universität St. Gallen wird in 10 Jahren die Vereinbarkeit von Familie & Beruf das zweitattraktivste Zufriedenheitskriterium mit dem Arbeitsplatz der MitarbeiterInnen und das drittwichtigste für Führungskräfte sein. Und MitarbeiterInnen-Zufriedenheit ist wichtige Voraussetzung für KundInnen-Zufriedenheit!

Unverschämt erfolgreich: Leistungen vermarkten

Gefälligkeit, Hilfsbereitschaft und Bescheidenheit sind Tugenden, zu denen viele von uns erzogen wurden. Wenn man aus einem Hobby, aus persönlichen Talenten und kreativen Ideen Business entwickeln möchte, muss die eigene Werteskala hinterfragt und zugunsten anderer Prinzipien der Professionalität zurechtgerückt werden: Vielen kostet es Überwindung, die eigenen Leistungen selbstbewusst ins rechte Licht zu rücken. Viele müssen schon über den eigenen Schatten springen, um Leistungspakete abzugrenzen und ein angemessenes Honorar einzufordern. Weit offen ist die eigene Denkfalle als geldgierig oder egoistisch zu gelten, wenn man nicht nur die Qualität der Leistungen, sondern auch den eigenen unternehmerischen Erfolg zielstrebig verfolgt.

Neben Aufrichtigkeit und Glaubwürdigkeit braucht es auch strategische Fähigkeiten. Verstand alleine ist zu wenig, eine gute Portion Pfiffigkeit trägt zum Erfolgsrezept bei. Neben KundInnenorientierung und Freundlichkeit braucht es auch Mut, Risiko und Einsatzbereitschaft, um im oft fordernden Business erfolgreich zu bestehen. Monika Herbstrith-Lappe hat sich z.B. als 23-jährige Frau wertschätzend-herzlichen Hofnärrinnen-Humor zugelegt, um als Trainerin in männerdominierten Technikbereichen ihre Ziele zu erreichen.

Verstand alleine ist zu wenig für beruflichen Erfolg

„Die meisten großen Taten,
die meisten großen Gedanken
haben einen belächelnswerten Anfang."

Albert Camus

Wir wollen innovative GründerInnen, UnternehmerInnen und Business-Menschen dazu ermutigen, Denkgrenzen zu erweitern, Business kreativ und lustvoll zu gestalten und sich an den erzielten Erfolgen zu erfreuen. Frei nach dem Motto „Mitleid bekommt man umsonst, Neid muss man sich verdienen - Neid ist eine verkrüppelte Form von Anerkennung" gilt es auch dann zu den eigenen Leistungen zu stehen und an den Erfolg zu glauben, wenn man damit den Rahmen der Klischees und der oft engen Denkgrenzen sprengt.

Kommunikation mit KundInnen - selbst-bewusst telefonieren

Was muss ein serviceorientiertes Unternehmen bezüglich persönlicher und telefonischer KundInnen-Kommunikation beachten?

„Methoden kapieren - nicht bloß kopieren"

Monika Herbstrith-Lappe

Aus unserer Sicht die größte Falle: Kommunikation kann nur gelingen, wenn eine Haltung dahinter steht. Diese Haltung sollte sein: Ich erbringe gerne Leistungen für KundInnen. Es gibt nämlich nichts Unangenehmeres für AnruferInnen, als zu merken, dass am anderen Ende der Leitung nur eine Floskel auswendig gelernt heruntergebetet wird, die mit dem/der AnruferIn gar nichts zu tun hat. Am Telefon unstimmig oder unglaubwürdig zu sein ist ein Verhalten, mit dem man KundInnen von Anfang an sehr verschreckt.
Was es in den Unternehmen braucht, ist die von Führungskräften vorgelebte Haltung, dass jeder einzelne Anrufer willkommen ist - auch die mit schlechter Stimmung. Denn: JedeR einzelne dieser AnruferInnen ist mein Daseinszweck. Einer der Hauptgründe, warum KundInnen unzufrieden sind, ist, dass sie sich nicht wahrgenommen, nicht ernst genommen fühlen.

Durch das Telefon lächeln

Der mit Abstand größte Teil der Kommunikation ist ja nonverbal, auch am Telefon. Das wird von den meisten Menschen stark unterschätzt. Auch am Telefon kann man hören, ob jemand lächelt. Unser Hirn verarbeitet Sprache so, dass es zuerst die Sprachmelodie wahrnimmt, ein paar Mikrosekunden später die Grammatik und erst danach die einzelnen Worte.

Egal welcher Satz zur Begrüßung gesagt wird, wenn die Haltung nicht stimmt, wird er nicht ankommen. Wesentlich ist, dass die MitarbeiterInnen die Haltung verkörpern: Wir sind ein Dienstleistungsunternehmen, ein Serviceunternehmen, AnruferInnen sind willkommen, die Probleme der AnruferInnen sind unser Daseinszweck, ich kümmere mich gerne um die Anliegen und Probleme der KundInnen. Denn auch, wenn der Satz in Ordnung ist, der/die AnruferIn aber instinktiv spürt, dass das Gesagte nicht empfunden ist, dann klingt es zynisch. Der Ton macht hier so sehr die Musik. Und ich treffe diesen Ton nur, wenn dahinter diese Haltung vom Servicegedanken steckt. Kommunikation ist insofern erst der zweite Schritt. Er ist dann Ausdruck dieser Serviceorientierung in der Unternehmenskultur.

„Sie können einen Hund zur Freundlichkeit nicht prügeln."

Monika Herbstrith-Lappe

Mit Druck allerdings können Sie Freundlichkeit nicht erzwingen. Es braucht Führungsarbeit als Dienstleistung für die MitarbeiterInnen. In der Führungs-

arbeit und in der Kommunikation zwischen Führungskräften und den Mitarbeitern muss diese Serviceorientierung, das Selbstbewusstsein für sich selber und die Wertschätzung für den anderen ebenfalls vorhanden sein, damit eine Begegnung auf Augenhöhe stattfinden kann. Die Kommunikation zwischen den Führungskräften und den MitarbeiterInnen ist wie ein siamesischer Zwilling zur Kommunikation der MitarbeiterInnen mit den KundInnen.
MitarbeiterInnen, die mit KundInnen in einem Callcenter oder in einem Service Desk sprechen, sollten sicherlich Freude am Umgang mit Menschen haben. Wenn das nicht der Fall ist, dann sind sie eine Fehlbesetzung. Denn das ist die Voraussetzung, um dort erfolgreich zu sein. Unser Hirn ist sehr lernfähig, und insofern kann jedeR sehr viel lernen. Das beginnt damit, dass man das Selbstbewusstsein und das Selbstwertgefühl der MitarbeiterInnen stärkt, in dem Sinne:
Das was wir tun ist wertvoll für den nachhaltigen Unternehmenserfolg.
Wenn MitarbeiterInnen ihren Job mit Freude machen und die Rahmenbedingungen, die das fördern und ermöglichen, gewährleistet sind, dann kann man KundInnenorientierung leben. Das ist eine zentrale Führungsaufgabe. Dienstleistung hat auf der einen Seite das Selbstbewusstsein der Leistung in sich, auf der anderen Seite die Demut des Dienens. Selbstbewusstsein für sich ist die Voraussetzung für die Wertschätzung für andere. Deshalb muss man die Eigenmotivation stärken, um auf dieser Basis anderen wertschätzend begegnen zu können.

„Die ureigenste Visitenkarte des Menschen ist die Körpersprache."

Annemarie Riedl

Die eigene Körpersprache wirkt - auch auf eigenes Befinden und Einstellungen

Hochgradig wirkungsvoll ist die Körpersprache beim Telefonieren. Wenn jemand aufrecht sitzt, ist das Selbst frei. So hat man eine ganz andere äußere und damit auch eine ganz andere innere Haltung, die es ermöglicht auf andere zuzugehen. Körpersprache bewirkt nicht nur etwas beim Gegenüber, sondern auch in meinem eigenen Hirn. Wenn Menschen in eine selbstbewusste Körperhaltung gehen, entsteht fast immer und ganz automatisch ein Lächeln im Gesicht. So ist von vorherein eine ganz andere Gesprächsbasis gegeben *(siehe auch Toolbox Nr. 12, Seite 278).*

Für KundInnen sind Anrufe in einem Service Desk, in einem First Level Support oder in einem Callcenter die Momente der Wahrheit. Da stellt sich dann heraus, wie es mit den schönen Sprüchen von Service- und KundInnenorientierung, die in jedem Leitbild stehen, wirklich aussieht. Denn Worte sind geduldig. Doch was ist, wenn ich da wirklich anrufe: Werde ich dort wahrgenommen? Werde ich ernst genommen? Es geht darum, empfundenes Verständnis zu zeigen, dass eine KundIn verärgert ist oder dass für den/die KundIn etwas ein Problem darstellt. Das kann ich auch dann machen, wenn ich es nicht verstehe und auch ohne Zustimmung.

„Viel schlimmer als kritisiert zu werden ist ignoriert zu werden."

Monika Herbstrith-Lappe

denn:

„Das Gegenteil von Liebe ist nicht Hass, sondern Ignoranz."

N.N.

Reklamationen von KundInnen sind ein mehrfacher Vertrauensbeweis

Laut einer Marketing-Studie kommen im Schnitt auf eineN BeschwerdeführerIn im Schnitt über 20 andere, die auch unzufrieden sind. Häufig wechseln sie schweigend zum Mitbewerb. Behebt man jedoch professionell und zur Zufriedenheit der KundInnen den Mangel, so steigert dies sogar die KundInnenbindung. Daher ist es so wichtig, dass MitarbeiterInnen Reklamationen als mehrfachen Vertrauensbeweis verstehen:

- Reklamierende KundInnen liegt etwas an der Beziehung
- Sie haben das Vertrauen, verstanden und ernst genommen zu werden
- Sie haben das Zutrauen, dass man verbesserungswillig und –fähig ist.

Werkzeuge sind auch wichtig, auch wenn weiterhin die Menschen letztlich erfolgsentscheidend sind, insbesondere für die Servicequalität in einem Dienstleistungsunternehmen. In Bezug auf die Telefonanlage ist es sehr förderlich, wenn die MitarbeiterInnen sehen, wer anruft. Vor allem auch im Umgang mit schwierigen KundInnen. Wenn ich meine KundInnen kenne und sehen kann, wer anruft, dann kann ich mich auf mein Vis-a-vis besser einstellen – z.B. bei schwierigen KundInnen auch bewusst in emotionale Distanz gehen und so meine Souveränität stärken.

Ein anderes wichtiges Thema zur Steigerung der KundInnen-Zufriedenheit ist die Bekanntgabe der Wartezeit. Wenn ich weiß, wie lange ich warten werde, empfinde ich diese Zeit nämlich als viel kürzer, als wenn ich die gleiche Wartezeit habe, ohne sie zu kennen. Es ist deswegen wichtig, wenn KundInnen erfahren, wo er/sie in der Wartschlange steht und wann er/sie bedient werden kann.

Kommunikation

Kommunikation ist mehr als der simple Austausch von Informationen, Daten und Fakten. Richtig und zielgerichtet eingesetzt kann sie genutzt werden, um partnerschaftlich mit dem Gegenüber die eigenen und fremden Ziele gleichermaßen zu erreichen. Sie kann aber auch verwendet werden, um andere Meinungen zu unterdrücken, die eigene Meinung nicht kraft von Argumenten, sondern quasi kraft Kommunikations-Störung durchzusetzen. Hiergegen aber gibt es Gegenmittel, die beim Thema Kommunikation auch nicht zu kurz kommen sollen. Sprechen wir sie an.

Zauberworte: Sprache schafft Wirklichkeit

„Im Anfang war das Wort." heißt es im Evangelium nach Johannes. „Und das Wort ist Fleisch geworden." Im jüdischen Talmud finden sich die vielzitierten Worte:

„Achte auf deine Gedanken, denn sie werden zu deinen Worten.
Achte auf deine Worte, denn sie werden deinen Taten.
Achte auf deine Taten, denn sie werden deine Gewohnheit.
Achte auf deine Gewohnheiten, denn sie werden dein Charakter.
Achte auf deinen Charakter, denn er wird dein Schicksal."

Das Zauberwort „Simsalabim" leitet sich von „Bismillah", dem Beginn islamischer Gebete, ab. Die drei großen Buch-Religionen sind sich darin einig, den Worten große Macht und Wirkung zuzuschreiben. Und sie finden Bestätigung in den aktuellen neurobiologischen Erkenntnissen der Hirnforschung.

Heinrich Kleist hat in seinem berühmten Aufsatz „Die forschende Rede" die Gedanken ordnende Wirkung der Worte beschrieben:

„Wie mit dem Essen der Appetit kommt,
kommt mit dem Reden das Denken."

Tatsächlich: Was wir nicht auf den Begriff bringen können, können wir auch nicht begreiflich machen - und wir können es nicht aufgreifen. Wenn „begreifen" in der deutschen Sprache sowohl eine handgreifliche als auch ein kognitive Bedeutung des Verstehens hat, so ist dies neurobiologisch höchst zutreffend: Unser Denken ist eng mit kinästhetischen Bewegungsabläufen verbunden. Fingerrechnen, das Mitzeigen beim Lesen und das Gehen beim Nachdenken fördert unsere Lernfähigkeit. Für Kleist's bekanntes Zitat „Woher soll ich wissen, was ich denke, bevor ich höre, was ich sage." gilt der Grundsatz von Paracelsus: „Die Dosis macht das Gift." Es ist auf keinen Fall ein Plädoyer für vorschnelle Aussagen ohne nachzudenken.

Das Zauberwort Abracadabra mit Hintersinn

„Abracadabra" könnte auf aramäische und/oder hebräische Sprachwurzeln zurückgehen. Die ursprüngliche Bedeutung im einen und im anderen Fall: „Ich werde geschaffen, während ich spreche." und: „Ich schaffe, während ich spreche."

Tatsächlich schaffen Worte Wirklichkeit im Innen und im Außen. Aussagen erzeugen selbsterfüllende Prophezeiungen. Das gilt für Finanzmärkte in besonderer Weise, wie es sich auch in diesem Witz spiegelt: „Ein Investor will in den Himmel. Petrus gibt die ernüchternde Antwort: ‚Keine Chance! Es gibt nicht so viele Plätze für Investoren im Himmel - und die sind hoffnungslos überfüllt.' Der Investor versucht: ‚Darf ich mit meinen Ex-Kollegen im Himmel sprechen.' Petrus: ‚Völlig ausgeschlossen. Mit den Menschen im Himmel kann nicht gesprochen werden.' Der Investor beharrlich: ‚Na dann wenigstens eine kurze schriftliche Nachricht.' Petrus gutmütig: ‚Gut, ich mache eine Ausnahme und gestatte ihnen maximal 10 Worte.' Der Investor schreibt auf ein Papier, das er in ein verschlossenes Kuvert steckt: ‚Öl in der Hölle gefunden.' Die Investoren im Himmel lesen die Nachricht und verlassen fluchtartig den Himmel in Richtung Hölle. Petrus ist sehr verwundert und meint strahlend zum Investor: ‚Jetzt können Sie in den Himmel. Es sind wieder Plätze frei.' Dieser nachdenklich: ‚Ich weiß nicht, ich weiß nicht, ... Alle gehen in die Hölle. Da muss ich auch in die Hölle. Vielleicht ist etwas dran am Gerücht!'"

Sprache schafft Wirklichkeit: Ist was dran am Gerücht?

Politische EntscheidungsträgerInnen und Persönlichkeiten in der Öffentlichkeit sollten sich der Verantwortung und der Reichweite in der Wirkung ihrer Aussagen noch klarer bewusst sein. Bei so mancher Meldung in den Medien denken wir an die Aussage von Bertrand Russell: „Es ist ein Jammer, dass die Dummköpfe so selbstsicher und die Klugen so voller Zweifel sind."

Joachim Bauer, Professor an der medizinischen Fakultät an der Universität Freiburg, beschreibt in seinem Buch „Prinzip Menschlichkeit - Warum wir von Natur aus kooperieren", das aggressive Worte in unserem Gehirn praktisch die gleiche neurobiologische Wirkung auslösen wie körperliche Bedrohungen. Messerstechereien werden in keinem Unternehmen geduldet. Gewaltvolle, verletzende Worte werden hingegen häufig praktiziert und toleriert. Hirnforscher machen sich stark für sozialen und emotionalen Umweltschutz. Die wienerische Androhung „Nicht einmal ignorieren ..." fällt tatsächlich in die Kategorie passive Gewalt durch Kommunikationsverweigerung und Ausschluss aus der Gemeinschaft.

„Hokuspokus" ist auch eine sehr bekannte Zauberspruchformel. Es hat seinen Ursprung in der lateinischen Formel zur Wandlung in christlichen Messen: „Hoc est (enim) corpus meum" - das ist mein Körper. Tatsächlich verändert es auch Sichtweisen, wenn man zu anderen Worten greift. Eine Steuerberaterin spricht seit einem Training mit mir nur mehr von ihren MitdenkerInnen statt ihren MitarbeiterInnen. Götz Werner, Gründer der dm-Drogeriemärkte hat aus tiefer Überzeugung die Bezeichnung Personalkosten durch MitarbeiterInnen-Einkommen ersetzt. Monika zieht es konsequent durch, „PROblem" oder „End-Täuschung" zu schreiben, um so zu verdeutlichen, dass PROblem (und nicht CONTRAblem) wörtlich „zur Lösung vorgelegt" bedeutet und „End-Täuschungen" die Klarheit fördern, weil sie uns, wenn auch oft schmerzlich, von Täuschungen befreien. Vor vielen Jahren hat Monika für eine Bank ein Training „Vom Bankbeamten zum Finanzdienstleister" gestaltet. Wir haben ein Vokabelheft erstellt, welche Worte der eine und welche der andere gebraucht: z.B. Antragsteller versus Kunde.

In unserer deutschen Sprache verfügen wir über etwas 500 000 Worte. Im aktiven Wortschatz beschränken wir uns auf einen Bruchteil davon. Etwa 20 % der Worte verbinden wir mit positiven Gefühlen z.B. sonnig, strahlend, Urlaub, Erfolg. Doppelt so viele Worte lösen negative Assoziationen aus z.B. anstrengend, mühsam, arm, hungrig, Stau, Druck, Stress, plagen, ertragen. Die restlichen Worte sind neutral oder kaum emotional belegt z.B. Fußboden, Dachrinne, Oberarm. Vera Birkenbihl hat gemeinsam mit Peter Gerlach das höchst nützliche Büchlein „Das positive Denken von A bis Z" geschrieben. Darin finden Sie ein Vokabelheft positiv besetzter Worte.

Wichtig ist es, beim Sprechen glaubwürdig zu bleiben und sich bewusst zu sein, dass im Zweifelsfall der nonverbalen Kommunikation der Stimme, Mimik, Gestik und des körperlichen Ausdrucks mehr Glauben geschenkt wird als dem Wortlaut. Um nachhaltige Veränderung zu bewirken braucht es einen stimmigen Wandel der inneren Werte, Einstellungen und Haltungen sowie der äußeren Worte UND Taten. Nichts hat größeren Einfluss auf das unbezahlbarwertvolle Gut Vertrauen als das Verhalten in kritischen Situationen. Warren Buffet hat das pointiert ausgedrückt:

„Man muss auf die Ebbe warten, um zu sehen, wer nackt schwimmt."

Dabei gilt der Grundsatz von Ludwig Wittgenstein: „Auch Worte sind Taten."

Alice Miller hat treffend formuliert: „Wenn Menschen Liebe gepredigt wird, lernen sie nicht lieben, sondern predigen." Genauso paradox ist es, für eine gute Sache zu kämpfen, oder wenn eine tolle Idee wie eine Bombe einschlägt. Marshall Rosenbergs Ansatz der gewaltfreien, empathischen Kommunikation ist ein wichtiger Beitrag zu einem konstruktiven Miteinander.

Wirkungsvoll kommunizieren

Ob wir es wollen oder nicht: Kommunikation findet immer statt. Paul Watzlawick hat schon gewusst:

„Wir können nicht nicht kommunizieren."

Tatsächlich kommunizieren wir schon durch unsere bloße Anwesenheit. In den 60er-Jahre erforschte der amerikanische Psychologe Albert Mehrabian die überragende Wirkung der non-verbalen Kommunikation, die bei weitem die Wirkung der Inhalte der Worte übertrifft.

Kommunikation findet immer statt - wir können beeinflussen wie

Evolutionspsychologen meinen, die Kommunikation mit Lauten wurde im Tierreich als „Fernkraulen" entwickelt. Die Primaten kraulen einander, um so das Wiedererkennen in Rudeln zu erleichtern und damit die Identifikation und Zusammengehörigkeit zu stärken. Als die Rudel zu weitläufig wurden, hat der Austausch von Lauten diese Funktion übernommen. Erst wesentlich später in der Evolutionsgeschichte wurden auf diese Art und Weise auch Informationen übertragen.

„Durch das Reden kommen die Leute zusammen."

Diese Volksweisheit trifft es auf den Punkt. Wird Kommunikation auf bloßen Informationsaustausch reduziert, so schwächt das den Zusammenhalt und die Loyalität.

Ja, Gespräche führen ist mitunter aufwändig. Und dennoch gilt:

„Am meisten Zeit kosten die Gespräche,
die man verabsäumt hat, zu führen."

Mangelnde Kommunikation führt zu Missverständnissen und eskalierenden Konflikten. Diese zu bereinigen benötigt tatsächlich wesentlich mehr Einsatz und Energie, als wenn man sich frühzeitig zu einem Gespräch zusammengesetzt hätte. Tatsächlich ist Kommunikationsverweigerung eine Form von passiver Gewalt. Auf Wienerisch gibt es die Aussage „nicht einmal ignorieren", was tatsächlich für unser „Rudeltierhirn" als Ausschluss aus dem Rudel und damit bedrohlich wirkt. Dass nicht mehr mit mir, sondern nur hinter meinem Rücken über mich gesprochen wird, ist ein typisches Symptom von Mobbing. Entscheidend ist immer wieder, was beim anderen ankommt und was die Kommunikation bei meinem Vis-a-vis bewirkt.

Frido Hütter, ein mehrfach ausgezeichneter Journalist, hat es auf den Punkt gebracht:

„Kommunikation findet im Kopf vom Empfänger statt."

Alles, was ich höre, höre ich vor dem Hintergrund meiner Werte, Einstellungen, Erfahrungen und Denkmuster. Das heißt es ist hochgradig subjektiv gefärbt. *(siehe auch „Die Wahrnehmung folgt der Vorstellung" Seite 246)*. Es ist daher hilfreich, mich auf mein Vis-a-vis einzustellen und zu versuchen seine/ihre Sichtweise anzunehmen und zu verstehen.

Das Wort „überzeugen" kommt übrigens aus der mittelalterlichen Rechtsprechung: Wer die mächtigeren Zeugen hatte, hat überzeugt. D.h. dabei ging es nicht so sehr um Sachverhalte, sondern um Macht. Teilweise entscheidet auch in unseren Meetings mehr die Wortgewalt als die fachliche Angemessenheit. Jemanden überzeugen zu wollen, ist ein kontraproduktiver Ansatz. Wenn Sie jemanden für Ihre Ziele und Vorhaben gewinnen wollen, ist es klug dabei zu berücksichtigen:

„Die Tür zum Überzeugtsein geht nach Außen auf."

Monika Herbstrith-Lappe

Druck erzeugt Ablehnung! Das Wecken von Interesse kann Türen öffnen.

Je hartnäckiger Sie jemanden von Ihrem Standpunkt überzeugen wollen, desto mehr Widerstand werden Sie ernten. Wirkungsvoller ist es, Interesse und Neugierde zu wecken und das geht am besten, indem man dem Gegenüber

Interesse und Wertschätzung entgegen bringt. Als Faustregel mag gelten:

„Interessiert sein statt interessant wirken wollen."

Mit Fragen Gespräche zu steuern und die Aufmerksamkeit zu lenken ist ein erfolgversprechender Tipp - vorausgesetzt Sie hören auch mit Interesse den Antworten zu.

Der österreichische Verhaltensforscher Konrad Lorenz hat vor den Fallen der Kommunikation gewarnt:

„Gedacht ist nicht gesagt,
gesagt ist nicht gehört,
gehört ist nicht verstanden,
verstanden ist nicht einverstanden,
einverstanden ist nicht gewollt,
gewollt ist nicht gekonnt,
gekonnt und gewollt ist nicht getan,
getan ist nicht beibehalten"

Tatsächlich tappen wir häufig gleich in die erste eh-klar-Falle: Für uns ist es so sonnenklar, dass wir es für selbstverständlich halten, dass es der/die Andere auch weiß. So werden Wünsche – in der Annahme, der/die Andere müsse dies doch wissen - häufig nicht ausgesprochen. Das führt allerdings sehr leicht zu Missverständnissen, wie sie Paul Watzlawick in seiner Anleitung zum Unglücklichsein (siehe Literaturverzeichnis) beschreibt.
Der Pantomime und Körpersprache-Pionier Samy Molcho beschreibt das so:

„End-Täuschungen sind häufig nicht erfüllte Vereinbarungen, die ich in seinem/ihrem Namen mit ihm/ihr getroffen habe."

Im Alltag kann das z.B. heißen, dass jemand im Mail ein Konzept versendet und dann bitterböse reagiert, weil er keine Rückmeldung erhält. Allerdings hat er „bitte um Rückmeldung innerhalb von 24 Stunden, ob Sie noch Änderungswünsche haben" nicht dazu geschrieben. Es war eine einseitige, unausgesprochene Annahme in seinem Kopf.

Selektive Wahrnehmung ist normal und erschwert das Verständnis

Tatsächlich ist unser Hören wie alle anderen Sinne auch höchst selektiv. Daher können wir tatsächlich nicht alles bewusst hören – abgesehen davon, dass wir manches geflissentlich absichtlich überhören. Da wir alle unterschiedliche Vorerfahrungen haben, ist tatsächlich das Missverständnis das Normale, um Verständnis hingegen müssen wir uns bewusst bemühen. Wenn ich genau verstehe, was der/die Andere von mir will, heißt das noch nicht, dass ich dem auch zustimme. Ausweichende Antworten wie „Schauen wir einmal ...", „Das könnten wir machen ...", „Wenn du meinst ..." oder „das machen wir später..." sind häufig einem Nein gleichzusetzen.

Es gilt die Aussage von Christopher Darlington Morley:

„Man hat einen Menschen noch lange nicht gewonnen, wenn man ihn zum Schweigen gebracht hat."

Für manches reicht ein „Einverstanden", bei vielem braucht es das stärkere Commitment des Wollens. Tatsächlich sind Willen, Wollen und Entschlossenheit tragende Säulen der High Performance - lauwarme Halbherzigkeit ist keine tragfähige Basis für nachhaltige Hochleistung.

Manchmal ist tatsächlich der Weg von der Erkenntnis und Entscheidung bis zur Tat auch ein hürdenreicher. Prokrastination (lateinisch procrastinatio „Vertagung", aus pro „für" und cras „morgen"), ist der wissenschaftliche Name für die Neigung zum Aufschieben.

„Morgen werde ich beginnen. Gestern wollte ich heute schon."

Christa Busta

Für konkrete Schritte ist Eile geboten, sonst siegt das Beharrungsvermögen

Im Mentaltraining gilt die Faustregel, dass ein erster konkreter Schritt innerhalb der ersten 72 Stunden erfolgen soll - ansonsten wird es schwierig und unwahrscheinlich, dass man sich noch aufrafft.

Und schließlich können wir unsere alten Denk- und Handlungsmuster nicht willentlich löschen. Sie bleiben noch längere Zeit in unserem Kopf bestehen. Wir können jedoch die Denktrampelpfade unserer Gewohnheiten durch neue Muster relativieren. Diese wollen konsequent gepflegt werden, damit sie eine Chance haben sich gegen die Komfortzone des Bisherigen durchzusetzen *(siehe auch Toolbox Nr. 49, Seite 307).*

Insbesondere für neue Ideen braucht es Beharrlichkeit und mehrfache Wiederholung, wenn man sich nachhaltig Gehör verschaffen möchte.
Im Taoismus heißt es:

„Wasser überwindet Hindernisse indem es sich sammelt"

Dieser Gedanke könnte hilfreich sein, um die erforderliche Geduld aufzubringen.
Noch viel weiter offen steht die Falle der schriftlichen Kommunikation:

*„Geschrieben ist nicht gelesen,
gelesen ist nicht das Gleiche verstanden."*

Monika Herbstrith-Lappe

Im Qualitätsmanagement ist das duale Prinzip von Bring- und Holschuld von großer Bedeutung. Wenn es um schriftliche Informationen geht, wird häufig zu sehr auf die Holschuld gesetzt. Wie oft heißt es: „Das steht doch im Intranet." Oder „Da gibt es einen schriftlichen Standard." Schwer ist es, den Überblick bei all den Schriftstücken zu wahren und die Zeit zu finden, alle relevanten e-Mails tatsächlich zu Ende zu lesen.

„We are overnewsed but underinformed"

Im persönlichen Gespräch kann ich Missverständnisse, aufkeimende Widerstände und beginnende Konflikteskalationen z.B. im Tonfall, an der Mimik oder der Körpersprache erkennen und frühzeitig gegensteuern. Bei schriftlicher Kommunikation entfällt diese wertvolle Rückmeldung. Die Neurowissenschaften bestätigen die große Bedeutung von Sprachmelodie, Mimik, Gestik und der gesamten Körpersprache in der Face-to-Face-Kommunikation. Beim Entschlüsseln gehörter Sprache sind deutlich mehr Hirnareale beteiligt als man dies bis vor wenigen Jahren angenommen hat. Zunächst wird der Satzbau analysiert und erst danach die Bedeutung der einzelnen Worte. Darum können wir auch den Sinn von fremdsprachigen Sätzen verstehen, selbst wenn uns einige Worte fehlen. Männer- und Frauenhirne unterscheiden sich dabei: Männer verarbeiten im Anschluss den Wortinhalt und erst dann die Sprachmelodie. Für Frauen hingegen sind die emotionalen Informationen der Sprachmelodie noch bedeutsamer und werden parallel zur Semantik entschlüsselt.

Die neueste Gehirnforschung bietet überraschende Erkenntnisse zum Verstehen von Sprache

Von daher kann es eine höchst effektiv investierte Zeit darstellen, wenn Sie statt ein e-Mail zu schreiben im persönlichen Gespräch oder in einem Telefonat Informationen übermitteln oder Aspekte klären. Im e-Mailwechsel können Konflikte sehr rasch eskalieren - z.B. mit der Unsitte der langen CC-Listen. Es ist äußerst schwierig, schriftlich bei Problemen zu deeskalieren. Klüger kann es hier sein, zunächst mündlich Ungereimtheiten auszuräumen und dann die Ergebnisse schriftlich zusammenzufassen.

„Wer schreibt, der bleibt, wer net, der geht."*

Österreichische Bauernregel

*net = umgangssprachlich für nicht

Schriftlichkeit als Denkhilfe

Einerseits erhöht die Schriftlichkeit die Verbindlichkeit von Vereinbarungen *(siehe auch Tool Nr. 38 Seite 299).* Insofern sollten wichtige Gespräche in einem Protokoll verschriftlicht werden. Neben den wesentlichen Ergebnissen und Erkenntnissen betrifft dies insbesondere die vereinbarten Maßnahmen.

"WER macht WAS bis WANN"

ist der Minimalgehalt von Mitschriften. Aus hirntechnischer Sicht und um der weit verbreiteten Prokrastination, der Neigung zum Aufschieben entgegenzuwirken, ist es zusätzlich äußerst wirkungsvoll, die **konkreten 1. Schritte innerhalb von 72 Stunden** als Termin schriftlich festzuhalten. Und um den häufigen, wenig aussagekräftigen Statusmeldungen "ist im Laufen" oder "fast fertig" vorzubeugen, könnte vereinbart werden, welche **konkreten (Zwischen-)Ergebnisse** bis zu welchem Zeitpunkt vorliegen werden.

Bringen wir Ordnung und Struktur in die Gleichzeitigkeit unserer Gedanken

Andererseits unterschützt das Verschriftlichen auch die eigenen Denkprozesse. In der weltberühmten Romanserie Harry Potter verfügt Direktor Dumbledore über ein Denkarium: Er kann seine Gedanken in dieses hineinspinnen und dann über ein Register in seiner Gedankenwelt gezielt surfen. Ähnliches erzielen wir, wenn wir unsere Gedanken zu Papier bringen oder elektronisch dokumentieren: Wir bringen Ordnung und Struktur in die Gleichzeitigkeit unserer Gedanken. Wenn unser Denken durch unsere Finger fließt - sei es ein Stift oder die Tastatur, verfestigen wir es nachhaltiger. Durch den zusätzlichen Tastsinn, mit dem wir im wörtlichen Sinn begreifen, prägen sich unsere Gedanken tiefer in unserem Unbewussten ein. Auf Papier bzw. Bildschirm gebracht, können wir auch leichter den Überblick wahren. So erkennen wir leichter Zusammenhänge und Muster.
Übrigens: Wenn es sich schwer darstellen lässt, können wir es auch nicht klar denken. So werden durch die Abbildung auf Papier/Bildschirm auch Lücken sichtbar. Wir erkennen, was noch unvollständig ist und was wir noch klären sollten.

Übringes: Kritzeln fördert die Kreativität. Es aktiviert Hirnregionen, die bei rein analytischem Denken nicht mitspielen. Einen ähnlichen Effekt können Sie auch erzielen, wenn Sie als Rechtshänder mit der linken Hand bzw. Linkshänder mit der rechten schreiben - so gut Sie eben können: Wenn Sie zunächst mit der dominanten Hand aufgeschrieben haben, was Ihnen zu einem Thema einfällt und Sie dann mit der anderen Hand schreiben weitermachen, fallen Ihnen andere Dinge ein. Da die Aktivität anderer Hirnregionen Ihre Denkprozesse begleitet, führen diese zu anderen Ergebnissen. Vera Birkenbihl, Meisterin des hirngerechten Arbeitens und der Kreativität, empfiehlt Alphabetlisten, um den Ideenreichtum anzukurbeln: Schreiben Sie untereinander die Buchstaben des Alphabets auf. Dann geben Sie sich 2 Minuten, um zu jedem Buchstaben Wörter aufzuschreiben, die mit diesem beginnen und Ihnen zu diesem Thema einfallen.

Der Volksmund weiß

„Not macht erfinderisch!"

Durch die Buchstaben- und Zeitvorgaben entstehen nützliche Assoziationen, die wir dann strukturiert weiter bearbeiten können.
Vielleicht kennen auch Sie es: Mitten in der Nacht fällt einem Wichtiges ein. Die Gedanken beginnen zu kreisen und rauben den Schlaf. In diesem Fall lohnt es sich, dass Sie in der Nacht griffbereit ein Schreibgerät bereit halten. Durch das Aufschreiben entlasten Sie sich. Sie müssen es sich nicht mehr merken, weil es gesichert für den nächsten Morgen vorliegt.
In der gemeinsamen Arbeit erhöht Schriftlichkeit die Effektivität der Zusammenarbeit. Sie schafft Überblick und Ordnung. Inkonsistenzen und Widersprüchlichkeiten lassen sich leichter erkennen. Wenn sich beide/alle schriftlich vorbereiten, können die Aufzeichnungen nebeneinandergelegt und verglichen werden. Missverständnisse können im Ansatz vermieden werden. Durch den Abgleich der inneren Bilder können wir „MEINE MEINung" und „DEINE DEINung" bzw. „IHRE IHRung" gegenüberstellen und erkennen, worin wir uns einig sind, worin wir uns bereichernd ergänzen und was wir noch klären sollten, um „UNSERE UNSung" als gemeinsame Sichtweise zu entwickeln.

Schriftlichkeit erhöht die Effektivität der Zusammenarbeit

In der Überdosis führt das Protokollieren und Dokumentieren zur Bürokratisierung und zum Erstarren. Wohldosiert erleichtert und unterstützt es hingegen das Veränderungsmanagement. Wenn es schriftlich vorliegt, können nachträgliche Ergänzungen und Veränderungen viel leichter eingearbeitet werden - und es liegt wieder ein gemeinsamer aktueller Stand vor.
Und schließlich erleichtert die Schriftlichkeit auch den Wissensaufbau - persönlich und im Team.

Achtung:
Da Wissen auch ein Machtfaktor ist, werden häufig fadenscheinige Argumente vorgebracht, um persönliches Wissen nicht in schriftlicher Form mit den anderen zu teilen. Dokumentation fördert die Transparenz und Klarheit – und damit die Effektivität der (Zusammen-)Arbeit. Für graue Eminenzen, die unklare Strukturen und Befugnisse für eigene Ziele zu nutzen verstehen, ist das wie für den Teufel das Weihwasser. Unsichere, zum Ausweichen neigende Personen meiden die Verbindlichkeit, die die Schriftlichkeit erzeugt. Sie vertreten den Wienerischen Grundsatz:

„Jedes Schriftl ist ein Giftl."

Tatsächlich hängt es von uns ab, ob wir es verstehen, die Schriftlichkeit sinnvoll, nützlich und angemessen einzusetzen - oder in der Überdosis ad absurdum führen und unser Leben erschweren. Für das Verschriftlichen gilt wie für alle anderen Formen der Kommunikation: Stellen Sie sich zunächst die Frage „Wem soll das wobei und wofür jetzt und/oder später nutzen?" „In welchen zukünftigen Situationen möchte ich das mit welcher Zielsetzung lesen?" und schließlich „Was geht verloren und welches Risiko gehen wir ein, wenn wir das jetzt nicht schriftlich festhalten?"

Andere sind wirklich anders

Der Seminar-Kabarettist Bernhard Ludwig hat überzeichnend gemeint:

„Beziehungen sind wie Wasserbetten, bei denen die Heizkreise vertauscht sind."

Das Drama nimmt dann folgendermaßen seinen Lauf: Wenn ihr etwas zu kalt ist, dreht sie in gewohntem Ursache-Wirkungsdenken die Heizung etwas höher. Ohne es zu wollen, wärmt sie damit sein Bett. Da ihm jetzt zu warm ist, regelt er wiederum zu niedrigerer Temperatur, womit ihr noch kälter wird und sie die Heizung weiter hoch dreht - allerdings für sein Bett. So eskalieren Konflikte.
Paul Watzlawick füllt ein ganzes Buch mit ähnlichen „Anleitungen zum Unglücklichsein". Wir neigen dazu, den anderen das zu geben, was wir selbst schätzen - und ernten damit immer wieder Undank. Das Gegenteil von GUT ist demnach nicht SCHLECHT, sondern GUT GEMEINT. Eines der größten Potenziale zum Verbessern von privaten und beruflichen Beziehungen sowie zur Effektivitätssteigerung in der Zusammenarbeit ist es, statt zu glauben zu wissen, was der Andere will und braucht - und daher den anderen zu fragen, was ihm tatsächlich weiterhilft. Bildlich ausgedrückt gilt die alte Indianer-Weisheit:

Weit offen steht die „GUT GEMEINT Falle"

„Du musst mit den Mokassins des anderen gehen, um ihn wirklich zu verstehen."

„Wer braucht welche Ergebnisse in welcher Qualität von meiner Leistung?" „Wem dienen meine Auswertungen als Grundlage für welche Entscheidungen?" „In welcher Form treffen wir diese Vereinbarung?" und „Wie erhalte ich Rückmeldung davon, ob und wie ich die gewünschte Wirkung erzielt habe?" sind die Fragen zur Reduktion von energiefressender Blindleistung.

Das Anderssein der anderen wirkt sich besonders in der Kommunikation aus. Nach Paul Watzlawick kann ich auf wundersame Weise zwar sehr bewusst gestalten, was ich sage, habe aber nur begrenzten Einfluss darauf, was der Andere hört. Das hängt nämlich ganz maßgeblich von seiner Werte- und Erfahrungswelt ab. So wie natürlich auch mein Erleben in hohem Maße subjektiv gefärbt ist. Missverständnisse sind daher „normal". Um Verständnis müssen wir uns bemühen - indem wir uns z.B. auf der Meta-Ebene auszutauschen, was das Gesagte bei uns bewirkt. Das mechanistische Sender-Empfänger-Modell der Kommunikation, das allenfalls Störungen berücksichtigt, greift zu kurz. Kommunikation ist ein Austausch von Erfahrungswelten über die symbolhaften Wörter der Sprache - voll von konfliktträchtigen Wechselwirkungen.

Karl Kraus hat es pointiert so ausgedrückt:

„Was uns trennt
ist die gemeinsame Sprache.“

Das gilt nicht nur für das gegenseitige Verstehen zwischen ÖsterreicherInnen und Deutschen, auf die sich Karl Kraus in seiner Aussage bezog.
Miteinander reden, bevor Missverständnisse eskalieren, ist auf alle Fälle wesentlich zeitökonomischer als nachträgliche Konfliktbereinigung oder der Wirkungsverlust durch ein „Gegeneinander" statt einem „Miteinander" in der Zusammenarbeit.

Verhandlungstechnik

Klug (ver-)handeln:

Das Ergebnis im Auge - und die Zeit danach!

Vertrauen gegen Vertrauen?
„Österreich ist ein einziges Netzwerk von Netzwerken." spielt Prof. Malik, Managementzentrum St. Gallen, auf die Überschaubarkeit der Österreichischen Strukturen an, wo sich Wege immer wieder kreuzen. Das heißt auch: Man kann sich keine wirklichen Feindschaften leisten. Wer weiß, in welcher Form man sich wieder begegnet und welche Abhängigkeiten daraus entstehen.

Kämpferisches Verhandeln hat oft den Beigeschmack eines Pyrrhussieges

Hartes, kämpferisches oder manipulatives Verhandeln hat den Preis, dass der/die Andere sich danach unterlegen fühlt und nur auf die Gelegenheit der Retourkutsche wartet - oder aber in die innere Resignation geht. Schlecht, wenn man derart geschwächte und/oder verärgerte Personen zur Umsetzung der Verhandlungsergebnisse braucht - z.B. bei Verhandlungen mit MitarbeiterInnen und KooperationspartnerInnen oder beim Verkaufen/Einkaufen von Dienstleistungen, die dann gemeinsam erbracht werden.

In unserer Kultur herrscht der Glaubenssatz des 0-Summen-Spiels vor: „Des einen Freud - des anderen Leid." Dementsprechend gleicht Verhandeln oft einem Feilschen, in das man mit der Haltung geht: Der/die Andere will mich sicher über den Tisch ziehen. Das möchte ich verhindern. Daher versuche ich den/die Andere über den Tisch zu ziehen.

Da ist es wieder das klassische Gefangenen-Dilemma in abgewandelter Form: Zwei Beschuldigte werden gleichzeitig gefasst und getrennt vernommen. Wenn beide schweigen, kann ihnen nur eine Kleinigkeit nachgewiesen werden und erhalten beide eine geringe Geldstrafe.

Wenn einer dem Druck nicht Stand hält und den anderen beschuldigt, der andere aber schweigt, geht der Sprechende als Kronzeuge frei, der andere bekommt dafür als Alleinschuldiger eine langjährige Gefängnisstrafe. Wenn beide sprechen, müssen beide für kurze Zeit ins Gefängnis. Also was tun? Kann ich dem anderen vertrauen?

Wie du mir, so ich dir! Vertrauen lässt sich aufbauen

Computer wurden mit unterschiedlichen Strategien für das Gefangenen-Dilemma programmiert und traten gegeneinander an. Mit Abstand die erfolgreichste Strategie war „Tit for Tat": Man geht vertrauensvoll auf den/die Andere zu und spiegelt dann das Verhalten des Vis-a-vis. Solange der andere sich kooperativ verhält, tut man das auch. Wenn der andere das Vertrauen bricht, antwortet man auch kämpferisch. Danach muss der/die andere den 1. Schritt setzen, um das Vertrauen wieder herzustellen, worauf man wieder vertrauensvoll antwortet. In einer weiterentwickelten Variante dieser Strategie muss nach einem Vertrauensbruch der/die Andere zwei wieder einlenkende Schritte setzen, bevor man wieder kooperativ antwortet.

„Vertrauen ist für alle Unternehmungen das große Betriebskapital, ohne welches kein nützliches Werk auskommen kann. Es schafft auf allen Gebieten die Bedingungen gedeihlichen Geschehens."

Albert Schweitzer

Weich in der Form und hart in der Sache

Frauen bekommt es noch weniger, kämpferisch zu verhandeln. Während man bei Männern heldenhaft anerkennend von taktischer Klugheit oder ergebnisorientierter Durchsetzungsstärke sprechen würde, hieße es bei Frauen eher abwertend Falschheit oder ellbogenreiche Rücksichtslosigkeit.

Die „Nettigkeitsfalle" steht weit offen: Aus der Befürchtung, nicht mehr als liebenswürdig und sozial kompetent zu gelten, verliert man leicht die eigenen Interessen aus dem Auge. Man will den anderen nicht verletzen und lässt es dann zu, selbst verletzt zu werden.
Das Motto des Jesuiten Claudio Aquaviva, aus dem 16. Jahrhundert

„Weich in der Beziehung UND hart in der Sache"

löst dieses Dilemma auf. Einerseits klar, konsequent und ergebnisorientiert auf der Sachebene und andererseits verständnisvoll und wertschätzend auf der Beziehungsebene. Denn ein Grundbedürfnis hat das Vis-a-vis immer: das Gesicht wahren. Denken Sie bei Verhandlungen immer auch daran, dass der/die Andere das Verhandlungsergebnis gegenüber sich und anderen vertreten können muss.

Konsens versus Kompromiss
Auf der Suche nach Win-Win-Lösungen entstehen leicht Loose-loose-Kompromisse. Weder Fisch noch Fleisch fühlt sich der faule Kompromiss an, mit dem beide unzufrieden sind. Da ist sie wieder, die „Anleitung zum Unglücklichsein" von Paul Watzlawick. Oft entsteht auf diese Art und Weise eine „heiße Kartoffel", die von niemandem getragen wird. Ein ungeliebtes Provisorium, das in österreichischer Tradition häufig von langem Bestand ist.

Doch sind die vielzitierten „Win-Win-Ergebnisse" auch wirklich möglich? Was sind die Voraussetzungen und Erfolgsfaktoren dafür? Kontraproduktiv sind das Machtspiel „Wer hat Recht?" und das vielpraktizierte „Entweder-oder-Denken". Ein verbindendes, verbindliches „Sowohl-als-auch" ist wesentlich öfter möglich, als man glaubt *(siehe Managing Diversity Seite 110).*

Kreativität als Schlüssel für Win-Win-Situationen

Um Win-Win-Situationen zu erschließen, muss man zusätzliche Verhandlungsdimensionen eröffnen. Das setzt Kreativität voraus. Und diese ist unter Stress in unserem Hirn biologisch ausgeschaltet. Entspannt im Vorfeld lassen sich in einer fundierten Vorbereitung Konsensmöglichkeiten finden.

Wenn zwischen Führungskraft und MitarbeiterIn nur die Höhe des Gehalts verhandelt wird, ist es ein Tauziehen: je mehr der/die Eine haben will, desto mehr muss der/die Andere nachgeben. Kommen aber zusätzliche Dimensionen dazu, wie z.B. Aufgabenfeld, Übernahme von Verantwortung, Weiterbildungsmöglichkeiten, Karriereperspektiven, Flexibilisierung der Anwesenheitszeit, Ausstattung der Infrastruktur etc., desto wahrscheinlicher ist es, dass beide mit einem guten Gefühl aus der Verhandlung gehen.

Professionelle Vorbereitung
Henry Ford hat gemeint:

> *„Egal ob Sie glauben, dass Sie erfolgreich sein werden, oder ob Sie glauben, dass Sie scheitern werden, Sie werden Recht behalten!"*

Denn der Erfolg folgt der Vorstellung vom Erfolg. „Was möchte ich idealerweise in der Verhandlung erzielen?" Je kreativer und lustvoller Sie sich das Wunschergebnis der Gesprächsrunden ausmalen, desto wahrscheinlicher ist es, dass auch vieles davon eintritt. Im Leistungssport macht Mentaltraining gegenüber dem Realtraining mittlerweile weit mehr als 50 % aus.

Das Hirn kann kaum unterscheiden zwischen Filmen und Bildern, die imaginiert sind und solchen, die realen Wahrnehmungen entstammen. Erfahrungslernen ist in beiden Fällen gewährleistet. Und da die Wahrnehmung, die immer höchst selektiv ist, den Vorstellungen folgt, können Sie sich in dieser Weise auf Verhandlungserfolg programmieren.

Machen Sie sich aber auch schon vorab klar, was für Sie die k.o.-Kriterien sind, die absoluten „must-have's", die Sie unbedingt erreichen müssen - andernfalls würden Sie den Verhandlungstisch verlassen. Denn kein Verhandlungsergebnis oder Vertagung der Verhandlungen - z.B. um zusätzliche Informationen und Aspekte zu sammeln - können auch ein gutes Ergebnis sein.

Erarbeiten Sie aber auch vorab Ihre persönliche Wunschliste für „Nebengeleise" gemäß dem Motto: Wenn ich schon beim angestrebten Ergebnis Abstriche machen muss, dann hätte ich dafür gerne etwas von meiner Wunschliste als versöhnlichen Ausgleich. Ich bin z.B. bereit, meinem Auftraggeber bei den Zahlungszielen entgegen zu kommen,

- wenn es dafür gemeinsame Marketing-Aktivitäten gibt,
- oder der Auftragsumfang erhöht wird,
- oder der Kunde mich aktiv weiterempfiehlt,
- oder dies einem Folgeauftrag gutgeschrieben wird,
- oder ...

Der Verhandlungserfolg findet im Kopf des Gegenübers statt

Absolut förderlich für Ihr eigenes Ergebnis ist es auch, sich in die Lage des/der VerhandlungspartnerIn zu versetzen. Eine gründliche Recherche ist die Voraussetzung, um zu verstehen, was die Verhandlungsziele des Gegenübers sein könnten. Stellen Sie sich auch eine Liste der Zugeständnisse an den/die PartnerIn zusammen: Womit könnte ich es ihm/ihr schmackhaft machen, sich mit meinen Vorschlägen anzufreunden? Wie sieht die persönliche Wunschliste für „Nebengeleise" des Gegenübers aus? Dabei gilt der Grundsatz

*„Die Schönheit
entsteht im Auge des Betrachters"*

Das heißt, entscheidend ist nicht der Aufwand der Zugeständnisse für Sie, sondern der Nutzen und Wert Ihrer Angebote für den/die andereN. Es gilt daher, Ihre Verhandlungsziele, zusätzlichen Wünsche und Zugeständnisse so zu verpacken, dass sie für ihreN VerhandlungspartnerIn attraktiv oder zumindest aufrechten Kopfes akzeptabel sind. Das setzt voraus, dass ich mich in die Sichtweise des Gegenübers möglichst gut einfühle bzw. eindenke.

Erfolgreicher Abschluss

KommunikationswissenschaftlerInnen haben herausgefunden, dass innerhalb von Bruchteilen von Sekunden entschieden wird, in welcher Tonart ein Gespräch verläuft. Dabei gilt, dass man zuerst zum Menschen und erst dann zur Sache kommen kann: Solange nicht eine tragfähige (Arbeits-)Beziehung geschaffen ist, dient die scheinbar sachliche Diskussion nur der Klärung der Positionen. Weit verbreitet ist der Glaube, wenn ich den/die andere klein mache, stärkt das meine Größe.

Gängig ist die Unsitte, auf die „Macht durch schlechtes Gewissen" zu setzen und den/die andereN zum Einstieg mit mehr oder weniger sachlicher Kritik zu irritieren und zu schwächen.

Scheinbar paradox, aber in der Praxis noch immer bewährt: Wenn man in das Gespräch mit Anerkennung für den/die anderen einsteigt, stärkt das die eigene Souveränität. Wenn ich den/die andereN stärke, ermögliche ich ihm/ihr damit, sich in Würde auf meine Vorschläge einzulassen. „Was schätze ich an meinem Vis-a-vis?" „Wo gibt es gemeinsame Interessen und Ziele?" sind wichtige Einstimmungsfragen, um in eine Win-Win-Verhandlung zu gehen.

Klärung der beiden Standpunkte und Sichtweisen ist ein wesentlicher Schritt. So wie der Zylinder in Grund- und Aufriss sich völlig unterschiedlich darstellt, haben auch unterschiedliche Menschen unterschiedliche Zugänge und Perspektiven. „Aus Ihrer Sicht..." und „aus meiner Sicht ..." sind konsensförderliche Haltungen und Formulierungen. Halten Sie immer wieder Zwischenergebnisse fest, worin Sie sich **SCHON** einig sind und wo Sie **DERZEIT NOCH** unterschiedliche Sichtweisen haben, was Sie **NOCH** klären müssen.

„Anti-Mikado-Strategie:
Wer sich zuerst bewegt, sitzt am längeren Ast!"

Monika Herbstrith-Lappe

Im Allgemeinen gilt, wer den ersten Vorschlag macht, hat die besseren Karten. „Wenn Sie mir in diesem Punkt entgegen kommen, kann ich Ihnen dafür bieten." ist dabei das Grundmuster. Je besser Sie die Informationen im Vorfeld studiert und die Signale des Gegenübers wahrgenommen haben, desto besser können Sie abschätzen, was für den/die andereN ein gut akzeptables Ergebnis sein könnte. Vergessen Sie dabei nicht, dass das Gegenteil von „Gut" nicht „Schlecht" sondern „Gut gemeint" ist. Statt den/die andereN mit Druck überzeugen zu wollen, was Gegendruck auslöst, lieber fragen, was ihm/ihr wichtig ist.

Erkenntnisse der Psychologie für bessere Verhandlungsergebnisse

Psychologisch gilt: Mehrere kleine Zugeständnisse wirken auf Menschen viel mehr als ein großes. Portionieren Sie daher Ihre Argumente. Das leidige Thema Geld und Aufwand kommt erst relativ spät ins Spiel - wenn der Nutzen der Angebote und Zugeständnisse im Kopf des anderen schon prächtig gediehen ist. Und dann sollten Sie noch zugkräftige Abschlusswünsche und Zugeständnisse parat haben: Mit einem „Wenn Sie mir noch in diesem Punkt entgegenkommen, bin ich bereit, Ihren Vorschlag zu akzeptieren." oder „Ich biete Ihnen als allerletztes noch das ... und Sie stimmen dann meinem Vorschlag zu." zurren Sie den Verhandlungssack zu.

Verbindliche Umsetzung

„Es gibt nichts Gutes - außer man tut es."

Diesem Zitat von Erich Kästner kann man nur vollinhaltlich zustimmen.

Die Zusammenfassung der Verhandlungsergebnisse - am besten in schriftlicher Form - vermeidet Missverständnisse und steigert die Verbindlichkeit. Waren die Ausgangslage der Verhandlungen unterschiedliche, mehr oder weniger kontroversielle Standpunkte, so ist jetzt das konsensuale Verhandlungsergebnis die Basis für die gemeinsame Planung der Umsetzung - zumindest die nächsten, konkreten Schritte müssen noch auf den Verhandlungstisch.

Konsens-Entscheidungen im Team

Um auch in größeren Runden möglichst viel und rasch konsensual zu entscheiden und dabei hohes Kommitment zu erzielen, können Sie alle TeilnehmerInnen mit grünen, gelben und orangen Karten ausstatten (z.B. Pinkärtchen sind in vielen Besprechungsräumen verfügbar).
Zunächst werden kurz die Sichtweisen gesammelt. Sobald in Bezug auf einzelne Aspekte Konsens in Sicht scheint, halten sie diese schriftlich fest und lassen Sie von jedem/jeder einzelnen die Karten zeigen.

Grüne Karte:	JA, ich möchte das!
Gelbe Karte:	Ich trage die Entscheidung mit und ich bin bei der Umsetzung mit dabei.
Rote Karte:	Konstruktives NEIN. Darüber müssen wir noch reden.

Konsens ist erzielt, wenn es nur noch grüne und gelbe Karten in der Runde gibt. Die rote Karte ist herzlich willkommen, ist sie doch ein qualitätssicherndes konstruktives Aufzeigen, dass noch Dinge unklar sind. „Worüber sollten wir noch reden?" „Was sollten wir am Vorschlag ändern, dass Sie zumindest Gelb zeigen könnten?" helfen offene Punkte zu klären.

Entschärfen von Killerphrasen

Pracht-exemplare destruktiver Kreativität

Killerphrasen sind „Prachtexemplare destruktiver Kreativität", wird doch sehr viel Energie und Arbeitszeit nur auf ein einziges Ziel gelenkt: die Meinung des anderen zu unterbinden, eine Diskussion mit dem Austausch von Argumenten zu verhindern und die eigene Anschauung bedingungslos durchzusetzen. Bereits hier ist klar: Die Verwendung von Killerphrasen ist kein Mittel bei der Suche nach der besten Lösung - weder privat noch im Unternehmen. Und doch sind sie im beruflichen und privaten Alltag verbreitet, rauben Zeit und Kraft der Beteiligten.

Wie aber kann man sich effektiv gegen Killerphrasen wehren? Hier lohnt ein Blick auf die Wirkungsweise der sprachlichen Angriffe.
Nicht jede verbale Attacke mittels Killerphrasen ist in der Ursache und Wirkung gleich. Einige sind eher unter dem Begriff „generell destruktiv" ein-

zusortieren, andere verwenden die Wünsche, Erwartungen und Ängste des Gegenübers für den verbalen Rundumschlag.

Aussagen, wie die von Chuck Reid machen zunächst sprachlos.

„Theoretisch gibt es keinen Unterschied zwischen Theorie und Praxis. Praktisch schon."

Oft ist nicht leicht zu unterscheiden zwischen haltlosen Vorwänden und Einwänden, die einen wahren Kern enthalten. Zunächst gilt es souveräne Würde zu wahren *(siehe Toolbox Nr. 27, Seite 291).*

Denn die beiden uns höchst vertrauten Muster von „Vorwurf und Rechtfertigung" sowie „Angriff und Gegenangriff" sind beide kontraproduktiv und führen immer weiter von der Sachebene weg. Hilfreich ist hingegen die Technik des konstruktiven Missverständnisses *(Toolbox Nr. 46, Seite 304).*

Mit „Worin konkret sehen Sie die Schwierigkeit?" kann man auch beim Hören von der destruktiven zur konstruktiven, lösungsorientierten Kritik finden *(Toolbox Nr. 41, Seite 301).*

Lassen Sie uns einige der verwendeten Methoden mit möglichen Gegenmaßnahmen ansehen. Daneben aber auch einige allgemeine Verfahrensweisen, mit denen Sie sich vor Verletzungen durch die unterschwelligen Angriffe schützen und ausreichend persönlichen Abstand halten oder gewinnen können.

Methode: „Macht durch schlechtes Gewissen"

Perfektioniert ist in der abendländischen Kultur das Grundmuster „Macht durch schlechtes Gewissen." In Meetings eignet sich das hervorragend, um Argumentationen zu stoppen, auch wenn sachlich nichts einzuwenden ist. Kleine Mängel werden verallgemeinert und münden in einem „Das ist ja völlig falsch", „Du machst ja immer..." oder „so lässt sich das nicht umsetzen".

Womit auch schon das sicherste Kennzeichen destruktiver Kommunikation identifiziert ist: Sie verallgemeinert und pauschaliert. Bewährt hat sich die Gegenstrategie des konkretisierenden Hinterfragens. Darin unterscheidet sich, ob es sich um einen (berechtigten) Einwand handelt, wo es gilt den konkreten Lösungsansatz zu finden, oder aber nur um einen vorgeschützten Vorwand. Kennen Sie die KollegInnen, die Ihnen 10 Minuten lang erklären, warum Sie keine 5 Minuten Zeit haben? „Können Sie mir ein konkretes Beispiel zeigen?" „Was glauben Sie, ist nicht richtig?" „Was wäre Ihr Alternativvorschlag?" sind Möglichkeiten, um auf des Pudels Kern zu kommen oder auch die destruktive Wortblase zum Platzen zu bringen.

Killerphrasen entschärfen durch konkretisierendes Hinterfragen

Kinder spüren intuitiv, wo die Achillesferse und das schlechte Gewissen der Eltern sitzen. Treffsicher richten sie darauf ihren verbalen Vergrößerungsspiegel und erzielen so oft das Gewünschte. So passiert es, dass Kinder genau dann reklamieren „Du hast zu wenig Zeit für mich!", wenn man selbst mit seinem Beschäftigungsausmaß unzufrieden ist. Das quadriert die Wirkung. Zum Glück ist die Sensibilität der Erwachsenen nicht mehr ganz so gut ausgeprägt.

Trotzdem ist es ein Kennzeichen untergriffiger Kommunikation, dass just jene Aspekte zu Angriffen genutzt werden, wo man selbst mit sich unzufrieden ist. Da konfrontiert man die Frau, die sich mit der Tücke der Details plagt, mit dem Vorwurf, sie sei oberflächlich, die Kollegin, die lieber gelassener wäre, sie sei Perfektionistin und übergenau.

Der Schwenk von Wertungen zu Funktionalitäten macht aus Mängeln Potenziale

Da hilft nur eines: Sich mit sich selbst und den so genannten „Schwächen" auszusöhnen. Schafft man den Schwenk von Wertungen zu Funktionalitäten, so können durchaus aus Mängeln Potenziale werden: Wenn eineR den Überblick wahrt und der/die andere Verlässlichkeit bis ins Detail einbringt, steht gemeinsamen Erfolgen nichts mehr im Weg! Voraussetzung dafür, dass beide mit ihren jeweiligen Stärken zu gemeinsamen Zielen beitragen können, ist allerdings gegenseitiges Verständnis und Respekt.
(siehe auch Toolbox Nr. 24 „Wertschätzend anders" auf Seite 289).

Methode: „Stärken des Gegenüber negieren"

Paradoxerweise funktioniert auch das Gegenteil: Nicht nur die persönlichen Schwächen, auch die persönlichen Vorlieben und Ideale sind Angriffsfläche für destruktive Kommunikation. Steht Toleranz hoch im Kurs, so wirkt die Killerphrase „Sie sind so engstirnig und lassen nur Ihre Meinung gelten." doppelt. Groß ist da die Versuchung in die Rechtfertigungsfalle zu tappen. Erst einmal darin gefangen, hat man auch selbst die sachlichen Ziele aus dem Auge verloren. Und wieder einmal ist die Rechnung des Gegners aufgegangen. Die alternative intuitive Reaktion des Gegenangriffs „Sie müssen was sagen, Sie sind ja selbst..." führt unweigerlich zu Kampf, in dem auf jeden Fall eines verliert: Der Blick für gemeinsame Lösungen. Da gilt es, gewohnte Verhaltensmuster zu verlassen. Gelingt es, derartige Angriffe - einmal durchschaut - zu ignorieren oder in Schranken zu weisen z.B. „Das tut hier nichts zur Sache" oder auch „Ich verbitte mir den Ton." hat die Rückkehr auf die Sachebene eine Chance.

Methode: „persönlicher Angriff"

Wenn man selbst um konstruktive, lösungsorientierte Kommunikation bemüht ist, treffen tieffliegende Killerphrasen doppelt. Das energievernichtende Wechselspiel zwischen „Im Prinzip ist das nichts Neues, das machen wir schon immer so." und „Bei uns funktioniert das nie. Da ist alles ganz anders." wird gewürzt mit persönlichen Angriffen wie etwa „Wie kann ich das so erklären, dass Sie das auch verstehen."

Lösungsansatz: Humor

Hofnarren haben die entwaffnende Wirkung wertschätzenden Humors kultiviert. Gerade in schwierigen Gesprächssituationen erweitert dies das Handlungsrepertoire und bringt Lachen die wohltuende Distanz. Neben der humorvollen Überhöhung ins Absurde kann das Anlegen einer Killerphrasensammlung verblüffende Wirkung zeigen. Aus einer Frechheit wird so ein bereicherndes Prachtexemplar kreativer Destruktivität. „Haben Sie etwas dagegen, wenn ich das in meine Killerphrasensammlung aufnehme." ist eine Antwort, mit der Ihr Vis-à-Vis sicher nicht gerechnet hat. Andererseits gibt ein gelangweiltes „Das habe ich schon so oft gehört, das schreibe ich nicht mehr auf." den erforderlichen Abstand, um kühlen Kopf zu wahren.

"Humor ist der Knopf, den wir öffnen können, bevor uns der Kragen platzt."

Joachim Ringelnatz

Lösungsansatz: Abstand durch Beobachtung

Und müssen Sie berufsbedingt auch zu Präpotenten freundlich sein, können Sie mit KollegInnen und Gleichgesinnten die Wahl zum „Ungustl" des Monats vereinbaren. Je schlimmer der verbale Übergriff, desto höher Ihre Chance, mit Ihrem Unikum zu gewinnen. Die BeobachterInnen-Position ist ein guter Schutz davor, Angriffe persönlich zu nehmen.

Emotionalen Abstand halten durch die sichere BeobachterInnen-Position

Lösungsansatz: Abstand durch Ursachen-Erkennung

Und in kommunikativen Notfällen ist der Gedanke hilfreich:

„Die Vielfalt des menschlichen Panoptikums ist immer wieder erstaunlich."

Wer spricht da mit mir? In welcher Befindlichkeit ist er/sie? Welche Absichten verfolgt er/sie? sind Fragen, die Sie sich oder Ihrem/Ihrer GesprächspartnerIn stellen können. Die verblüffende Wirkung von Verbal-Attacken ist entkräftet, wenn Sie hinter dem Monster die tatsächlichen Bedürfnisse entdecken *(siehe auch Toolbox Nr. 46, Seite 304).*

Erfolgreiche Kommunikation findet immer im Kopf des Gegenübers statt

12 goldene Kommunikations-Tipps

1. Bereiten Sie sich gerade bei fordernden Gesprächen mit klaren Zielen auf der Sach- und Beziehungsebene gründlich vor.

2. Versetzen Sie sich in die Lage Ihres Gesprächspartners.

3. Suchen Sie von sich aus proaktiv das Gespräch. Erweitern Sie so Ihre Gestaltungsmöglichkeiten und beugen unangenehmen Situationen vor, in denen Sie sich rechtfertigen müssten.

4. Drücken Sie erst dann die Türklinke zum Besprechungsraum oder die Taste für das Telefonfreizeichen, wenn Sie etwas im Sinn haben, das Sie am Gegenüber schätzen oder Sie interessiert

5. Finden Sie einen wertschätzenden Einstieg, der die Gemeinsamkeiten stärkt

6. Erreichen Sie zuerst den Menschen und kommen Sie erst dann zur Sache: Gemeinsamkeiten bewusst wahrnehmen und als Basis für das Gespräch im Auge halten

7. Erst wenn sich der andere verstanden fühlt, kann er Ihre Sachargumente hören.
   Achtung: Empfundenes Verständnis zu zeigen geht mit oder ohne Verstehen und mit oder ohne Zustimmung

8. Rechnen Sie immer mit Missverständnissen, weil der andere tatsächlich anders ist und vergewissern Sie sich daher, mit welcher Bedeutung Ihre Worte beim Vis-a-vis ankommen.

9. „Aus Ihrer Sicht und aus meiner Sicht" halten Sie ein gemeinsames Ziel im Auge und entkommen so dem kontraproduktiven „Wer hat Recht?"

10. Kommunizieren Sie eigene Erwartungen klar an andere.

11. Sprechen Sie Kritik konkret beschreibend, zeitnah, lösungsorientiert und direkt an.

12. Ich-Botschaften fördern Ihre Authentizität, Glaubwürdigkeit und so die Akzeptanz und Wirkung beim Vis-a-vis.

10 Tipps für professionelle Mailkommunikation

Schriftliche Kommunikation findet unter Ausschluss von wesentlichen Wahrnehmungsmöglichkeiten statt. Der Sender kann die Bedeutung der geschriebenen Worte nicht durch gezielt genutzte Mimik (z.B. Lächeln) oder Gestik abmildern oder unterstreichen. Der Empfänger kann die übermittelten Botschaften nicht durch weitere Wahrnehmungen in einen anderen Kontext setzen.

In unseren modernen Zeiten mit Botschaften via Twitter oder SMS via ipad wird die Botschaft häufig auf die wesentlichen Wörter und Buchstaben reduziert. Und wird diese Verfahrensweise auf Medien wie Mail übertragen, ohne dass es hierfür eine sachliche Begründung geben würde. ‚Kurz und knapp' als Zeichen von ‚wichtig' oder ‚dringend'?!

Die Botschaft wird häufig auf die wesentlichen Wörter und Buchstaben reduziert

Was aber ist mit dem Leitsatz der Kommunikation: „Zuerst zum Menschen und erst dann zur Sache kommen"? Wir meinen, dass dieser Kerngedanke auch bei der Nutzung der neuen Medien seine starke Berechtigung hat. Schließlich führt eine rein sachorientierte Kommunikation ohne Eingehen auf den Menschen schnell zum Eindruck fehlender Wertschätzung (keine persönliche Anrede, ...).

Und wie umgehen mit der Flut der täglichen Mails? Jedesmal den „wichtig-Marker" setzen - wenn dies alle machen, geht dessen Wirkung schnell verloren? Oder wie kann man die Aufmerksamkeit des Empfängers auf die eigene E-Mail lenken?

Wir haben Ihnen unsere Erfahrungen und Gedanken in 10 Tipps zur Mailkommunikation zusammengefasst, denn ein Mail kann und soll zugleich beides sein:

Effektive Informationsvermittlung
UND
freundliche Visitkarte.

Thema	Förderlich	Fallen/NoNos
1. Bewusst entscheiden, ob es klüger ist, ein Mail zu schreiben oder zunächst anzurufen	Bei heiklen, konfliktträchtigen, leicht missverständlichen Themen: Zuerst telefonieren und dann die Ergebnisse des Telefonats im Mail zusammenfassen.	Auf emotionale Mails spontan antworten und dabei in die Rechtfertigungsfalle oder zur Eskalation führenden Angriff-Gegenangriffsfalle tappen
2. Gezielt adressieren - beim Schreiben und Antworten	AN: nur an die, von denen ich etwas erwarte CC: zur Information, um gemeinsamen Informationsstand zu erzielen und um die Verbindlichkeit zu erhöhen	Sparsam und gezielt mit „allen antworten“ umgehen - darauf achten, ob Externe CC informiert werden BCC nur in Ausnahmefällen - besser ist es, das gesendete Mail zur Info weiterzuleiten
3. Aussagekräftiger Betreff, der die Chance erhöht, dass das Mail rechtzeitig gelesen wird	Worum geht es konkret in diesem Mail z.B. Projekt xyz - Vorbereitung Projekt-Startmeeting am tt.mm.jjjj	NoNos: Mails ohne Betreff oder Mailketten, wo Betreff nichts mehr mit Inhalt zu tun hat
4. Persönliche Anrede im Mail	Wenn irgend möglich, alle, an die das Mail geht, persönlich ansprechen: z.B. Sehr geehrte Frau Titel Nachname, Sehr geehrter Herr Titel Nachname, Lieber Herr Nachname, Hallo Frau Nachname, Servus Vorname, Lieber Vorname, Hallo Vorname, Sehr geehrtes Projektteam, Wertes Serviceteam, Achtung: Nach der Anrede folgt ein „ , “ und dann im Text klein weiterschreiben	NoNos: keine Anrede Hallo! oder Hi! (ohne Namen)

5. Positiver Einstieg ins Mail	1. Satz: Wenn passend die Beziehung fördern: Z.B. Danke, für die Übermittlung der Unterlagen Oder: Ich freue mich auf den Start unseres gemeinsamen Projekts 2. Satz: Orientierung geben, worum es im Mail geht und was ich von den anderen erwarte	Ausschweifende Erklärungen ohne dass der Andere verstehen kann, worum es geht Überflüssige Ankündigen wie „Ich möchte Sie informieren, dass ..."
6. Informationen übersichtlich darstellen & auf den Punkt bringen	Mails sind wie Geschäftsbriefe - ganz anders als SMS oder Chat Übersichtlich gliedern - ansprechend gestalten Aktuelle Rechtschreibung inkl. Groß-/Klein-schreibung beachten per Sie oder per du möglichst wenig Abkürzungen kurze Sätze Daran denken: Mails könnten an andere weitergeleitet werden zu denen ich weniger vertraut bin!	Wenn das Mail sehr lange wird, könnte das ein Indiz dafür sein, dass es besser gewesen wäre ein Gespräch zu führen Äußerst sparsam mit Emoticons und grins etc. umgehen Mails nicht achtlos weiterleiten, sondern Inhalte bewusst für die Adressaten filtern
7. Klar in der Sache und wertschätzend-verständnisvoll in der Form	Mit Fürwörtern die Beziehung stärken: „Ihre Lösung ..." „Meine Bitte an Sie ..." eine aktive Formulierung ist kraftvoller als eine Ankündigung Ich-Botschaften und eigene Standpunkte vertreten, Wir-Formulierungen, bei Aussagen aus Bacher-Sicht lösungsorientiert formulieren - „was ist möglich" statt „was geht nicht" - „worum bitte ich" statt was „stört mich" Auch unangenehme Informationen konstruktiv formulieren	NoNos Nichtssagende, „altmodische" Floskeln und Absichtserklärungen Kritik an der Person Schuldzuweisungen

Thema	Förderlich	Fallen/NoNos
1. Kluger Umgang mit Emotionen	Verständnis für die Sichtweise des anderen zeigen - das heißt nicht unbedingt zustimmen „Es tut mir leid, dass Sie mit unserer Leistung unzufrieden sind" nimmt emotionalen Wind aus den Segeln und lässt offen, was tatsächlich der Sachverhalt ist „Ich bitte um Entschuldigung, dass ...", wenn mir oder uns ein Fehler passiert ist. „Meine Sichtweise und Ihre Sichtweise ..." „Was konkret hätten Sie gerne anders ..." und „Worin sind wir uns schon einig und was müssen wir noch klären ..." hilft auf die Sachebene zurückzufinden Tipp: Mail mit zeitlichem Abstand noch einmal lesen oder jemand anderen lesen lassen	NoNos: Ärger rauslassen Sich gekränkt rechtfertigen andere anprangern - z.B. unser Hersteller hat uns im Stich gelassen, der Kollege kann das nicht ...
2. Zusammenfassung am Schluss	Vorschlag bzw. Erwartung bzgl. der nächsten Schritte: WER WAS bis WANN mit WELCHEN Ergebnissen Dem anderen Möglichkeit einräumen, seine Sichtweise einzubringen: z.B. Bitte ergänzen Sie obige Punkte um Ihre Sichtweise oder: Bitte lassen Sie es mich wissen, wenn Sie einzelne Punkte anders sehen Sie erreichen mich am besten am ... per ...	Suggestivformulierungen Entscheidungen vorwegnehmen, die die Zustimmung des anderen erfordern
3. Freundliche Grußworte finden	Mit freundlichen/herzlichen/vielen Grüßen Vorname Nachname Oder: Viele/freundliche/herzliche/liebe Grüße! Vorname (Nachname)	NoNos Kein Gruß Gruß nur mit Nachnamen Gruß ohne Namen - nur mit Signatur

Integrierte Managementsysteme

Ein auf die spezifische Marktsituation ausgerichtetes Managementsystem bietet die geeignete Infrastruktur, damit bei allen externen Anforderungen und Einflüssen nicht der eigene Unternehmenserfolg auf der Strecke bleibt.

Anforderungen steigen

Noch nie war der Paragraphen-Dschungel so dicht. Normative Anforderungen sprießen allerorts aus dem Boden. Kundenansprüche steigen. Wie soll sich das mit dem zugleich zunehmenden Kostendruck vereinbaren lassen?

Neben gewerblichen Auflagen, Sicherheitsansprüchen, Umweltanforderungen und Produktspezifikationen wird vor allem die Latte hinsichtlich der Organisationsqualität immer höher gelegt. Gefragt ist zunehmend der Nachweis von Strukturen, Organisationssystemen und standardisierten Methoden, welche professionelles Arbeiten und die größtmögliche Vermeidung von Risiken sicherstellen. Puffer werden aus finanziellen Gründen immer mehr reduziert.

Der Zeitdruck steigt. Daher ist es entscheidend, dass die Qualität auf Anhieb stimmt. Fehler kann man sich immer weniger leisten. Der Trend geht zu mehr Eigenverantwortung. Egal ob Flugzeugwartung, Automobilzulieferindustrie, Industriekomponenten, Medizinprodukte oder Lebensmittelsicherheit: Externe Produkt- und Wareneingangprüfungen werden reduziert und (teilweise) durch Nachweise der Qualitätsfähigkeit des Unternehmens ersetzt. Hinsichtlich der Produkte, der Herstellprozesse und der Organisation bis hin zur Unternehmensführung. Von externer Stelle wird überwacht, ob die Systematik der internen Planung, Risikobewertung, Präventivmaßnahmen, Eigenkontrollen und Verbesserungsprozessen wirksam ist.

Flexibilität in einem geregelten Rahmen

Schlanke und wendige Unternehmen mit Organisationsqualität

Die traditionellen Stärken von Klein- und Mittelbetrieben: „Schnelligkeit“ und „Flexibilität“ durch „Arbeiten auf Zuruf“ in einem eingespielten Team steht hier in Zielkonflikt zu den geforderten klaren, nachvollziehbaren Strukturen. Wie kann man die schlanke, wendige Organisation bewahren und gleichzeitig an den gleichen Maßstäben hinsichtlich Organisationsqualität wie die Großen gemessen werden?

Flexibilität und Standards müssen kein Widerspruch sein. Wie gut sich individuelles Eingehen auf die Mitspieler, Umsetzung der eigenen Strategien und Stärken sowie situatives Handeln mit klar definierten Abläufen vereinbaren lässt, beweist das Schachspiel, wo jedes Spiel anders, die Spieler teilweise sehr qualifiziert und erfahren sind, Kreativität gefordert ist und trotzdem niemand die Notwendigkeit und Sinnhaftigkeit von Regeln in Frage stellt, die so eindeutig festgelegt sind, dass man sie sogar programmieren kann.

Zum Glück geben Qualitäts-, Umwelt- und Sicherheitsnormen zwar teilweise sehr detailliert vor, WAS gefordert ist, lassen aber bei näherer Betrachtung durchaus Gestaltungsmöglichkeiten, WIE die Organisation diese Anforderungen erfüllt. Das verunsichert zunächst. Schließlich ist man von technischen Normen gewohnt, dass alles klar definiert ist.

Bei der Erfüllung der Qualitäts-, Umwelt- und Sicherheitsnormen gilt es hingegen, individuelle, angemessene, zielführende Lösungen zu finden, die den normativen Ansprüchen gerecht werden. So wie zwar alle Fahrzeuge die österreichische Straßenverkehrsverordnung und die damit verbunden Sicherheitsauflagen erfüllen müssen. Dennoch reicht die Bandbreite der Zulassungen vom City-Flitzer über den Familienkombi bis zur Prestige-Luxuskarosse.

Aufzugeben gilt es vor allem die in unserer Kultur so gut eintrainierte Opferrolle. Uns fällt sehr rasch ein, warum alles so schwierig ist, wir selbst benachteiligt sind und warum sich die anderen ändern sollten. Wie das gelähmte Kaninchen vor der Schlange schauen wir mit schauriger Faszination zu, wie die nächste Lawine auf uns zurollt.

„Heute schon tun,
woran andere erst morgen denken.
Denn beständig ist nur der Wandel.“

Unternehmen können Rücken- und Gegenwinde zum Vorankommen nutzen

ist ein Zitat des Griechen Heraklit. Mit Pioniergeist sucht der, der will, Wege. Wer nicht will, findet Gründe. Man kann zwar nicht beeinflussen, aus welcher Richtung der Wind kommt, man kann sich allerdings bewusst entscheiden, welchen Kurs man wählt und wie man die Segel setzt. Voraussetzung dafür ist allerdings, dass man die eigenen Ziele und Positionierungen kennt. Sonst ist man dem Spiel der externen Kräfte ausgeliefert und verliert auch ohne Nebel leicht die Orientierung. Wie können Organisationen - Segelbooten gleich - in wendiger Zielstrebigkeit Rücken- und Gegenwinde zum Vorankommen nutzen?

„Wer nicht weiß,
wo er hin will,
darf sich nicht wundern,
wenn er wo anders ankommt.“

Mark Twain

Das Prozessmanagement-Modell Qualitätsmanagement-Norm ISO 9001:2008 bietet eine solide Grundlage zur ergebnisorientierten Unternehmensführung.

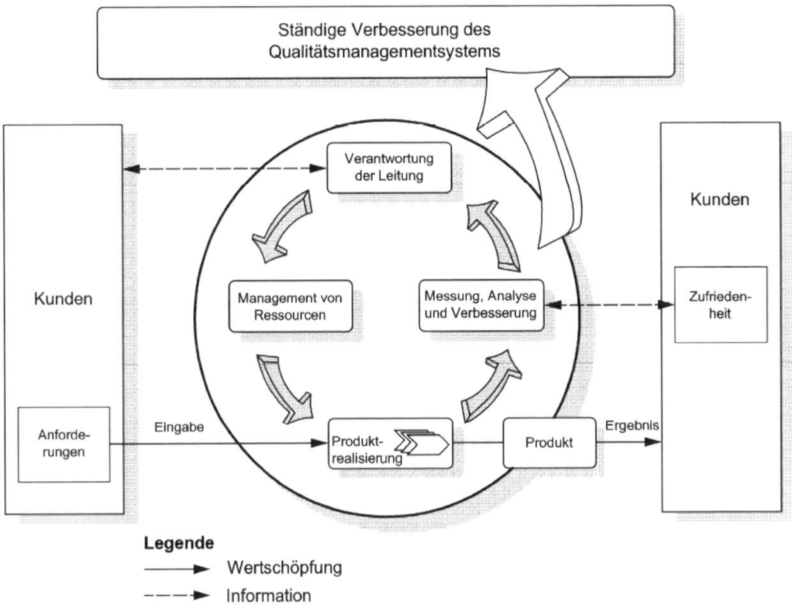

Modell eines prozessorientierten Qualitätsmanagementsystems

Allerdings bedarf es auch hier eines Standpunktwechsels:

Wie bei allen anderen Werkzeugen gilt auch für Qualitätsmanagement, dass der zweckmäßige, ergebnisorientierte Einsatz über Sinn und Unsinn entscheidet. Heute ist es oft ein Problem, wie man Qualitätsmanagement umsetzt. Stattdessen sollte es ein Instrument sein, um Probleme zu lösen, Herausforderungen zu meistern und eine Infrastruktur zu schaffen, die eine nachweisbare Umsetzung der gesetzlichen und normativen Anforderungen im Geschäftsalltag verankert.

Qualitätsmanagement nicht als Bürde empfinden sondern als Instrument zur Problemlösung

„A fool with a tool is still a fool."

Ed Jourdon

In unserem Consulting-Unternehmen Impuls & Wirkung lautet daher auch der Grundsatz:

„PROblem sucht Lösung“
(statt „Methode sucht Anwendung“)
Monika Herbstrith-Lappe

Im Mittelpunkt steht der Nutzen für die unterschiedlichen Interessens-partnerInnen des Unternehmens.

Kernprozesse verdeutlichen die wesentlichsten Aufgaben des Unternehmens

Die Kernprozesse fokussieren auf die beiden Aspekte:
- Wie wird aus herausfordernden Zielen realer Geschäftserfolg?
- Wie wird aus Kundenerwartungen ein von den Kunden wahrgenommener Nutzen?

Denn Geschäftserfolg entsteht durch zahlende Kunden.

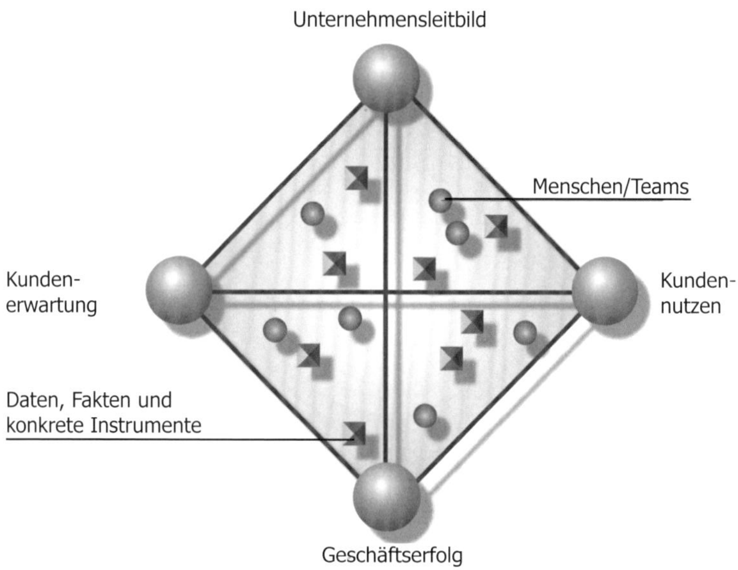

Quelle: Impuls & Wirkung

Das fördert auch das unternehmerische Denken aller MitarbeiterInnen: „Wie kann ich zur KundInnenzufriedenheit und zum Erfolg unseres Unternehmens beitragen?" Es ist nicht so sehr entscheidend, ob man ein großes oder kleines Zahnrad im Getriebe ist, wichtig ist, an der richtigen Stelle zu sitzen und sich mit den benachbarten Zahnrädern optimal abzustimmen.

Auf der Basis des allgemeinen Modells der ISO 9001 gilt es, die spezifischen Hauptprozesse des Unternehmens festzulegen und deren Zusammenwirken, insbesondere an den Schnittstellen, zu definieren *(siehe auch unser Prozessmodell auf Seite 132).*

So wird Sand durch Öl im Getriebe ersetzt. Das steigert nicht nur die Sicherheit, sondern auch die Effizienz und den Wirkungsgrad.

Die externen Anforderungen werden in die eigene Organisation integriert

Erst wenn die eigenen Abläufe des Unternehmens definiert sind, werden die Anforderungslatten der unterschiedlichen Qualitäts-, Sicherheits-, Umwelt- und sonstiger Normen angelegt. Die geschaffene eigene Infrastruktur ermöglicht die Integration der externen Anforderungen an die eigene Organisation. Ähnlich wie man sich immer wieder ärgert, dass einmal die Straße aufgerissen wird, weil Elektrokabel verlegt werden und dann weil die Gasversorgung repariert werden muss und beim dritten Mal eine Telefonleitung ausgetauscht wird, wäre es kontraproduktiv, Qualitäts-, Umwelt- und Sicherheitssysteme getrennt voneinander zu betreiben. Die Frage „Wie wollen wir zusammenarbeiten, um gemeinsam erfolgreich zu sein und die Kundenwünsche zu erfüllen?" steht im Mittelpunkt. „Welchen normativen und gesetzlichen Anforderungen müssen wir dabei gerecht werden?" bildet dafür den herausfordernden Rahmen.

Motto sollte sein:

„Wenn wir es schon tun müssen,
dann so, dass wir selbst möglichst viel davon haben."

Erfolgsfaktoren zum Gelingen von Integrierten Managementsystemen

1) Klare Zielsetzungen und Beauftragung durch die Unternehmensleitung:

Ob etwas ein Fortschritt, ein Rückschritt oder Leerlauf ist, hängt davon ab, welche Ziele man verfolgt. Die wichtigen Investitionen in die Zukunft brauchen eine hohe Priorität durch die Leitung, um nicht von der Dringlichkeit des Geschäftsalltags überrollt zu werden.

2) Frühzeitige Information aller und Einbindung möglichst vieler MitarbeiterInnen:

Nicht-Information ist die gewollte Weckung von Widerständen

Motivation ohne Information ist Illusion, Informationsmangel am Gedeihen von Gerüchten erkennbar.
Vermeiden Sie „13. Feen" (frei nach Dornröschen): Wer zuerst nicht eingeladen ist, die Regeln der Zusammenarbeit mitzugestalten, ist dann versucht, „das Kind zu verfluchen" oder zumindest in Tiefschlaf zu versetzen. Intensive Kommunikation fördert die Auseinandersetzung und Identifikation mit dem Thema und küsst so auch schlummernde Systeme wach.

3) Führungskräfte als Antriebsmotoren für Entwicklungsprozesse:

Gefragt ist ein aktives Vorleben der KundInnen- und Qualitätsorientierung. Woran können Ihre MitarbeiterInnen erkennen, dass Sie selbst das integrierte Managementsystem im Alltag umsetzen? Skepsis von Führungskräften spiegelt sich in facettenreichen Formen bei den MitarbeiterInnen wider.

4) Externe und interne Kundenorientierung:

Das Managementsystem ist für die Organisation da und nicht umgekehrt: Welche dokumentierten Regeln helfen uns, die eigene und gemeinsame Arbeit noch besser, einfacher, zielstrebiger, kundenorientierter zu gestalten?

Die Fragen

- „Wozu?",
- „Wer erwartet sich welchen Nutzen davon?",
- „Was ginge verloren, wenn wir das nicht hätten?"
- „Welches Risiko gehen wir ein, wenn wir das weglassen?"

helfen, einen angemessenen Detaillierungsgrad und leserfreundliche Strukturen zu gestalten. Verbindliche Vereinbarungen, eine wohlwollend-kritische Einstellung, Verbesserungsbereitschaft und aktives Einfordern der Regeln sind wichtige Zutaten zum Erfolgsrezept.

5) Fokus auf die Stärken, Leistungen und Erfolge:

Die durch Integrierte Managementsysteme erzielte Transparenz macht Leistungen sichtbar. „Wie müssen wir uns organisieren, damit wir mit unseren Stärken einen optimalen Wirkungsgrad erzielen und unsere Schwächen den Erfolg nicht vermasseln?" ist die Herausforderung bei der Gestaltung der Organisation. Kennzahlen dienen nicht nur zum Steuern und Verbessern der Abläufe, sondern machen auch Fortschritte und (Teil-)Erfolge sichtbar.

6) Hürden und Stolpersteine absichern und meistern:

Die Fragen

- „Woran könnte unser Erfolg scheitern?"
- „Welche k.o.-Kriterien müssen wir erfüllen?"

helfen „die Achillesfersen" zu identifizieren. Dokumentierte Prozesse und Abläufe bilden die Grundlage, um juridisches, finanzielles und qualitatives Risiko systematisch zu bewerten und durch geeignete Maßnahmen zu reduzieren. Darin besteht die Herausforderung der Qualitätssicherung: Eine einzelne Panne prägt sich als Negativereignis in unser Bewusstsein ein. Dem Risiko realistisch ins Auge zu schauen und sich dennoch vor einer „Negativ-Lupe" zu hüten, sodass neben den Problemen auch die Bemühungen und Erfolge wahrgenommen werden, erfordert eine tägliche Gratwanderung.

7) Das Ziel ist die ständige Verbesserung:

Hüten Sie sich vor angestrebten perfekten Lösungen. Groß ist auch die Gefahr der überzogenen Erwartungen und der Überfrachtung mit Themen frei nach dem Motto „Wenn wir das schon machen, dann sollten wir doch auch gleich ....". Damit erleidet man Schiffbruch. Mit dem Managementsystem ist eine Infrastruktur geschaffen, auf deren Basis Verbesserungen, Ergänzungen, Weiterentwicklungen vorangetrieben werden können. Regeln, Prozessdokumentationen, Formblätter, Checklisten, Standards sind prinzipiell vorläufig-endgültig freigegeben: Nämlich so lange bis sie durch noch bessere ersetzt werden - ähnlich dem Einsiedlerkrebs, der sich weiterentwickelt und daher immer wieder sein Schneckenhaus wechselt.

Viele Erker und Balkone machen aus einem Funktionsbau ein Rokoko-Schloss

Qualitäts-Management

Qualitäts-Management erlangte in der Vergangenheit dort zunehmend an Bedeutung, wo es um Kostenreduzierung im Bereich von Reklamationen ging. Dies natürlich umso mehr, als die Zeiten der gesetzlichen Gewährleistungsfrist drastisch verlängert wurden. Inzwischen ist Qualitätsmanagement in vielen Branchen ein Erfordernis.

Die Konzentration auf Neu-KundInnen schafft Wechsel-KundInnen

Aber ist Qualität in einer vorher festgelegten Form nur ein Kostenaspekt und eine Pflichtübung? Oder dient sie nicht auch und gerade der effektiven Erfüllung von KundInnenwünschen? Eine Wunscherfüllung, die nicht nur als gesetzliches oder vertragliches „Muss" zu verstehen ist, sondern auch zukünftige Kosten sparen helfen kann? Denn oftmals sind ja die Kosten der Kundengewinnung extrem hoch: von zeitlich befristeten Sonderaktionen bis hin zum Kauf von Marktanteilen durch die Übernahme von Wettbewerbern. Wenn ich nur auf Neu-KundInnengewinnung schaue und meine eigenen Kunden nicht halten kann, schaffe ich Wechsel-KundInnen und hiermit verbunden dauerhaft hohe Kosten oder reduzierte Erträge. Neue Konzepte im Umgang mit den KundInnen sind daher gefragt.

Qualität messbar machen

Für eine gute Orientierung ist neben klaren Zielen die Kenntnis der Ausgangssituation von entscheidender Bedeutung. Vor allem schafft die Messung und Quantifizierung der Qualität die Voraussetzung, um Weiter-Entwicklung und Fortschritt von Qualitätsinitiativen und Verbesserungsvorhaben erkennen zu können. Dabei ist die Freude über Erreichtes und (Teil-)Erfolge die stärkste und nachhaltigste Motivation für persönliches Engagement.

„Dem, der seine Position nicht kennt,
hilft der beste Kompass nichts."

N.N.

KundInnen und potentielle KundInnen sind die wichtigsten MeinungsbildnerInnen, die das Image des Unternehmens prägen. Ihre Erwartungen an Serviceleistungen und ihre Wahrnehmung der Qualität sind daher ein wichtiger Maßstab. Die Abfrage der KundInnen-Zufriedenheit ist in diesem Zusammenhang ein wichtiges Instrument.

„What you can't measure you can't manage. "

Dabei reicht es sicher nicht, einen Fragebogen zu kopieren und einen Briefkasten aufzuhängen, wo man seine Meinung deponieren kann. Erstens wird man nur wenige Beiträge erhalten - und das von den sehr Zufriedenen und den Vergrämten, die sich freuen, endlich die Meinung sagen zu können.

Die Mehrheit dazwischen wird sich kaum überwinden, die angebotenen Möglichkeiten zu nutzen und ihre Sichtweisen einzubringen. Zweitens ist es sehr schwierig, aus den Auswertungen Erkenntnisse zur Analyse und Verbesserung zu generieren – wenn dies nicht vorher eingeplant war.

„Wissen Sie schon oder glauben Sie noch?"

Monika Herbstrith-Lappe

„Was wollen wir aus der Auswertung der KundInnen-Befragung lernen?" „Welche Entscheidungen und Verbesserungsinitiativen möchten wir daraus ableiten?" sind daher die Fragen, die in der Planungsphase vor der Entwicklung der individuellen Befragungsmethodik stehen. Das eigene Selbstverständnis, das sich im Leitbild ausdrückt, ist dabei eine wichtige Orientierungsmöglichkeit.

Die Zwillingsschwester der KundInnen-Zufriedenheitsmessung ist die Abfrage der Zufriedenheit der MitarbeiterInnen. Wie sollen bei stark serviceorientierten Leistungen und Produkten die KundInnen zufrieden sein, wenn sich die MitarbeiterInnen damit nicht identifizieren können?
Gerade bei so persönlichen Dienstleistungen wie in der Pflege, der Reklamationsbearbeitung, dem Service-Desk ist MitarbeiterInnen-Zufriedenheit die Voraussetzung, um den KundInnen Qualität zu vermitteln. In Zeiten knapper Ressourcen und steigendem Leistungsdruck ist es zentrale Führungsaufgabe, die Motivation aufrechtzuerhalten und Rahmenbedingungen zu schaffen, welche kundInnen-orientiertes, qualitätsgesichertes Agieren ermöglichen. Führungs- und Management-Qualitäten sind daher die wichtigste Grundlage für Qualitätsmanagement.

Befragungen verpflichten zur Kommunikation von Resultaten

Nachhaltigen Frust erzeugt, wer zuerst Feed-back einholt und dann keine (priorisierten!) Maßnahmen setzt, um auf dieser Basis Verbesserung zu erzielen. „Tu was Gutes und sprich darüber!" muss dabei der Grundsatz lauten. Denn was hilft es, wenn die Aktivitäten von den Betroffenen nicht wahrgenommen werden. „Zuerst fragen Sie uns und dann ignorieren Sie unsere Verbesserungswünsche!" drückt die tiefe Enttäuschung aus, welche auf geweckten (unrealistischen?) Erwartungen folgt. Kommunikation des Vorhabens und der Ergebnisse (einschließlich dem geplantem Maßnahmenkatalog) muss daher einer Befragung vorausgehen und folgen. Als Grundsatz gilt:

„Tu' was Gutes und sprich darüber!"

Neben den subjektiven Qualitätsfaktoren ist natürlich die Messung der hardfact-Qualität erfolgsentscheidend. Neben Kennzahlen sind Standards der Dienstleistungs-Qualität dafür eine geeignete Basis. Coaching-Audits sind ein wirkungsvolles Instrument, um einerseits Stärken und Leistungen aufzuzeigen und andererseits Verbesserungspotenziale und Handlungsbedarf zu identifizieren. Mit einer speziellen Fragetechnik wird in Gesprächen mit den MitarbeiterInnen der dokumentierte angestrebte Soll-Zustand mit dem gelebten IST verglichen. Das versetzt viele - geprägt von der Schule - in eine kontraproduktive Prüfungssituation. Um dies zu vermeiden, müssen die Betroffenen schon in die Vorbereitung des Audits eingebunden sein. Wenn ich mir im Feizeitsport eineN TrainerIn leiste, freue ich mich, wenn mir dieseR Tipps und Anregungen gibt, wie ich mich weiterentwickeln und noch weiter verbessern kann. Mein Nutzen entsteht, wenn ich diese Erkenntnisse in einem Trainingsprogramm umsetze.

Coaching-Techniken im Sport belegen: Erfolge als Basis für Erfolg verstehen

Coaching-Techniken, die im Sport entwickelt wurden, um Menschen zu erfolgreichen Leistungen zu führen, zeigen auch im Qualitätsmanagement Wirkung. Es stimmt, dass man aus Fehlern und aufgetretenen Problemen lernen soll. Mindestens genauso wichtig ist es allerdings, Erfolge zu erkennen, aus diesen Kraft zu schöpfen und zu lernen. Gefragt ist eine selbst-bewusste, wohlwollend-kritische Haltung zu Ihren Dienstleistungen: „Wir sind schon sehr gut und was müssen wir tun, um durch zielgerichtete Maßnahmen noch besser zu werden?"

Prozessorientiertes Qualitätsmanagement - Smart und pfiffig

Nahezu irreal, zumindest provokant erscheint der Titel auf den ersten Blick. Haben wir doch viel Erfahrung mit schwerfälligen und bürokratisch überladenen QM-Systemen.

Berechtigt erscheint jedoch die Frage: „Warum geben so viele Unternehmen so viel Geld für etwas aus und binden in der Entstehungsphase so viele Personenstunden für etwas, dass dann in Schränken als Meterware oder Dateien im Intranet verschwindet, ohne dem Unternehmenserfolg nützlich zu sein?"

Unseres Erachtens ist das weder gottgewollt noch systemimmanent, sondern hat seine Ursache in einer falschen Herangehensweise: Vielfach wird versucht, die unternehmensinternen Abläufe als Prozesse zu definieren; die Innensicht überwiegt; Hauptorientierungspunkt ist dabei das Regelwerk (z.B. ISO 9001:2008); Hauptsache die externen AuditorInnen sind zufrieden und stellen das gewünschte Zertifikat aus.
Typischer Fall von „Habzeug" statt wirkungsvoll genutztem Werkzeug. Und wo bitte bleiben die Lust, die Freude an der Arbeit und der wahrnehmbare Nutzen für das Unternehmen?

„Vom lästigen Habzeug
zum nützlichen Werkzeug!"

Jene, die ein Managementsystem einführen um ihren Wirkungsgrad zu verbessern, sollten vorweg auch mit „smarten" Zielsetzungen herangehen:

1. Fokussieren Sie die Marktsicht: Was will der Markt, wo wollen Sie hin und wie kann das Managementsystem Sie dabei unterstützen?
2. Forcieren Sie das Managementsystem als kundInnenorientierte Dienst-Leistung (sowohl für interne als auch für externe KundInnen!) und als aktiven Bestandteil zum Unternehmenserfolg.
3. Reduzieren Sie den formalistischen Ballast: Konzentration der Systemaktivitäten auf die unternehmensindividuellen und marktgerechten Erfordernisse und nehmen Sie die gegebenen Gestaltungsspielräume wahr - Mut zur wohlüberlegten Lücke!
4. Dolmetschen Sie die sperrigen Normbegriffe in eine im Unternehmen verstandene Sprache
5. Etablieren Sie das Managementsystem im Unternehmen durch internes Marketing für das Managementsystem.
6. Schaffen Sie Bewusstsein, dass das Management die Spielregeln nicht nur aufzustellen, sondern auch einzufordern hat - erst dann entsteht ein Führungsinstrument, mit dem Ziele effektiv erreicht werden können.
7. Erleichtern Sie die Umsetzung und Anwendung durch eine praxis- und anwenderorientierte Form der Spielregeln - hier bietet die EDV eine Reihe von interessanten und nutzbringenden Möglichkeiten – weg mit dem Papier der Dokumentation hin zu einem operativ verwendbaren Arbeitssystem!

Ein Managementsystem ist kein Selbstzweck sondern Mittel zur Zielerreichung

Das Motto sollte sein:

„Wir gestalten es so, dass es möglichst einfach ist und dem Unternehmen den optimalen Nutzen bringt!"

Damit schaffen Sie Überblick, Verständnis und Motivation bei den MitarbeiterInnen, die sich mit dem System identifizieren, dieses bei der täglichen Arbeit nutzen und aus eigenem Antrieb verbessern wollen.
Dabei sollte gelten:

„Bewährtes beibehalten und Neues (weiter-)entwickeln"

sowie

„PROblem sucht Lösung" (statt „Methode sucht Anwendung")

Wer hindert uns daran in ein individuelles Unternehmenssystem zu investieren, in dem alle für das Unternehmen wichtigen Regelungen zur erfolgreichen (Zusammen-)Arbeit verfügbar sind, welches die MitarbeiterInnen bei ihren Tätigkeiten unterstützt und welches zugleich marktorientiert ausgerichtet ist?

Impulse zur ständigen Verbesserung

Mit kreativen Mit-DenkerInnen auf Erfolgskurs

„Ich wüsste schon, wie´s besser ginge, aber mich fragt ja wieder mal keiner!" Haben Sie Sätze wie diesen auch schon oft gehört? Oder möglicherweise auch schon selbst das eine oder andere Mal gesagt? Wenn dem so ist, dann sollte KVP eigentlich Musik in Ihren Ohren sein, so sperrig und wenig lustvoll dieser Ausdruck auch klingen mag: KVP, also der „Kontinuierliche Verbesserungsprozess", steht für das Anzapfen und Nutzen des kreativen Potenzials aller MitarbeiterInnen eines Unternehmens. Und zwar mit einem klaren Ziel: Es geht um die kontinuierliche Weiterentwicklung und Verbesserung des Bestehenden.

KVP steht für einen positiven, kreativen Prozess, der auf viele kleine Schritte setzt und der durchaus Freude machen kann, wenn er einmal ins Laufen gekommen ist und sichtbare Erfolge bringt.

Die Grundidee des KVP stammt aus Japan und wurde als „Kaizen" bekannt (Kaizen ist das japanische Wort für „immer besser"). Kaizen wurde in den achtziger Jahren vom japanischen Autohersteller Toyota entwickelt. Kaizen versucht unter Einbindung möglichst aller Mitarbeiter Abläufe in Unternehmen systematisch zu analysieren und zu optimieren. Dabei wird Wert darauf gelegt, dass jedeR MitarbeiterIn im Unternehmen mitwissen, mitdenken, mitverantworten und mitentscheiden soll, um so gemeinsam mit allen anderen zur Erreichung der Unternehmensziele beizutragen.

„ProduQtivität durch Teamwork"

Mit möglichst geringem Aufwand einen möglichst großen Nutzen ziehen

Es geht darum, das Nachdenken über Verbesserungsmöglichkeiten als integralen Bestandteil der täglichen Arbeit zu etablieren. Statt über Missstände zu klagen, überlegt man, wie sie sinnvollerweise behoben werden könnten. Abläufe werden routinemäßig auf ihre Zweckmäßigkeit abgeklopft, Fehler werden sofort korrigiert - statt erst am Ende eines Prozesses -, und Ausreden sind verpönt. KVP versucht mit möglichst geringem Aufwand möglichst großen Nutzen zu erzielen. Das heißt, dass nicht nur perfekte und langfristig konzipierte, sondern vor allem schnell realisierbare, kleine Verbesserungen gefragt sind, die sofort umgesetzt werden können - also lieber viele kleine bewältigbare Schritte als ein großer und möglicherweise zu weiter Sprung.

„Irren ist menschlich,
aber auf Irrtümern zu bestehen ist teuflisch."

Cicero und Seneca der Ältere

KVP und Kaizen sagen dem „muda" dem Kampf an: „muda" ist das japanische Wort für Verschwendung. Muda steht für

- Aktivitäten, die Ressourcen verbrauchen, ohne substanzielle Werte zu schaffen;
- Fehler, in deren Behebung jemand Energie investieren muss;
- Lagerbestände, die sich türmen, wenn das Angebot die Nachfrage übersteigt;
- unnötige Arbeitsschritte und Menschen, die herumsitzen und auf irgendetwas warten, damit sie weiterarbeiten können.

Verschwendung umfasst all die Dinge, die passieren, aber nicht passieren sollten: alles, was unnötigerweise Zeit, Energie und Geld sowie Potenzial kostet.

Kurze Reaktionszeit, hohe Eigenverantwortung, hohe Umsetzungsquote: bewirkt hohe Motivation

Als Systematik für den Verbesserungsprozess werden neben Aktionslisten vor allem das Ideenmanagement und KVP-Teams eingesetzt. Gegenüber dem klassischen betrieblichen Vorschlagswesen bindet Ideenmanagement die Führungskräfte aktiv ein. Ziel ist es, durch kurze Reaktionszeiten, hohe Eigenverantwortlichkeit, eine damit erzielte hohe Umsetzungsquote sowie entsprechende interne PR-Maßnahmen MitarbeiterInnen aktiv ins Boot zu holen. KVP-Teams unterscheiden sich von den Qualitätszirkeln früherer Jahre vor allem dadurch, dass sie wesentlich erfolgsorientierter und damit effizienter arbeiten.

Der kontinuierliche Verbesserungsprozess ist auch ein zentrales Element im Prozessmanagementmodell der der ISO 9001:2008, ebenso in den Management-Modellen der EFQM (European Foundation for Quality Management for Business Excellence) und AFQM (Austrian Foundation for Quality Management for Business Excellence), die als der Standard für Total Quality Management gelten und u.a. als Grundlage zur Verleihung des European Quality Awards und des Austrian Quality Awards dienen.

Als Inputs für den Verbesserungsprozess dienen internes und externes Feedback sowie Kennzahlen, mit denen die Kundenzufriedenheit, die Qualität der Produkte, die Performance der Prozesse, die Organisationsqualität und die Geschäftsergebnisse beurteilt werden. Interne Audits und Self-Assessments werden als systematische Instrumente eingesetzt, um Stärken, Verbesserungspotenziale und Handlungsbedarf bei der Ablauf- und Aufbauorganisation aufzuzeigen. In den Regelkreisen der ständigen Verbesserungen werden so Fortschritte und Erfolge sichtbar.

In einem dynamischen Wirtschaftsumfeld ist die Lösungs- und Zukunftsorientierung von überlebenswichtiger Bedeutung: „Wer nicht zur Lösung beiträgt, wird Teil des Problems."

Kontinuierlicher Verbesserungsprozess

„NOCH BESSER" ist die Steigerung von „SCHON GUT"!

Kinder in der Volksschule haben es bereits verinnerlicht: „Verbesserung" ist das, was man schreiben muss, wenn man bei der Ansage Fehler gemacht hat. Da es öd ist, dreimal untereinander das Wort des Anstoßes zu schreiben, trachtet man, die Verbesserung möglichst schnell hinter sich zu bringen.

Kein Wunder, dass MitarbeiterInnen nicht spontan in Freude ausbrechen, wenn sie vom Kontinuierlichen Verbesserungsprozess hören. Feed-back, was man noch besser machen könnte, wird automatisch mit Kritik gleichgesetzt und löst oft die Reaktion der Rechtfertigung („Warum, das ist ja ohnedies gut ...") aus. Wir haben verdrängt, dass „Besser" eindeutig von „Gut" und nicht von „Schlecht" kommt *(siehe Toolbox Nr. 44, Seite 303).*

Ständige Verbesserung in kleinen überschaubaren Schritten

Unsere Kultur ist geprägt vom Streben nach Perfektion, 100 % sind das Ziel. Dass wir uns noch verbessern können, ist in diesem Weltbild ein Eingeständnis der Unzulänglichkeit. Außerdem ist es klar, dass die Annäherung nur ein asymptotischer Prozess sein kann, der umso mühsamer wird, je näher wir uns der magischen 0-Fehler-Marke nähern. Die Vorstellung klingt nach Sisyphus!

Diesem Denkmuster liegt der wesentliche Irrtum zu Grunde, dass die Anforderungen vorgegeben sind und damit eindeutig sei, was als richtig und falsch zu werten ist. Tatsächlich ist z.B. jede Kreiswelle eine perfekte, runde Sache und kann sich dennoch zu Größerem weiterentwickeln. Wir leben in einem dynamischen Umfeld. Es gilt Trends und zukünftige Anforderungen rascher als der Mitbewerb zu erkennen, die eigenen Stärken so zu fokussieren, dass die innere Weiterentwicklung den äußeren Veränderungen gerecht wird, vielleicht sogar Vorteile aus den immer auch vorhandenen Chancen zu ziehen. Wir sollten Abschied nehmen vom Traum des statischen Gleichgewichts, wo man es endlich geschafft hat und zur Ruhe kommen kann. Anzustreben ist die dynamische Balance, in der sich die kontinuierliche Verbesserung zur Selbstverständlichkeit eingespielt hat.

„Die meisten Unternehmen scheitern nicht daran,
weil sie die falschen Dinge tun
sondern weil sie die richtigen Dinge
zu lange tun."

Yves Doz

Welche Voraussetzungen gilt es zu schaffen, damit Fehler als Chance, Probleme als Herausforderungen und (Ziel-)Konflikte als kreativer Prozess wahrgenommen werden können? Die zentrale Rolle spielen auch in diesem Veränderungsprozess die Führungskräfte. Die Skepsis der Führungskräfte spiegelt sich immer wieder in den Widerständen der MitarbeiterInnen wider. MitarbeiterInnen spüren intuitiv ganz genau, worauf „wirklich" Wert gelegt wird. Lippenbekenntnisse, Halbherzigkeiten und doppelbödige Botschaften werden messerscharf enttarnt.

Mit „Wirkungsvollen Coachingtechniken" lenkt man die eigene Energie und die der MitarbeiterInnen

- vom Problem zur Lösung,
- vom Defizit zu den Möglichkeiten,
- von der Wertung zu den Funktionalitäten.

Wenn sich Führungskräfte vor allem über ihre herausragende Fachkompetenz definieren, wird es für sie ein zweischneidiges Schwert, das kreative Potenzial und die Lösungskompetenz der MitarbeiterInnen zu fördern. Wissen und Information wird so häufig zum Machtfaktor. Der ständige Verbesserungsprozess kann dann sogar als bedrohlich erlebt werden. ManagerInnen als Coaches und MentorInnen definieren hingegen ihre Leistung über den gemeinsamen Erfolg des von Ihnen geführten Teams. Diese Veränderung des Blickwinkels schafft gemeinsames Interesse am Verbesserungsprozess. Das Visualisieren erzielter Verbesserungen und die Freude über erreichte Ziele aktivieren die Energie, die man benötigt, um neue Herausforderungen zu bewältigen.

Ständige Verbesserung wird möglich durch Team-Leistung, die Förderung dieser ist Führungsaufgabe

Sprache schafft Wirklichkeiten: Konstruktiver Umgang mit Kritik beim Aufzeigen von Fehlern, Problemen und Verbesserungspotenzialen wird zur Schlüsselqualifikation im Verbesserungsprozess. Systematisiertes Feed-back, das klar in der Sache und freundlich in der Form vermittelt wird, ist der Nährboden zum Steuern und Weiterentwickeln der eigenen Leistung. Es gilt, das vertraute Muster von „Angriff und Verteidigung" zu Gunsten des respektvollen Austausches unterschiedlicher Sichtweisen zu verlassen. In der Auseinandersetzung mit anderen entsteht Erkenntnis.

„Mit einem Menschen, der nur Trümpfe hat,
kann man nicht gut Karten spielen."

Christian Friedrich Hebbel

Mitdenken ist wieder erlaubt und willkommen!

Die Ideen aller MitarbeiterInnen und von Verbesserungsteams bilden das Herzstück des kontinuierlichen Verbesserungsprozesses. Im Taylorismus sind Arbeiten sinnentfremdend zerstückelt worden. Jetzt gilt es wieder sichtbar zu machen, welche Beiträge die einzelnen MitarbeiterInnen zum Gesamtergebnis liefern. Mitdenken ist wieder erlaubt, ja sogar erwünscht und gefordert. Doch:

„Mangelnde Kommunikation ist mangelnde Wertschätzung."

Qualität der Information und Kommunikation sind die Voraussetzung. Das Vertrauen in die eigenen Kritik- und Lösungsfähigkeiten *(siehe dazu Toolbox Nr. 41-43,45, Seite 301)* muss wieder geschaffen werden. Gestaltungsmöglichkeiten und Wertschätzung sind Anreize, die ermutigen, Lösungsideen zu entwickeln. Das vielgehörte Stammtischraunzen: „Wir wüssten eh, aber uns fragt ja keiner!" sollte dann der Vergangenheit angehören.

P.S.: Zum Glück gehört auch der Ausspruch „Aber Oma, zum Lernen ist man nie zu alt." zum Repertoire von Kindern. Das Ziel, dass SchülerInnen in der Schule Lernen lernen und Freude am Wissenszuwachs erfahren, findet in unseren Schulen nach und nach Einzug.

PPS: Der kontinuierliche Verbesserungsprozess in der Literatur mit den Worten von Rainer Maria Rilke:

„Ich lebe mein Leben in wachsenden Ringen,
die über die Dinge zieh'n.
Den letzten werd' ich vielleicht nicht vollbringen,
aber versuchen will ich ihn."

Change Management

Gemeinsam zukünftige Erfolge gestalten

„Nein Danke, das brauchen wir nicht!"

... ist häufig die erste Antwort auf unsere Empfehlung, den sachlich-technischen Veränderungsprozess durch einen Change Management Prozess auf der sozialen Ebene abzurunden. Des Öfteren hört man auch „Ja, das ist gut, aber das passiert bei uns sowieso." Andere Aufgeschlossene nehmen den Bedarf zwar wahr, doch leider fällt das Change Management Konzept als erstes den Budgetverhandlungen zum Opfer. Immer mehr ManagerInnen jedoch erkennen das Erfolgspotenzial eines unterstützenden Change Management und freuen sich über die eindrücklichen Ergebnisse in ihren Veränderungsprozessen.

Veränderungsprojekte wie Geschäftsprozessoptimierung, Einführung von Qualitäts-, Prozess- und Projektmanagement oder von IT-Tools können inhaltlich noch so gut gestaltet sein - der nachhaltige Erfolg stellt sich erst durch die umfassende Einbindung der MitarbeiterInnen und das konsequente Leben im Geschäftsalltag ein.

*„Stühle kann man auf der Sachebene bewegen
Menschen nur auf der Beziehungsebene"*

Prof. Samy Molcho

Was steckt hinter dem Begriff „Change Management"?

Der zentrale Punkt besteht in der Einbindung der MitarbeiterInnen in das laufende Projekt. Im Unterschied zu Feuerwehraktionen, wo MitarbeiterInnen erst aufgrund auftretender Widerstände bzw. erst im Verlaufe des Projektes involviert werden, legen wir besonderen Wert darauf, dass ein proaktives Change Management-Konzept erstellt wird und MitarbeiterInnen von Anfang an eingebunden werden. Dazu bedient man sich verschiedener bewährter Methoden und Tools der Organisations-, Team- und Persönlichkeitsentwicklung.

Die frühzeitige Einbeziehung der MitarbeiterInnen verhindert Widerstände und erhöht den Erfolg

Change Management befasst sich mit den natürlichen, menschlichen Widerständen, die im Zuge jeder Veränderung auftreten. Die Kunst ist es, die Ursachen wie Angst, drohender Imageverlust oder andere Problemfelder antizipativ zu erkennen und diese durch positive Werte wie Neugierde, kreative Prozesse, zukünftige Erfolgschancen etc. zu ersetzen.

Menschliches Beharrungsvermögen wird dabei als integrativer Part jedes Veränderungsprozesses verstanden. Durch entsprechende Maßnahmen werden Ängste reduziert und vor allem auch die Freude auf das Neue gefördert.

„Veränderung braucht das Licht am Ende des Tunnels."

Monika Herbstrith-Lappe

Führungskräfte sind gefordert, aufkeimenden Gerüchten durch sachliche Informationen über zukünftige Szenarien und geplante Entwicklungen zuvorzukommen. Wenn sie klar kommunizieren, was schon bekannt und was derzeit noch offen ist, stärkt dies das Vertrauen in die Führung. Schließlich ist mangelnde Kommunikation eine mindestens dreifache emotionale Ohrfeige:

- Sie grenzt aus: Gibt es doch die Wissenden und die Unwissenden, die Eingeweihten und die Ahnungslosen
- Sie zeigt mangelndes Zutrauen: „Ihr fangt mit dem Wissen gar nichts an", „Ihr könnt damit nicht umgehen"
- Sie vermittelt mangelnde Wertschätzung: „Kommunikation würde Zeit kosten, das seid Ihr es nicht wert"

„Die Wahrheit ist dem Menschen zumutbar."

Rosa Luxemburg

Gelebte Wertschätzung der MitarbeiterInnen

MitarbeiterInnen erleben ihre frühe Einbindung in das Projekt als Wertschätzung. Dieses Miteinbezogenwerden entspricht den 3 zentralen menschlichen Handlungsanreizen:

Sinn, Macht und Liebe als drei zentrale menschliche Handlungsanreize

- Sinn: Orientierung zu haben und die Hintergründe zu verstehen,
- Macht: mitgestalten und etwas bewirken zu können und
- Liebe: sich als anerkanntes Mitglied der Gemeinschaft zu erleben.

Das Management gibt durch diese Art der Umsetzung seinen MitarbeiterInnen zu verstehen, dass Veränderungsprozesse durch das Handeln, das Denken und die Einstellungen von Menschen getragen werden.

Das Management erzielt durch die Einbindung der MitarbeiterInnen die Vorteile, dass einerseits ein ungeheurer Wissensschatz und ein riesiges kreatives Gestaltungspotenzial genutzt werden und andererseits die Integration der Veränderungskonzepte in den Alltag wesentlich effizienter und wirkungsvoller erfolgt. Die Betroffenen wissen selbst am besten, wo es Verbesserungspotenziale gibt. Be-greifen hat viel mit Handeln zu tun!

„Tell me and I'll forget -
show me and I may remember -
involve me and I'll understand"

Benjamin Franklin

Interessanterweise weist Widerstand eine konstante Kurvenentwicklung auf. Zu Beginn eines Projektes sind die MitarbeiterInnen entweder ziemlich skeptisch, was auf sie zukommen könnte, oder freuen sich bereits, dass „sich endlich etwas ändert". Recht schnell zeigt sich freudiges Engagement bei den meisten MitarbeiterInnen, nachdem sie ausführlich über den Verlauf und das Ziel des Projektes informiert wurden. Der erste Wendepunkt stellt sich ein, wenn manche realisieren, dass auch sie selbst von Veränderungen betroffen sein werden. Je nachdem, wie die Entwicklung dieser Kurve abgefedert werden kann, verschärft sich die Unzufriedenheit mit der aktuellen Situation, oder kann aufgrund nützlicher Maßnahmen wieder in eine entspannte Richtung bewegen. Ziel ist es, dass der Großteil der MitarbeiterInnen am Projekt mitwirkt und sich so die meisten sowohl mit den Ergebnissen als auch dem Projekt-Verlauf identifizieren können.

Es gilt: Die meiste Zeit kosten Gespräche, die man nicht geführt hat. Und Veränderungsprojekte, die fehlschlagen, kosten nicht nur Geld - Ausgaben für den Aufwand auf sachlich-technischer Ebene - sie wirken sich auch fatal auf die Motivation aus, führen im schlimmsten Fall zu Frustration, Resignation und innerer Kündigung. Der Vertrauensbruch wirkt sich noch langfristig auf Folgeprojekte aus.

Es gibt kein Patentrezept

Jedes Unternehmen ist in seinen Beziehungsgefügen, Zielen, in seiner Vorgeschichte und in seinen Stärken individuell. Die oft vorhandene Erwartung nach fertigen Change Management-Konzepten aus der Schublade stellt einen Widerspruch in sich dar: Fertig entwickelte Prozesse und Erfahrungen über die Organisation zu stülpen und damit erst recht die MitarbeiterInnen von einer partizipativen Entwicklung auszuschließen, wäre eine Alibihandlung a la Sündenbock. Lösungen von außen bleiben fremd und werden dementsprechend abgestoßen.

Change-Management-Konzepte berücksichtigen die Organisation des Unternehmens: Individualität statt Konserve

Externe BeraterInnen bringen ihre zusätzliche Perspektiven, ExpertInnenwissen, Erfahrungen bezüglich bewährter Konzepte und vor allem einen reichen Methoden-Pool ins Unternehmen ein. Dann gilt es zunächst ein „G'spür" für das Unternehmen mit seinen Stärken, Chancen, Problemen und Spannungsfeldern zu entwickeln, um einen wirkungsvollen, individuellen Erfolgs-Mix zusammenzustellen. Im Vordergrund steht dabei die Anlehnung an die bestehende Unternehmenskultur *(siehe Toolbox Nr. 45,48,49, Seite 303)*.

Es gilt:

Bewährtes beizubehalten und Neues weiterzuentwickeln.

„Wenn der Wind des Wandels weht,
bauen die einen Mauern und die anderen Windmühlen."

Chinesische Weisheit

und:

„Windmühlen brauchen Mauern!"

Monika Herbstrith-Lappe

To Do's and Not To Do's

Erfolgreiches Change Management fußt auf der offenen Kommunikation mit den Beteiligten

Als oberstes K.O.-Kriterium gilt das Commitment des Managements. Das Management muss hinter dem Change-Projekt stehen, sonst sind die Erfolgschancen gering. Ein „Change Agent" im Management bringt zum Ausdruck, dass Veränderungsprozesse das Vorbild der Führungskräfte brauchen. Es ist immer wieder faszinierend, wie sich die Skepsis des Managements in den Argumenten der MitarbeiterInnen widerspiegelt. Offensichtlich spüren MitarbeiterInnen ganz genau, worauf das Management eigentlich Wert legt.

In jedem Fall ist es förderlich, eine unternehmensinterne Projektorganisation zu definieren.

Eine wesentliche Säule eines Change Konzeptes ist die offene Kommunikation und die Informationsweitergabe an die Beteiligten. MitarbeiterInnen von Anfang an darüber zu informieren, was auf sie zukommt und welche Vorteile die Veränderungen bringen, fördert wesentlich die Bereitschaft, sich für Neues zu engagieren. Als Coach stellen wir immer wieder die 4 zentralen Fragen:

- „Worauf freuen Sie sich in der veränderten Situation?"
- „Was soll wertschätzend in Erinnerung gehalten werden?"
  (viel besser als: „Was tut Ihnen leid, aufgeben zu müssen?")
- „Was sind sie froh, loszuwerden?"
- „Was von den bisherigen Stärken und Erfolgsrezepten können Sie auch zukünftig gut einsetzen?"

So erfahren auch Skepsis, Ängste und Trauer Wertschätzung. Die Brücke vom Bestehenden zum Neuen kann gespannt werden.

Internes Marketing gibt dem Change Management zusätzlichen Schwung.

Es wird leider nicht gelingen, alle MitarbeiterInnen ins Boot zu holen. Wichtig ist es, Schlüsselpersonen als Verbündete zu gewinnen. So kann man die erfolgversprechende Voraussetzung für das Gelingen von Projekten schaffen.

Visualisierte Erfolge

Nicht zuletzt soll ein „Festlegen von Zielerreichungsindikatoren" im Zusammenhang mit Change-Prozessen erwähnt werden. Gerade in einem Bereich, der an sich äußerst schwierig zu messen ist, stellt es eine Herausforderung dar, Indikatoren festzulegen, die ein Erreichen von Zielen und Teilzielen anzeigen. Oftmals handelt es sich dabei simpel um Milestones wie das Abschließen der prozessbegleitenden Workshops. Fragen wie „Woran können Sie erkennen, dass die Änderungen greifen? Was werden Sie dann mehr, weniger oder anders wahrnehmen?" lassen qualitative Zielindikatoren erkennen. Da Change-Prozesse meist länger dauern, ist es für alle Beteiligten zur Aufrechterhaltung der Motivation wichtig, welche Fortschritte bereits erzielt wurden. Rasche Etappensiege erhöhen die Erfolgs-Chancen nachhaltig. Freude über Erreichtes gibt die Energie, um auch zukünftige Herausforderungen und „Durchhänger" erfolgreich zu bewältigen.

Stabilisierungsphase: nachhaltig erfolgreich - Wachstum unter Kontrolle

Erfolgsverwöhnte Unternehmen in Aufwinden müssen darauf achten, dass Sie intern die Balance halten und steuerbar bleiben, um unliebsames Absacken zu vermeiden.

Im Sport ist es so augenscheinlich: Der Steilanstieg am Berg mit Kletterwand erfordert andere Ausrüstung und beansprucht den Sportler in anderer Weise als die anschließende kräftezehrende Wanderung am Hochplateau. Fordernde Leistung ist beides. Gerade der Übergang stellt extreme Anforderungen: Die Kräfte sind vom Steilanstieg ausgezehrt, der positive Stress fehlt ebenso wie der Nervenkitzel. Den spektakulären, markanten Fortschritten im Aufstieg steht jetzt die fordernde, vergleichsweise monotone Wanderung in dünner Luft gegenüber. Man scheint kaum weiterzukommen oder an Höhe zu gewinnen.

Das Hochplateau des Erfolgs stellt andere Ansprüche als der Gipfelsturm

„Die Mühen der Berge haben wir hinter uns,
vor uns liegen die Mühen der Ebene."

Berthold Brecht

Alle Entwicklungsprozesse – egal ob die des Menschen, der Organisation oder des Teams - verlaufen nicht linear, sondern in Phasen. Sie sind von Krisen und Brüchen durchzogen, in denen man neue Orientierung und neue Balance suchen muss. Darin besteht die große Chance von Krisen: Gelungen gestaltet enthalten sie viel kreatives Potenzial und Innovationskraft.

Durchstarten:

Das Unternehmen beginnt zu reifen. Produkte und Leistungen erfreuen sich wachsender Nachfrage. Jeder Tag bietet Neues: Weiterentwicklungen, Verbesserungen und Erfolge springen ins Auge. Die Pionier-Phase liefert immer wieder Motivationsschübe. Wer sagt, dass längeres Arbeiten an und jenseits der persönlichen Leistungsgrenze nicht möglich ist oder Frust erzeugt? Erfolg ist ansteckend. Ideen gemeinsam zu verwirklichen schweißt zusammen. Ein eingespieltes Team, das auf Zuruf wendig und flexibel agiert, ermöglicht die Erfolgsstory des Wachstums und der Entwicklung des Unternehmens – solange der Grat zum „Chaoshaufen" nicht überschritten ist.

Profilierung:

Team-Wachstum beinhaltet Risiken, die organisatorischer Regelungen bedürfen

Neue Teammitglieder bringen nicht nur zusätzliche Ressourcen, Kompetenzen und frischen Schwung, sie bedeuten auch gestiegene Anforderungen an die interne Organisation. Ein Team verträgt nur eine bestimmte Anzahl von (neuen) Personen. Bevor es willkürlich bricht, gilt es Teambildungsprozesse zu steuern und Organisationsstrukturen zu gestalten. Das Motto „Einer für alle, alle für einen" muss um das Prinzip der klaren Rollendefinition innerhalb des Unternehmens ergänzt werden. Vieles, was in der Pionierphase „jedem eh klar" ist, wird von den Neuen hinterfragt und muss möglichst nachvollziehbar beantwortet werden. Ein zukunftsorientiertes Leitbild soll eine gemeinsame Antwort auf die Identität und längerfristigen Ziele des Unternehmens geben und so wie ein Leuchtturm als Orientierung - gerade auch in stürmischen Zeiten - dienen. Im Wachstum das Profil nicht zu verlieren und bei der Auswahl neuer MitarbeiterInnen neben der fachlichen Qualifikation auch darauf zu achten, dass sie die Unternehmensphilosophie, die ja Grundlage der bisherigen Erfolge ist, mittragen.

Steuerbare Geschwindigkeit:

Klassische Controlling-Instrumente und Kennzahlen sind für Organisationen im vielleicht sogar progressiven Wachstum nur bedingt aussagekräftig. Zu groß sind die Unbekannten, welche die zukünftigen Entwicklungen beeinflussen. Kurzfristigere Steuerinstrumente mit aussagekräftigen Frühindikatoren sind hier erforderlich. Die in die Entwicklung und das Wachstum investierten Kräfte schlagen sich klassisch nur auf der Kostenseite nieder. Die geschaffenen Werte der Innovation lassen sich finanziell nur schwer in Zahlen fassen. Die Balanced Score Card gliedert sich in die 4 Perspektiven „KundInnen", „Prozessleistung", „Innovation/MitarbeiterInnen-Entwicklung" und „Finanz". Jeweils 1-3 Kennzahlen geben wie in einem Cockpit den Überblick, welche Aspekte im „grünen Bereich" sind, welche im „gelben Bereich" der Aufmerksamkeit der Führung bedürfen und welche im „roten Bereich" out of control sind. Ursache-Wirkungsketten zwischen den Kennzahlen ermöglichen durch Frühwarnsysteme rechtzeitiges Eingreifen - lange bevor Umsatz und Deckungsbeitrag Anlass für Freude oder Sorge geben.

Balanced Score Card als Frühwarnsystem und Steuerungsinstrument

„Große Ideen brauchen nicht nur Flügel zum Abheben sondern auch ein Fahrgestell zum Landen."

Neil Amstrong

Stabilisierung:

So sind nicht nur VisionärInnen und innovative Vorreiter gefragt, sondern auch bodenständige RealistInnen, welche die ausgekundschafteten Potenziale zielgerichtet umsetzen. Dabei synchron zu bleiben und einen harmonischen, gemeinsamen Rhythmus zu finden, ist die Voraussetzung, damit die Organisation nicht ins Schleudern gerät. Diese Wachstums- und Stabilisierungsphasen ermöglichen die Umsetzung des zentralen betriebswirtschaftlichen Prinzips: Ablauf- vor Aufbauorganisation. Zunächst gilt es zu klären, welche Prozesse, Abläufe und Aktivitäten erforderlich sind, um auf Erfolgskurs zu bleiben und Marktpotenziale besser als die Mitbewerber zu nutzen. Auf dieser Basis können die Aktivitäten sinnvoll zu Rollen und Funktionen gebündelt und in Organigrammen abgebildet werden.

Die Etablierung von Führungsstrukturen verdient dabei besonders viel Aufmerksamkeit. Einerseits werden innerhalb der Teams Differenzierungen wie z.B. Junior- und Senior-TechnikerInnen oder auch Teamführung und Teammitglieder benötigt, andererseits sollen die Stärken des Unternehmens, nämlich der Teamgeist und die Wendigkeit, nicht verloren gehen. Führungskräfte, die sich aus den Teams heraus entwickeln, brauchen daher doppelte Unterstützung: Nämlich einerseits eine klare Rollendefinition mit ausreichend Kompetenzen und klaren Verantwortlichkeiten und andererseits ein unterstützendes Training und/oder Coaching. Als grobe Faustformel lässt sich sagen: Ein doppelt so großes Team benötigt ungefähr den vierfachen Aufwand an interner Organisation. Vor allem die Ansprüche an die Qualität der Information und der Kommunikation sind tagtäglich eine Herausforderung.

Tempofalle

Auch Unternehmen benötigen einen Boxenstopp, damit Hochleistungstempo nicht am Tunnelblick scheitert

„Sie haben ja Recht, dass das alles gut und wichtig wäre, aber dafür haben wir jetzt keine Zeit.“ ist eine vielgehörte Reaktion auf obige Anregungen. Statt einer geplanten Vorgehensweise trifft man oft auf die Kultur „As Soon as Possible“. Alles wird als dringend erlebt und muss so schnell wie möglich erledigt werden. Das fördert den „Tunnelblick“, in dem der Überblick verloren geht und der in die Sackgasse des Ausbrennens und Verglühens führt. Das (R)Wichtige soll jedoch die Vorherrschaft über das Dringende erlangen. In solchen Fällen verordnen wir einen „Boxenstopp“, wie er für professionelle HochleistungssportlerInnen Stand der Technik ist *(siehe Toolbox Nr. 14,15,18, Seite 280 und 3, Seite 271).*

„Wenn du es eilig hast, gehe langsam.“

Lothar J. Seiwert

Generationswechsel

Für die Unternehmensnachfolge sind Wertschätzung gegenüber der Aufbauphase und bewusst gestaltetes Change Management die wichtigsten Zutaten im Erfolgsrezept.

Anlässlich des Generationenwechsels in der Unternehmensführung, welcher das Finden einer neuen Balance erfordert, ist diese Sichtweise manchmal nicht ganz so klar. Als Motto sollte gelten:

„Die Zukunft hat eine Vergangenheit.“

„Neue Besen fegen nicht immer besser - jedoch sehr oft etwas anders“. Und dieses Anderssein ist weder „gut“ noch „schlecht“ - wesentlich ist, dass Führung, Führungsstil, Unternehmen, MitarbeiterInnen und Umwelt gut aufeinander abgestimmt sind. Darin besteht die große Chance von Veränderungen: Gelungen gestaltet enthalten sie viel kreatives Potenzial und Innovationskraft.

„Neue Leute dürfen nicht Bäume ausreißen,
nur um zu sehen, ob die Wurzeln noch dran sind.“

Henry Kissinger

Das Verstehen von Organisations- und Teamentwicklungsprozessen lindert den eigenen Erfolgsdruck, gibt die Distanz, die man braucht, um Lösungsansätze zu erkennen und ermöglicht es, die Aufmerksamkeit von den Defiziten auf die Chancen zu richten. So kann man sich von den Problemen so weit lösen, dass man sie lösen kann.

„Veränderung braucht Stabilitätszonen"

Traugott Lindner

Oftmals wird übersehen, dass das Gelingen von Veränderungen nicht nur ein Spielbein, sondern ebenso ein Standbein braucht. „Was bleibt gleich?" UND „Was wird zukünftig anders?" sind hilfreiche Fragen, um in Übergangsphasen Qualität und Verlässlichkeit zu wahren *(siehe Toolbox Nr. 48, Seite 306).*

Unternehmensübergabe als Wendepunkt für GründerIn und Organisation

Bei der Unternehmensübergabe stehen der/die GründerIn und die Organisation gleichzeitig an einem Wendepunkt. Die Überlagerung von persönlichen und organisatorischen Aspekten erhöht die Komplexität der Anforderungen ganz wesentlich – insbesondere, wenn der/die NachfolgerIn dem/der Scheidenden sehr nahe steht. Die emotionalen Verquickungen trüben oft den Blick für die erfolgsentscheidenden Klippen auf der Sachebene.

Diesbezügliche Tipps:

1) Respekt und Verständnis gegenüber dem/der GründerIn
Entschlossenheit, Zupacken-Können, Entscheidungsstärke, Wille zur Macht und zum Erfolg sind Eigenschaften, die man braucht, um ein Unternehmen aufzubauen. Diese „Macher-Eigenschaften" erleichtern nicht gerade das Loslassen und die vertrauensvolle Übergabe an den Nachfolger.

2) Unterschiedliche Phasen brauchen unterschiedliche Strategien und Vorgehensweisen
Beim Führungsstil ist vor allem Authentizität gefragt. Es gibt verschiedene Wege, die zum Erfolg führen! Der/die NachfolgerIn sollen ermutigt werden, ihren persönlichen Stil zu finden und zu leben.

3) Eine differenzierte Betrachtungsweise der Ausgangssituation
„Alles gleich" oder „Alles anders" machen zu wollen, begünstigt das Scheitern. Folgende Fragestellungen liefern förderliche Strategien:

- „Was hat sich bewährt und was möchte ich ändern?"
- „Auf welchen Stärken beruhen die bisherigen Erfolge und welche zusätzlichen Erfolgspotenziale möchte ich nutzen?"
- „Wo sehe ich Handlungsbedarf?"
- „Wo möchte ich Prioritäten setzen?"

Erfolgreiche Unternehmensübergabe findet nicht auf der Leitungsebene statt sondern in den Köpfen der MitarbeiterInnen

4) Klare Rollen im Unternehmen

Wichtig ist es, den MitarbeiterInnen ein profiliertes Bild von dem/der NachfolgerIn zu vermitteln. Welche Aufgaben und Kompetenzen hat der/die Neue? Ist der Vorgänger - und wenn ja in welcher Form – noch in die Unternehmensgeschehnisse involviert? Information und Offenheit sind die Voraussetzung, um das Vertrauen zu gewinnen und die Belegschaft ins Boot zu holen. Im Erfolgs-Coaching des Sports hat es sich bewährt, auf die individuellen Stärken des/der Einzelnen zu schauen. Da ist Platz für Selbst-Bewusstsein – ohne die Vorzüge und Leistungen des Vorgängers zu schmälern.

5) Neue Ziele setzen

Gerade eine Wanderung auf einem „Hochplateau" erfordert es, dass es lohnende Herausforderungen gibt und Fortschritt visualisiert wird. „Wo soll das Unternehmen – aufbauend auf dem bisher Erreichten – in 3 bis 5 Jahren stehen?" „Wie soll die Schlagzeile einer Präsentation über unsere Organisation im Jahre 2018 lauten?" Richten wir den Blick in eine Erfolg versprechende Zukunft. „Woran merken die MitarbeiterInnen, dass wir uns diesen Zielen nähern?" schafft die Voraussetzung um immer wieder aus Erfolgserlebnissen Energie zu schöpfen.

Zusammenfassend:

„Es gilt, eine gute Balance zwischen Kontinuität und Innovation zu finden - ohne dabei sich selbst und die Organisation zu überfordern.

„Öffne der Veränderung deine Arme und halte deine Werte stets im Auge."

Dalai Lama

Wege aus der Krise

Beherzt Herausforderungen meistern

„Nein, das darf nicht wahr sein. Nicht auch das noch." Kennen Sie diesen Gedankengang?

Wie häufig kommt es vor, dass sich Schlag auf Schlag gleich mehrere „Baustellen" in unterschiedlichen Lebensbereichen auftun. Ausgerechnet in einer Zeit beruflicher Herausforderungen mehren sich Krankheiten und eskalieren Konflikte im familiären Umfeld. Der Versuch, die Herausforderungen Schritt für Schritt zu meistern, wird leicht zur Sisyphus-Aufgabe. Kaum glaubt man in einem Bereich Land in Sicht zu sehen, zeigt sich das nächste Problemfeld.

„Es ist nützlicher den Spiegel zu putzen als ihn zu zerschlagen."

Äußere PROblEme spiegeln häufig innere Dysbalancen. Mit den Worten von Carl Gustav Jung:

„Alles, was uns an anderen irritiert, kann zu mehr Verständnis unserer selbst führen."

Albert Schweitzers Appell

„Wir sollten aufhören, unsere PROBleme der Umwelt zuzuschreiben und wieder lernen, Dinge selbst in die Hand zu nehmen und persönliche Verantwortung zu übernehmen."

kann man in der englischen Sprache mit „BE CAUSE statt BECAUSE" zusammenfassen: Anstelle von kontraproduktiven Begründungen „Das geht nicht, weil ..." sich selbst als Ursache des eigenen Lebens verstehen.

Unser Hirn ist gebaut, um PROblEme, die uns unter die Haut gehen, zu lösen und daraus Eigenwirksamkeit zu erfahren. Alles, was die Eigenwirksamkeit reduziert, führt zu Nocebo-Effekten: So wie man als Placebo-Effekt bezeichnet, dass der Glauben an die Heilung diese fördert, bestärken gut gemeinte Mitleidsäußerungen wie „Oh das ist schrecklich, da musst du ..." das Gefühl der Schwäche und der Ohnmacht. Empathisches Verständnis und Mitgefühl (Siehe Tool Nr. 33 auf Seite 296) schaffen hingegen einen guten Nährboden für Selbstkompetenz und Entwicklungsbereitschaft.

Lösungen müssen maßgefertigt für den Empfänger sein, nicht für den Sender

„'Lass dir aus dem Wasser helfen oder du wirst ertrinken', sprach der Affe - und setzte den Fisch sicher auf den Baum."

N.N.

ist mein Spruch, um mir zu verdeutlichen, wie leicht GUT GEMEINT das Gegenteil von GUT sein kann *(siehe auch Toolbox Nr. 34, Seite 297)*. Eine 9-Jährige hat einmal zu ihrer Mutter gesagt: „Mama, gell ich kann mich auf dich verlassen und du bist für mich da, wenn ich ein Problem habe." und sich dann gleich selbst korrigiert: „Ich weiß eh, meine Probleme muss ich selbst lösen. Aber du unterstützt mich dabei." Das zeigt, dass ihr die Eltern das Prinzip Eigenverantwortung offensichtlich vermittelt haben und Hilfe zur Selbsthilfe praktizieren: „Liebling, dein Essen steht ... im Kochbuch auf Seite 124."

Von Viktor Frankl stammt das Tool **WIDEG**:
Wofür **I**st **D**as **E**ine **G**elegenheit? *(siehe Toolbox Nr.25, Seite 290).*

Mit Goethes Worten:

„Auch aus den Steinen, die man dir in den Weg legt, kannst du etwas Wundervolles bauen."

Oder bodenständiger: Shit happens, stinkt und gibt einen kraftvollen Dünger. Allerdings muss Pferdemist auf einem Misthaufen zwischenlagern und Säure abbauen, um dann als Rosendünger das Wachstum und das Blühen zu fördern. Nicht sinnvoll wäre hingegen, Shit rosa anzumalen oder durch die rosa Brille zu betrachten. In der Krise ist das nicht leicht erkennbar - umso schöner ist es, wenn man von außen unterstützt wird, wieder freudvolle Perspektiven für sich zu entdecken. Die ebenfalls von Viktor Frankl stammende Frage

„Was möchte ich statt dessen?"

hilft, den Weg von den Problemen zu den Lösungen zu erschließen. Viele Menschen wissen ziemlich genau, was für sie schwierig, belastend und unerträglich ist – und längst nicht so klar, was für sie förderlich und stimmig wäre. Dabei leben wir in Zeiten, in denen Wünschen hilft. Seine Ziele zu kennen, ist ungemein nützlich, um Chancen wahrzunehmen.

Geplantes Reisen beinhaltet neben dem Start- auch einen Zielpunkt

„Rechtzeitig darauf schauen, dass man es hat, wenn man es braucht."

Der Grundsatz von Joki Kirschner gilt auch für die zentrale Sinnfrage:

„Warum tu ich mir das an?"

(siehe auch Toolbox Nr. 7, Seite 274)

Wenn wir in entspannten Zeiten eine kraftvolle Antwort finden, kann sie uns über Hürden tragen.
Ganz im Sinn von Viktor Frankl:

„Für wen das WARUM klar ist, ist fast jedes WIE erträglich."

Leider stellen wir uns dieser Frage erst in Krisen, wenn Stress unsere Kreativität blockiert und unsere Wahrnehmung zum Tunnelblick verengt. Es zahlt sich aus, immer wieder am Wegrand des Lebens inne zu halten und zu überprüfen, ob der eingeschlagene Pfad noch stimmig ist oder ob mutige Entscheidungen anstehen. Damit ersparen wir uns die augenöffnende Heftigkeit von Krisen.

Klug ist es auch, Probleme zu relativieren. Denn:

„Das wirkliche PROblem ist die Größe des PROblems minus meines Zutrauens in meine Lösungskompetenz."

N.N.

Selbst-Vertrauen kann ich am wirkungsvollsten damit stärken, indem ich mir vor Augen führe, was ich schon alles geleistet und gemeistert habe.

Abstiege sind Teil des Aufstiegs

Von BergsteigerInnen kann man lernen, dass Abstiege Teil des Aufstiegs sind. Will man hohe Berge, deren Gipfel in dünne Luft ragen, erklimmen, braucht der Körper die Gewöhnung an die Höhenluft. Das führt dazu, dass sie einerseits zum Kräftesammeln immer wieder ins Basislager zurückkehren. „Ich bin wieder im Basislager." kann zum geflügelten Wort werden, wenn Menschen in ihrem Gipfelsturm einen Rückschlag erfahren. Einerseits ist man wieder am Ausgangspunkt zurück und andererseits hat man Kraft und Erfahrungen gesammelt. Das Basislager bietet auch Zuflucht bei widrigen Umständen und bietet die Gelegenheit optimale Bedingungen abzuwarten. Warum soll das bei beruflich-ehrgeizigen Vorhaben anders sein? Sir Winston Churchill hat gemeint:

„Niederfallen ist keine Schande, liegen bleiben schon."

Tatsächlich geht man aufrecht durch das Leben, wenn man nach dem letzten Hinfallen noch einmal aufsteht. Besonders fein ist es, wenn ein gepflegtes Netz von Freundschaften den Fall mildert. Hilfreiche Hände stärken die Zuversicht.

„Niederfallen, aufstehen, Krone zurechtrücken und weitergehen."

ist eine kluge Strategie. Wenn Sie sich danach auch noch fragen „Und was mache ich ab jetzt anders, um zukünftiges Niederfallen zu vermeiden?" dann haben Sie „Pro-bleme" als Lernchance genutzt und gehen aus Krisen gestärkt hervor. Das Wort „gescheit" hat übrigens die Sprachwurzel im „gescheitert".

Wertschätzendes Miteinander von Frauen und Männern

„Eine Frau als Autorin - da darf das Thema „Frauen im Beruf" nicht fehlen?!" denken Sie vielleicht. Und liegen damit falsch! Uns geht es in diesem Kapitel nicht um „Quoten-Frauen" und schon gar nicht um Geschlechterkrieg. Erster Ansatzpunkt für uns ist vielmehr, ob die Unterschiedlichkeit von Männern und Frauen auch im Denken und Handeln für Unternehmen ein Problem, oder möglicherweise das Gegenteil, nämlich ein großes Potenzial, ist. Was braucht es, um diese Unterschiedlichkeiten zum Wohl des Unternehmens zu nutzen?

„Wir arbeiten in Strukturen von gestern
mit Methoden von heute
an Strategien von morgen
vorwiegend mit Menschen,
die in den Kulturen von vorgestern
die Strukturen von gestern gebaut haben
und das Übermorgen innerhalb des Unternehmen
nicht mehr erleben werden."

Calzaferra

Es lässt sich nicht leugnen, dass wir heute noch in einer stark männerdefinierten Berufswelt leben. Zementiert auch durch Vorurteile gegenüber Männern und Frauen. Aber sind diese noch gültig? Eröffnet nicht ein Wechsel der Sichtweisen zusätzliches Potenzial für das Unternehmen, die Abteilungen, Teams und Individuen? Oft bedarf es hier nur etwas mehr an (Eigen-)Wertschätzung, um wichtige Potentiale für uns alle zu heben.

Die Unterschiedlichkeit von Männer und Frauen als unternehmensweites Gestaltungsprinzip

Vielfalt als Potenzial nutzen:

Gemischte Teams erhöhen den Perspektivenreichtum

Es ist nicht nur ein gesellschaftspolitisches Interesse der Frauen, in der Wirtschaftswelt gestaltend mitzuwirken. In erster Linie profitieren die Unternehmen vom Perspektivenreichtum gemischter Teams von Männern und Frauen, um den gegenwärtigen und zukünftigen Herausforderungen gewachsen zu sein. Die Jahre boomenden Wachstums sind in vielen Branchen vorbei. Jetzt gilt es, sich dem Mitbewerb aktiv zu stellen. Durch die zu forcierende KundInnen-Orientierung gewinnen die Schnittstellen zwischen Technologie und Menschen an Bedeutung. Das sind attraktive Themenfelder - gerade auch für kommunikationsstarke Frauen. Frauen können zum Gelingen auch von Veränderungsprozessen wesentlich beitragen!

Nach wie vor wird das Anderssein der Frauen oft als Problem und nicht als zusätzliche Chance eingestuft. Wo die Optima liegen, hängt bekanntlich hauptsächlich davon ab, was man als Zielgröße definiert und unter welchen Rahmenbedingungen man das Kalkül durchzieht. Gängige Bewertungsmaßstäbe in Organisationen sind hier kritisch zu hinterfragen und an gegenwärtige/zukünftige Erfordernisse anzupassen. Gleichzeitig sind die Frauen aufgerufen, ihre Stärken selbst-bewusst einzubringen und ihre Beiträge zum KundInnen-Nutzen bzw. Unternehmenserfolg ins rechte Licht zu rücken!

Business Excellence Modelle sind ein geeigneter Rahmen, um Zusammenhänge zwischen Unternehmensstrategien, KundInnen-Orientierung, Unternehmensprozessgestaltung und MitarbeiterInnen-Führung zu steuern. Damit bieten sie optimale Voraussetzungen, die Gender-Dimension im Geschäftsalltag zu verankern - beginnend bei der Führung und endend bei der Analyse von Ergebnissen, um mit gezielten Maßnahmenprogrammen die ständige Weiterentwicklung voranzutreiben.

Frauen als Puffer am Arbeitsmarkt

In Zeiten des Fachkräftemangels haben sich Unternehmen vermehrt um weibliche Arbeitskräfte bemüht. Wenn es schwierig ist, qualifizierte (männliche) Mitarbeiter zu bekommen, entdeckt man wieder die Fähigkeiten der Frauen. Dabei wird oft übersehen, dass Frauen nicht nur Lückenfüller, sondern ein echter Mehrwert für das Unternehmen sind. Häufig bleibt es beim resignierenden Schulterzucken: „Wir hätten ja gerne Technikerinnen, aber es bewerben sich zu wenige."

Sinnvolle Tätigkeiten und Gestaltungsmöglichkeiten sind gefragt, Status und Geld nicht ausreichend

Nur wenige haben sich Gedanken gemacht, welche Rahmenbedingungen und Tätigkeitsfelder sie gestalten müssen, damit ihr Unternehmen auch für Frauen attraktiv ist. Denn Mitarbeiterinnen werden vor allem durch sinnvolle Tätigkeiten und Gestaltungsmöglichkeiten motiviert. Image und Geld alleine sind als Anreiz zu wenig! Nur vereinzelte Unternehmen haben es geschafft, eine Unternehmenskultur zu entwickeln, mit der wertschätzendes, bereicherndes Kooperieren von Frauen und Männern gefördert und Synergien aus der Unterschiedlichkeit der Geschlechter genutzt werden.

Frauen als Chance für zukünftige Herausforderungen

Tatsächlich stehen derzeit die Vertriebsstärke und die Auftragslage im Fokus des Interesses. Jetzt reicht es nicht mehr, funktionelle, technische Konzepte zu bieten. Die Frage lautet vielmehr: „Warum sind unsere Lösungen für unsere KundInnen eine sinnvolle Investition?" Wenn der Marktkuchen nicht automatisch und so rasch wächst wie bisher, muss man in einem Verdrängungswettbewerb auch Antworten parat haben auf: „Warum ist unser Unternehmen für die Realisierung dieses Vorhabens der beste Partner?"

Die Schnittstellen zwischen den Menschen und der Technologie werden bedeutsamer

Die Gestaltung der KundInnenbeziehungen wird immer mehr zu einem kritischen Erfolgsfaktor. Immer weniger Unternehmen wollen sich „Detail- und Technikverliebtheit" leisten. Gesucht sind vielmehr nutzbringende, anwenderfreundliche Umsetzungen. Und da der Köder bekanntlich dem Fisch schmecken muss und nicht dem Angler, werden die Schnittstellen zwischen den Menschen und der Technologie zunehmend bedeutsamer.

Verstanden sich früher viele Organisationen oft als Produzenten, die Absatz für ihre Produkte suchten und dafür auch Service bieten mussten, so werden Sie jetzt zunehmend zu Lösungspartnern. Das deutsche Wort Dienst-Leistung drückt die Ambivalenz aus: einerseits das Selbst-Bewusstsein der Expertise, Professionalität und Leistung sowie andererseits die Wertschätzung, das Verständnis und die tatkräftige Unterstützung für die KundInnen.

Funktionalitäten und Innovationen sind kein Selbstzweck. Immer konsequenter sind Lösungen für Menschen gefragt. Und die Technologie braucht Menschen, die sie gestalten und menschengerecht aufbereiten, ganzheitlich agierende Menschen mit hohen sozialen Kompetenzen und nicht nur intellektuelle Denkmaschinen.

Die bei Frauen tendenziell stärker ausgeprägten kommunikativen Fähigkeiten und das vernetzte Denken in ganzheitlichen Systemen können hier wertvolle Lösungsbeiträge liefern. Gleichzeitig sind diese Problemstellungen an der Schnittstelle zwischen Technologie und Menschen Herausforderungen, die das Arbeiten für kommunikationsorientierte Frauen attraktiver machen!

Die Gender-Thematik im Aufwind der KundInnen-Orientierung

Das AMS (ArbeitsMarktService) ist Vorreiter zur Überwindung der Barrieren für Frauen. Im Rahmen der internen MitarbeiterInnen-Orientierung gibt es seit mehreren Jahren einen Gleichstellungs- und Frauenförderplan, der durch Equality-Checks überprüft wird. Dabei werden die unterschiedlichen Bedürfnisse von Männern und Frauen quantitativ und qualitativ erfasst und Maßnahmen zur Verbesserung der Gleichstellungsorientierung abgeleitet und umgesetzt.

Die Gender-Thematik im Sozialbereich ist wenig überraschend. Auch die Erzdiözese Linz setzt auf Equality-Management. Externe PartnerInnen werden zum Beispiel auch danach beurteilt, inwieweit sie gender-gerecht vorgehen. Und wie sieht es in der Wirtschaft aus?

Der frühere Vorstandsvorsitzende der Baumax AG Martin Essl bekannte sich zum Beispiel zur Familien- und Frauenfreundlichkeit des Unternehmens und nahm stolz den Preis „Taten statt Worte" entgegen. Überraschend und dann doch wieder nachvollziehbar: Auch in der Männerdomäne des Heimwerkens treffen Frauen, nämlich Kundinnen, die Kaufentscheidung über 60% des Umsatzes.

Auch für die ÖBB sind Frauen eine absolut interessante Zielgruppe: Sie haben zum stärksten Mitbewerber der Bahn - nämlich dem Auto - häufig ein wesentlich rationaleres Verhältnis. Kundinnen haben allerdings spezifische Erwartungen und Wahrnehmungen bzgl. den Mobilitätsdienstleistungen. Beispielsweise in der Gestaltung der Bahnhöfe, der Ausstattung der Züge. Aber auch die Serviceleistungen vor, während und nach der Fahrt müssen dann die speziellen Bedürfnissen von Frauen - seien sie mit Kindern unterwegs, auf Berufsreise oder auf einer Freizeitfahrt - berücksichtigen. Es ist schwer vorstellbar und sicherlich nicht effizient, dass Männer dafür sorgen, dass sich Frauen angesprochen fühlen. Gemischte Teams von Frauen und Männern in gestaltenden Funktionen sind da wesentlich effektiver.

Dr^{in}. Traude Kogoj, Projektleiterin des bereichsübergreifenden Equality-Teams der ÖBB: „Um für die sich bereits abzeichnenden, zukünftigen Marktentwicklungen gerüstet zu sein, müssen wir für Männer und Frauen ein attraktiver Arbeitgeber sein, der faire Chancen zur Weiterentwicklung bietet. Wir können und wollen es uns nicht leisten, auf die weibliche Hälfte der qualifizierten, potenziellen MitarbeiterInnen am Personalmarkt zu verzichten!"

Es ist gefährlich, Frauen zu bewerben und dann nicht auf ihre besonderen Bedürfnisse einzugehen. Die technischen Schulen haben z.B. in Zeiten des Schülermangels die Mädchen als Zielgruppe entdeckt. „Mädchen in der Technik" ist als Lockruf schnell in externen Werbekampagnen umgesetzt. In dem Moment, in dem die Mädchen da sind, muss jedoch die Ausstattung und Unterrichtsgestaltung auch auf weibliche Interessen und Ansprüche Rücksicht nehmen, sonst erzeugt man massive Unzufriedenheit. Insbesondere ist es imageschädigend, wenn Mädchen zuerst beworben und dann direkt oder latent von nicht ausreichend gender-sensibilisierten LehrerInnen/MitarbeiterInnen diskriminiert werden.

Frauen sind keine „anderen Männer" sondern haben weibliche Interessen und Ansprüche

Dementsprechend startete eine Fachhochschule die Gender-Initiative des Studiengangs Informations- und Kommunikationstechnologie mit Workshops für das Team der Vortragenden. Als oberstes Ziel wurde benannt, dass die Studierenden für den zukünftigen Arbeitsmarkt der Informations- und Kommunikationstechnologie gut gerüstet und daher attraktive BewerberInnen sind, die gute Job- und Entwicklungschancen haben. Die Bedeutung von systemischem, lösungs- und kundInnen-orientiertem Denken steigt zunehmend gegenüber technologischer Detailverliebtheit. Gemischte Teams von Männern und Frauen bieten eine große Chance, die es gezielt zu nutzen gilt! In mixed-teams von StudentInnen und Vortragenden wird ein Leitbild zur Schärfung der strategischen Positionierung entwickelt, in das die Gender-Dimension integriert ist. Parallel dazu legte man gemeinsam Maßnahmen zur Gestaltung von optimalen Lern- und Rahmenbedingungen zur Wahrung der Chancengleichheit unter Berücksichtigung der Unterschiedlichkeiten fest und evaluiert deren Wirksamkeit. Leere, schöne Worthülsen sind häufig kontraproduktiv - und wirken leicht zynisch. Symbolhafte Äußerlichkeiten wie z.B.

Schreibweisen sind uns zu wenig. Uns geht es um wertschätzende Kooperation im Studienalltag.

Viele Organisationen sind technik- und zahlenorientierte Monokulturen. „Linkshirniges", detailliertes, analytisches, strukturiertes Denken ist vorherrschend. Der strategische Weitblick unterliegt immer wieder der operativen Hektik. Die Gründungsphase der Organisationen ist häufig noch deutlich spürbar, welche von einer Burschenkultur mit einem kumpelhaften, rüden Umgangston und Zusammenarbeit auf Zuruf geprägt ist.

Männer und Frauen denken anders. Es gilt zusätzliche Potenziale zu nutzen!

Frauen bereichern die Unternehmenskultur und eröffnen so zusätzliche Perspektiven zum Führen von Veränderungsprozessen hin zu mehr KundInnenorientierung. Systemisches Denken, "Rechtshirnigkeit" und hochtrainierte Intuition fördern das Verstehen und die Gestaltung hochkomplexer Beziehungsgefüge von Organisationen. Wechselwirkungen zwischen den einzelnen Individuen, Systemen und Abläufen werden erkannt, Synergiepotenziale erschlossen. In den sich ständig ändernden Rahmenbedingungen wird immer wieder neu die optimale Balance gesucht.

Stoppt die Blaulichtkultur!

Es gibt wenig Kinder, die sagen: „Wenn ich groß bin, will ich Brandschutzbeauftragter werden! Es ist so wichtig, Feuer zu vermeiden." Eher sagen sie: „Ich möchte Feuerwehrmann werden! Es ist so toll, mit dem schnellen roten Auto zu fahren, alle müssen ausweichen und ich bin ein Held, wenn ich den Brand gelöscht habe!"

„Wir sind wirklich gut, wenn Feuer am Dach ist!" hört man dementsprechend auch immer wieder in Unternehmen. Geplantes, strukturiertes Arbeiten ist weniger reizvoll und liefert weniger Gesprächsstoff als spektakuläre Notfallaktionen.

Die Unternehmenskultur ist vielfach geprägt von der pseudo-produktiven Hektik des Alltags. „As soon as possible" ist eine häufig gehörte Antwort. Die „Blaulichtkultur" lebt vom Nervenkitzel dringender, spektakulärer Einsätze, wo man sich völlig legitim über Regeln hinwegsetzen kann und wo es mit Improvisation immer wieder gelingt, Situationen um Haaresbreite zu retten. Die Jagdkultur ist auch heute noch weit verbreitet.

Dieser „Blaulichtkultur" ohne Einhaltung von Regeln mittel- und längerfristiges Denken sowie Planung entgegenzuhalten, hat auch einer Umdefinition von Erfolg und Leistung bedurft. Sich Zeit zum Nachdenken und für strategische Entscheidungen zu nehmen, in eine tragfähige Basis zu investieren, ist leichter gesagt als getan. „Der Boxenstopp der Formel 1" ist eine Metapher für die Synthese zwischen Wunsch und Erfordernis nach Tempo und dem „Fitmachen" für die Zukunft.

In einem IT-Service-Desk haben wir beim Eingang das Schild „Blaulicht ausschalten" angebracht. Damit wollten wir die Aufmerksamkeit erwecken, dass hier die „Straßenverkehrsverordnung" wieder gilt, dass die Regeln einzuhalten sind und ein „ich bin im Einsatz" nicht als Generalabsolution gilt, sich über alle Vereinbarungen hinwegsetzen zu dürfen.

Es zahlt sich absolut aus, der männlichen „Blaulichtkultur der Feuerwehrmänner" die durchaus weibliche „nachhaltige Brandschutz-Philosophie" entgegenzuhalten.

Bereichernde Wirkung der Unterschiedlichkeit

Gemischte Teams aus Männern und Frauen bieten zusätzliche Gestaltungsmöglichkeiten

Frauen bereichern die Unternehmenskultur. Gemischte Teams bieten wesentlich mehr Perspektiven und Gestaltungsmöglichkeiten. Die Frage „Wer ist besser: Männer oder Frauen?" ist genauso sinnlos wie die Frage: „Was ist wichtiger: Motor oder Fahrgestell?" Kontraproduktive Machtspiele dienen nur der Vernichtung von Energie! Erfolg versprechend ist vielmehr, dass man sich auf gemeinsame Ziele einigt. Die entscheidende Frage muss dann lauten: „Wie können wir gemeinsam KundInnennutzen und Unternehmenserfolg erzielen? Wer bringt dazu welche individuellen Stärken und Potenziale ein?" ÖBB-Vorstandsdirektor Schmidt formulierte es treffend: „Ich kenne nur 2 MitarbeiterInnen-Gruppen: Solche, die direkt, und solche, die indirekt den KundInnen dienen."

Voraussetzung für den gemeinsamen Erfolg ist gegenseitiger Respekt und die Bereitschaft voneinander zu lernen. Die Tatsache, dass oftmals Frauen Situationen anders als Männer wahrnehmen und einschätzen, wird oft als problematisch eingeschätzt. Das Gegenteil ist der Fall: So wie ein Gegenstand im Grundriss anders aussieht als im Aufriss, bietet dies zusätzliche Perspektiven und mehr Ansatzpunkte für Lösungen! Erkenntnis entsteht in der Auseinandersetzung und nicht aus dem Gleichklang. Von Johann Wolfgang von Goethe ist überliefert:

*„Das Gleiche lässt uns in Ruhe,
der Widerspruch ist es, der uns kreativ macht."*

Gemischte Teams von Männern und Frauen sind eine große Chance, komplexe Probleme in einem dynamischen Umfeld wirkungsvoll zu meistern. Dafür sollte man auf das gesamte Potenzial von Know-How-TrägerInnen und Lösungsansätzen zurückgreifen und nicht von vornherein die weibliche Hälfte praktisch ausschließen!

Selbst-bewusste Frauen:

Gerade Frauen neigen dazu, bei sich selbst die Nachteile und bei den anderen die Vorzüge zu sehen. Mitarbeiterinnen und Bewerberinnen sind daher aufgefordert, ihr Frausein und ihr Anderssein selbstbewusst in Organisationen einzubringen. Die zusätzlichen Perspektiven und die daraus resultierenden Synergiepotenziale sind für die Unternehmen ein großer Mehrwert. Die Machtstrukturen des Erfolgs sind von Männern geprägt. Manche Frau hat in ihrer Kindheit erkannt, dass die Mutter dem Vater attraktive Privilegien in der Familie eingeräumt hat. Also orientieren sie sich unbewusst eher am Vater als an der Mutter. Sie können die gläserne Decke auch jetzt noch mit eigenen Augen erleben: Viele Kinder warten am Beginn der Winterferien darauf, in Schikursgruppen eingeteilt zu werden. Beispiel eines 12-jährigen Mädchens gefällig: Sie wartete am Semmering, um einer der Gruppen für den Schikurs zugeordnet zu werden. Zunächst gab es ca. 10 Schilehrerinnen und ca. 20 Schilehrer und sie rechnete sich durchaus Chancen aus, von einer Frau trainiert zu werden. Doch als die schwächeren Gruppen bereits ihre SchilehrerInnen zugeteilt bekommen hatten, gab es für die noch ausstehenden besseren Gruppen ausschließlich männliche Schilehrer. „Mama, wo sind alle Frauen?" war ihre entsetzte Feststellung. Und als sie die Situation - die gläsernen Decke für Frauen - erfasst hatte: „Wenn ich Schilehrerin werde, möchte ich aber die beste Gruppe leiten!"

Doch ich kann tun und machen was ich will, ich werde kein guter Mann sein - maximal eine schlechte Kopie von einem Mann. Das will ich nicht! Also hab ich beschlossen, eine gute Frau zu werden. Immer wieder gilt es, den Spagat zu meistern, einerseits die hauptsächlich von Männern gestalteten Strukturen und Regeln zu erkennen, dort wo sinnvoll mitzuspielen und andererseits selbst-bewusst mein Frausein einzubringen. Die lange Streitfrage der Frauenbewegung ist eindeutig geklärt:

Frauenhirne sind anders, nicht besser oder schlechter. Unterschiedlichkeiten können für gemeinsame Erfolge genutzt werden

Männer und Frauen unterscheiden sich nicht nur beim Urologen sondern auch beim Neurologen. Wusste man bis vor kurzem nur, dass das Frauenhirn kleiner ist, so hat die bildgebende Hirnforschung neuerdings gezeigt, dass es über gleich viele Hirnzellen verfügt, diese aber kompakter angeordnet und anders verschaltet sind. Gleichbehandlung mag zwar politisch korrekt sein, führt aber dazu, dass die Vorzüge von Frauen und Männern nicht ausgeschöpft werden. Viel klüger ist es, die jeweiligen Stärken für gemeinsame Erfolge zu nutzen und dabei für faire Chancen zu sorgen und gegenseitige Wertschätzung zu leben. Anpassungsleistungen erzielen einen schlechten Wirkungsgrad. Daher ist es sinnvoll, meine individuellen Fähigkeiten zu kennen und selbst-bewusst umzusetzen. Mit sich selbst in gutem Einklang zu sein, ist die beste Voraussetzung für erfolgreiches Handeln - so wie es Frank Sinatra in

„I did it my way"

besingt.

Im Übrigen verfügen wir in privater und beruflicher Lebenszeit über exakt die gleichen Körperzellen und Hirnstrukturen. Unser stets lernendes Hirn unterscheidet nicht, ob wir Dinge privat oder beruflich denken. Viel klüger als Privates und Berufliches zu trennen ist es daher, diese beiden Lebenswelten miteinander zu verbinden. Im familiären Umfeld erworbene Kompetenzen lassen sich auch hervorragend beruflich nutzen – und umgekehrt. Anleitung zum Unglücklichsein wäre es, in der Freizeit daran zu denken, was es alles beruflich zu tun gäbe und im Büro schlechtes Gewissen zu haben, nicht zu Hause zu sein. Halbherzig kann man nicht wirkungsvoll handeln. Erfolg und Lebensfreude kann ich nur im Hier und Jetzt ernten.

Tiefes Atmen als effektives Anti-Stress-Mittel

Die Rollenvielfalt der Frauen führt dazu, dass sie leicht ihre eigenen Bedürfnisse aus den Augen verlieren. Dabei ist es so wichtig, das Stewardessen-Prinzip zu beherzigen: Zuerst sich selbst mit Sauerstoff zu versorgen, um dann alle anderen gut versorgen zu können. Mit allem was Sie tun, dass Sie mit sich und der Welt zufrieden sind, schaffen Sie die besten Voraussetzungen, dass Sie auch in Ihrem Umfeld Gutes bewirken können. Immer wieder tief durch- und auszuatmen ist eine effektive Anti-Stress-Strategie. Dabei können Sie am besten spüren: „Ja! Es ist gut, in meiner Haut zu stecken!"

Vernunft ist mehr als Verstand

„Jetzt bleiben Sie sachlich!", „Müssen Sie immer gleich so emotional werden?!" oder gar „Heben Sie sich Ihre Emotionen für Ihren Partner auf, hier im Meeting haben Sie nichts verloren" sind oft verwendete Killerphrasen, um Frauen in Ihre Schranken zu weisen. Klarer Fall von Machtübergriff à la: „Wir bestimmen hier, was Sache ist und wie die Regeln lauten." Entscheidungen aus dem Bauch gelten in Wirtschafts- und Managementkreisen als nicht salonfähig und werden dementsprechend abgewertet.

„Vertrauen ist eine Oase im Herzen, die von der Karawane des Denkens nie erreicht wird."
Khalil Gibran

Man muss zuerst den Menschen erreichen, bevor man zur Sache kommen kann. Erst wenn die Beziehungsebene geklärt ist, können konstruktive, zielgerichtete Dialoge entstehen. Davor dient das pseudosachliche Geplänkel zeitvernichtend der Selbstdarstellung und dem Abklopfen der Reviere. Gegenseitige Wertschätzung wäre ein guter Tausch gegen unproduktive Machtrituale. Etwas mehr menschliche Wärme wäre ein guter Nährboden für Leistungsbereitschaft und persönliche Wirkungsgrade.

Unterzieht man sich einem Persönlichkeitstest und kommen darin Emotionen zur Sprache, enttarnt man diese oft bei näherem Hinsehen als aufbrausende Ausbrüche hitziger Gemüter. Für die meisten dieser Tests sind auch „klassische" Männer Modell gestanden! Empathisches Verständnis, Einfühlungsvermögen und ein gutes Gespür für Bedürfnisse (für sich und andere!) sind damit selten gemeint. Emotionale Stärke und intellektueller Verstand werden oft diametral als Gegensatzpaar dargestellt. Genau darin besteht die Denkfalle: Das ausschließende „entweder-oder" ist nicht zutreffend: Warum soll ich weniger mein Hirn gebrauchen, nur weil ich auch für Emotionen offen bin? Warum soll ich über weniger Einfühlungsvermögen verfügen, nur weil ich analytisch denken kann? Professionelle Distanz und menschliche Wärme lassen sich wunderbar miteinander kombinieren. Ausgewogenheit, Angemessenheit und Ausrichtung auf gemeinsame Ziele sind relevante Qualitätsdimensionen. Denn wie schon Paracelsus sinngemäß sagte:

„Die Dosis macht das Gift zur Medizin – und umgekehrt."

In unserer patriarchalischen Kultur ist das Denken eindimensional forciert worden. Achtsames Wahrnehmen des Umfelds wie z.B. aufmerksames Zuhören wird im Abendland viel weniger kultiviert. Fühlen und intuitives Ahnen sind in den Privatbereich verbannt. Wissenschaft und Wirtschaft verschließen sich diesen facettenreichen Kanälen des Austausches mit unserer Umwelt. Frauen, die mit diesen Fähigkeiten ausgestattet sind, müssen sich aktiv gegen eine Entwertung wehren und diese zusätzlichen Potenziale aktiv als Gestaltungselemente nutzen. Wir halten viel vom Appell: „Lasst uns arbeiten wie Kinder spielen". Gefragt ist konzentrierte Achtsamkeit, die eine unglaubliche Innovation und Produktivität ermöglicht. Ein Alternativkonzept zu falsch verstandenem Heldentum.

„Wenn der Mensch so viel Vernunft hätte wie Verstand, wäre alles viel einfacher."

Dr. Linus Carl Pauling

Intuition als Resultat langjähriger Erfahrung sollte in der Berufswelt gefördert und nicht in die Freizeit verbannt werden

Wer einerseits Problemstellungen auf der Basis von Zahlen, Daten, Fakten analysiert und andererseits auch das intuitive, nonverbale Vokabular beherrscht, erzielt mehr Tiefenschärfe und hierdurch optimale Ergebnisse. Es wäre unklug, sich diesem bereichernden Spektrum zu verschließen. Intuition ist eine wertvolle Fähigkeit, die man sich in langjähriger, mühsamer Erfahrung erwirbt. Viele kleine Puzzlesteine erfahrener Wahrnehmungen lassen ein erkenntnisreiches Gesamtbild der Situation erahnen, dass tausendmal mehr sagt als die einzelnen Fakten. Ein diffuser Eindruck, hier stimmt was nicht, schärft gezielt die Aufmerksamkeit und erschließt somit weiterführende Erkenntnisse, die der Denkapparat analysiert und für aussagekräftige Ergebnisse nutzt. Zum Glück entmystifiziert jetzt auch die Wissenschaft die Intuition: Neueste Hirnforschungen haben ergeben, dass unser Hirn ca. 11 Millionen Mal mehr an Informationen speichert, als es bewusst wahrnimmt. Eine tolle Fähigkeit, wenn man dieses implizite Wissen immer wieder einzusetzen versteht!

Beruf und Familie

„Aber bei Frauen besteht immer das Risiko einer Schwangerschaft!" ist ein vielgehörter Einwand. Tatsache ist, dass statistisch gesehen die Fluktuation unter Männern größer ist als unter Frauen. Das Risiko, einen jungen Mann durch Karrieresprünge zu verlieren, ist wesentlich größer, als dass eine Frau schwangerschaftsbedingt ausfällt. Eine Parallele dieser unterschiedlichen Wahrnehmung von Risiken findet sich darin, dass beispielsweise weltweit nur ca. 15 bis 30 Menschen pro Jahr an Haibissen sterben. Viel mehr Menschen werden nur in der Karibik von herunterfallenden Kokosnüssen getötet. Trotzdem gibt es den furchteinflößenden Film „Der weiße Hai" ... und keinen mit dem Titel „Die grüne Kokosnuss." *(Siehe Abschnitt Sicherheitsbeauftragte Seite 133).*

Karrieresprünge führen zu höherem Wissensverlust als Schwangerschaften

„Aber Sie müssen wenigstens einsehen, dass sich Teilzeit und Karriere nicht vertragen!" rechtfertigen viele die gläserne Decke der Entwicklungsmöglichkeiten von Frauen und Männern, die sich auch für das Familienmanagement engagieren. Abseits des Familienmanagements gibt es jedoch auch etliche Männer, die z.B. Geschäftsführer von mehr als einem Unternehmen oder Projektmanager von mehreren Großprojekten sind. Hier fragt niemand, ob dies in Teilzeit möglich ist.

Frauen wird nach wie vor unterstellt, dass sie weniger zeitflexibel als Männer sind, weil sie z.B. rechtzeitig Kinder von der Betreuung abholen müssen. Erstens und objektiv betrachtet: Wenn ein Mann um 17.00 Uhr das Meeting mit der Bemerkung verlässt: „Ich hab noch einen wichtigen Termin und bin davon ausgegangen, dass das Zeitmanagement soweit klappt, dass wir vereinbarungsgemäß pünktlich fertig sind", dann klingt das professionell und wichtig. Niemand wird sagen, der Mann ist zu wenig flexibel, weil er zu viele Termine hat. Es ist also hilfreich, Familien-Vorhaben als wichtige Termine zu deklarieren. Zweitens und viel wichtiger: Es muss auch Männern ermöglicht und schmackhaft gemacht werden, Familienpflichten zu übernehmen. Soll Vereinbarkeit von Beruf und Familie für Frauen gelingen, muss sie auch für Männer gefördert werden. Umdenken und über den Schatten traditioneller Denkmuster zu springen, zahlt sich aus!

Bei der Verleihung der Audit-Zertifikate „Beruf und Familie" des Bundesministeriums für soziale Sicherheit und Generationen begründete ein Geschäftführer einer ausgezeichneten IT-Organisation seine Teilnahme an dem Verfahren mit den Worten „Das Thema Familie kommt auf uns zu." Deutlich zeigte seine Körpersprache, dass er dies - in Anbetracht des Alters seiner MitarbeiterInnen - als Bedrohung für das Unternehmen wahrnahm. Mehr der Not gehorchend setzte er sich mit Themen wie Teleworking und flexible Arbeitszeiten auseinander.

Übersehen hat er dabei, dass die Vereinbarkeit von Beruf und Familie nicht nur eine massive Belastung aller Betroffenen darstellt, sondern auch mit vielen sehr wertvollen Kompetenzen verbunden ist: Mütter, die nicht auf Ihr berufliches Engagement verzichten wollen und berufstätige Männer, die es sich nicht nehmen lassen wollen, auch in der Familie ihre Rolle aktiv zu gestalten, erfahren ein permanentes Intensivtraining bzgl. sozialer Kompetenzen und systemischem Denken in komplexen Beziehungsstrukturen.

ExpertInnenwissen für Entwicklung und Vermarktung von Produkten

Oder betrachten wir es einmal ganz simpel aus Unternehmenssicht: Dieses stellt oft genug Produkte für Kinder (Spielzeug, Handy, IT-Produkte, ...), Frauen und Familien her. Und ein Absatz dieser Produkte setzt voraus, dass diese treffsicher für die jeweilige Zielgruppe entwickelt und vermarktet werden. Macht es da nicht bereits auch aus Eigeninteresse des Unternehmens Sinn, dass ExpertInnen ihren täglichen Erfahrungsschatz mit in die Entwicklung, Vermarktung oder auch die Kommunikation zu den KundInnen einbringen?

In einem im Bundesministerium für soziale Sicherheit, Generationen und Konsumentenschutz erhältlichen Buch „Familienkompetenzen" hat man wissenschaftlich erhoben, welchen Wert die mit Familienmanagement erworbenen Social Skills für Unternehmen darstellen. Bei der Vereinbarkeit von Beruf und Familie ist der Grat zwischen Herausforderung und Überforderung schmal. Es lohnt sich aber für Frauen und Männer diese Balance zu suchen.

Business Excellence braucht Männer und Frauen

Damit das „Gender-Mainstreaming" seinem Namen gerecht wird, muss die Wahrung der Chancengleichheit sowohl in der MitarbeiterInnen-Orientierung als auch in KundInnenorientierung durch die Berücksichtigung der Unterschiede zwischen Frauen und Männern zu einem handlungsleitenden Prinzip werden. Nur wenn die Rahmenbedingungen individuelle Bedürfnisse angemessen berücksichtigen, können Leistungspotenziale ausgeschöpft und zur Erreichung der gemeinsamen Ziele optimal eingesetzt werden!

Um das Gender-Mainstreaming-Konzept noch wirkungsvoller im Unternehmen zu verankern und die Implementierung systematisch zu evaluieren, hat der Vorstand des Arbeits Markt Service (AMS) den Auftrag gegeben, diese Perspektive in den bundesweit laufenden Business-Excellence-Prozess zu integrieren. Der seinerzeitige Vorstandsvorsitzende Dr. Herbert Buchinger: „Es gibt grundlegende Übereinstimmungen zwischen Qualitätsmanagement und Gender-Mainstreaming. Beide Strategien haben zum Ziel, die unterschiedlichen Erwartungen und Bedürfnisse der KundInnen und MitarbeiterInnen zur strategischen Ausrichtung aller unternehmerischen Aktivitäten und Entscheidungen zu nutzen."

Wie kann auch Total Quality Management (TQM) umfassend sein, wenn viele Unternehmen die Bedürfnisse von Frauen im Unternehmen außer Acht lassen? Unter Projektleitung von Dr^{in}. Pauline Pointner und Mag^{a}. Gabi Beidl hat man in die neun Kriterien des international standardisierten Business-Excellence-Modell der EFQM (European Foundation for Quality Management for Business Excellence) und AFQM (Austrian Foundation for Quality Management for Business Excellence) die Gender-Ansätze integriert.

Selbstbewertung der Gender-Dimension in Unternehmen

Damit soll in Unternehmen mittels intern durchgeführten Selbstbewertungen auch die Gender-Dimension systematisiert mitberücksichtigt werden.

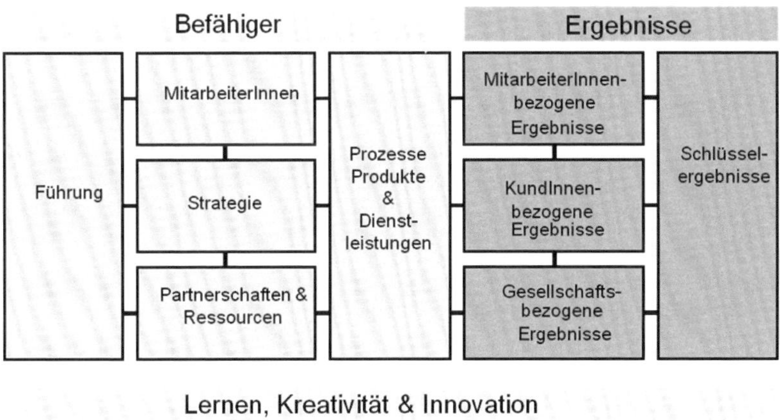

Quelle: EFQM European Foundation for Quality Management und AFQM Austrian Foundation for Quality Management

Die Führung gibt mit dem Leitbild Orientierung für die Entwicklungsprozesse des Unternehmens, sie schafft Strukturen und Rahmenbedingungen für eine von KundInnenorientierung, Qualitätsbewusstsein und Verbesserungsprozessen geprägte Unternehmenskultur und lebt diese Werte auch selbst intern und extern vor. In Policy Deployment- und Strategie-Prozessen werden Ziele, Strategien und Pläne über alle Unternehmensbereiche und hierarchischen Bereiche heruntergebrochen. Mit auf die Unternehmensziele und KundInnenbedürfnisse ausgerichteten Prozesse werden die Strategien wirkungsvoll umgesetzt.

Dies führt zu herausragenden Geschäftsergebnissen. Gemäß der TQM-Grundthese ist KundInnen-Zufriedenheit und –bindung die Grundsäule des Erfolgs.

MitarbeiterInnen-Orientierung ist zwischen Führung, Strategie und den Prozessen angesiedelt. Know-how-Aufbau, Persönlichkeits-, Führungskräfte- und Teamentwicklung sind damit als Führungsinstrumentarium positioniert, mit dem jene Skills geschaffen werden, um die Prozesse gemäß der Unternehmensstrategie umzusetzen. Der geringschätzige Begriff „Humanressource" wird der strategischen Bedeutung der MitarbeiterInnen für zukünftige Erfolge in keiner Weise gerecht. Daher sind auch Kennzahlen zu MitarbeiterInnen-Zufriedenheit und -Bindung wesentliche Ergebnisse, mit denen Business Excellence evaluiert wird. Je persönlicher die Dienst-Leistungen, desto enger ist die Relation zwischen MitarbeiterInnen-, KundInnen-Zufriedenheit und Geschäftserfolg. Der verantwortungsbewusste Umgang mit Ressourcen - wie z.B. auch Wissen und Informationen -, die Gestaltung von Kooperationen und die gesellschaftspolitische Verantwortungen - runden das TQM-Modell ab.

Stärken und Verbesserungspotenziale erkennen mittels Radarlogik

Im speziell dafür geschulten internen AssessorInnen-Team werden mit der so genannten Radarlogik Stärken und Verbesserungspotenziale des unternehmerischen Regelkreises unter Berücksichtigung der Gleichstellung von Männern und Frauen aufgezeigt: Von den angestrebten Zielen und geplanten Ergebnissen (Results) über die systematisierte Vorgehensweise (Approach), die konsequente Umsetzung (Deployment) bis zur kritischen, lernorientierten Selbstbewertung (Assessment und Review).

QuickScan der Gender-Business-Excellence

Schon die Römer wussten:

„Wer den Hafen nicht kennt, in den er segeln will, für den ist kein Wind der richtige."

Lucius Annaeus Seneca

Engagierte Unternehmen, welche die strategische Fokussierung ihrer Aktivitäten, ihres Ressourceneinsatzes und ihrer Aufmerksamkeit checken wollen, können dies in einem eintägigen gecoachten Selbst-Bewertungs-Workshop systematisch evaluieren. Auf der Basis des Gender-Business-Excellence-Modells und der oben dargestellten Radar-Logik werden zunächst die unterschiedlichen Erwartungen der einzelnen Interessensgruppen KundInnen, MitarbeiterInnen, EigentümerInnen, KooperationspartnerInnen und Gesellschaft erfasst. Wie gut ist das Management-Informationssystem geeignet, mit Kennzahlen die Erfüllung der verschiedenen Erwartungen zu überprüfen? Wie werden die Beziehungen zu diesen Zielgruppen gemanagt? Wie gut sind die Organisation und die Kooperationsstrukturen auf diese Erwartungen ausgerichtet? Wie passt das alles zur eigenen Strategie und Planung? Wie spiegelt sich das in der Unternehmens- und MitarbeiterInnen-Führung wider? Durch systematisches Querchecken der unterschiedlichen Sichtweisen wird strategischer Handlungsbedarf identifiziert, der in einem priorisierten Maßnahmenkatalog mündet. Equality Management wird so zum integralen Bestandteil erfolgs- und kundInnenorientierter Unternehmensführung.

Zukunftskonzept Gender-Führungspaare

Die bereichernde Wirkung von Unterschieden gilt vor allem auch in gemischten Führungsteams von Männern und Frauen. Traditionell sind Männer stärker in vorhandene - über Jahrhunderte von Männern entwickelte - Organisationsstrukturen eingebunden, während Frauen eher den Blick und Zugang von außen haben. Der Versuch, Frauen an männliche Verhaltensmuster anzugleichen und ihr - natürlich auch irritierendes - Potenzial an Flexibilität und Innovation zu ignorieren, nimmt den Unternehmen eine Chance. Die Zusammenarbeit von Männern und Frauen in Teams - „Gender-Paare" - kann die optimalen Synergie-Effekte für die Dynamik von Organisationen entstehen lassen.

„Gemischte Doppel" in der Unternehmensführung sehr erfolgreich

Schon in den neunziger Jahren wurde man in den USA auf ein Phänomen aufmerksam: Mann-Frau-Paare sind bei gemeinsamer Unternehmensleitung überaus erfolgreich. Wenn beide fachlich kompetent und erfahren sind und ihre Qualifikationen sinnvoll ergänzen, dann schneiden „gemischte Doppel" besser ab als andere. Auf der Basis gegenseitiger bereichernder Ergänzung können sie auch ihre speziellen Gender-Kompetenzen einbringen und damit effektive Synergien entwickeln. Wenn keineR versucht, seine oder ihre Art, an die Dinge heranzugehen, zur Norm zu machen, sondern die Andersartigkeit als Chance für Entwicklung und Konsens sieht, die den individuellen Bedürfnissen gerecht werden, dann kann eine unglaublich produktive Dynamik entstehen.

Dieses hier auf die (bisherige) Männerwelt bezogene Beispiel gilt aber auch für nur von Frauen geführte Unternehmen. Auch hier kann es passieren, dass sich vorrangig Frauen von der durch Frauen geprägten Unternehmensphilosophie angesprochen fühlen. Die Hinzunahme einer zusätzlichen männlichen Führungskraft kann zusätzliche Aspekte in die Unternehmensführung einbringen und einer ansonsten möglichen einseitigen Entwicklung des Unternehmens entgegenwirken.

Conclusio: Die Unterschiedlichkeit von Frauen und Männern als Chance für Unternehmen und Wirtschaft:

Frauen und Männer bevorzugen oft unterschiedliche Kommunikationsmuster und Problemlösungsstrategien. Menschen mit unterschiedlichen Erfahrungs-, Sozialisations- und Kulturhintergründen erweitern den Wahrnehmungshorizont, die Lösungsperspektiven und das Handlungsrepertoire.

Unterschiedliche Sichtweisen und daraus resultierende divergierende Interessen erzeugen ein konstruktives Spannungsfeld, in dem sich Neues entwickeln kann. Vorausgesetzt, man stellt sich den Konflikten und regelt professionell, wie man gemeinsame, verbindliche Entscheidungen trifft. Die Unternehmensführung muss Rahmenbedingungen gestalten, in denen sich die individuellen Stärken entfalten und Synergien entstehen können. Gegenseitiges Verständnis und Wertschätzung sind das Öl im Getriebe der Zusammenarbeit.

Gemeinsam soll man sich dann die zentralen Fragen stellen:

- „Was haben unsere KundInnen davon, dass wir uns von unseren MitbewerberInnen unterscheiden?"
- „Warum sind wir für unsere KundInnen die beste Wahl?"
- „Mit welchen individuellen Stärken und Potenzialen können die Einzelnen zum gemeinsamen Gelingen beitragen?" und
- „Wie müssen wir uns organisieren, damit wir unsere Kräfte auf KundInnen-Nutzen fokussieren und dabei einen optimalen Wirkungsgrad erzielen?"

„Gemischte Doppel" als Chance, komplexe Probleme in einem dynamischen Umfeld zu meistern

Um für die sich bereits abzeichnenden, zukünftigen Marktentwicklungen gerüstet zu sein, müssen Unternehmen für Männer und Frauen ein attraktiver Arbeitgeber sein, der faire Chancen zur Weiterentwicklung bietet. Gemischte Teams von Männern und Frauen sind eine große Chance, komplexe Probleme in einem dynamischen Umfeld wirkungsvoll zu meistern. Dafür sollte man auf das gesamte Potenzial von Know-How-TrägerInnen und Lösungsansätzen zurückgreifen und nicht von vornherein die weibliche/männliche Hälfte praktisch ausschließen!

Dienstleistungsqualität braucht Beziehungsqualität - und diese wird von Menschen gestaltet und erlebt. Zum Menschsein von KundInnen und MitarbeiterInnen gehört auch das Frau- bzw. Mannsein.

Gender Mainstreaming

Christine Wirl, Gründerin und Geschäftsführerin von „Training", DEM Magazin für Weiterbildung und HR Management interviewte Monika Herbstrith-Lappe im Jahr 2003 zum Thema „Gender Mainstreaming". Die Aussagen und Ergebnisse des Interviews haben nichts von ihrer Wichtigkeit und Aktualität eingebüßt.

1. Was kann Gender Mainstreaming für die einzelne Frau im Berufsalltag tatsächlich bewegen?

Eine Teilnehmerin eines Seminars „Frauen auf dem Weg zur Business Excellence" hat es auf den Punkt gebracht:

„Irgendwann hab ich erkannt, dass ich kein guter Mann werden kann. Da hab ich beschlossen, eine gute Frau zu werden."

Es geht nicht um Gleichbehandlung, sondern um individuelle Behandlung mit Chancengleichheit für Männer und Frauen. Gegenseitiges Verständnis und vor allem auch gegenseitige Wertschätzung der unterschiedlich ausgeprägten Stärken und Problemlösungsstrategien von Männern und Frauen sind dazu die Voraussetzung. Ich selbst genieße es sehr, dass ich mein Frausein auch beruflich einbringen kann und nicht als Möchtegern-Mann auf wesentliche persönliche Stärken verzichten muss.

2. Was ist der Unterschied zwischen Frauenförderung und Gender Mainstreaming (GM)?

Gender Mainstreaming (GM) berücksichtigt Frauen und Männer in ihren unterschiedlichen Sozialisationen. Wenn die Rahmenbedingungen den teilweise unterschiedlichen Bedürfnissen von Frauen und Männern gerecht werden, erzielt man gemeinsam einen wesentlich besseren Wirkungsgrad! In Wirklichkeit fördert Gender Mainstreaming damit auch, dass die MitarbeiterInnen mit Ihren unterschiedlichen persönlichen Stärkenprofilen und Lebenssituationen bewusster wahrgenommen und eingesetzt werden. Männer und Frauen profitieren daher von einer verbesserten Kultur des zielgerichteten Zusammenarbeitens unterschiedlicher Persönlichkeiten. Gender Mainstreaming ist daher kein Ersatz, sondern ein sinnvoller Rahmen für gezielte Frauenförderung in Bereichen, wo diese nach wie vor unterrepräsentiert sind.

Verbesserter Wirkungsgrad durch passende Rahmenbedingungen

3. Was halten Sie von Männerberatung zum Thema Gender Mainstreaming?

Gegenseitige Wertschätzung braucht von beiden Seiten ein gesundes Selbst-Bewusstsein. Das Thema Gender Mainstreaming kann nur gelingen, wenn sich Frauen und Männer mit diesem Thema auseinandersetzen. Frauen reflektieren schon länger über ihre Rolle in der Gesellschaft. Männer haben hier sicher noch einen Nachholbedarf. Mädchen haben zum Beispiel ein sehr breites Spektrum an möglichen Modellen: von der Prinzessin bis zum burschikosen Kumpel. Für Buben bleibt viel weniger Gestaltungsfreiheit, was bei Gleichaltrigen cool ist und akzeptiert wird. Steve Biddulph sagt auch in seinem sehr empfehlenswerten Buch „Männer auf der Suche", dass es ein großer Irrtum ist, dass Männer in einer Männerwelt arbeiten dürfen. Vielmehr leiden sie oft unter Strukturen, die sie in Klischees pressen, großen Druck erzeugen und es ihnen schwer machen, ihr Mann- und Menschsein zu leben.

4. Welche Vorteile hat ein Unternehmen, wenn es GM einsetzt?

Frauen treffen viele Kaufentscheidungen und sollten ihre Kriterien auch in die Produktentwicklung einbringen (dürfen)

Immer mehr Unternehmen kommen drauf, das Kundinnen eine attraktive Zielgruppe sind, die viele Kaufentscheidungen treffen. Wenn ich mich mit den unterschiedlichen Bedürfnissen und Sichtweisen von Frauen und Männern auseinandersetze, die KundInnen sind, muss ich wohl oder übel auch Frauen und Männer in gestaltenden Funktionen als MitarbeiterInnen einsetzen. Gemischte Teams von Frauen und Männern haben große Potenziale, um unternehmensweite KundInnen- und Service-Orientierung zu stärken. Wir sehen Gender Mainstreaming als wesentlichen, integralen Aspekt der Business Excellence. Außerdem sollten es sich die Unternehmen nicht leisten, von vornherein auf den großen Anteil qualifizierter Frauen zu verzichten! In unserer Wissensgesellschaft ist es eine Frage der Zeit, bis das Wetteifern um die besten Köpfe richtig losgeht. Jetzt kann man sich mit dem Thema Gender Mainstreaming noch einen Wettbewerbsvorteil schaffen.

5. Wie sehen Sie die Entwicklung der letzten Jahre im Berufsalltag der Frau?

Keine Frage, dass heute für Frauen mehr möglich ist als noch vor 10 oder 20 Jahren. Allerdings spüre ich in letzter Zeit des wachsenden Kostendrucks auch wieder einen rauheren Gegenwind. Im Moment boomt das Frauen-Thema, oft bleibt es allerdings bei Alibiaktionen. Die konkreten, nachhaltigen Maßnahmen lassen noch auf sich warten.

6. Was muss noch dringend getan werden, damit Frauen und Männer die gleichen Chancen im Beruf haben?

Längerfristig ist vor allem in den Kindergärten und Schulen anzusetzen. Es ist gesellschaftspolitisch sehr bedenklich, dass Kinder bis einschließlich Volksschule fast ausschließlich von Frauen betreut werden, die meist noch sehr wenig Genderbewusstsein entwickelt haben. Hier fehlen Vorbildmodelle. Gezielte Trainings zur Förderung von Gender-Kompetenzen für Männer und Frauen tragen dazu bei, Vorurteile und Ängste zu überwinden, um die Chancen und zusätzlichen Gestaltungsmöglichkeiten zu nutzen. Nicht nur privat, sondern auch beruflich macht es Spaß, dass die Menschheit aus Frauen und Männern besteht.

7. Auf was sollte eine Frau achten, wenn Sie Karriere machen will?
Es ist immer eine Gratwanderung, wie weit man sich den meist männerdominierten Machtstrukturen anpasst und wie man seine individuellen Frauenstärken gezielt einsetzt. Mir hat hier wertschätzender Humor sehr geholfen und vor allem auch das Harvard-Prinzip „weich in der Form und hart in der Sache". EinE MentorIn kann sehr unterstützend sein. Große Potenziale haben auch einerseits gemischte Netzwerke von Männern und Frauen, in denen Wertschätzung gelebt wird und gegenseitige Förderung betrieben wird. Andererseits sind Frauennetzwerke wunderbar zum Erfahrungsaustausch bzgl. gemeinsamer Probleme und unterschiedlicher Strategien.

8. Welche Risiken und Nebenwirkungen gibt es beim Einsatz von Gender Mainstreaming?
Enttäuschungen entstehen aus Erwartungen, die durch Lippenbekenntnisse und Oberflächlichkeiten geweckt werden, und denen dann nicht die entsprechenden Taten folgen. Führungskräfte spielen hier eine zentrale Vorbildrolle. Die Frage „Woran können ihre MitarbeiterInnen erkennen, dass Sie gegenseitige Wertschätzung vorleben" fordert eine angemessene Antwort. Und das Gegenteil von GUT ist nicht SCHLECHT sondern GUT GEMEINT. Es geht nicht um die Umsetzung einer Ideologie, sondern um gezielte, bedarfsorientierte Maßnahmen. Es gilt, die Bedürfnisse der männlichen und weiblichen MitarbeiterInnen zu erfragen und ernst zu nehmen.

9. Wer profitiert Ihrer Meinung nach am meisten von Gender Mainstreaming?
Es geht um ein produktiveres Zusammenarbeiten, das von Wertschätzung geprägt ist. Meiner Meinung nach können daher nur alle (MitarbeiterInnen, Unternehmen und KundInnen) oder keiner profitieren!

Familienfreundlichkeit und Ergebnisorientierung: ein Widerspruch?

Welche Gemeinsamkeiten gibt es zwischen Management und Elternschaft?

Wesentlich mehr als man zunächst annehmen sollte. Kinder haben den Vorteil, dass sie die allgemeingültigen Muster menschlicher Handlungsweisen wesentlich spontaner, direkter und klarer zeigen. Berufstätige Eltern können sich dies in der Arbeitswelt zunutze machen: In Situationen, in denen ManagerInnen bei der Erarbeitung von Lösungen auf der Sachebene in lähmenden Pattstellungen kreisen, hat es sich bewährt, dass man sich die Kinder und deren Bedürfnisse und Reaktionen vorstellt. So kann man wesentlich leichter auf der Beziehungsebene Probleme verstehen und Lösungsansätze finden.

Elternschaft hilft auf der Beziehungsebene Probleme zu verstehen und Lösungsansätze zu finden

Die Perspektive der Kinder wirkt quasi wie eine Vergrößerungslupe für das Verhalten, durch das wir Erwachsene oft nur ansatzweise, subtil, indirekt und verzerrt unsere Wünsche und Befindlichkeiten kommunizieren.

Familie als Management-Intensivtraining für Sozialkompetenz

Die zentrale Erkenntnis ist, dass den Nachteilen der Mehrfachbelastung durch Familie und Beruf die Vorteile gegenüberstehen, dass durch das familiäre, permanente Management-Intensivtraining die Sozialkompetenz wesentlich zunimmt. Während in Seminaren Fähigkeiten des systemischen, ganzheitlichen Denkens und Handelns mühsam vermittelt werden, ist dies für Mütter, die sich im Beruf engagieren und berufstätigen Väter, die es sich nicht nehmen lassen auch in der Familie ihre Rolle aktiv zu gestalten, selbstverständlicher Alltag. Zielorientierung und effizienter Umgang mit der Zeit werden zur Selbstverständlichkeit, wenn zu Hause die Anforderungen der Familie warten.

Der Wunsch nach Respekt und Wertschätzung, das Ausloten und Einfordern von Grenzen, Freude am Gestalten und Motivation durch reizvolle Ziele und Erfolge sind nur einige Aspekte, die einerseits hinsichtlich MitarbeiterInnenführung trainiert werden und andererseits für erziehende Elternteile tägliche Praxis sind. Kinder sind ein ideales professionelles Vorbild hinsichtlich ihrer Neugierde, Dingen auf den Grund zu gehen, Zusammenhänge zu verstehen und Informationen einzufordern. Ihre ausgeprägte Problemlösungskompetenz und die Kreativität im Ausschöpfen der Möglichkeiten sind allemal nachahmenswert. Diese „Familienkompetenzen" von berufstätigen Eltern sollten noch bewusster wahrgenommen und gezielter eingesetzt werden.

Die wirtschaftliche Realität im Berufsleben sieht allerdings oftmals anders aus. In Zeiten der Shareholder Values und des Verdrängungswettbewerbes wird der Aspekt Mensch oft auf Headcounts oder einen Kostenfaktor reduziert. Dies ist gerade in Zeiten, wo vom öffentlichen Dienst bis zu Industrieunternehmen immer mehr Dienstleistungen gefordert werden, ein fataler Fehler. Der größte Zynismus drückt sich im Begriff „full time equivalent" für MitarbeiterInnen aus. Dies ist wohl darauf zurückzuführen, dass die Messmöglichkeiten die wahrgenommene Wirklichkeit stark prägen. Der simple betriebswirtschaftliche Ansatz

„Geschäftserfolg entsteht durch zahlende KundInnen."

mündet hingegen in unternehmensweiter Kundenorientierung.

„Dienst-Leistungs-Qualität braucht Beziehungs-Qualität - und diese wird durch Menschen erfahrbar"

Monika Herbstrith-Lappe

ist die Conclusio langjähriger Wirtschaftserfahrungen rund um das Thema Managementqualität. Die besten Strategien und genialsten Konzepte sind nur so viel Wert, wie es gelingt, sie durch die MitarbeiterInnen im Geschäftsalltag zu beleben und sie damit für die Kunden erfahrbar zu machen. Die Organisation wird von den (potenziellen) Kunden durch die MitarbeiterInnen erlebt. Kunden können erst dann zum Partner in gemeinsamen Erfolgs-Strategien werden, wenn es gelingt, in der Organisation eine Vertrauenskultur des respektvollen Miteinanders zu leben.

Geniale Konzepte müssen von MitarbeiterInnen gelebt und für KundInnen erfahrbar werden

Im Grundsatz

„Die Identifikation der MitarbeiterInnen mit dem Unternehmen ist der siamesische Zwilling des externen Images."

Tipps für berufstätige Eltern

Monika Herbstrith-Lappe ist nicht nur erfolgreiche Trainerin, Coach und Unternehmerin, sondern auch zweifache Mutter. Sie gestaltet auch immer wieder Life-Balance-Trainings für Frauen UND Männer, die ihre Familienverantwortung leben. Aus eigener Erfahrung kann sie daher direkte Tipps für berufstätige Eltern geben. Sinngemäß gilt das natürlich genauso für Menschen, die Betreuungsverantwortung für Angehörige z.B. pflegebedürftige Eltern übernehmen:

1. Verabschieden Sie sich vom schlechten Gewissen:
Schon vielfach untersucht und immer wieder bestätigt: Kinder von berufstätigen Müttern mit mehreren Betreuungspersonen oder mit Betreuung in öffentlichen Einrichtungen sind nicht unglücklicher als andere. Hüten Sie sich vor „das armes Kinde so klein und muss schon raus". Ihr Kind ist wunderbar und darf sich in anregender Umgebung entwickeln.

Privat:
Unsere Kultur ist nach wie vor geprägt von einem großteils unreflektierten Mutter-Mythos der Nazi-Zeit. In unserem Verständnis kommen Säuglinge als Rohlinge auf die Welt, die dann von einer treu sorgenden Mutter zu „ordentlichen" Staatsbürgern erzogen werden müssen. In anderen Kulturen ist man überzeugt, dass Neugeborene wunderbare Menschen sind, auf die man nur aufpassen muss, damit sie nicht verletzt werden. Da geht es dann darum, die Heranwachsenden sich entfalten zu lassen. Monikas Kinder mussten vieles eigenverantwortlich tun, wo anderen von der Mutter geholfen wird.

Dafür hatten sie viele Erfolgserlebnisse - abgesichert durch „Remote Mama": Sie wussten immer, dass Monika per Handy und SMS im Notfall erreichbar ist und Problemlösungen auch aus der Ferne in ihrem Sinn organisieren konnte. Die Löwinnenmutter, die lange auf der Jagd ist, und trotzdem ihre Kinder tatkräftig schützt und unterstützt, war das Bild, das ihren Kindern und Monika Vertrauen gegeben hat. Es gibt KEINE Studien, die belegen, dass die Kinder von berufstätigen Müttern oder auch Scheidungskinder unglücklicher wären als andere!

Kinder brauchen Wurzeln und Flügel.
Johann Wolfgang von Goethe

Der Neurobiologe Gerald Hüther appelliert auch, dass Kinder Herausforderungen brauchen, an denen sie wachsen und die wertvolle Erfahrung der Eigenwirksamkeit machen können.

Studien belegen die hohe Produktivität von berufstätigen Müttern

Beruflich:
Dafür gibt es Studien, die belegen, dass berufstätige Mütter mit Abstand die produktivsten MitarbeiterInnen sind - das gilt in ganz besonderer Weise für Teilzeitbeschäftigte. Eltern, die Beruf und Familie schaukeln, wissen, wie wertvoll Zeit ist und gehen damit sehr verantwortungsbewusst um. Diese Studien werden nicht veröffentlicht und stattdessen wird das schlechte Gewissen der angeblichen mangelnden Flexibilität geschürt. Immer wieder hört man, dass Teilzeit und Karriere nicht vereinbar ist - für Frauen mit Familie. „Ich bin maßgeblich für ein wichtiges Projekt verantwortlich. Da gibt es heute Abend um 17.00 Uhr einen nicht verschiebbaren Termin. Daher muss ich meine Zeit genau planen." ist die selbstbewusste Alternative zum entschuldigenden „Ich kann nicht bleiben, weil ich meine Kinder vom Kindergarten abholen muss."

2. Üben Sie sich im Loslassen:
Egal, wer ihr Kind sonst noch betreut, sie bleiben auf alle Fälle seine einzige und damit Lieblings-Mutter bzw. der Lieblings-Vater. Es ist für das Kind durchaus bereichernd verschiedene Betreuungspersonen zu erleben, bei denen Unterschiedliches wichtig oder verboten ist. So lernt das Kind sich auf verschiedene Menschen einzustellen. Es ist ein Spezifikum unserer Kultur, dass es angeblich so wichtig ist, dass das Kind von einer einzigen Bezugsperson konstant betreut werden soll.

3. Delegieren Sie auch Verantwortungen und nicht nur Aufgaben:
Teilen Sie - wenn möglich - die Kinderbetreuung mit Ihrem/Ihrer PartnerIn. Wenn er/sie das Kind morgens zum Kindergarten bringt, dann nicht, um Ihnen zu helfen, sondern weil er/sie auch seine/ihre Verantwortung für das Kind trägt. Wenn er/sie mit dem Kind zum/zur KinderärztIn geht, kümmert er/sie sich auch wirklich darum. Degradieren Sie ihn/sie nicht zum/zur AusführungsgehilfIn, der/die nach Ihrer umfassenden Vorbereitung von Ihnen einen Teil der Aufgabe übernimmt.

4. Andere sind wirklich anders - und dürfen das auch sein:
Es kann Ihnen schwer fallen zusehen zu müssen, dass andere von Ihnen delegierte Aufgaben anders ausführen. Es führen mehrere Wege nach Rom, auch wenn Sie einen bestimmten bevorzugen. Üben Sie sich darin, Ihre Toleranzgrenzen zwar zu wahren, aber möglicherweise zu erweitern.

5. Konzentrieren Sie sich auf das Wesentliche:
Setzen Sie sich klare Prioritäten und wahren Sie den Blick darauf auch in hektischen Zeiten. Hilfreich ist dabei: Was von dem, das jetzt so dringend erscheint, ist auch noch in einer Woche oder einem Jahr wichtig. Als Faustregel gilt: Zeit, die Sie Ihrem Kind schenken, ist nachhaltiger investiert als in die Perfektion des Haushalts.

6. Genießen Sie die Zeit mit Ihrem Kind:
Sie machen dem Kind ein wunderbares Geschenk für's Leben, wenn es spürt, wie wertvoll Ihnen die gemeinsame Zeit ist. Versuchen Sie so viele Pflichtübungen wie möglich in freudvolle Spiele und Gespräche zu verwandeln. Das Tool Nr. 15 „Freudvoll TUN statt müssen" gilt in besonderer Weise auch für die Betreuung Ihrer Kinder: In der inneren Haltung „Auf welche Geschichte freue ich mich, heute Abend vorzulesen?" oder „Welche Spiele mit den Kindern machen mir Spaß?" oder „Welche gemeinsamen sportlichen und anderen gemeinsamen Freizeitaktivitäten tun mir gut?" ist die Zeit mit den Kindern Ihre regenerative Stresskompetenz *(siehe Seite 281)* oder eine zusätzlich Belastung.

7. Meiden Sie die Stressfalle:
"Ich muss noch schnell ..." ist die Stressfalle schlechthin, die unserer Denkfähigkeit und Produktivität mächtig zusetzt. „Mir ist es wichtig, dass ..." oder „Wenn möglich möchte ich ..." ist zwar die gleiche Anforderung an die Aufgabe, aber ohne die Einengung des Tunnelblicks. So wahren Sie Ihre Kreativität und Leistungsfähigkeit. Die Hirnforschung zeigt übrigens, dass Lachen das beste Mittel gegen Stress ist. Und Ihr Kind bringt Sie doch sicher immer wieder zum herzhaften Lächeln!

Die Einengung des Tunnelblicks bereits sprachlich meiden

8. Nehmen Sie sich Zeit für sich allein:
Bei den vielen Hüten, die berufstätige Eltern auf dem Kopf tragen, kann es immer wieder passieren, dass sie glatt darauf vergessen, dass es sie selbst als Mensch und PartnerIn auch noch gibt. Es ist ein bewährtes Stewardessen-Prinzip *(siehe Tool Nr. 3)*, dass sie zuerst für sich selbst sorgen sollen, um dann auch für andere hilfreich sein zu können. Im Flugzeug werden Eltern aufgefordert, zuerst selbst die Sauerstoffmaske aufzusetzen, bevor sie ihre Kinder damit versorgen. Alles, was Sie in Ihr Wohlbefinden und in Ihre Lebensfreude investieren, kommt auch den Menschen rund um Sie zugute. Geben Sie sich selbst auch die liebevolle Zuwendung, mit der Sie sonst für andere so großzügig sind. Vereinbaren Sie ein Treffen mit sich selbst. Starten Sie in den Tag mit „worauf freue ich mich heute" *(Tool Nr. 1)* und beenden Sie

ihn mit einem Eintrag in ihr persönliches Erfolgstagebuch *(Tool Nr. 10)* „Was ist mir heute gut gelungen, was hat mir Spaß gemacht." Das viele Unerledigte nimmt sich selbst viel Aufmerksamkeit im Hirn. Dabei übersieht man oft das bereits Erreichte. Im Leistungssport schenkt man Erfolgen und Stärken mindestens 80 % und Misserfolgen und Schwächen nur maximal 20 % der Aufmerksamkeit. Ohne Freude und Spaß ist ein Siegen undenkbar. Selbst beim hohen Tempo der Formel1 vergönnen sich die Fahrer einen Boxenstopp. Vereinbarkeit von Familie und Beruf ist wahrlich auch eine Hochleistung!

Aufmerksamkeit lenken: 80% auf Stärken 20% auf Schwächen

9. Lassen Sie sich nicht von den Vorzeigefrauen und -vätern irritieren:
Sie kennen wahrscheinlich das Gefühl: "Was ist nur falsch mit mir, dass ich mich immer wieder überfordert fühle?" Die bekannte Autorin Julia Onken bricht im Buch „Hilfe, ich bin eine emanzipierte Mutter", das sie gemeinsam mit Ihrer Tochter Maja geschrieben hat, ein Tabu unserer Zeit. In einem EMail-Wechsel beklagt sich die Tochter, warum Ihr niemand gesagt hat, wie fordernd bis überfordernd es sein kann, Familie und Beruf unter einen Hut zu bekommen. Die Gesellschaft und auch ihre Mutter haben ihr vermittelt, dass es nur eine Frage des Willens und der Organisation ist. Dann ist die Mehrfachbelastung gut zu schaffen und den Frauen/Männern stehen die Möglichkeiten offen. Vorzeigefrauen/-väter erzählen auch immer wieder, wie es Ihnen gelingt, die unterschiedlichen Rollen zu meistern. Gehen Sie davon aus, dass auch diese zwischendurch das Gefühl der Erschöpfung kennen und ihnen möglicherweise wesentlich mehr Unterstützung zur Verfügung steht als Ihnen. Wenn Sie also einen Durchhänger haben, sollten Sie es zumindest unterlassen, dafür auch noch selbstgeißelnd die Schuld bei sich zu suchen. Nehmen Sie sich lieber fürsorglich-liebevoll in den Arm - so wie Sie Ihre Lieben trösten und ermuntern würden.

10. Lassen Sie sich nicht gegeneinander ausspielen:
"Sie sind eine Rabenmutter, wenn Ihre Kinder groß sind, werden sie Ihnen Vorwürfe machen." hat Monika als Karrierefrau mit zwei Kindern immer wieder gehört. Dafür werden Frauen, die in kinderloser Paarbeziehung leben mit dem Vorwurf „Das ist egoistisch und im Alter werden Sie einsam sein" konfrontiert. Bei Single-Frauen ist es „kein Wunder, dass kein Mann sie will, karrieregeil wie sie ist." Umgekehrt heißt es für Frauen, die kinderbedingt auf Karriere verzichten, dass das kein zeitgemäßes Modell ist, dass es schließlich andere Frauen ja auch schaffen, und dass ihnen die Decke auf den Kopf fallen wird, wenn die Kinder außer Haus sind." Moral von der Geschichte? In allen Lebensmodellen werden sie mit Vorwürfen konfrontiert. Sie haben daher die volle Wahlmöglichkeit! Gegenseitige Achtung für das individuell-stimmige Lebenskonzept hilft allen weiter.

11. Bringen Sie selbstbewusst Ihre Familien-Kompetenzen ins Berufsleben ein:
"Ich war die letzten Jahre nur zu Hause." drückt die geringe Wertschätzung aus, die familiären Aufgaben in unserer Kultur beigemessen wird. „Ich war die letzten Jahre für Multi-Lebens-Management verantwortlich" wird den

komplexen Anforderungen wesentlich gerechter. In der Familienarbeit geht es um etwas so Wichtiges wie das Leben mehrerer Menschen. In Management-Trainings werden systemische Fähigkeiten mühsam trainiert. Wer es versteht, die vielen großen und kleinen Aufgaben zu koordinieren und mit den vielen Unberechenbarkeiten zu jonglieren, erwirbt umfassende Management-Fähigkeiten. Das wurde auch in der Studie „Familienkompetenzen" vom Bundesministerium für soziale Sicherheit und Generationen wissenschaftlich belegt. Diese Studie ist in Buchform veröffentlicht und vom Ministerium zu beziehen. Ganz abgesehen davon, dass man im Umgang mit Kindern unglaubliche emotionale Fähigkeiten erwirbt, die in geringen Abwandlungen genauso für Menschen im Berufsleben anzuwenden sind.

12. Meiden Sie die Falle der Doppelmühle, indem Sie sich bewusst entscheiden:
Es wäre eine Loose-loose-Strategie auf das zu schielen, was Sie gerade nicht (er-)leben. Wenn Sie sich entscheiden länger im Büro zu bleiben, um wichtige Themen zu einem erfolgreichen Ende zu führen, quält Sie der Gedanken, dass Sie wieder zu spät nach Hause kommen, um die Kinder noch wach zu erleben. Umgekehrt, wenn Sie früher nach Hause gehen, um sich Zeit für Ihre Lieben zu nehmen, hängen Ihre Gedanken noch an den unerledigten Aufgaben. Entscheiden heißt Optionen aus- und damit andere abzuwählen. Sie stellen immer einen Wertekonflikt da. Treffen Sie bewusst eine Entscheidung - und stehen Sie dazu. Konfuzius mahnte schon:

„Wohin du auch gehst, geh mit deinem ganzen Herzen."

13. Von der Mehrfach-Last zur Lust an der Vielfalt:
Ja stimmt, Frauen tragen den Großteil der Doppelbelastung zwischen Beruf und Familie. Allerdings ist es auch bereichernd, wenn man einerseits beruflich Erfolge erzielt und andererseits zu den Kindern eine intensive Beziehung leben darf.

Väter nicht (nur) als Entlastung sehen sondern als Mit - Verantwortliche

Es ist eine gesellschaftlich bedenkliche Verzerrung, wenn das Thema „Väterkarenz" als Frauenthema diskutiert wird - nach dem Motto: Die Väter müssen die Frauen entlasten. Der Ansatz sollte vielmehr sein, dass man es Männern ermöglicht, auch ihre Vaterrolle zu leben und ihrer ureigensten Vater-Verantwortung gerecht zu werden. Genießen Sie möglichst oft und bewusst das viele Schöne, das es im Zusammenleben mit Kindern gibt. Monika konnte ihren Kindern sicher nur eine relativ geringe Zeit-Quantität bieten. Dafür haben Monikas Kinder sehr oft erlebt, wie sehr sich Monika auf die Zeit mit ihnen freute, dass gemeinsame Zeit etwas Wertvolles ist. Das ist die Grundlage für eine vertrauensvolle Beziehung mit jeder Menge Gesprächsstoff. Setzen sie klare Prioritäten. Die Lebensqualität Ihrer Familie - Sie selbst einschließlich! - sollte dabei ganz oben stehen.

Gemeinsame und individuelle freudvolle Rituale in ihren Alltag zu integrieren *(siehe Tool Nr. 2)*, fördert einerseits die heitere Gelassenheit und mehrt andererseits die Glücksmomente.

Persönliche Weiter-Entwicklung

Ist es nicht immer wieder überraschend? Ein Unternehmen besteht nicht nur aus Funktionen, Abteilungen und Hierarchien - sondern in erster Linie aus Menschen. Menschen, die nicht erst nach dem Feierabend beginnen mit dem Leben und Menschsein, sondern die vielmehr auch während der Arbeitszeit altern, denken, handeln, Befindlichkeiten haben und Anreize benötigen. Das „Arbeitstier auf Knopfdruck" funktioniert nicht, auch im Arbeitsleben muss der Mensch als Ganzes wahrgenommen und angesprochen werden - sonst ist Höchstleistung nicht möglich.

Das Unternehmen entwickelt sich weiter, wird größer, hat zusätzliche Produkte, Standorte und Abteilungen, passt sich der wandelnden Umwelt laufend an. Und dies ist auch bei den MitarbeiterInnen sinnvoll und erforderlich, sonst wäre es ja auf Unternehmensebene gar nicht denkbar. Kein persönlicher Stillstand, sondern eine permanente Weiter-Entwicklung.

Souveränität gewinnen durch Social Skills

Zwischen Menschen und Funktionalitäten: Souveränität gewinnen durch Social Skills

Der Weg zur Lösung führt über die Menschen

Eine befreundete Tierärztin hat einmal in leicht ironischer Selbstreflexion gemeint: „Weil ich Tiere so mag, habe ich mich bewusst für das veterinär- und nicht für das humanmedizinische Studium entschieden. Jetzt stelle ich fest, dass ich viel mehr Zeit damit verbringe, die Menschen als Tierbesitzer psychologisch zu betreuen als die Tiere zu behandeln." Damit bringt sie auch die Herausforderung vieler ExpertInnen auf den Punkt: Vordergründig geht es um funktionale Lösungen. Doch die Menschen, die hilfesuchend um Expertise bitten, erleben gerade eine Not. Sie kommen alleine nicht mehr weiter, sie brauchen Unterstützung - und Beistand. Engpässe erzeugen in unserem Hirn Stress. Das aktiviert archaische Muster: gleich muss ich mich entscheiden zwischen Kämpfen oder Fliehen. Auf jeden Fall gibt es eine Spannung, unter der die sachliche Denkfähigkeit leidet und die Emotionen leicht außer Kontrolle geraten. Da braucht es vor allem eines: Sicherheit und Orientierung. Das setzt Vertrauen voraus, und das müssen die MitarbeiterInnen zunächst gewinnen. Die neueste Hirnforschung zeigt ganz eindeutig:

Stress in unserem Hirn aktiviert archaische Muster, die Denkfähigkeit leidet

„Zuerst zum Menschen und erst dann zur Sache kommen."

Auch wenn das im krassen Widerspruch zum landläufigen „Kommen wir gleich zur Sache, wir haben nicht viel Zeit." steht. Erst wenn sich Menschen verstanden fühlen, sind sie bereit, sich die Sachlage auch nur anzuschauen. Wenn die Beziehungsebene nicht akzeptiert wird, kann ich auch auf der Sachebene nicht zustimmen. Die Ablehnung findet im „Ja, aber ..." sofort seinen Ausdruck. Dann wird es schwer, aus diesem zeitvernichtenden, pseudosachlichen Ping-Pong-Machtspiel der Argumente und Gegenargumente auszusteigen, um wieder gemeinsam konstruktiv an Lösungen zu arbeiten.

Tragfähige Beziehungen als Basis für Sachargumente

Verständnis zeigen um Verständnis zu erzielen

ExpertInnen und Führungskräfte stehen häufig im Spannungsfeld zwischen wirtschaftlichen Interessen des Unternehmens und den Bedürfnissen der Kunden. Zu überwinden gilt es das Fronten bildende und zum Tauziehen einladende „Entweder-oder-Denken". Das Harvard-Prinzip „Weich in der Form und hart in der Sache" erschließt „sowohl-als-auch-Lösungen". In unserer fakten- und zahlengläubigen Welt verwechseln wir oft Verständnis auf der Beziehungsebene mit Zustimmung auf der Sachebene. Ersteres ist allerdings die Voraussetzung für Zweiteres. Erst wenn der andere sich verstanden fühlt, dass es für ihn - in seinem subjektiven Erleben - ein wichtiges und dringendes Problem ist, kann er mir zuhören, wenn es um die Klärung der Leistungsansprüche oder mögliche Problemlösungszeiten geht. Natürlich verstehe ich, dass der Kunde seine Lösung schon heute gerne hätte. Das ist die beste Voraussetzung dafür, dass ich umgekehrt auf Verständnis stoße, dass der dazu erforderliche Ablauf komplexer ist und es daher mindestens 48 Stunden dauern wird.

KundInnen-Zufriedenheit als Spiegel der MitarbeiterInnen-Motivation

Zu überwinden gilt es dabei vor allem auch die eigene Skepsis. Wenn ich selbst ein mulmiges Gefühl habe, dass Zusatzleistungen auch extra kosten, wird mein Unbewusstes verräterisch genau diese Einwände beim Vis-a-vis auslösen. Es lebe die Macht der selbsterfüllenden Prophezeiungen. Wenn ich selbst ein Problem damit habe, dass ich mich selbst erst erkundigen muss, ist es mein eigenes schlechtes Gewissen, das dem anderen Macht über mich gibt. Einleuchtend, dass der Kunde nur schwer die Leistungen wird annehmen können, wenn der Mitarbeiter selbst sich kaum damit identifiziert. MitarbeiterInnen-Motivation wird damit zum siamesischen Zwilling der Kundenzufriedenheit.

Wert der Leistungen im Mittelpunkt

Wenn MitarbeiterInnen häufig negativen Emotionen und Stress ausgesetzt sind, wird die Fluktuation zum Problem - auch wenn sich die damit verbundenen Kosten nur schwerer in Zahlen fassen lassen wie diejenige der MitarbeiterInnen, die bleiben. Um aus dem zermürbenden Hamsterrad der Routine auszusteigen, kann die Frage „Was macht unsere Leistungen wertvoll?" hilfreich sein. Gefragt ist ein Perspektivenwechsel von

„Was tun wir?"

hin zu

„Was bewirken wir?"

Welchen Beitrag leiste ich zum Unternehmenserfolg?

In der Sichtweise „Ich telefoniere den ganzen Tag und muss mir immer wieder die gleichen Fragen und Nöte anhören." ist es tatsächlich schwer, die Motivation aufrechtzuerhalten. Kluges Selbstmanagement ist die Voraussetzung für Eigenmotivation. „Ich ermögliche, dass unser Unternehmen für die Kunden erreichbar ist. Ich bin die erste Anlaufstelle für die Nöte unserer Kunden, ich sorge dafür, dass ihre Anliegen so erfasst werden, dass die Problemlösung ohne Rückfragen erfolgen kann." etc. gibt meiner Arbeit einen Sinn. Ja, Gespräche mit Kunden werden in ihrem Wert für Image und Zufriedenheit häufig unterschätzt. Studien belegen eindeutig: Kontakte mit MitarbeiterInnen des Unternehmens prägen das Image maßgeblich. Gut gelöste Probleme und nachhaltig bereinigte Unzufriedenheiten vertiefen und stabilisieren Kundenbeziehungen. Und bei internen Imageerhebungen von internen Dienstleistern wie z.B. der IT-Abteilung ist bei der Frage „Was ist Ihnen besonders wichtig?" die Antwort „Erreichbarkeit der Menschen" immer ganz top.

Emotionale Tiefflieger

„Wie komme ich dazu, dass ich mich untergriffig für etwas beschimpfen lasse, wofür ich gar nichts kann?" erzeugt verständlicherweise Frust. Der Spruch von Paul Watzlawick

„Was Peter über Paul sagt,
sagt mehr über Peter als über Paul."

hilft Angriffe nicht persönlich zu nehmen, indem man den Spiegel vorhält und sich fragt „Was steckt dahinter, dass der andere so agiert?" Es hilft leider nichts: Die Emotionen müssen zuerst raus, bevor sachliche Lösungen angedacht werden können. Und wenn die Kunden sie nicht dosieren können, sollten die Mitarbeiter einen Schritt zur Seite machen, damit sie der Schwall nicht trifft. Gelingt es, bei sich den Gedanken zu fassen: „Das ist ja eine unglaubliche Geschichte. Wem könnte ich sie erzählen?" stellt man sich damit auf die Metaebene des Beobachters. Der berühmte Psychotherapeut Viktor Frankl hat mit dieser Technik das Konzentrationslager überstanden: Immer wenn er verzweifelt war, hat er sich selbst mit der Frage gerettet, wie er die von ihm erlebten Phänomene auf einem Kongress berichten würde. Konrad Adenauer hat gemeint:

„Nehmt die Menschen wie sie sind, es gibt keine anderen."

Immer wieder erlebt man spannende Ausschnitte des menschlichen Panoptikums und vielfältige Verhaltensweisen.

Wertschätzender Humor und herzliches Lachen

„Lächeln ist die freundlichste Art die Zähne zu zeigen"

N.N.

hilft eine souveräne Haltung zu bewahren. Denn nicht alles und nicht jeder ist die kostbare Energie des Ärgers Wert. Jedes mal, wenn man es zulässt sich zu ärgern, schwächt man zudem das Glückszentrum im Großhirn. Jeder von uns wird reich mit hochattraktiven Ärgerangeboten bedacht, doch es liegt in einem selbst, welche man davon annehmen möchte. Wertschätzender Humor ist eine wundervolle Form, sie dankend abzulehnen, indem man sie z.B. gedanklich als außergewöhnliche Prachtexemplare ins Kuriositätenkabinett stellt. Neueste Wissenschaft hat noch einen ganz wesentlichen Effekt entdeckt: Im Stress schaltet unser Hirn das Kreativitätszentrum aus. Seinerzeit war es artbedrohend, wenn auf der Flucht die Konzentration abgelenkt worden wäre. Nur in unserem heutigen Stress ist nicht die Flucht oder das Kämpfen, sondern die zündende Idee gefragt. Wenn man es schafft, im aufkeimenden Stress an etwas zu denken oder auf etwas zu schauen, das ein herzhaftes Lachen auslöst, so werden im Hirn die Stresshormone wieder weggewaschen und die Kreativitätsnuss wieder aktiviert.

Nicht jedes Ärgerangebot ist es wert, dass ich mich damit beschäftige

„Wer den Tag mit Lachen beginnt,
hat ihn bereits gewonnen."

Tschechisches Sprichwort

ExpertInnen als Dienst-Leister

Das Wort Dienst-Leistung bringt das Spannungsfeld auf den Punkt: Einerseits braucht es die Leistung, die Professionalität, die Expertise und das Lösungspotenzial. Andererseits aber auch die Demut des Dienens, die ihre Kraft aus dem Selbstbewusstsein und dem Vertrauen in die eigenen Fähigkeiten schöpft. Immer wieder vergessen wir, dass andere tatsächlich anders sind und daher auch anderes wollen und brauchen. Statt sie nach ihren Bedürfnissen zu fragen und ihren Anliegen zuzuhören, stülpen wir ihnen über, was wir selbst gerne hätten. Statt uns auf die Standpunkte der anderen einzulassen und sie in Verbindung mit unseren zu bringen, versuchen wir immer wieder, die anderen nach unseren Vorstellungen zu formen. Die Enttäuschung und Konfrontation ist vorprogrammiert.

> *„Menschen mögen es nicht, wenn man sie als Problem behandelt."*
>
> Monika Herbstrith-Lappe

Vielmehr wollen sie, dass man sie mit ihren Problemen wahr- und ernstnimmt. Der wichtigste Tipp im Umgang mit schwierigen Menschen ist, aufzuhören, sie als schwierig zu kategorisieren. Auch wenn man das Verhalten der anderen nur indirekt beeinflussen kann, hat man es selbst in der Hand, wie man es erlebt und was es in einem bewirkt.

Erfolge ins rechte Licht rücken

Es gehört zu den Charakteristika vieler Leistungen, dass man viel leichter wahrnimmt, wenn etwas nicht funktioniert als wenn es funktioniert. Unterstützt wird dies auch noch durch die selektive Wahrnehmung des Hirns: Angst und Ärger sind wesentlich intensivere Gefühle als Freude. Im Gegensatz dazu beschäftigt man sich im Leistungssport

Das Mentaltraining beschäftigt sich zu 80 % mit Erfolgen und Stärken

- zu **80 % mit Erfolgen und Stärken**
- und **nur zu 20 % mit Niederlagen und Problemen.**

Es zahlt sich aus, immer wieder bewusst wahrzunehmen, wenn etwas erledigt und gelungen ist: Denn daraus bezieht man die Kraft für die nächsten Herausforderungen. Jedes Mal, wenn der Berg des Unerledigten ein Sisyphus-Gefühl weckt, ist es wichtig, auf erreichte Ziele und Zwischenziele zu schauen. „Was hab ich schon geschafft und was gehe ich als nächstes an?" hilft gegen lähmende Erschöpfung. In einer dunklen Phase „heute geht aber auch alles schief" kann ein Bad in einer „Nettigkeitssammlung" positiver Rückmeldungen helfen, sich selbst am Schopf aus dem Sumpf zu ziehen. Darum ist der heiße Tipp ein Erfolgstagebuch zu führen: Am Ende des Tages z.B. auf dem Weg nach Hause noch einmal bewusst selektiv durchgehen, was während des Tages gelungen ist, welche berührenden Begegnungen es gegeben hat und worüber man sich gefreut hat *(Siehe Toolbox Nr. 10. Seite 277)*.

Business - lustvoll - leben

Coaching-Techniken für mehr Lebensfreude im Berufs- und Privat-LEBEN

Es wird immer schwieriger Berufliches und Privates zu trennen. Doch wer sagt, dass Lebensqualität nur in der Freizeit erfahrbar ist? Berufliche Sozialkompetenzen lassen sich auch wunderbar im Privaten nutzen. Umgekehrt ist das private, persönliche Interesse und Engagement auch ein vorzüglicher Motivator im Geschäftsleben.

Vom Opfer zum Täter

„Alle klagen, warum es nicht geht, und dann kommt einer/eine und tut es!"
N.N.

Denn meist gibt es mehr eigene Gestaltungsmöglichkeiten als man zunächst zu erkennen meint. Es fällt oft schwer, sich dem allgemeinen Jammern über die angespannte Wirtschaftssituation zu entziehen. Ja, es braucht manchmal sogar Zivilcourage, sich in einer größeren Runde zu bekennen, dass die Geschäfte gut laufen und man mit dem Job zufrieden ist, sich über Erfolge und das Einkommen freut. Leben wir doch in einer Kultur, in der sich Opfer über Mitleid und Verständnis freuen dürfen, vielleicht sogar als Märtyrer heilig gesprochen werden und das Wort „Täter" offensichtlich negativ besetzt ist. Natürlich tut es manchmal auch gut, in das allgemeine Klagelied über suboptimale, wirtschaftliche Rahmenbedingungen, die Schärfe des Wettbewerbs und die Last der Steuern einzustimmen. Es stimmt auch, dass auf immer weniger Schultern immer mehr Verantwortung ruht! Empathisch-verständnisvolles Mitgefühl ist hilfreich. Das setzt voraus, dass Sie in einer souveränen Haltung dem/der anderen hilfreich die Hand reichen und ihn/sie mit Zuversicht bestärken können. Mitleid hingegen verstärkt das Ohnmachtsgefühl und führt in der Überdosis zur kollektiven Opfertrance.

Für erfolgsträchtiges, lustvolles Business ist es jedoch entscheidend, einen Perspektivenwechsel vorzunehmen: Wenn man sich darauf konzentriert, was man erreichen möchte, welche Voraussetzungen man dafür schon mitbringt und wie es funktionieren könnte, findet man meist auch Lösungen für das, was noch fehlt, was risikoreich ist und was derzeit noch problematisch erscheint. Jeder entscheidet sich immer wieder, ob das Glas halb voll oder halb leer ist. So kann man sich der oft ausgeprägten Mentalität des Jammerns entziehen und sich bietende Chancen und Potenziale nutzen. Mit Segelbooten kann man Rücken- und Gegenwinde zum Vorankommen nutzen. In zielstrebiger Wendigkeit kann man auch gegen den Wind kreuzen. Der Erfolg wird in Regatten üblicherweise gerade in diesen Etappen entschieden!

Einen Perspektivenwechsel in Richtung erfolgsträchtiges, lustvolles Business vornehmen

Smart die Segeln setzen statt verbissen rudern

Alle Trendforscher sind sich einig: Die Anforderungen an Tempo, Flexibilität und kundenspezifische Lösungen werden noch weiter steigen. Von „Flaute" keine Spur. Dieses dynamische Umfeld bietet für überschaubare, smarte unternehmerisch handelnde Menschen ein erfolgsträchtiges Potenzial. Vorausgesetzt sie handeln strategisch und konzentrieren sich darauf, wie die Segel zu setzen sind, um die Kräfte der Winde zu nutzen und die angestrebten Häfen zu erreichen. „Leuchttürme" in Form von strahlenden Visionen sind dabei hilfreich.

„Glücklich, wer mit den Verhältnissen zu brechen versteht, ehe sie ihn gebrochen haben!"

Franz von Liszt

Klare Prioritäten zu setzen ist wichtiger denn je. Strategisches Handeln heißt, alle Aktivitäten, Ressourcen und Energien auf die fixierten Ziele zu bündeln. Je plastischer die angestrebten zukünftigen Erfolge ausgemalt sind, desto wahrscheinlicher wird es, dass sie auch erzielt werden. Wenn die eingeschlagene, geplante Richtung klar ist, kann man in zielstrebiger Wendigkeit die Chancen situativ nutzen. Hierbei ist es hilfreich, sich das Ziel plastisch vor Augen vorzustellen: Denn die immer nur ausschnittsweisen Wahrnehmungen folgen den Vorstellungen, die wie ein Filter selektieren.

„Ich skate dahin, wo der Puck sein wird und nicht da hin, wo er war."

Wayne Gretzky

Denn der Erfolg folgt der Vorstellung vom Erfolg - und braucht Willen und Wollen, eine klare Entscheidung und Entschlossenheit.

Ein schriftlich formuliertes Leitbild fungiert als persönlicher „Orientierungsstern", der - gerade in dunklen Zeiten - die Antwort liefert, wofür sich der Einsatz lohnt!

Erfolgreich mit individueller Persönlichkeit

Motivation ist kein Zustand sondern ein Prozess im Menschen

Der Mythos der Motivation durch andere hält sich hartnäckig. Zu verlockend ist das mechanistische Bild, quasi auf Knopfdruck Verhalten bewirken zu können! Tatsächlich ist Motivation kein Zustand, sondern ein Prozess im Menschen (und nicht zwischen Menschen), in dem die Aktivitätsenergie auf persönliche Bedürfnisse gerichtet wird. Führung kann Motivation ermöglichen und fördern, indem es gelingt, Ausgleich zu schaffen zwischen gemeinsamen Zielen und individuellen Bedürfnissen.

Ja, die uniforme Masse ist wesentlich leichter zu führen als individuelle Persönlichkeiten. Darum werden ja auch MitarbeiterInnen großer Organisationen so gerne in Uniformen gesteckt. Doch der Preis ist eine dramatische Einbuße an Kreativität, Flexibilität und Engagement. Dem einzelnen wird so viel Anpassungsenergie abverlangt, dass darüber hinaus die individuellen Stärken nicht zur vollen Wirkung kommen. Das können sich Unternehmen heutzutage nicht mehr leisten! Das Ziel sollte nicht die objektive Gleichbehandlung sein, sondern die transparente, individuelle Behandlung, wo dem einzelnen faire Chancen geboten werden. Das bipolare, abendländische Denken zwischen „richtig" und „falsch" mit dem moralisierenden Appell, so hat man zu sein, sollte funktionellem Denken Platz machen:

„Wer kann welche individuellen Stärken und Potenziale einbringen und wie können wir damit gemeinsam erfolgreich sein?"

Erfolgsorientierte Organisationen haben mittlerweile erkannt, dass es allemal lohnend ist, die Organisation an die Stärkenprofile, Interessenslage und Bedürfnisse der handelnden Menschen anzupassen. „Lasst uns arbeiten wie Kinder spielen" bringt smartes, lustvolles, konzentriertes, eigenmotiviertes, sehr produktives Arbeiten auf den Punkt. Private Interessen, Hobbys und Fähigkeiten bereichern das berufliche Qualifikationsprofil. „Multi-Lebens-Management der Familie" was von vielen als „nur zu Hause" abgewertet wird, ist dabei eine besonders ergiebige Quelle von Managementkompetenzen, die sich auch beruflich hervorragend nutzen lassen.

Es ist lohnend Organisationen an die Stärkenprofile der MitarbeiterInnen anzupassen

Ball im Tor

Vera Birkenbihl, die beeindruckende Vorreiterin für hirngerechtes Arbeiten, war davon überzeugt, dass es keine externe Anerkennung braucht, um das Engagement der Einzelnen zu wecken. Im Fußball ist der Erfolg durch den „Ball im Tor" offenkundig und das ist der Leistungsanreiz, um immer wieder Einsatz zu zeigen und über die bis dahin bestehenden Grenzen zu wachsen. Setzen auch Sie sich plakative Ziele, quasi „Tore", um sich dann zu freuen, wenn „Ihre Bälle im Tor" landen.

Gefälligkeit, Hilfsbereitschaft und Bescheidenheit sind Tugenden, zu denen viele von uns erzogen wurden. Wenn man aus einem Hobby, aus persönlichen Talenten und kreativen Ideen Business entwickeln möchte, muss die eigene Werteskala hinterfragt und zugunsten anderer Prinzipien der Professionalität zurechtgerückt werden.

Das deutsche Wort „Dienst-Leistung" verbindet das kundInnenorientierte Dienen mit der Professionalität der Leistung. Das eigene Selbst-Bewusstsein ist der siamesische Zwilling und die Voraussetzung für Wertschätzung für andere bzw. von anderen. Je mehr Freude und Spaß der/die einzelne selbst an seiner/ihren Leistungen hat, desto wahrscheinlicher ist es, dass der Funke der Begeisterung auch auf MitarbeiterInnen, KollegInnen und KundInnen überspringt. Alles was man für sich selbst tut, sich zu stärken und zu motivieren, sind gleichzeitig Maßnahmen für einen einladenden Spirit des Unternehmens bzw. des Teilbereichs.

Im gemeinsamen Feiern von Erfolgen wird die Freude über Erreichtes und die Lust an der Leistung kraftvoll vermehrt! Denn noch viel mehr als aus Problemen, kann man aus Erfolgreichem lernen! Die Devise muss lauten: Mehr von dem tun, das sich bewährt hat. In Ihren Aktionslisten findet sich, was noch zu tun ist. Wenn man die persönliche Aufmerksamkeit auch darauf richtet, was bereits begonnen und was bereits erledigt ist, tankt man daraus die Kraft für die nächsten Herausforderungen.

Marketing und Monetising - intern & extern

Vielen kostet es Überwindung, die eigenen Leistungen selbstbewusst ins rechte Licht zu rücken. Man muss schon über den eigenen Schatten springen, um ein angemessenes Entgelt einzufordern. Die Herausforderung besteht in der eigenen Denkbarriere, als geldgierig oder egoistisch zu gelten, wenn man nicht nur die Qualität der Leistungen, sondern auch den persönlichen unternehmerischen Erfolg zielstrebig verfolgt.

„Enten legen ihre Eier in aller Stille, Hühner gackern dabei wie verrückt. Daher isst alle Welt Hühnereier.“

William Claude Fields

Monika outet sich manchmal in der ihr eigenen merk-würdigen und denkanstößigen Weise „gewerbliche Professionelle“ zu sein, die stunden- und tageweise buchbar ist, meist in Hotels mit Ganzkörper-Einsatz arbeitet, den Menschen gut tut, selbst mit viel Lust dabei ist und dafür bezahlt wird. Um Missverständnisse zu vermeiden: Ihr Gewerbeschein lautet auf „Unternehmensberatung“. Mit dieser Provokation möchte sie verdeutlichen, wie speziell bei Frauen Käuflichkeit gesellschaftlich abgewertet wird. Kein Wunder, dass es vielen schwer fällt für ihre Leistungen und Produkte einen angemessenen Preis zu verlangen.

Marketing heißt konsequentes Denken in KundInnen-Nutzen

Marketing heißt konsequentes Denken in KundInnen-Nutzen - intern & extern! In unserer Kultur steht im Mittelpunkt unserer Aufmerksamkeit, was wir tun und womit wir uns beschäftigen. Wesentlich anspornender ist die Frage: „Was bewirke ich mit meinem Tun?“ „Welche Ergebnisse erziele ich mit meiner Arbeit?“ „Worin besteht der Sinn meines Handelns?“ Die Antworten münden dann in Ihrem professionellen Selbst-Verständnis: „Warum sind meine Leistungen für das Unternehmen und die KundInnen wertvoll?“ und

„Warum und für wen bin ich mit meinen Leistungen der/die beste (interne oder externe) PartnerIn?"

Durch wertschätzende, lösungsorientierte Kommunikation verpackt in Coaching-Techniken wird aus dem klaren Wunsch-Selbstbild wahrgenommenes Fremdbild. Überlegen Sie sich, welches Feed-back von anderen Sie über Ihre Leistungen besonders gerne hören würden! Das ist die beste Voraussetzung, dass sich dieser Wunsch als selbsterfüllende Prophezeiung verwirklicht!

Verbindliches „JA" und klares „NEIN"

Das Fordernde und Reizvolle an unternehmerischem Handeln - angestellt oder selbständig - ist, dass man wesentliche Gestaltungsverantwortung trägt. Oft wird dabei übersehen, dass „gut gemeint" das Gegenteil von „gut" ist. Leistungsangebote müssen klar festgelegt sein und verbindlich beauftragt werden. Leistungspakete sind eindeutig abgegrenzt. Wenn Menschen Einsatz leisten wollen, brauchen sie dazu entsprechende Rahmenbedingungen und Ressourcen, damit die persönlichen „PS" auch volle Wirkung zeigen können!

Professionalität besteht darin die Stärken im Team zu nutzen

Weit offen steht jedoch die Denkfalle, zu glauben, alles alleine machen zu müssen. Wahre Professionalität besteht darin, einerseits selbst-bewusst die eigenen Stärken und Kompetenzen zu kennen und andererseits klar zu erkennen, wo die Grenzen der eigenen Ressourcen und Expertise sind und daher eine Delegation oder Kooperation mit SpezialistInnen sinnvoll ist. Immer wieder wird vergessen, dass auch die eigene Zeit wertvoll ist!

**„NEIN zu meinen und JA zu sagen, heißt,
zu sich selbst NEIN zu sagen."**

Um sich auf die ureigene Expertise konzentrieren zu können, muss man die Leistungsangebote anderer ExpertInnen nutzen. Im wertschätzenden, ergebnisorientierten Zusammenwirken der WissensarbeiterInnen liegt das Erfolgspotenzial des Unternehmens. Es stimmt, am Anfang wäre es wahrscheinlich schneller, es gleich selbst zu machen, als es anderen zu erklären, zu unterstützen, zu kontrollieren. Delegation an MitarbeiterInnen und Externe kann aber eine höchst lohnende Zeitinvestition sein!

Get a contact before you need it

Interne und externe Netzwerke eröffnen Türen und Tore zu weiteren, wertvollen Kontakten. Was als interessantes, unterhaltsames Gespräch beginnt, kann als KundInnen-Auftrag oder Karrierechance enden. Gemeinsames Interesse an einem Thema entpuppt sich möglicherweise als Beginn einer wertvollen Kooperation in gemeinsamen Projekten. Die Möglichkeit des Erfahrungsaustausches mit anderen erfolgsorientierten Menschen bestärkt das eigene Tun und relativiert die eigenen Schwierigkeiten.

Vielleicht bieten der/die GesprächspartnerIn genau die Lösung für etwas, was für andere noch problematisch ist. JedeR profitiert umgekehrt auch von den Erfahrungen anderer. Allerdings sagt eine Indianer-Weisheit:

„Gras wächst nicht schneller, wenn man daran zupft."

Hilfreich ist hingegen, für einen guten Nährboden zu sorgen und regelmäßig zu gießen. Beziehungen in Netzwerken müssen reifen und wollen immer wieder gepflegt werden! Wer reich ernten will, muss zunächst mit eigenen Beiträgen und Angeboten sähen.
Es liegt in Ihrer Hand Business lustvoll und profitabel zu leben.

Strategisches Selbst-Management

Das individuelle Erfolgsrezept

Vom Teufelskreis zur Erfolgsspirale: Die Macht der selbsterfüllenden Prophezeiungen wirkt. Es liegt in Ihrer Entscheidung, ob Sie Ihr Lebenswerk in Dur oder Moll wahrnehmen.

Stärken stärken

Psychologische Hemmblockaden kann man sich durch die Pfadfinderübung zur Entwirrung des - scheinbar unlösbaren - gordischen Knotens verdeutlichen. Symbolisch wird so erfahren, wie sich aus der Komplexität einer Vielfalt von Aktivitäten und Abläufen Kernprozesse herauskristallisieren. Die positive Sichtweise der gelungenen Auflösung ruft bei einem Teilnehmer Widerstand hervor: „Also ich kann mich über diesen Erfolg nicht freuen. Ich war mir ganz sicher, dass es nicht gehen kann und war dann enttäuscht, dass ich nicht Recht behalten habe!" Er bringt damit das Dilemma auf den Punkt, dass es in jedem Fall zum Scheitern führt, wenn man halbherzig - nach dem Motto: Ich glaube zwar nicht, dass es gelingen wird, aber ich probiere es halt! - an eine Sache geht. Entweder es gelingt nicht, oder man war mit seiner ursprünglichen Annahme im Unrecht.

Das Spiel so gestalten, dass wir unsere Stärken nutzen und unsere Nachteile umgehen können

Für Organisationen, Teams und Einzelpersonen gilt das gleiche wie für erfolgswillige LeistungssportlerInnen: Sie müssen sich die Frage stellen: Welche Stärken, Potenziale und Vorteile haben wir gegenüber unseren Mitbewerbern? Die Schwächen und „Achillesfersen" interessieren nur so weit, wie sie den Erfolg vermasseln könnten. Strategie heißt in diesem Zusammenhang: Wie müssen wir das Spiel gestalten, dass wir in viele Situationen kommen, in denen wir unsere Vorzüge wirkungsvoll nutzen können und in wenige, in denen unsere Nachteile zum Risiko werden können?

Leitbild als Orientierung

Von erfolgreichen Unternehmen kennen wir es: ein gelebtes Leitbild, welches den MitarbeiterInnen Orientierung bietet und den KundInnen das gewünschte Fremdbild präsentiert. Wesentlich ist die Erkenntnis, dass dies nicht nur bei Unternehmen gilt, sondern auch für jedes einzelne Individuum sinnvoll und hilfreich ist!

Ein gelungenes Leitbild fungiert wie ein Leuchtturm als forderndes und förderndes Wunsch-Selbstbild in Entwicklungsprozessen. Durch konsequentes Handeln und gezielte interne und externe Kommunikation wird es schrittweise auch zur Corporate Identity und zum wahrgenommenen Fremdbild. Individualität, Authentizität und Glaubwürdigkeit sind die Voraussetzungen für den Erfolg. Dementsprechend steht im Mittelpunkt der Mission die Beantwortung der Fragen:

Das Leitbild zur Corporate Identity und zum wahrgenommenen Fremdbild weiterführen

- Was charakterisiert Sie?
- Worin unterscheiden Sie sich von anderen?
- Welchen Sinn stiften Sie?
- Wem bringen Sie welchen Nutzen?
- Was ginge verloren, wenn es Sie nicht gäbe?

Als Konzentrat prägt sich das Mission-Statement ein und sorgt so dafür, dass die Orientierung auch in der Hektik des Alltags nicht verloren geht. Denn noch wichtiger, als Dinge richtig zu tun, ist es die richtigen Dinge zu tun. Dieses Bewusstsein geht gerade in Stresssituationen oft verloren.

Die Vision zeichnet ein Bild von der angestrebten erfolgreichen Zukunft. Wie ein Stern ist sie zwar oft nicht erreichbar, dient aber - gerade auch in dunklen Zeiten - der Orientierung. Mehrere Wege erschließen das individuelle Ziel. Der klassische Zugang für die persönliche Lebensvision ist es, das eigene Lebenswerk im Rückblick einer Grabrede zu beschreiben oder in der Inschrift am Grabstein auszudrücken. Das war uns zu düster. Sinnvoller, weil voll positiver Energie, sollte man sich da lieber die Frage stellen, was die eigenen Enkelkinder einmal über das Leben ihrer Großmutter/ihres Großvaters sagen sollen. „Sie hat Farbe und Freude ins Leben gebracht" würde uns im privaten Umfeld gut gefallen. „Sie hat es salonfähig gemacht, dass auch ManagerInnen wieder von Menschen sprechen." ist unsere persönliche berufliche Vision.

Zielsystematik

Damit auch aus kühnen Visionen realer Profit wird, schließt der persönliche Strategie-Prozess am Leitbild-Prozess an:

- „Auf welche Pferde setze ich, um meine Mission zu erfüllen und mich meiner Vision zu nähern?
- Woran kann ich erkennen, dass ich in Erfolg versprechender Richtung unterwegs bin?"

Die Antworten münden in einem Aktionsplan „Was mache ich bis wann?" Doch Achtung: Auch der längste Weg beginnt mit einem ersten Schritt. Ziele für erreichbare Zwischenetappen erhöhen die Chance wesentlich, dass es am Schluss einen Erfolg zu feiern gibt.

Es braucht Selbstdisziplin, um sich trotz und gerade wegen der Hektik des Alltags auf strategische Fragen der persönlichen Weiterentwicklung zu konzentrieren. Leicht fallen wir im Stress in alte Handlungsmuster zurück und übersehen im Tunnelblick die neuen Möglichkeiten. Hängen Sie sich doch in Sichtweite - zur täglichen Erinnerung an diese Falle - den Spruch auf:

„Männer setzt die Segel, der Wind kommt auf."
„Keine Zeit, wir müssen rudern."
N.N.

Lust auf Erfolg

Selbstbewusstsein stärken

„Das ist ja gar nichts Besonderes." „Das war ja ganz einfach." „Ich hab ja nur ..." Viele Menschen haben es perfektioniert, ihre Leistung reflexartig runter zu spielen, wenn sie Wertschätzung für das von ihnen Geschaffene erfahren. Ist schon eine komische Geschichte, dass viele von uns so ausgehungert nach Anerkennung sind und sich dann so schwer tun, sie anzunehmen. Umgekehrt trifft uns die Kritik anderer sehr heftig. Und oft sind wir selbst unsere strengsten Richter. Allzu gut haben wir kritische Autoritätspersonen verinnerlicht.

Dass Menschen in ihrer Wesensart leider nicht perfekt sind, dafür können wir ja bei anderen durchaus Verständnis entwickeln. Dass das aber auch auf mich selbst zutrifft, ist schon eine harte Nuss! Studien zeigen eindeutig, dass vor allem Frauen tendenziell eher zur Bescheidenheit als zum Selbstbewusstsein neigen: In einem großen Unternehmen haben sich alle Führungskräfte einerseits selbst eingeschätzt und haben andererseits Feed-back von ihrem Umfeld bekommen. Während sich die Männer im Mittel um mehr als 10 % besser eingeschätzt haben als sie eingeschätzt wurden, war es bei den Frauen umgekehrt.

Erfolgreich in souveräner Leichtigkeit

Verbissenes Arbeiten fördert den Tunnelblick und reduziert die Wirkung

Hartnäckig hält sich der Irrglauben, dass eine Leistung nur dann ein Erfolg ist, wenn sie schwer gefallen ist. Hart, fleißig, ernsthaft und aufopfernd zu arbeiten ist in vielen Köpfen nach wie vor die Anforderung an sich selbst.

Doch verbissen erreicht man viel weniger. Das fördert den Tunnelblick und Stress. Spielerisch und humorvoll lassen sich Herausforderungen viel besser meistern. Wenn Dinge leicht von der Hand gehen, spricht das für die eigene Leistungsfähigkeit.

„Lasst uns arbeiten wie Kinder spielen."

ist ein lohnendes Motto, um leistungsstark und lebensfroh private und berufliche Verantwortungen zu tragen.

Auf individuelle Stärken konzentrieren

Im Leistungssport konzentriert man sich zu 80 % auf das Stärken der Stärken. Schwächen finden dort nur dann Beachtung, wenn sie für den Erfolg kritisch sind. Ansonsten werden sie als Teil der individuellen Persönlichkeit akzeptiert. Als Grundsatz gilt

Im Sport konzentriert man sich auf die Stärken, im Leben oft auf die Schwächen

„Mehr von dem tun, das sich bewährt hat"

Und von daher werden Erfolge wesentlich gründlicher analysiert als Niederlagen. Es zahlt sich aus, sich immer wieder bewusst zu machen, was schon gelungen ist und welche Stärken diese (Teil-)Erfolge ermöglicht haben *(siehe auch Tool Nr. 11 auf Seite 277)*.

Damit geht man gut gerüstet in die nächsten Herausforderungen. Schließlich ist das, was viele Menschen beruflich und privat meistern, dem Ausdauer- und Leistungssport absolut ebenbürtig.

Mit Erfolgen identifizieren

Auch hier steht eine Falle weit offen: Viele neigen dazu, Misserfolge sehr persönlich zu nehmen - als neuerlichen Beweis der schon immer angenommenen eigenen Unfähigkeit. Umgekehrt fällt es oft schwer, sich mit den Erfolgen zu identifizieren. Die Wurzeln des Erfolgs werden dann nach außen geschoben. „Da hab ich halt Glück gehabt." „Es war ein tolles Team." „Die Umstände waren günstig."

In Wien kommt diese passive, schicksalhafte Einstellung im Spruch „Das Glück ist ein Vogerl." zum Ausdruck. Das lädt dann ein, sich in „Opferdenken" zurückzulehnen. „Es kommt und fliegt wieder weiter. Was soll ich machen, wenn es an mir immer vorbeifliegt und mir nur von Zeit zu Zeit auf den Kopf schmatzt."

Die Hirnforschung bestärkt hingegen die Idee des

„Glück der Tüchtigen"

Napoleon hat die MitarbeiterInnen bevorzugt, die das Glück zu nutzen verstehen

Napoleon hat bei Beförderungen gerne diejenigen ausgewählt, die Glück haben. Er war davon überzeugt, dass diese viele Fähigkeiten mitbringen: Glückspilze schätzen Situationen umfassend ein, erkennen Chancen und meistern Risiken, sind gut vorbereitet und startklar, wenn sich Chancen bieten, sind vorausschauend und bringen sich damit nicht in missliche Situationen, in denen sie dann Pech hätten.

Robin S. Sharma schreibt in seinem Bestseller „Der Mönch, der seinen Ferrari verkaufte":

„Glück ist die Vermählung der günstigen Gelegenheit mit der soliden Vorbereitung."

Erfolg ist attraktiv

„Cinderella-Komplex" nennt man in der Psychologie das Phänomen, dass viele Menschen nach wie vor häufig Angst davor haben, ihre eigenen Stärken und Erfolge zu zeigen. Vorsichtshalber machen sie sich dann klein und gefällig, um so dem traditionellen Klischee der Liebenswürdigkeit besser zu entsprechen.

Weit offen stehen die „Nettigkeits- und Kumpelfalle". Wie Aschenputtel im grauen Kleid versteckt im Haus ganz fleißig und tüchtig arbeitet, vom Prinzen erkannt und erlöst wird, glauben viele, dass es reicht im Hintergrund Ergebnisse zu liefern, die dann von den anderen automatisch gewürdigt werden und dann den gerechten Lohn erfahren. Im realen Leben finden sich aber ganz schnell andere, die sich mit fremden Federn schmücken und dann den Erfolg (der Frauen) als den ihren verkaufen.

Daher ist es so wichtig, dass Menschen lernen, sich gerne in ihrer ganzen Größe aufzurichten, liebevoll ihren Selbstwert zu pflegen und (Teil-)Erfolge genüsslich zu feiern. Übrigens darf Arroganz und Präpotenz nicht mit Selbstbewusstsein verwechselt werden. Das sind andere Symptomformen der weit verbreiteten Krankheit des verletzten Selbstwertgefühls.

Wenn auch Sie mit Glaubenssätzen wie „Eigenlob stinkt" aufgewachsen sind, so können Sie diese jetzt auch aus einem anderen Blickwinkel sehen *(siehe auch Tool Nr. 47 Seite 305).*

Statt kontraproduktiver Bescheidenheit könnten Sie in würdevoller Demut bzw. demütiger Würde dankbar sein, für die Stärken und Potenziale, die Sie offensichtlich mitbekommen und im Lauf der Jahre entwickelt haben

In Siegerlaune auf der Erfolgs-Spirale:

Glauben Sie, dass einE SchifahrerIn ein Rennen gewinnen könnte, wenn er/sie beim Start an den letzten Sturz denken würde? Sicherlich nicht. Leicht entsteht ein Teufelskreis von Misserfolgen. Unser Hirn behält so gerne Recht. Und so belohnt es uns mit Glückshormonen, wenn unsere wenig zuversichtliche Einstellung in einem Misserfolg mündet und so unsere negativen Erwartungen erfüllt.

Ein kleines Mädchen entkräftete die Einwände der Mutter „Das kannst du nicht. Dafür bist du noch zu klein." Mit einem euphorischen: „Mama ich bin in Siegerlaune." Im Leistungssport ist es absolut üblich, dass SportlerInnen immer wieder die Glücksmomente des Erfolgs im Kopf durchleben und so hochkonzentrierte Energien aktivieren. Wir neigen dazu, das „tapfere Schneiderlein", das sich „7 auf einen Streich" auf den Gürtel gestickt hat, als Angeber moralisch abzuwerten. Tatsächlich führt seine Freude über den (kleinen) Erfolg zu Zuversicht. Diese ermöglicht ihm, auch scheinbar unlösbare Herausforderungen kreativ zu meistern.

Ich bin in Siegerlaune!

Ein österreichisches Finanzunternehmen hatte als Werbeslogan:

„Was wären die großen Erfolge ohne die kleinen."

Wenn es um das Erreichen von Zielen, das Nutzen von Chancen und das Meistern von Hürden geht, ist es sinnvoll, dass Sie sich mit den bisherigen (Teil-)Erfolgen verbinden. Damit untermauern Sie Ihr Selbstvertrauen – ganz im Sinn von Marie von Ebner-Eschenbach:

„Wenn es einen Glauben gibt, der Berge versetzen kann, so ist es der Glaube an die eigene Kraft."

Die Wahrnehmung folgt der Vorstellung

Zu wissen, was ich möchte

„In Zeiten, wo das Wünschen noch geholfen hat ..." ist der Beginn des Märchens vom Froschkönig. Die neueste Hirnforschung belegt eindeutig, dass wir in solchen Zeiten leben: Es gilt auf radikale Weise das Gesetz der selbsterfüllenden Prophezeiungen.

„Die Vorstellungskraft ist mächtiger als die Willenskraft."

Emile Coué

Unser Gehirn kann nicht nicht denken

Sie kennen es bestimmt: Kaum sagt man einem Kind, dass es das Glas nicht fallen lassen soll, schon liegt es unten. Unser Hirn kann nicht „nicht" denken. Wenn Sie sich z.B. vornehmen weniger zu essen, führt das dazu, dass Sie mehr ans Essen denken. Darum ist es so wichtig, zu wissen, was man möchte – und das auch auszusprechen. Als Merkspruch kann die VW-Regel dienen:

Statt als Vorwurf als Wunsch formulieren.

(siehe Toolbox Nr. 42, Seite 302). Das heißt, statt zu sagen und zu denken, was stört, das sagen und denken, was man möchte. „Bitte halte das Glas gut fest." „Ich möchte mich in meinem Körper wohlfühlen." Damit weiß ihr Hirn und auch andere Menschen, was Ihr Wunsch ist. Mit „Mir ist es ganz wichtig, dass ich mich darauf verlassen kann" und „Ich bitte dich, dass du mit meinen Bedürfnissen achtsam umgehst und meine Grenzen wahrst." verschafft man sich viel leichter Gehör als mit „Du bist so unzuverlässig." oder „Du bist so verletzend und egoistisch." Wenn Sie zu einem Taxifahrer am Westbahnhof sagen, „Ich muss ganz dringend weg.", so fängt er mit dieser Information kaum etwas an. Ihm ist auch überhaupt nicht geholfen, wenn Sie ihm erzählen, wo Sie überall NICHT hinwollen. Das Ziel muss positiv formuliert sein, sodass klar ist, was Sie anstreben - und das gilt nicht nur für's Autofahren, sondern insgesamt für die Gestaltung Ihres Lebens.

Der Physiker und Pionier der Kybernetik Heinz von Förster vermittelt uns die Zuversicht:

„Wir haben stets die Freiheit,
uns jene Zukunft zu erfinden,
die wir morgen gestalten wollen."

Mein Denken bestimmt meine Wahrnehmung

> Afugrnud enier Sduite an enier Elingshcen Unvirestiät ist es eagl,
> in wlehcer Rienhnelfoge die Bcuhtsbaen in eniem Wrot sethen,
> das enizg wcihitge dbaei ist, dsas der estre und lzete Bcuhtsbae
> am rcihgiten Paltz snid.
> Der Rset knan ttolaer Bölsdinn sien,
> und du knasnt es torztedm onhe Porbelme lseen.

Unser Hirn nimmt weniger Details als Muster und Wortbilder wahr – der Rest wird ergänzt

Offensichtlich lesen wir Wortbilder und das geht nur, wenn wir sie gut trainiert haben. Ein Leseanfänger oder jemand der die Sprache nicht kennt, kann das nicht. Unser Hirn nimmt nicht die einzelnen Details wahr.

> W13 G3H7 35 1HN3N M17 D3M L353N D13535 73X735?
> 3S 157 G4N2 31NF4CH 2U L353N,
> W3NN 513 51CH 3R57 31NM4L D4R4N G3WÖHN7 H483N
> UND 51CH D4R4UF 31NL4553N.
> J3727 574UN3N 513 ...
> UN53R H1RN 157 G3N14L 1M 3RGÄN23N
> VON 8RUCH57ÜCK3N 2U MU573RN.

Die Muster in unserem Kopf prägen unsere Wahrnehmung. Wir können nur erkennen, was wir kennen.

**„dein Denken bestimmt dein Gefühl und dein Handeln.
Achte darauf, dass du die Gedanken verstärkst, die dir nützen!"**

Unter dem Kernspintomographen kann man das Hirn von OptimistInnen und PessimistInnen erkennen. Befragt man diese, so fühlen sich die Optimisten in ihrem Optimismus bestätigt. „Ja stimmt, manchmal werde ich auch enttäuscht, aber insgesamt fahre ich mit meiner vertrauensvollen Haltung gut." Die Kinderbuchautorin Astrid Lindgren verfügt offensichtlich über eine große Portion Optimismus:

*„Es ist besser, gelegentlich enttäuscht zu werden,
als Niemandem mehr zu vertrauen."*

Die Pessimisten auch: „Wissen Sie, ein Pessimist ist ein Optimist mit Lebenserfahrung. Ich würde ja gerne den Menschen vertrauen, aber wenn man so viel Negatives erlebt hat wie ich ..." Zwar wird man einerseits mit einem mehr oder weniger aktiven Glückszentrum im Hirn geboren, aber freundlicherweise ist andererseits die Glücksfähigkeit trainierbar:
Rufen Sie so oft wie möglich Dinge in ihr Blickfeld und ihr Bewusstsein, die Ihnen Freude bereiten, dann fällt es dem Hirn immer leichter, das Leben in Dur und nicht in Moll zu erleben.

Starten Sie in den Tag mit

- „Worauf freue ich mich heute?
- Was mag ich an mir und anderen?"

und beenden sie ihn mit

- „Was ist mir heute gelungen?
- Was hat mich heute glücklich gemacht?
- Wofür bin ich dankbar?"

(siehe Toolbox Nr. 1,10,20, Seite 270). Die Macht der Emotionen ist erforscht. Im Fürchten und Ärgern sind wir Naturtalente. Das sind ganz intensive Gefühle, die seinerzeit das Überleben der Rudeltiere gesichert haben. Die Fähigkeit zur Freude ist hingegen eine Kulturleistung, für die gilt:

"Use it or loose it."

Schade wäre es, wenn Sie Ihre Glücksfähigkeit schwächen und allmählich verlieren, weil Sie zu oft an die Schatten- und zu wenig an die Sonnenseiten des Lebens denken. Übrigens: Vergleichen macht häufig unglücklich

"Glücklichsein ist ein Maßanzug.
Unglückliche Menschen sind jene,
die den Maßanzug eines anderen tragen wollen."

Karl Böhm

Ich und Er? Mein Körper?

Zunächst war Fitness angesagt. Im Mittelpunkt stand die körperliche Ertüchtigung, die Stählung des Körpers. Dieser Trend wurde abgelöst vom Wellness-Boom. Die genüssliche Entspannung und das Verwöhntwerden sollen helfen, in einer immer anspruchvolleren Leistungsgesellschaft Ausgleich zu finden. Vor uns liegt jetzt das Zeitalter des Selfness: Beginnend mit dem Nomadentum über die Zeit der Ackerbauern, das Industriezeitalter bis zur Informationsgesellschaft hat die Menschheit sich darauf konzentriert, die äußere Umwelt zu beherrschen. Jetzt sollen die Menschen vermehrt Innenschau halten, Eigenverantwortung übernehmen für ihr Wohlbefinden von Körper, Geist und Seele - wie die WHO Gesundheit definiert.

Verantwortung für Wohlbefinden von Körper, Geist und Seele

Alle Trendforscher sind sich einig, dass Gesundheit einer der Megatrends unserer Gesellschaft ist. Einerseits steigt die Bedeutung dieses Themas aufgrund der höheren Lebenserwartung und den demografischen Entwicklungen. Andererseits sind Menschen zunehmend bereit, Zeit und Geld in das eigene Wohlbefinden zu investieren.

Langsam beginnt ein Umdenken. Schon spannend, dass „Pharmazie" vermutlich die gleiche griechische Sprachwurzel wie der „Sündenbock" hat. Statt Eigenverantwortung für den Körper zu übernehmen, werden unerwünschte Reaktionen „in die Wüste geschickt". Es sollte aber um nachhaltige Gesundheitserhaltung und nicht nur um Symptombeseitigung gehen. Gefragt ist eine Lebensgestaltung, die das Wohlbefinden von Körper, Geist und Seele fördert.

„Corgito, ergo sum" als Falle des Abendlandes

„Cogito, ergo sum" - „Ich denke, also bin ich" hat sich als Falle erwiesen. So wichtig dieses berühmte Prinzip von Descartes für den Fortschritt der Menschheit und die Begründung der abendländischen Kultur in der Antike war, so sehr fällt es uns jetzt auf den Kopf: Diese Einstellung hat zu einer Entfremdung des Körpers geführt. Im Berufsleben werden z.B. „Köpfe" gezählt, gedanklich werden die Menschen ihres Körpers beraubt. „Ich und mein Körper" heißt es dann dementsprechend. Als wäre der Körper nicht ein ganz wesentlicher Teil von mir. „Ich gegen meinen Körper" wird dann oft gelebt: Der Körper hat zu funktionieren, der Wille setzt sich durch! Körperliche Signale und Alarmzeichen werden ignoriert und übergangen. Zum Beispiel, dass Leistungsgrenzen überschritten werden, dass dringend Ruhe und Entspannung erforderlich sind, dass das innere Gleichgewicht aus dem Lot ist. Zwei bekannte Werke des Neurowissenschafter António R. Damásio tragen bezeichnenderweise die Titel

„Descartes' Irrtum: Fühlen, Denken und das menschliche Gehirn"

sowie

„Ich fühle, also bin ich: Die Entschlüsselung des Bewusstseins"

Es steht nur scheinbar im Widerspruch zu dieser Entfremdungsthese, dass es in Lifestyle-Magazinen mehr denn je um Körperpflege geht: Meistens beschäftigt man sich damit, wie man äußeren Anforderungen gerecht wird, Defizite ausgleicht und anderen gefällt. Schönheitsideale sind das Korsett der modernen Frau, neuerdings auch das des modernen Mannes.

Alle Menschen sollen ermutigt sein und werden, zunehmend in sich zu fühlen, was ihnen gut tut. Statt Äußerlichkeiten zu kaschieren, sollten sie Wert darauf legen, dass die innere Balance stimmt. Statt sich auf die Wirkung auf andere zu konzentrieren, sollten sie lieber den eigenen Einklang von Körper, Geist und Seele im Auge haben. Statt sich an äußeren Maßstäben zu messen, sollten sie die inneren Werte durch den Körper zum Ausdruck bringen. Sie sollten „ihm", ihrem Körper, die gleiche verständnisvolle, fürsorgliche Zuwendung zukommen lassen, wie ihnen nahe stehenden Menschen. Und als Zeichen dafür jeden Morgen liebevoll vor dem Spiegel „JA" zu sich sagen, „Es ist gut, dass ich lebe und wie ich bin."

Coaching

Impulse zum Erfolg

Wie ein variabler Vergrößerungsspiegel eröffnet Coaching neue Perspektiven von sich selbst, den Problemen und vor allem von den Lösungsmöglichkeiten.

„KundInnen sind kundig." ist die Maxime vom Coaching, respektvoller Umgang mit Menschen ist der zentrale Wert. Hilfe zur Selbsthilfe ist angesagt. Der Kunde ist nicht nur ExpertIn für das Problem. Auch die Lösung steckt schon in einem selbst. Coaches fördern die Erkenntnis der Keime von Lösungsansätzen und unterstützen das Reifen und Sprießen. Gemeinsam freut man sich am Erfolg des Kunden – und an der gewachsenen Lösungskompetenz für zukünftige Herausforderungen. Die Erfolgsspirale ist in Schwung gebracht.

„Was Probleme aufrechterhält,
sind ungeeignete Lösungsversuche."

beschreibt die Abkehr vom klassischen Problemlösungskonzept. Man verbeißt sich schnell ins Problem, das in diesem Blickwinkel immer größer erscheint. Die Schwere des Problems erdrückt die Möglichkeiten und Hoffnungen." Dieses äußert sich z.B. im „Ja, aber...-Spiel", in dem die Zuhörer einer Problemschilderung sofort viele Ratschläge parat haben, die allerdings alle erbarmungslos, am

- „Ja, aber bei mir ist das ganz anders.",
- „Das habe ich alles schon versucht.",
- „Das klingt gut, aber leider geht es nicht."

zerschmettern. Zu oft erinnert der Rat-Schlag an eine Ohrfeige. Lösungen von außen bleiben fremd und werden abgestoßen.

Man muss sich zuerst vom Problem lösen um so Lösungen zu entwickeln

Coachingmethoden ermöglichen, dass man sich vom Problem löst und so Lösungen entwickelt. Der gemeinsamen Definition der Ziele, der so genannten Auftragsklärung, wird dabei breiter Raum gegeben.

Mit kreativen Fragen wird die Aufmerksamkeit in das zukünftige Lösungssystem gelenkt und somit die Bereitschaft für Veränderungen gefördert. Das Repertoire ist vielfältig:

- „Woran werden sie erkennen, dass sich das Problem gelöst hat?",
- „Was könnten Sie mit der Zeit und den Ressourcen anfangen, die bisher das Problem gekostet hat?"

oder auch die so genannten Wunderfragen:

- „Wenn Ihnen in der Nacht jemand heimlich das Problem stehlen würde, woran würden sie das am Morgen merken?
- Was wäre anders?
- Was wäre dann noch möglich?
- Wer würde es merken?
- Worüber würden Sie beim Frühstück sprechen?"

Kreativität, Irritationen, Bilder und Metaphern und nicht zuletzt Humor nehmen den Problemen die Schwere und erleichtern Lösungen.

„Die Probleme von heute waren Lösungen von Gestern."

Der externe Blickwinkel des Coaches und dessen differenziertes Feed-back verschaffen Distanz. Durch die zusätzlichen Perspektiven und Betrachtungen werden Funktionalitäten von Problemen erkannt, die durch vergleichbar Positives im Lösungssystem ersetzt werden müssen. Der Fokus liegt dabei auf der Stärkung der Stärken, den eigenen Gestaltungsmöglichkeiten des Beziehungsnetzwerks und der Nutzung vorhandener Ressourcen. Der Rahmen und Kontext der Betrachtung wird geändert, wodurch oft Nachteile in Chancen mutieren.

Nachteile mutieren zu Chancen, sofern der Rahmen der Betrachtung geändert wird

Teufelskreise selbst erfüllender Prophezeiungen werden so geknackt. Unheilvolle Täter-Opfer-Beziehungen („Der/die müsste sich ändern, dann wäre das Problem gelöst.") werden als kreisende Beziehungssysteme analysiert. Das nimmt die Ohnmacht: Die Veränderung jedes einzelnen Knotens bewirkt, dass sich das Netzwerk neu ausbalanciert.

**„Wirklichkeit ist, was wirkt.
Sie ist damit gestaltbar.
Eine Veränderung der Sichtweise kann oft schon die Lösung sein."**

Der Coach bietet in der heutigen Zeit etwas besonders Wertvolles und Seltenes, nämlich die ungeteilte Aufmerksamkeit und die volle Konzentration auf das Zuhören. Sprechen bringt Ordnung in die Gleichzeitigkeit der Gedanken:

Durch die „serielle Schnittstelle" des Mundes muss man sich ununterbrochen entscheiden, in welcher Reihenfolge man Dinge ausspricht. Innere Prioritäten werden damit wahrnehmbar – durch das Feed-back des Coaches auch für den Betroffenen.

Training

„Training" steht nicht nur als Oberbegriff für Fortbildung, sondern ist zugleich auch der Name der österreichischen Fachzeitschrift für Training und Fortbildung. Monika Herbstrith-Lappe wurde in den letzten Jahren immer wieder zu generellen oder aktuellen Aspekten von Trainings befragt. Wir haben wesentliche Fragestellungen der Redaktion „Training" hierzu nebst den Antworten von Monika Herbstrith-Lappe für Sie zusammengestellt. Sie erhalten so eine Einschätzung zu unterschiedlichen Trainings-Arten, die Ihnen bei dem Folgekapitel, der „Persönliche Weiter-Entwicklung" hilfreich sein können.

Die Zukunft der Weiterbildung

In welcher Form werden sich die Formate von Seminaren Ihrer Meinung nach ändern? Schaffen es endlich Erkenntnisse der Hirnforschung ins Seminardesign?

Nur nachhaltig wirksame Trainings erfüllen das Prinzip der Kosteneffizienz

In der Wirtschaft wird auch in den nächsten Jahren Kosteneffizienz von großer Bedeutung bleiben. Die nachhaltige Wirksamkeit von Training wird daher im Fokus der Entscheider stehen. Hirngerechte Trainingsgestaltung hat genau diesen Vorteil: Nur wenn wir mit eingeschaltetem Lustzentrum lernen, können wir das Erlernte für zukünftige Alltagssituationen kreativ nutzen. Für TrainerInnen gilt daher das Motto: Statt als HauptdarstellerIn zu fungieren als RegisseurIn ein Ensemble führen: das Ziel und die Masteridee im Auge behalten und Rahmenbedingungen schaffen, in denen die TeilnehmerInnen spielerisch über bisherige Barrieren hinauswachsen und so eine High Performance verwirklichen.

Welche Themen werden in Zukunft mehr nachgefragt?

Geschwindigkeit und Dynamik, Komplexität und Grad der Ungewissheit, Leistungsansprüche und Rollenvielfalt steigen. Von daher sind Trainings zum erfolgreichen Gestalten von Veränderungsprozessen sowie zur strukturellen, mentalen und regenerativen Stresskompetenz wichtiger denn je.

Wie kann sich ein Speaker/TrainerInnen in Zukunft besser von seiner Konkurrenz abheben?

Entscheider werden noch mehr neben der fundierten Ausbildung auf die Erfahrung der TrainerInnen achten. Trainingszeit wird immer kostbarer und knapper. Je besser sich einE TrainerIn auf das konkrete Unternehmen einlässt und die Teilnehmer aus ihrer konkreten beruflichen und/oder privaten Lebenswelt abholt, desto effektiver kann er/sie Trainings gestalten. Die Unternehmen werden daher die einzelnen Trainerpersönlichkeiten einem noch gründlicheren Vertrauens-Check unterziehen als bisher. „Wasser predigen und Wein trinken." geht immer weniger durch. Mehr denn je ist Glaubwürdigkeit und Authentizität gefragt.

Motivationstraining

Motivations- bzw. Mentaltraining, worin sehen Sie die Unterschiede?
Die neuesten Erkenntnisse der Hirnforschung stellen unser Menschenbild auf den Kopf - ähnlich radikal wie am Ende des Mittelalters die Physiker erkannt haben, dass die Erde um die Sonne kreist und nicht umgekehrt. Rattenversuche belegen eindeutig, dass bei uns Säugetieren der Beziehungstrieb stärker ist als der Fresstrieb und widerlegen damit die Maslowsche Bedürfnispyramide. Traditionelle Motivationstrainings greifen zu kurz. Die wichtigste Erkenntnis ist, selbst die Verantwortung für die eigene Lebenszufriedenheit und Motivation zu übernehmen. Die wesentliche Botschaft eines wirkungsvollen Mentaltrainings: Lebens- und damit auch Arbeitsfreude findet in deinem Kopf statt - es ist deine Einstellung und es gibt einfache Methoden, wie du sie fördern kannst. Dabei ist es auch wesentlich zu erkennen, Motivation ist kein Zustand, schon gar kein Dauerzustand, sondern ein Prozess, den man immer wieder selbst initiieren kann/muss.

Motivation ist kein Zustand, sondern ein Prozess

Sind Motivationstrainings vor einem großen Publikum a la Höller oder Anthony Robbins noch zeitgemäß?
Motivationstrainings vor großem Publikum können Impulse setzen, die nachdenklich stimmen und ermutigen, alte, begrenzende Muster aufzulösen und neue lebensbejahende, förderliche Sichtweisen zu fördern. Der erste und besonders herausfordernde Schritt im Lernprozess von Verhaltensänderungen ist es, von der unbewussten Inkompetenz in die bewusste Inkompetenz zu gelangen - ganz im Sinn von Sokrates:

„Ich weiß, dass ich nicht(s) weiß."

Das können auch Großveranstaltungen gut leisten: Mir fällt auf, dass etwas schief läuft. Der nächste Schritt ist dann zur bewussten Kompetenz: neue Möglichkeiten für mich, auf meine Motivation zu achten und sie zu fördern. Das geht noch bedingt in großen Gruppen. Da können allgemeine Prinzipien, Methoden, Tools, Tipps und Tricks vermittelt werden.

Wesentlich wirkungsvoller und nachhaltiger sind jedoch individuell maßgeschneiderte Vorgehensweisen. Um auf die einzelnen Persönlichkeiten eingehen zu können braucht es dann ein Setting der Kleingruppe oder des Einzelcoachings. Den wesentlichsten Lernschritt: aus den bewussten Kompetenzen unbewusste Kompetenzen zu gewinnen, d.h. die neuen Methoden auch auszuprobieren, zu trainieren, zu verinnerlichen und nachhaltig zu verankern, kann eine große Gruppe nicht leisten.

Was bringt dem völlig unmotivierten, innerlich schon gekündigt habendeN MitarbeiterIn ein Motivationstraining bzw. WELCHES Motivationstraining braucht so einE MitarbeiterIn?
Zunächst ist die Einsicht wichtig - zuerst der Führungskraft und dann des Mitarbeiters, dass chronisch schlechte Laune nicht das Privatvergnügen und das persönliches Recht des Einzelnen ist. Psychisch gesunde Menschen verfügen über Spiegelneuronen, mit denen wir uns in die Stimmungen vom Vis-a-vis einfühlen. Der Volksmund weiß es auch:

„Wie man in den Wald ruft so ruft es wieder zurück."

Führungskräfte sollten sozialen und emotionalen Umweltschutz forcieren

Jeder Führungskraft wäre klar, dass ein Kritikgespräch anstünde, wenn jemand eine Stinkbombe platzen ließe. Genauso ist es überhaupt nicht o.k., wenn jemand mit emotional ungesundem Frust das Teamklima verpestet. Hirnforscher sprechen von sozialer und emotionaler Umweltverschmutzung. D.h. zunächst gilt es, das Bewusstsein für die Handlungs- und Veränderungsnotwendigkeit der MitarbeiterInnen zu erzeugen. Das braucht das klare, offene, konstruktive Kritikgespräch des Vorgesetzten, allenfalls begleitet und unterstützt von einem Coach. Einerseits wird vermutlich die Arbeitsleistung unter der inneren Kündigung leiden und andererseits ist das Verhalten gegenüber Team und Führungskraft nicht in Ordnung. Dabei ist die gute Botschaft: Du kannst etwas ändern und wir unterstützen dich dabei. Vermutlich braucht es einen Schuss empathisch-humorvoller Provokation, um völlig unmotivierte MitarbeiterInnen aus ihren Spurrillen zu kicken. Ich bevorzuge dazu z.B.

*„Sagt der Sterbende zum Tod: "War das mein Leben?"
sagt der Tod zum Sterbenden:
„Es ist das was du aus deinem Leben gemacht hast!"*

N.N.

oder auch in Anlehnung an „La Pasada" von Anna Poloni:

„Ich will nicht nur untot sein. Ich will leben im Leben"

Beides gilt nicht nur für die Freizeit, sondern auch für den großen Teil unseres Lebens, den wir arbeitend verbringen.

Welche Arten bzw. Methoden beim Motivationstraining zeigen auf, dass mehr möglich ist als man denkt. Ist es immer noch der gute alte Feuerlauf und Co. oder gibt es inzwischen besseres?
Humorvolle, merk-würdige Trainings, die mit Bildern, Sprüchen, Geschichten, Witzen und körperlichen Übungen als Metaphern starke Anker setzen und Glück und Lebensfreude fördern, sind besonders wirkungsvoll und nachhaltig. Leistungsstärke auf Basis von Lebensfreude und nicht auf Kosten von Lebensqualität! Zur Umsetzung haben wir eine „Toolbox für mehr Erfolg, Leichtigkeit und Lebensfreude" entwickelt - mit 50 hochwirksamen Tools, die beruflich und privat einfach anzuwenden sind. Das sind z.B. einfache Rituale wie z.B. in den Tag mit der Frage zu starten „Worauf freue ich mich heute - beruflich & privat?" oder den Abschluss des Arbeitstages mit dem Erfolgstagebuch: „Was ist mir heute gut gelungen? Was sind die Früchte meiner Ar-

beit? Worüber habe ich mich gefreut?" Wir nehmen damit Einfluss auf unsere selektive Wahrnehmung und bringen in ganz einfacher Weise mehr positive Aspekte in Sicht!

Wie muss ein modernes Motivationstraining aufgebaut sein? Wie für die jüngere Generation, wie für die reiferen Jahrgänge?
Bei jüngeren Menschen spielt Humor, Spaß, Zuversicht eine noch größere Rolle als bei älteren Menschen. Motivation braucht kraftvolle, attraktive, glaubwürdige, herausfordernde Ziele. Den Weg dorthin in Etappen einzuteilen und aus Etappenerfolgen Kraft zu schöpfen, steigert die Leistungsfähigkeit. Wir Menschen brauchen Ball-im-Tor-Erlebnisse: „Ich habe es geschafft! Es ist mir gelungen! Wow, toll ist es geworden." Diese intrinsische Motivation ist stärker als jede soziale Motivation von außen. Teufelskreise von Misserfolgen umpolen in Erfolgsspiralen in Siegerlaune: Welche Stärken haben meine bisherigen Erfolge ermöglicht und welche Zuversicht für zukünftige Herausforderungen schöpfe ich daraus? Aus Erfolgen kann man noch viel mehr lernen als aus Niederlagen. Es gilt, den Willen und das Wollen von Leistung und Erfolg zu fördern. Und: Motivation ohne Kommunikation ist Illusion. All das gilt für alle Menschen - für jüngere noch mehr.

Der häufigste Demotivationsfaktor ist der/die Vorgesetzte, das belegen MitarbeiterInnen-Befragungen. Macht es daher überhaupt Sinn, dass genau dieseR ChefIn den/die MitarbeiterIn in ein Seminar schickt, um ihn zu motivieren? Welche Lösungen sind denkbar?
Die Führungsaufgabe mit der größten Hebelwirkung ist es, auf die eigene Motivation zu achten. Selbst gut drauf zu sein ist die Grundvoraussetzung, dass sich die eigene Freude und Begeisterung auch auf andere überträgt. Sinnvoll wäre, dass sich daher die Führungskraft selbst stärkt, damit die gute Laune vom Chef auch andere - einschließlich der frustrierten MitarbeiterInnen - ansteckt und nicht umgekehrt die innerlich Gekündigten das Team vergiften. Am wirkungsvollsten sind maßgeschneiderte Inhouse-Trainings für das gesamte Team. Wenn sie gemeinsam Methoden und Tools kennenlernen, wie sie sich selbst und gegenseitig bestärken können mit Freude sinnvolle Aufgaben zu erfüllen, entfalten diese die größte und nachhaltigste Wirkung.

Polen Sie sich in Siegerlaune auf Erfolgsspirale um

Wie sollte das IDEALE Motivationstraining aussehen und nachwirken? Reichen 2 Tage Training?
Unsere wichtigste Botschaft: Sei das 5. Rad am Wagen – das Lenkrad! In unserer Kultur ist es weit verbreitet, die Verantwortung für unser Lebensglück an andere zu delegieren: mit der Kindheit, mit dem Mann, mit den Nachbaren, mit den Kollegen, mit dem Chef, ... kann man nicht glücklich sein. Die Eigenverantwortung für das eigene berufliche und private Leben wieder zu wecken ist daher der 1. Schritt. Es gilt Menschen zu ermutigen vom ohnmächtig fühlenden Opfer zum freudvollen Gestalter der eigenen Wirklichkeit zu werden. Da wir das, was uns stört und fehlt, wesentlich intensiver wahrnehmen als das, was passt, steht im Mittelpunkt unserer Trainings der Motivations-Check *(siehe Toolbox Nr. 6 Seite 273)*.

Er fördert eine ausgewogene Wahrnehmung, auch wenn sich Probleme und Störfaktoren so viel leichter ins Bewusstsein drängen und sich dort auch hartnäckiger halten. Das, was mich stört oder ich vermisse, ist der Preis für das viele, mit dem ich zufrieden bin. Da unser Lustzentrum im Hirn eigentlich ein Lernzentrum ist, springt es spontan nur dann an, wenn etwas überraschend gut oder besser als erwartet ist. Es braucht eine bewusste Einstellung, um sich auch das vertraut Gute zu würdigen. Ich lade dazu zu dem Gedankenexperiment: "Stell dir vor, morgen gibt es nur mehr das in deinem Leben, wofür du heute dankbar bist!" Viele Menschen würden da morgen entsetzt sein, was alles nicht mehr da ist. Der Perspektivenwechsel

"schreibe heute all das in deine Zufriedenheitsdiagonale, das du morgen schmerzlich vermissen würdest."

lässt uns das Positive in unserem Leben viel klarer erkennen. Statt sich über das Fehlende oder Störende zu ärgern bzw. darunter zu leiden, stellt sich dann die Frage, ob der Preis angemessen für das Stimmige ist. Und dann gilt: „Love it, change it or leave it!"

Speaking statt Training?

Welchen Nutzen für TeilnehmerInnen kann eine gute Rede bringen?

Für mich ist die Frage nicht „Speaking oder Training". Ich bin eine Verfechterin von „sowohl als auch"! Speaking und Training lassen sich wunderbar kombinieren.

Die Phase des Wachrüttelns und der Irritation ist die Basis von Veränderung

Wenn man Veränderungen bewirken möchte, braucht es zuerst die Phase des Wachrüttelns und der Irritation, um das Bestehende zu überdenken. Genau das kann professionelles Infotainment bewirken. In wertschätzenden Humor verpackt erzeugt eine gute Rede Nachdenklichkeit. Es eröffnet neue Perspektiven, erweitert den Denkhorizont und vergrößert so den Handlungsspielraum. Ich nenne das auch Kick-Ass-Consulting: Mit Denkanstößen die Spurrillen des Vertrauten überwinden und über den Tellerrand blicken. Wenn Veränderungsprozesse, Kulturwandel oder gezielter Aufbau von Skills mit einem großen Mitarbeiter-Event als Kick-on beginnen, kann innerhalb kurzer Zeit ein wunderbarer gemeinsamer Nährboden geschaffen werden, auf dem dann gezielte Workshops und Trainings für einzelnen Gruppen besonders effektiv fruchten. Auch kurze Infotainments von 1 bis 2 Stunden können nachhaltig etwas bewirken. Ich freue mich immer wieder über Rückmeldungen von Konferenzteilnehmern, die mir bestätigen, dass sie im Alltag immer wieder an meine Tools, Sprüche, Bilder, Geschichten meiner Keynotes denken und es ihnen erleichtert, Fallen zu erkennen und Herausforderungen in spielerischer Leichtigkeit zu meistern. Speaking ist eine äußerst effektive Möglichkeit, viele Menschen auf einen gemeinsamen Informationsstand zu bringen sowie verbindende Verhaltensweise und Rituale zu etablieren.

Wenn verhaltensorientierte Trainings zur Vertiefung und Verinnerlichung der Inhalte folgen, fördert das natürlich die Nachhaltigkeit.

Wodurch rechtfertigt sich der teilweise sehr hohe Preis pro Vortrag?
Sprint, Mittelstrecken und Marathon sind olympische Disziplinen für die es die gleichen Medaillen gibt. Speaking ist dem Sprint vergleichbar, Training der Mittelstrecke und Beratungsprozesse dem Marathon. Zu argumentieren, die Preise für den Sprint müssten im Verhältnis der Dauer des Laufes kleiner sein als die der Mittelstrecke oder des Marathons, ist natürlich unsinnig.
Ob der Preis eines Redners durch seine Qualität und Wirkung gerechtfertigt ist, ist im Einzelfall zu prüfen. Infotainments und Keynotes, die ich mit Dr. Bernhard Ludwig, Dr. Hirschhausen, dem Dirigenten Christian Gansch, Prof. Gerald Hüther, Prof. Joachim Bauer, Samy Molcho erleben durfte, haben nachhaltige Spuren in meinem Leben hinterlassen. Die sind sicher Ihren Preis wert.

Wie rechtfertigen sich die doch teilweise sehr hohen Speaker-Honorare?

Es gibt die Geschichte von Picasso, der bei einem Treffen auf Wunsch des Freundes in kürzester Zeit eine Bild geschaffen hat. Der Käufer war entsetzt über den hohen Preis des Bildes, das doch nur wenig Zeitaufwand erforderte. Picasso rechtfertigte sich: „Du hast die letzte halbe Stunde erlebt. Tatsächlich beruht das Bild auf jahrzehntelanger disziplinierter Arbeit!"

Bei guten Keynotes ist es ähnlich: Hinter dem, was die Zuhörer erleben steckt einerseits fundierte Vorbereitung und vor allem auch jahrelanger Kompetenz- und Erfahrungsaufbau des Speakers. Ich halte es für fair, den Preis je Teilnehmer umzurechnen. Speaker tragen hohe Verantwortung für die Wirkung im Publikum. Stellen Sie doch das Honorar in Relation zum Wert der beruflichen Lebenszeit der Teilnehmer, indem Sie die Personalkosten der Anwesenden addieren und berücksichtigen, dass Mitarbeiter deutlich mehr leisten müssen, damit das Unternehmen profitabel ist.

Wie lange ist die Vorbereitungszeit für einen professionellen Vortrag?

Wolfgang von Goethe begann am 7. Dezember 1765 einen Brief an Cornelia Goethe mit den Worten

„Bitte entschuldigen Sie den langen Brief,
ich hatte keine Zeit, einen kurzen zu schreiben."

Tatsächlich ist der Vorbereitungsaufwand für Infotainments sehr hoch, weil es darum geht, die Botschaften knackig auf den Punkt zu bringen und das unterhaltsam verpackt. Vor allem gilt es auch, der Breite der Zuhörerschaft und damit der Vielfalt der unterschiedlichen, individuellen Menschen gerecht zu werden. Das setzt fundierte Expertise und eine langjährige Erfahrung mit den unterschiedlichsten Zielgruppen voraus.

Knackige und witzige Infotainments bewirken Veränderung

Was ist für einen professionellen Speaker wichtiger: Inhalt oder Show?

Aus meiner Sicht ist Show ohne fundierten Inhalt sogar gefährlich. Paul Watzlawick hat uns schon daran erinnert:

„Man kann nicht nicht kommunizieren."

Implizit wird immer ein Weltbild mit Werten vermittelt. Wenn dieses nicht fundiert und reflektiert ist, werden leere oder kontraproduktive Versprechen vermittelt, die im wahrsten Sinn des Wortes zu End-Täuschungen führen. In der Profiliga ist Authentizität von größter Bedeutung, um so Glaubwürdigkeit zu wahren und so das Vertrauen zu gewinnen. Zum Glück werden Scharlatane und schwarze Schafe relativ rasch enttarnt.

Was unterscheiden Top-Speaker von Durchschnittlichen?

Menschen abholen, Nachdenklichkeit erzeugen und neue Sichtweisen erschließen

Viele Speaker präsentieren sich und ihre Konzepte - teilweise sogar etwas abgehoben und herablassend. Damit ernten sie teils Bewunderung, teils Widerstand. Die Zuhörer bleiben passives Publikum. Top-Speakern hingegen gelingt es, Menschen abzuholen, wertschätzend wachzurütteln, Nachdenklichkeiten zu erzeugen und neue Sichtweisen zu erschließen. Sie verstehen es, auch in einem vollen Saal die einzelnen Menschen anzusprechen und sie zu ermutigen, weil sie sich verstanden fühlen. Top-Speakern geht es nicht darum zu beeindrucken, sondern vielmehr darum den Zuhörern einprägsame Lösungswege zu eröffnen und sie dafür mit leicht praktikablen Methoden auszustatten. Wenn dies mit plastischen Ankern untermauert wird, so entstehen tiefgreifende Erkenntnisse und nachhaltige Veränderungen.

Wird der Speakermarkt in Österreich noch größer?

Ganz sicher JA! Ich feierte im Herbst 2013 mein 30-jähriges Jubiläum in der Erwachsenenbildung. Zu Beginn dauerten die meisten Trainings eine Woche. Dann waren 3 Tage die Norm. Mittlerweile sind 2-tägige Trainings schon relativ lang. Konferenzen mit mehreren kurzen Keynotes liegen da voll im Trend.

Was sind die besten Tipps für Einkäufer (HR oder GF) um einen guten Speaker zu finden?

Ein guter Indikator ist die Bereitschaft und die Fähigkeit des Speakers, sich auf das Unternehmen, die Zielgruppe und den konkreten Anlass einzulassen. Wir empfehlen kritisch zu hinterfragen, welche Konzepte und Werte die Inhalte fundieren. Die meisten Speaker haben Veröffentlichungen und Bücher. Diese sind aussagekräftiger als Werbetexte.

„Interessiert sich der Keynotespeaker für die Werte des Unternehmens bzw. der Zielgruppe oder der angestrebten Veränderung?" könnte eine Frage sein, die Spreu von Weizen trennt. Und natürlich braucht es auch eine anregende, inspirierende Verpackung! Davon kann man sich am besten persönlich, durch Videoclips oder durch Referenzen überzeugen.

Was sind die besten Tipps für Einkäufer (HR oder GF) um einen guten Preis zu verhandeln?

Eines ist klar:
Eine Trockenbeerenauslese ist teurer als „normaler" Qualitätswein - und das, obwohl die Flasche ein deutlich kleineres Volumen hat. Der Umkehrschluss, dass teuer automatisch besser bedeutet, ist hingegen nicht zulässig. Unerfahrene Weinkäufer kaufen teuer und verlassen sich auf den Namen. Weinkenner beurteilen hingegen die Qualität des Inhalts und der Aufbereitung - und kaufen dann zu einem wesentlich günstigeren Leistungs-/Preisverhältnis. Es gibt hervorragende Speaker auch in der Liga unter 3000 Euro.

Qualität kostet - aber hoher Preis bedeutet nicht zwangsläufig Qualität

Ein entscheidendes Qualitätskriterium ist die Authentizität des Speakers. „Lebt er das, was er auf der Bühne (ver-)spricht auch selbst?" sollte eine wesentliche Frage bei den Begegnungen im Vorfeld sein. Der Speaker sollte sowohl Erfahrung bzgl. der angebotenen Lösungen, als auch Kompetenz bzgl. der zugrunde liegenden Problemstellung aufweisen. Einem asketischen, zur Magersucht neigenden Speaker wird man nur schwer abnehmen, was er Lustessern bzgl. gesunder Ernährung rät - genauso wenig, wie einem selbst deutlich übergewichtigen Trainer.

Bei Psychotherapeuten wird begleitend zur Ausbildung Selbstreflexion in Form von Psychotherapie und Supervision vorausgesetzt. Nur wer mit sich selbst im Reinen ist, kann stimmig das Feuer der Begeisterung entfachen und auf das Publikum übertragen. Ich bin z.B. Ex-Workaholic - kann daher glaubwürdig sowohl die Faszination des Erfolgs, als auch die umsichtige, nachhaltige Burnout-Prävention verkörpern.

Viele Speaker sind im Rahmen von Leistungspaketen auch über die Preise verhandlungsbereit. Wenn z.B. die Keynote für die Mitarbeiter der Auftakt für ein größeres Trainingspaket ist, gewinnt man doppelt: einerseits ein Kick-on auf breiter Basis zu einem vernünftigen Preis und andererseits die nachhaltig Wirkung durch die anschließenden maßgeschneiderten Trainings für einzelne wesentliche Zielgruppen.

Storytelling

Was kann Storytelling für eine Präsentation oder für Wissensvermittlung generell leisten?
Reflexionsfähigkeit ist eine der wichtigsten sozialen Kompetenzen. „Erkenne Dich selbst" kann man im Apollotempel in Delphi lesen. Das ist nicht so einfach, wie es klingt. Der Dunning-Kruger-Effekt wurde mit dem satirischen Nobelpreis ausgezeichnet, weil er zunächst zum Schmunzeln und dann zum tieferen Nachdenken führt: Die beiden Forscher erkannten, dass inkompetente Menschen teilweise mehr Selbstvertrauen haben als kompetente. Unbewusst Inkompetente überschätzen ihre eigenen Fähigkeiten und unterschätzen die der Kompetenten. Viele ZuseherInnen von Fußballspielen sind überzeugt, besser zu wissen als der/die TrainerIn, was das Team zum Erfolg führt. Es braucht bereits Kompetenz, um die eigene Inkompetenz zu erkennen. Bei diesem fundamentalen Lernschritt sind Geschichten äußerst hilfreich. In ihrem Spiegelbild kann man augenzwinkernd und damit leichter verdaulich die eigenen Stärken und Defizite erkennen. Wir alle kennen den Effekt, dass die uns zu den Problemen anderer viel eher Lösungsstrategien einfallen. Selbst haben wir oft blinde Flecken. Geschichten sind eine kreative Form, diese zu beleuchten.

Geschichten, Märchen und Witze als Reflexionsmöglichkeit

Darin besteht auch die Faszination von Märchen: Sie lassen uns die Archetypen unserer Seele verstehen. Die tiefenpsychologische Märcheninterpretation von C.G. Jung bietet faszinierende Einsichten in die Herausforderungen und Lösungsstrategien in der eigenen Lebensgeschichte. Abgesehen davon fördern Geschichten die sinnliche Vorstellungskraft und damit die Leistungs- und Merkfähigkeit unseres Gehirns.

Eine wesentliche Botschaft guter Geschichten ist auch: Ich stehe mit meinen Problemen nicht alleine da. Ich fühle mich mit meinen Herausforderungen verstanden. Geschichten mit Extrembeispielen relativieren auch die eigenen Sorgen und Nöte. Wenn z.B. Führungskräfte im Sandwich über die inneren Loyalitätskonflikte zwischen dem eigenen Vorgesetzten und dem Team klagen, erzähle ich ihnen ein konkretes Beispiel aus der Baubranche: Dort fährt die Führungskraft mit dem Team am Montag von Linz nach Wien und erst wieder am Freitag nach Hause. Tagsüber ist der Chef auf der Baustelle und er übernachtet gemeinsam mit dem Team in der Firmenwohnung. Neugierde ist geweckt, die Problemstellungen und Herausforderungen kommen noch klarer heraus und ich kann mir entspannt denken: Zum Glück teile ich nicht das Badezimmer mit meinen Kollegen!

Welche Geschichten sind denn für Storytelling im Rahmen einer Präsentation geeignet? Was muss eine Geschichte beinhalten, damit sie »funktioniert«?
Storytelling erhöht die Präsenz und fokussiert die Aufmerksamkeit der Teilnehmer. Die Geschichten sollen möglichst viele Menschen abholen, Neugier-

de wecken und gute Emotionen erzeugen. Das funktioniert umso besser, je glaubwürdiger und authentischer die Geschichten sind. Von daher erzähle ich fast ausschließlich Geschichten aus dem eigenen Leben: Neutralisierte berufliche Erfahrungen, Geschichten von Kindern, die Verhaltensweisen viel unmittelbarer und direkter zeigen, Episoden aus Sport und Hobbys. Gegenüber den TeilnehmerInnen oute ich mich meist am Beginn, dass mein didaktisches Prinzip der Loriot'sche Fliegenspray ist: Der deutsche Komiker hat einen Spray erfunden, durch den die Fliegen kaninchengroß werden, damit man sie besser fangen kann. Die satirische Überzeichnung wirkt wie ein Vergrößerungsglas, durch das man entscheidende Details menschlichen Verhaltens leichter erkennen kann. Und durch die merk-würdige Verpackung entstehen hirngerechte Eselsbrücken, die das nachhaltige Merken wesentlich fördern. Super Geschichten sind auch intelligente Witze.

Wie kommt man in der Vorbereitung auf eine Präsentation zu guten Geschichten? Woran erkennt man, ob eine Geschichte gut ist?
Wie beim Fliegen sind Start und Landung besonders erfolgsentscheidend: Im Radiosender Österreich 1 hat es eine eigene Sendung gegeben, in denen 1. Sätze von Romanen vorgestellt wurden. Einstiegssätze zu Lieblingsgeschichten von mir sind zum Beispiel: „Ich war das artigste Kind von Österreich und habe mich weiterentwickelt.", „Ich habe mit meinem Sohn irrtümlich eine Radtour für sportliche Radfahrer gebucht." „Ich hab unabsichtlich das Weltbild einer AKH-Mitarbeiterin nachhaltig erschüttert und erweitert." oder „Mein Kreuzband im Knie ist bei einem Freudentanz in der Arbeitszeit gerissen." Einstiegssätze sollen Spannung erzeugen, Neugierde und Interesse wecken. Er soll überraschend sein und darf auch irritieren. Eine Regisseurin hat mir auf die Frage, was ein guter Beginn eines Theaterstücks sei, geantwortet: „Der Beginn muss immer etwas sein, wo sich die Zuschauer aufrichten und zu sich sagen

Der erste Satz soll sitzen: Es gilt Neugierde und Interesse zu wecken

„Das ist jetzt nicht wahr. Das darf jetzt nicht sein."

Eine wesentliche Rolle spielt auch Humor. Über sich und eigene Pannen schmunzeln und lachen zu können, ist eine sympathische menschliche Fähigkeit von TrainerInnen und Vortragenden und erleichtert wesentlich den Transfer.

Bei funktionierenden Geschichten kippen die TeilnehmerInnen in die Geschichte. Sie erleben sie sinnlich mit. Das geht nur dann, wenn menschliche Grundemotionen wie z.B. der Wunsch nach Akzeptanz, Gemeinschaft, Ängste etc. angesprochen werden. Bei Geschichten die Vorstellungskraft mit vielen sinnlichen Eindrücken zu wecken ist zielführend. In den Zuhörern sollen Bilder, Filme, Klänge, Gerüche entstehen. Sie sollen miterleben und mitzittern. Naheliegend ist, körperliche Empfindungen mit Gestik, Mimik, Körpersprache zu untermauern und zu stärken.

Was ist generell der Unterschied in der Vorbereitung einer Präsentation, wenn ich mit Storytelling als Methode arbeite, im Vergleich zu Methoden, die ohne Geschichten auskommen?

Der Philosoph Martin Buber hat gemeint:

„Wo ein Gespräch gelungen ist, ist uns etwas geblieben, das uns verändert hat."

Jede gute Rede weckt bei der Zielgruppe positive Emotionen

Jede gute Präsentation soll eine Wirkung erzielen, die vorher wohlüberlegt geplant werden muss, und ganz wesentlich vom Zielpublikum abhängt. So gut wie immer geht es dabei nicht nur um Zielsetzungen auf der Sachebene fachlicher Inhalte, sondern auch um die emotionale Ebene. Häufig möchte ich mit einer Präsentation Einstellungen und Verhaltensweisen beeinflussen. Ich möchte z.B. Akzeptanz und Vertrauen der Zuhörer gewinnen, vielleicht sogar eine Entscheidung herbeiführen. Professor Samy Molcho hat gemeint:

„Sessel kann ich auf der Sachebene verrücken. Menschen kann ich nur auf einer emotionalen Ebene bewegen."

Emotionen und Vorstellungskraft sind mit Geschichten viel wirkungsvoller zu fördern als mit Fakten. Selbst wenn ich die Messwerte und Testergebnisse eines Prototypen präsentiere, ist es sinnvoll, diese mit Geschichten zu unterfüttern. Ich kann z.B. erzählen, was für mich selbst überraschend war – bzgl. der Herausforderungen oder der Ergebnisse. Das steigert das Interesse der Zuhörer. Ich kann mich an keine Präsentation in meinem Leben erinnern, die ich ohne Geschichten gehalten habe.

Für das Storytelling ist ja nicht nur der Inhalt der Geschichte wichtig, sondern auch Gestik, Mimik und Stimme. Das gilt zwar für jede Art der Präsentation, aber eben auch für Storytelling. Diese Dinge wollen geübt und trainiert sein, mit der Geschichte alleine ist es nicht getan.

Wie hoch schätzen Sie den Anteil der Geschichte selbst, wie wichtig sind die Präsentationsfähigkeiten des Vortragenden? Oder anders gefragt: Können gute Geschichten Schwächen in Gestik, Mimik, Stimme und Auftritt kompensieren? Fällt es mit einer starken Geschichte leichter, eine gute Präsentation zu halten?
In meiner Freizeit bin ich Gründungsvorstand des Fördervereins Club Max Reinhardt Seminar. Von daher ist es naheliegend, von der Schauspielkunst zu lernen.

Die zentrale Aussage von Max Reinhardts berühmter „Rede über den Schauspieler" ist

„Nicht Verstellung ist die Aufgabe des Schauspielers, sondern Enthüllung."

Im Laienspiel geht es zentral um die Verkleidung. In der Schauspielkunst liegt die Herausforderung darin, unterschiedliche Rollen authentisch zu verkörpern. Storytelling lebt von der Präsenz. Ich selbst erlebe gerade diese Geschichte. TrainerInnen haben die gleiche Herausforderung wie TheaterschauspielerInnen: Sie erzählen immer wieder eine Geschichte - und sie muss immer wieder so funktionieren, als würde ich sie das 1. Mal ganz spontan erzählen. Mein rettender Gedanke aus diesem Dilemma: Ich erzähle zum ersten Mal DIESEN Menschen die Geschichte, den Witz, die Pointe. Ich selbst schlüpfe ganz in die Geschichte, durchlebe sie im Hier & Jetzt. Wenn ich die Episode so verinnerliche, dann verkörpere ich sie auch automatisch.

Das Ziel: Eins werden mit der Geschichte und sie (erneut) miterleben

Storytelling lebt noch mehr von der Gestik, Mimik und Stimme. Von ihnen hängt es ab, ob es gelingt, die Zuhörer zu fesseln. Geschichten zu erzählen, die ich mag, kann helfen, die eigene Unsicherheit und Nervosität zu überwinden. Dem Hirn ist es unmöglich, Angst zu empfinden, während man singt. Darum lässt man z.B. Soldaten Lieder singen oder singen Kinder, wenn sie durch einen dunklen Wald gehen. Storytelling hat ansatzweise auch diese positive Wirkung auf mein eigenes Hirn.

Wie wichtig ist der Spannungsbogen? Können Sie uns Tipps verraten, wie man einen solchen aufbaut und einsetzt?

Der Spannungsbogen ist entscheidend. Ausgangspunkt ist ein starker, überraschender Einstieg, bei dem im Kleinen schon alles enthalten ist (siehe oben.) Besonders wirkungsvoll ist es, wenn sich Geschichten in mehreren Episoden durch den gesamten Vortrag ziehen. Zum Beispiel die Geschichte meines gerissenen Kreuzbands, die bei den einen Assoziationen zu ihren eigenen sportlichen Aktivitäten bzw. Unfällen und bei den anderen Mitgefühl weckt. Ich nutze sie, um einerseits zu erzählen, dass mir mein Missgeschick in der Arbeitszeit bei einem Freudentanz passiert ist, was eine AKH-Mitarbeiterin aus der Fassung gebracht hat. Freude in der Arbeitszeit war für sie nicht vorstellbar. Später erzähle ich, dass wir bei Stress in alte Verhaltensmuster zurückfallen, wie z.B. ich, als ich nach der OP mein Bein nicht bewegen konnte. Oder in einer anderen Trainingspassage, wie wichtig es ist, Druck herauszunehmen: Das Wissen, dass ich mir einen Rollstuhl ausgeborgt habe, war mein Sicherheitsnetz. Mein Popo hat den Rollstuhl nicht berührt – und die Leihgebühr war dennoch super investiert. Wieder später, um zu belegen wie kontraproduktiv Mitleid oder wie wichtig Siegerlaune ist.

Gibt es Studien, dass Storytelling eine bessere Merkleistung mit sich bringt?

DAS Buch zu diesem Thema ist „Stroh im Kopf" von Vera Birkenbihl. Sie hat immer wissenschaftlich fundiert und hirngerecht aufbereitet vorgetragen. Da finden Sie sicher auch Studien.

Im Theater gilt das Prinzip:

„Der/die KönigIn schreitet auf einem bereits vor ihm/ihr ausgerollten roten Teppich."

Bei meinen Vorträgen und Trainings sorge ich dafür, dass meine Kompetenz außer Frage steht. Das erziele ich z.B. durch die Begrüßung und Vorstellung des/der GastgeberIn oder auch durch die wesentlichen Fakten auf einer Einstiegsfolie. Ich selbst behaupte nicht meine Kompetenz durch Selbstvorstellung, sondern lasse sie die TeilnehmerInnen erleben. Ich modifiziere meine Geschichten und Witze immer wieder und baue Schlüsselbegriffe aus der Welt der TeilnehmerInnen ein.

Wichtig ist, dass die Geschichten die spezifischen Herausforderungen der ZuhörerInnen treffend widerspiegeln. Auch wissenschaftliche Erkenntnisse und Studien kann ich trocken ausschließlich auf Basis von Zahlen, Daten und Fakten präsentieren oder viel einprägsamer mit Geschichten zu Details der Studie. Wenn ich Stories zu den Hintergründen einer Studie mitteile, untermauert das zusätzlich meine Kompetenz als Eingeweihte und nicht nur Wiedergebende.

Haben Sie ein Beispiel einer realen Kurzgeschichte, die bei Präsentationen, Seminaren oder Vorträgen gut eingesetzt werden kann?

Langfristig und krisensicher den Lernerfolg sichern: sharkproof!

Mail eines ursprünglich relativ kritischen Trainingsteilnehmer ca. ½ Jahr nach dem Training: „Frau Herbstrith-Lappe, ich denke immer wieder an Sie und Ihr Training. Neulich sind wir in der Karibik geschwommen, wir waren weit weg vom Segelboot und plötzlich sahen wir eine riesige Haiflosse auf uns zu schwimmen. An der Reaktion des Bootsführers haben wir erkannt, dass die Situation ernstzunehmend gefährlich war. Wir hatten keine Chance, ins rettende Boot zu kommen. Da sind mir Sie und ihre Methoden zum Meistern der Stressfalle eingefallen. Es ist mir gelungen, dass wir alle Ruhe bewahren und zu 8. auf einer Doppelluftmatratze ausharrten. Als wieder alle sicher im Segelschiff waren, wurde ich gefragt, wie es mir gelungen ist, Panik zu vermeiden. Da habe ich von Ihnen und Ihrem Training geschwärmt."

Die Idee meiner Methode ist, die Inhalte so merk-würdig zu verpacken, dass unserem assoziativ denkenden Hirn selbst in stressigen Situationen wieder Lösungen einfallen. So gelingt nachhaltige Trainingsumsetzung. Möglicherweise gibt es in Ihrem Umfeld auch Haie, bei deren Anblick sie erschrecken und in die alten Stressmuster Kämpfen, Fliehen oder Totstellen verfallen. Und gute Nachricht: Es gibt viel mehr Möchtegernhaie: Goldfische, die sich Haiflossen umschnallen, um den Schein der Größe und Macht zu erwecken! Also nicht in Panik verfallen sondern die Sharkproof-Toolbox einsetzen!

„Eine meiner wichtigsten Erkenntnisse bzgl. Führungsqualität verdanke ich meiner Tochter. Meine Kinder waren 9 und 7. Hanna ging in die 3. Klasse Volksschule und Tim in die 1. Ich war wirklich in Fahrt. Einerseits führte ich meine zwei Kinder morgens in die Schule und andererseits schimpfte ich mit überreizten mütterlichen Nerven heftig mit meinem Sohn. Ich hatte seit langem wieder einmal in seine Schultasche geschaut und es hat mich beinahe der Schlag getroffen. In einer Moralpredigt ermahnte ich ihn, seine Sachen in Ordnung zu halten. Unbeeindruckt von meinem Schimpfen coachte Hanna ihren Bruder: „Du musst das nicht so ernst nehmen. Rede mit ihr über die Mathebeispiele und dann ist ihr die Schultasche wieder egal." Messerscharf hatte sie erkannt, dass meine Prioritäten als ehemalige Mathematikerin und Physikerin wo anders liegen.

Heute gebe ich Führungskräften den Tipp: Überprüfen Sie – BEVOR Sie eine Regel aufstellen - ob Ihnen die Regel wirklich so wichtig ist, dass Sie die Konsequenz aufbringen, sie einzufordern." *(siehe Toolbox Nr. 39 Seite 300)*.

Diesen Witz erzähle ich meist am Beginn von Trainings:

David ist ein gläubiger Mann und will im Lotto gewinnen. Daher ist es für ihn naheliegend zu beten: „Bitte lieber Gott, lass mich im Lotto gewinnen."

Er ist auch sehr konsequent und betet Tag für Tag, Abend für Abend „Bitte lieber Gott, lass mich im Lotto gewinnen."

Nach einem halben Jahr erscheint ihm der liebe Gott und spricht: „David, bitte, gib mir eine Chance, und kaufe dir endlich einen Lottoschein."

Bitte geben Sie mir eine Chance, ihre Fragen zu beantworten, indem Sie mir Ihre Fragen stellen.

Gerne schenke ich Ihnen Gehör. Das setzt allerdings voraus, dass Sie es aussprechen.

Es gehört zum abendländischen Irrglauben, Wünsche nicht zu äußern und dann ent-täuscht zu sein, wenn sie nicht erfüllt werden.

Wissens-
vermittlung
ist nicht nur
Bring-, sondern
auch sehr stark
Hol-Schuld

Oder als Einstieg diesen Witz: „Selbst der Teufel muss stärker betriebswirtschaftlich denken. Sie können sich vorstellen, der Betrieb einer Hölle ist ganz schön teuer. Steigende Energiekosten usw. Der Teufel überlegt sich, dass er den Kostendruck lindern könnte, indem er Einnahmen generiert. Er könnte gut zahlenden Touristen Führungen durch die Hölle anbieten.
Gedacht, getan. Zusätzliches Personal gibt es keines, also führt der Teufel die kleine Runde exklusiver Besucher durch die Hölle. Er öffnet den ersten Raum. Da sitzt jemand und liest.
Im nächsten Raum stehen ein paar Menschen und plaudern entspannt.
Im dritten Raum sitzen einige beim Essen.
Schließlich wird es einem Touristen zu blöd und er meint: „Das ist Hölle? Auf der Erde erzählt man sich von vor Schmerzen schreienden Seelen." Der Teufel antwortet verständnisvoll: „Ah, sie meinen die Abteilung der konservativen Katholiken. Die wollen das so."

Mit wertschätzendem Humor Profiopfer aus der Falle des Selbstmitleids befreien

Dieser Witz ist eine wundervolle Intervention, um Profiopfer aus der Falle des Selbstmitleids zu kicken. Das eigene Leben zu gestalten und sich selbst klug zu führen, ist zentrales Thema in allen meinen Trainings.

„Vom ohnmächtigen Opfer zum freudvollen Gestalter der eigenen Wirklichkeit."

Oder für Präsentations- und Kommunikationstrainings, wobei der nachfolgende Witz zugleich ein gutes Beispiel für zielgruppenorientierte Kommunikation ist.

„Ein Luxusschiff fährt im nördlichen Eismeer gegen einen Eisberg. Ist ja schon mal vorgekommen. Die Rettungsboote klemmen. Auch das ist bekannt. Sagt der Kapitän zum 1. Offizier: „Gehen Sie durch die Kabinen und sagen Sie den Leuten, dass sie Rettungswesten anlegen und ins Wasser springen sollen." Der 1. Offizier kommt verzweifelt zurück und sagt: „Die springen nicht." Geht der Kapitän selbst durch die Kabinen, nach einer halben Stunde kommt er zurück. „Alle gesprungen." Der 1. Offizier staunt und will wissen, wie das der Kapitän geschafft hat: „Naja, zu den Briten habe ich gesagt, dass es unsportlich ist, nicht zu springen, zu den Franzosen, dass es schick ist zu springen. Den Deutschen hab ich einen Befehl erteilt zu springen. Den Italienern habe ich verboten zu springen. Den Amerikanern habe ich mitgeteilt, dass sie gut versichert sind und den Japanern, dass kaltes Wasser gut ist für die Potenz." Bei diesem Witz hat mich eine deutsche Frau gefragt, was man den Österreichern sagen müsste. Ich schlage vor: „Sie können ja springen, wenn keiner hinschaut."

Nicht nur ein Bild sagt mehr als 1000 Worte. Auch ein Witz kann das!

Dem Einsatz von Humor im Unternehmen werden ja viele positive Effekte nachgesagt, wie z.B. Krankenstands-Reduktion, Burnout-Prävention, verbesserte Fehlerkultur usw. Welche konkreten Schritte empfehlen Sie, um Humor ins Unternehmen zu bringen?

In allen von Monika gestalteten Trainings, Keynotes und Coachings ist Humor ein zentrales Element. Nur wenn wir mit aktivem Lustzentrum lernen, können wir das Gelernte nachhaltig und kreativ nutzen. Das ist die neurobiologische Erklärung für die auch im Volksmund bekannten Eselsbrücken. Viele haben in unserer Kultur verlernt, Humor ernst zu nehmen. Er scheint im Widerspruch zu Seriosität und Ernsthaftigkeit zu stehen. Um sich das Vertrauen zu holen, in humorvoll-provokanter Weise nachhaltige Veränderungen von Sichtweisen, Einstellungen und Verhalten zu bewirken, sorgt Monika dafür, dass in der Ankündigung des Trainings/der Rede darauf hingewiesen wird, dass ihre Ausführungen einerseits neurowissenschaftlich fundiert und andererseits merk-würdig verpackt sind.

Gelotologie heißt die schulmedizinische Forschung zur Gesundheit des Lachens. Lachen ist das wirkungsvollste Mittel, um aus Stress auszusteigen, weil es unsere Muskeln entspannt. Darum „zerkugeln" wir uns vor Lachen. Auch der Volksmund weiß es: Wenn wir noch intensiver lachen, entspannen sich sogar auch die Schließmuskel. Das ist dann ein unerwünschter Nebeneffekt. Es zeigt, dass selbstverständlich auch bei Humor das Paracelsus'sche Prinzip gilt: „Die Dosis macht das Gift zur Medizin." Miteinander zu lachen ist höchst gesund und entspannend. Sich auf Kosten anderer lustig zu machen, der toxische Doppelgänger.

Vera Birkenbihl hat Ihr Buch zum Humortraining „An Ihrem Lachen soll man Sie erkennen" betitelt. Sie nimmt damit Bezug auf ein Zitat von Goethe:

„Durch nichts bezeichnen die Menschen mehr ihren Charakter als durch das, was sie lächerlich finden."

Tatsächlich pfeift durch jeden Witz ein Hauch von Wahrheit. Humor ist eine Verpackung, die hilft Inhalte zu vermitteln und Zuhörer emotional zu bewegen.

Albert Camus verweist mit seinem Ausspruch

„Die meisten großen Taten, die meisten großen Gedanken haben einen belächelnswerten Anfang."

auf die innige Verbindung von Humor und Kreativität.

Wenn wir spielerisch blödeln, dann sind unter vielen „Schnapsideen" auch großartige Innovationen, die wir häufig nicht gleich als solche erkennen. Darum gilt ja auch bei Kreativitätsprozessen, dass zunächst alle Ideen willkommen sind und nicht gleich bewertet werden.

Am effektivsten impft man ein Unternehmen mit Humor-Keimen, indem eine breite Basis gemeinsam erlebt, wie ein inhaltlich-fundiertes, humorvoll-verpacktes Infotainment lustvoll-intensive Energie und Aufbruchsstimmung erzeugen kann. So können viele freudvoll-lustige Anker gesetzt werden, die tiefgründig zum Nachdenken anregen. Gemeinsam zu lachen ist einerseits befreiend und andererseits verbindend. Pointen, die man teilt, eignen sich hervorragend als teambildende Insider. Gegenseitig kann man sich dann auch aus der Stressfalle helfen, indem man an heiter Gelerntes auch in stürmischen Situationen erinnert.

Sie bauen den Großteil Ihrer Seminare auf Storytelling auf? Warum? Welche Vorteile hat das für Sie?

Ich habe als 22-jährige Frau nach Abschluss meines Doppelstudiums in der Erwachsenenbildung an einer Höheren Technischen Lehranstalt abends dreißig Männer in Mathematik und Physik, später auch in statistischen Methoden der Qualitätssicherung unterrichtet. Teilweise hatte ich die undankbare Aufgabe, in den letzten Stunden den relativ trockenen Stoff zu vermitteln.

Damals habe ich intuitiv begonnen, statistische Aufgaben in lustige Geschichten zu verpacken, um so die Aufmerksamkeit zu erhöhen. Ich habe mir damals marketingtechnisch in meiner Fantasie einen Ur-Ur-Ur-Großvater zugelegt, der Hofnarr war.

Mit diesem wertschätzenden Humor konnte ich mein fundiertes Wissen so vermitteln, dass es auch deutlich ältere Menschen als ich gut gesichtswahrend annehmen konnten. Ich habe dann sogar begonnen, die Gaußsche Glockenkurve der Normalverteilung im Ausdruckstanz zu verdeutlichen. „Sigma ist in Brusthöhe." wissen meine ehemaligen Schüler auch noch nach 30 Jahren.

Später habe ich meine unbewussten, intuitiven Kompetenzen des Geschichtenerzählens auf professionelle Beine gestellt, indem ich es mit Ausbildungen nachträglich fundiert habe. Unter anderem habe ich mir von RegisseurInnen Feed-back geben lassen, warum meine Geschichten so gut funktionieren und wie ich sie noch verfeinern kann.

Kreatives Lernen und High Performance finden im Lustmodus des Gehirns statt

Eine zentrale Erkenntnis der Hirnforschung besteht auch darin, dass der Lustmodus High Performance und kreatives Lernen ermöglicht. In der Kombination zwischen analytischem Denken mit der Schubkraft positiver Emotionen liegt der nachhaltige Erfolg.

Die Kombination von neuesten Erkenntnissen der Neurowissenschaften, mit glaubwürdigen, mitreißenden Geschichten, ansprechenden Bildern und einfachen, wirksamen Tools sind die Säulen von nachhaltigen, hochwirksamen Trainings.

toolbox zur konkreten Anwendung

Hochwirksame Interventionen für mehr Erfolg, Leichtigkeit und Lebensfreude von Monika Herbstrith-Lappe

1. Freudvolle Perspektiven:

Starten Sie in den Tag mit der Frage:

„Worauf freue ich mich heute - privat und beruflich?"

In Ausnahmefällen, darf dann die Antwort auch sein: „Wenn er heil überstanden ist." An solchen Tagen ist es dann ganz wichtig, dass Sie sich noch etwas einplanen, worauf Sie sich freuen können. Sorgen Sie dafür, dass es in Ihrem Leben ausreichend Lichtblicke gibt. Wenn es Ihnen oft schwer fällt, etwas Positives zu finden, gibt es Entscheidungsbedarf in Ihrem Leben *(siehe auch Tool Nr. 6 Motivations-Check)*. Wenn Sie unangenehme Aktivitäten, Gespräche oder Termine erwarten, planen Sie danach etwas ein, worauf Sie sich freuen können. Da die Wahrnehmung der Vorstellung folgt, nehmen Sie damit maßgeblich Einfluss auf Ihr Erleben. Lebensqualität ist wesentlich, sowohl im Privat- als auch im Berufsleben. Sichern Sie sich daher freudvolle Perspektiven in allen Lebensbereichen.

2. Ankern Sie positive Rituale in Ihrem Alltag:

Vertraute Abläufe sind äußerst hirngerecht und schützen gegen Stress

Das Gegenteil von Stress ist Vertrauen und Vertrautheit. Rituale, d.h. gleichbleibende Abläufe in ihrem Leben sind äußerst hirngerecht und stärken das emotionale Immunsystem. Am besten lassen Sie sich etwas einfallen, was Sie täglich gleich am Morgen machen können, um in Ihrem Hirn positive Emotionen auszulösen. Das kann ein genüssliches Frühstück sein, ein gemeinsames Ritual mit lieben Menschen, eine sportliche Aktivität, das Schnurren oder andere Liebesbeweise von Haustieren, Zeitunglesen, ein Spaziergang oder das Radeln zur Arbeit, das Verwandeln des täglichen Duschens in einen Tropenregen oder ... Ihrer Fantasie sind keine Grenzen gesetzt. Werden Sie zu ExpertInnen Ihrer höchst persönlichen regenerativen Stresskompetenz:

**„Was tut mir gut?
Wie kann ich mich entspannen?
Wie kann ich auftanken?"**

So viele Menschen sind Profis und wissen ganz genau, worunter sie leiden - und relativ planlos, wie sie sich selbst beglücken können.

Positive Rituale in Ihrem privaten und beruflichen Alltag werden zu Ihren höchst persönlichen Boxenstopps, die verhindern, dass sich Ihre Akkus tiefentladen und ausbrennen. Am Übergang von beruflichem zu privatem Leben und vor dem Einschlafen sind sie auch höchst bedeutsam. *(z.B.Tool Nr. 10 Erfolgs-Tagebuch, Tool Nr. 20 Dankbarkeit, Tool Nr. 3 Stewardessen-Prinzip).*

3. Stewardessen-Prinzip:

Alles, was Sie tun, damit Sie an Ihren Aufgaben Freude haben, ist die wichtigste qualitätssichernde Maßnahme und hat den größten Einfluss auf die Motivation anderer.

So wie FlugbegleiterInnen immer zunächst sich selbst mit Sauerstoff versorgen, um dann andere umso besser unterstützen zu können, ist die Pflege Ihrer Lebensfreude, Eigen-Motivation und Leistungsstärke das Wichtigste und das, womit Sie in Ihrem Umfeld am meisten bewirken können.

Die Pflege der Eigen-Motivation und Lebensfreude wirkt auch auf andere

Verschaffen Sie sich daher möglichst viele „Ball-im-Tor-Erlebnisse" *(siehe Tool Nr. 10 Erfolgs-Tagebuch)*, um daraus Kraft zu schöpfen. Nehmen Sie

„Ich gönne mir ..."

in Ihren Wortschatz auf.

Gönnen Sie sich immer wieder Pausen. Nutzen Sie diese immer wieder, um tief durchzuatmen. Sie brauchen keine Zigaretten, um die entspannende Wirkung des Ausatmens zu genießen. Wenn Sie schnaubend tief ausatmen, lockern sie zusätzlich ihre Gesichtsmuskulatur und die Körpermuskulatur, die mit ihr verbunden ist. Wir sind in unseren Ursprüngen Raubtiere. Der Kiefermuskel ist gebaut, um im Kampf an der Kehle der FeindInnen zuzubeißen. Daher spannt er im Stress am heftigsten an.

"Wie atme ich jetzt?"

ist ein äußerst wirkungsvoller Gedanke, um sich wieder zu sammeln und zu zentrieren, um so souverän agieren zu können.

Vergessen Sie nicht, dass gerade Hochleistungsmotoren achtsame, präventive Pflege und immer wieder einen Boxenstopp brauchen.

4. Kraft schöpfen aus beherzten Visionen:

Unsere Wahrnehmung ist geprägt durch unsere Denkmuster im Kopf. Erfolg folgt der Vorstellung vom Erfolg. Besonders wirkungsvoll sind möglichst konkrete, herausfordernde, glaubwürdige, aktiv beeinflussbare Ziele mit Terminsetzung. Chancen und Risiken sind dabei möglichst rational auf der Ebene von Zahlen, Daten und Fakten zu analysieren.
Achtung: Formulieren Sie Ihre Ziele positiv, d.h. legen Sie fest, was/wie es sein soll. Negative Ziele sind zumindest wirkungslos - meist jedoch kontraproduktiv. „Denken Sie an KEINEN Elefanten." ist eine paradoxe Aufforderung, die nicht funktionieren kann. Stellen Sie sich weiters vor, Sie würden einem/r TaxifahrerIn nur erzählen, von wo sie weg oder wo sie NICHT hin möchten. Er/sie hätte keine Orientierung. Ihrem Hirn ergeht es genauso *(siehe auch Tool Nr. 42 VW-Regel).*

Visionen sollten lustvoll sein und viele Sinne ansprechen, dann sind sie besonders hirnwirksam

Um bei der Erreichung der Ziele möglichst kraftvolle Unterstützung vom Hirn zu bekommen und die Macht des Unbewussten zu nutzen, zahlt es sich aus, die Ziele zusätzlich zu visualisieren: Unser Hirn entwickelt besonders viel Energie, wenn Visionen möglichst sinnlich d.h. unter Beteiligung möglichst vieler Wahrnehmungssinne verpackt werden, möglichst merk-würdig und außergewöhnlich sind, unterstützt werden von lustvollen Gefühlen und schließlich als bewegter Film imaginiert werden.

„Was stimmt mich zuversichtlich, dass ich erfolgreich sein werde?"

ist die kraftvolle Fragestellung, um aus dem bisher Geleisteten und Geschafften die Stärken zu erkennen, auf die ich auch zukünftig bauen kann.
Eine Indianer-Weisheit besagt:

„Wenn du deine Ziele kennst,
dann trägt dich der Wind dorthin wie ein Adler."

5. Brief aus der erfolg- und freudenreichen Zukunft:

Der Brief aus der erfolg- und freudenreichen Zukunft bietet ein hochwirksames Werkzeug, um sich zukünftige Erfolgsszenarien freudvoll-sinnlich und damit höchst hirnwirksam auszumalen.

Wir schreiben den 20.2.2020
Kommen Sie emotional gut an:
Wie alt sind Sie jetzt?
Wie alt sind Ihnen wichtige Menschen in Ihrem Umfeld?
Welche Meilensteine in Ihrem Leben sind jetzt wie lange her?
Etc.

Im Jahr 2016 haben Sie ja durchaus optimistisch in die Zukunft geblickt. Aber dass sich Ihr (privates und/oder berufliches) Leben (bzw. Ihr Unternehmen/ Ihre Abteilung) so toll entwickelt, hätten Sie sich 2016 nicht einmal in den kühnsten Träumen zu träumen gewagt. Rundherum ist der Erfolg nicht zu übersehen. Er springt Sie förmlich an. An allen Ecken und Enden nehmen Sie ihn wahr.

In Ihrer Begeisterung setzen Sie sich hin und schreiben einen Brief an .....
Sie schildern Ihre Wahrnehmungen des Erfolgs in leuchtenden Farben ....
Stell dir einmal vor ...
Du wirst es nicht glauben ...

Was fällt Ihnen an positiven Veränderungen auf?
Aus welchen Wahrnehmungen schließen Sie, dass es erfolgreiche Jahre waren?

Anmerkung:
In einer sehr skeptischen Runde kann auch der Brief aus der höllischen Zukunft als paradoxe Intervention hilfreich sein:

Oder der Brief aus der höllischen Zukunft als paradoxe Intervention

Wir schreiben den 20.2.2020

Im Jahr 2016 haben Sie ja durchaus pessimistisch in die Zukunft geblickt. Aber dass sich Ihr (privates und/oder berufliches) Leben (bzw. Ihr Unternehmen/Ihre Abteilung) so schrecklich entwickelt, übertrifft selbst ihre schrecklichsten Träume. Rundherum ist es Frust pur. Der Misserfolg und Horror springt sie förmlich an. An allen Ecken und Enden nehmen Sie ihn wahr. Im Jahr 2016 war es nur schrecklich. Jetzt ist es unerträglich.

In Ihrem Entsetzen setzen Sie sich hin und schreiben einen Brief an .....
Sie schildern Ihre Wahrnehmungen der Horror-Szenarien in leuchtenden Farben ....
Stell dir einmal vor ...
Du wirst es nicht glauben ...

In Teams ist es sinnvoll, diese Briefe in mehreren Gruppen zu schreiben und sich gegenseitig vorzulesen. Gerne dürfen diese visionär überzeichnet sein. Freiherr von Braun hat immer wieder den Wunsch geäußert

„Ein Fuß auf dem Mond."

Auch wenn er nicht der 1. Mann auf dem Mond war, hat ihn diese Vision beflügelt, als Erfinder der Rakete in die Menschheitsgeschichte einzugehen.

„Eine große Idee braucht nicht nur Flügel zum Fliegen, sondern auch ein Fahrgestell zum Landen."
Neil Amstrong

In einer zweiten Runde kann dann der/die RealistIn und KritikerIn, die beim Schreiben der Briefe strengstens verpönt sind, einen Blick auf die Briefe werfen und planen, welche Rahmenbedingungen und Voraussetzungen erforderlich sind und wie man die ehrgeizigen Ziele etappenweise erreichen kann.

6. Motivations-Check:

Bemühen Sie sich immer wieder um ausgewogene Wahrnehmung, auch wenn sich Probleme und Störfaktoren so viel leichter ins Bewusstsein drängen und sich dort auch hartnäckiger halten. Egal, ob beruflicher Alltag, Vereinsmitgliedschaft, Wohnsituation oder Beziehung: Stellen Sie sich die zwei Fragen der Zufriedenheit:

„Was habe ich und möchte ich?" und
„Was habe ich nicht und möchte ich auch nicht?"

Zufriedenheit verliert sich oft in Selbstverständlichkeit

Das wird viel zu schnell zur nicht mehr bewusst wahrgenommenen Selbstverständlichkeit! Schreiben Sie all das unter "Habe ich & möchte ich" auf, das Sie morgen schmerzlich vermissen würden, wenn Sie es nicht mehr hätten. Oft erkennen wir den Wert von Dingen erst, wenn wir sie nicht mehr haben.

Dem halten Sie Ihren Einsatz entgegen:

„Was habe ich und möchte ich nicht?"
„Was habe ich nicht und möchte ich?"

In der Analyse betrachten Sie das Verhältnis zwischen Zufriedenheits- und Unzufriedenheitsaspekten.

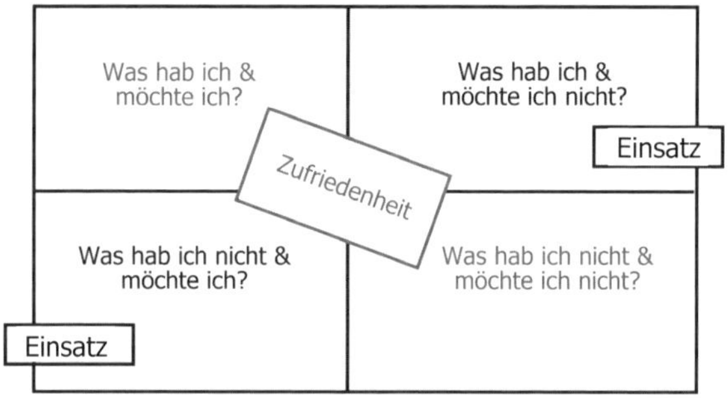

Berücksichtigen Sie dabei, dass unser Hirn das Problematische sehr viel intensiver wahrnimmt, als das, was passt und dazu neigt, Positives als Selbstverständlichkeit zu betrachten.

Statt sich über das Fehlende oder Störende zu ärgern bzw. darunter zu leiden, stellen Sie sich die Frage, ob es ein angemessener Einsatz für das ist, was in Ihrem Sinn ist. Und dann gilt:

„Love it, change it or leave it!"

Beachten Sie: Ändern können Sie die Wirklichkeit 1. Ordnung, wie die Dinge sind, und die Wirklichkeit 2. Ordnung, wie wir die Dinge erleben und was sie in uns bewirken.

7. Kraftquelle Sinn:

Viktor Frankl ist der Begründer der Logotherapie, die von der Annahme ausgeht, dass der Mensch existentiell auf Sinn ausgerichtet ist.

Er hat den Satz geprägt:

„Für wen das WARUM klar ist, ist jedes WIE erträglich."

In der Kindererziehung, beim Wohnungseinrichten, bei persönlichen Projekten, für die wir uns entschieden haben, kennen wir unsere Fähigkeit, Leistungen und Kräfte zu mobilisieren. Da wissen wir ja WARUM wir das wollen. Sie kennen vermutlich auch die bohrende Frage

„Warum tue ich mir das an?"

Leider stellen wir Sie uns meistens dann, wenn es uns nicht so gut geht oder wir gar in einer Krise stecken. Achten Sie darauf, dass Sie gerade in guten, erfolgreichen Zeiten eine so kraftvolle Antwort auf die Frage entwickeln, dass sie hilft auch Hürden und Schwierigkeiten zu überwinden. Der Motivations-Check kann dazu eine zielführende Grundlage sein. Wir wünschen Ihnen von Herzen, dass Sie eine stimmige Antwort auf die Frage finden:

Sinnhaftigkeit des Tuns in guten Zeiten erkennen, um sich daran in dunklen Zeiten zu orientieren

„Was macht meine private und berufliche Lebenszeit sinnvoll?"

8. Effektivität vor Effizienz:

Peter Drucker prägte die Devise

*„Noch wichtiger als die Dinge richtig zu tun,
ist es die richtigen Dinge zu tun."*

Beginnen Sie mit der Optimierung daher nicht im Detail, sondern in der gesamthaften Übersicht. Wir neigen dazu, in Aufgaben zu denken. Beherzigen Sie die Anregung von Christian Morgenstern:

*„Man sollte von Zeit zu Zeit von sich zurücktreten
wie ein Maler von seinem Bilde."*

„Was machst du?" oder „Womit beschäftigst du dich?" ist die input- und aufwandsorientierte Sicht. Ersetzen Sie diese Fragen gedanklich durch „Wer braucht welche Ergebnisse von meiner Arbeit?" „Welchen Nutzen bewirke ich für wen?" und letztlich

„Was macht meine Leistung sinnvoll und wertvoll?"

Wenn Sie keine positive Antwort auf diese Fragen finden, ziehen Sie ernsthaft ein Weglassen in Betracht. Stellen Sie sich davor aber noch die Kontrollfragen: „Welches Risiko gehe ich ein, wenn ich es weglasse?" „Was geht verloren, wenn es diese Ergebnisse nicht mehr gibt?" Meist sind die Prioritäten auf Ebene der Ergebnisse und angestrebten Wirkungen wesentlich klarer zu setzen als auf der Ebene der Aufgaben.

Ein zentrales SanitäterInnen-Prinzip, das auch zum Erkennen der Prioritäten sehr hilfreich ist, lautet:

"Nicht gleich die versorgen, die am lautesten schreien."

Das Dringliche vom Wichtigen unterscheiden!

Das gilt gleichermaßen für Menschen wie für Aufgaben. Weit offen steht die Falle, dass wir Dringendem, gar nicht so Wichtigem nachhecheln, während wir das wirklich Wichtige aus den Augen verlieren.

Übrigens: Spielerische Leichtigkeit, herzhafte Neugierde, Faszination und Begeisterung sowie guter Flow sind machtvolle Voraussetzungen für hocheffektives Handeln.

9. Totenbett-Perspektive:

Ein gedanklicher Zeitsprung ist hilfreich, um für sich das Wesentliche zu erkennen, den Blick für Prioritäten zu schärfen und Probleme zu relativieren.

„Wie möchte ich am Totenbett in Dankbarkeit auf ein erfülltes Leben zurückblicken?"

oder wenn Ihnen das zu weit weg oder zu morbid ist: „Wie werde ich in ein paar Jahren diese Situation betrachten?" oder auch „Wie sollen meine Enkelkinder später über mich reden?".

Die Sterbegleiterin Bronnie Ware hat im Buch „The Top Five Regrets of the Dying" zusammengefasst, was Menschen am Totenbett am meisten bedauern:

Ich wünschte, ich hätte ...
1. beherzt das eigene Leben gelebt
2. weniger gearbeitet
   (Achtung: Gemeint sind sowohl beruflich bezahlte als auch in der „Freizeit" unbezahlt geleistete Arbeit!)
3. mehr Gefühle gezeigt (was voraussetzt, dass man sie spürt!)
4. Freundschaften und Beziehungen intensiver gepflegt
5. mir erlaubt, glücklicher zu sein

JETZT ist der ideale Zeitpunkt, um wesentliche Weichen zu stellen ...

10. Erfolgstagebuch:

Beenden Sie Ihre Arbeitszeit mit dem Eintrag im Erfolgstagebuch:

„Was ist mir gelungen, welche (Teil-)Erfolge habe ich bereits erzielt und worüber habe ich mich gefreut?"

Schärfen Sie Ihr Auge für das bewusste Wahrnehmen der Früchte Ihrer Arbeit. Sammeln Sie positives Feed-back und Nettigkeiten in Ihrem persönlichen „Erntewagen". Wenn Sie sich einseitig nur mit den unerledigten Aufgaben beschäftigen, erinnert das an Sisyphus. Aus der bewussten Wahrnehmung von Erledigtem können Sie wunderbar Energie schöpfen, um sich am nächsten Tag neuen Herausforderungen zu stellen.

An „grauen Tagen" können Sie dann eine Runde in bereits erzielten Erfolgen suhlen und sich so am eigenen Schopf wieder aus dem Sumpf ziehen. Unser Hirn ist viel intensiver im Wahrnehmen und Erinnern von Unerledigtem und Problemen als in dem von Lösungen. Das Erfolgstagebuch ist eine wunderbare Möglichkeit, dieser einseitigen Wahrnehmung bewusst entgegenzusteuern.

Am eigenen Schopf aus dem Sumpf der „grauen Tage" ziehen

Übrigens: Sie wissen wahrscheinlich, wie schwer es ist, aufzuhören, an Probleme zu denken. Weg-Denken geht auch nicht (siehe auch 42. VW-Regel), darum ist es so wichtig, stattdessen hin zu den Erfolgen und Teil-Erfolgen zu denken.
Mit

„Und worauf freue ich mich heute Abend?"

oder oder „Was gönne ich mir heute noch?" können Sie ideal Ihre berufliche mit Ihrer privaten Lebenszeit verbinden. Etablieren Sie das Erfolgs-Tagebuch zum Abschluss der Arbeit z.B. vor dem Herunterfahren Ihres Computers, beim Warten auf die öffentlichen Verkehrsmittel auf dem Heimweg, beim Starten Ihres Autos, einem markanten Punkt auf Ihrer Heimfahrt *(siehe auch Tool Nr. 2 positive Rituale).*

11. Mehr von dem tun, das sich bewährt hat:

Um Stärken gezielt nutzen zu können, muss ich um meine Stärken wissen. Doch es wird uns in unseren Bildungseinrichtungen kaum vermittelt, wie ich meine individuellen Talente und Begabungen wertschätzend-realistisch erkennen und so ein kraftvolles Selbst-Bewusstsein entwickeln kann. Eine hochgradig wirkungsvolle Möglichkeit ist es, die eigenen Erfolge und Leistungen zu analysieren. Im Leistungssport werden erfolgreiche Fahrten ungleich intensiver analysiert als nicht erfolgreiche. Es ist mindestens so wichtig aus Erfolgen zu lernen wie aus Niederlagen. Ergründen Sie, mit welchen Stärken, Strategien und Handlungen Sie den Erfolg erzielt oder zu Erfolgen beigetragen haben.

Stellen Sie sich immer wieder die Frage:

"Wie habe ich das geschafft?"
"Was von mir hat den Erfolg ermöglicht?"

Dabei ist es unerheblich, ob es sich um private oder berufliche, kleine oder große Erfolge handelt. Ihnen ist es gelungen, Sie haben etwas geleistet: Finden Sie mit herzhafter Neugierde heraus, WIE Sie das bewerkstelligt haben. Machen Sie sich Ihre unbewussten Kompetenzen bewusst, um sie selbstbewusst verfeinern und wirkungsvoll einsetzen zu können.

12. Selbst-Bewusstsein verkörpern:

Durch unsere Körperhaltung erzeugen wir nicht nur Wirkung bei unserem Gegenüber, sondern vor allem auch in unserem eigenen Hirn. Der Neurowissenschafter António Damásio hat treffend formuliert:

„Der Körper ist Bühne der Gefühle."

Der Körper wirkt auf die Gefühle und kann die Klarheit des Denkens und Erkennens fördern

In einer selbstbewussten Körperhaltung denken Sie klarer, handeln Sie effektiver und kommen souveräner beim Vis-à-vis an. Dazu ist es wichtig, dass Sie Ihre beiden Füße - egal ob im Sitzen oder im Stehen - in Hüftbreite solide auf den Boden stellen. Richten Sie sich aus dem Beckenboden auf. Dazu ist es förderlich, wenn Sie leicht den Nabel einziehen. Entscheidend ist es, dass Sie Ihr Selbst - das ist die Stelle, an der wir als Kinder die Thymusdrüse hatten - aufrichten und ihm durch offene Schulterhaltung auch etwas mehr Raum geben.

Wichtig ist darüber hinaus eine gerade Kopfhaltung - das Kinn etwas zu hoch würde nicht mehr selbstbewussten, sondern überheblichen Eindruck erwecken. Probieren Sie es selbst aus: In dieser selbstbewussten Haltung ist es fast unmöglich, über sich selbst geringschätzig zu denken. Gedanken wie „Niemand nimmt mich ernst." können mit aufrechtem Selbst nicht stimmig gedacht oder gesprochen werden.

Als wirkungsvoller Erinnerunganker können Sie ich im Alltag setzen:

"Krone zurechtrücken"

Selbstverständlich können Sie in dieser selbstbewussten Haltung auch gehen. Der Impuls der Bewegung geht wieder vom Selbst aus.

Achtung: Auch beim Telefonieren hört man - mehr oder weniger bewusst - wie der/die andere sitzt. Es zahlt sich aus, dass Sie bei schwierigen Telefonaten bewusst auf ihre souveräne Körperhaltung achten und vielleicht sogar aufstehen oder festen Schrittes gehen.

13. Perspektivenwechsel für PROBleme, End-Täuschungen und Niederlagen:

Halten Sie sich stets vor Augen, dass im Wort PROblem der Kern PRO und nicht CONTRA steckt. PROblem kommt aus dem Griechischen und bedeutet wörtlich "Zur Lösung vorgelegt."

Das entspricht auch der Grundhaltung von Viktor Frankl:

NIPSILD: **N**icht **i**n **P**roblemen, **s**ondern **i**n **L**ösungen **d**enken

Manche Führungskräfte haben mit ihren MitarbeiterInnen vereinbart, dass sie zumindest drei Lösungsideen mitbringen, wenn sie mit einem PROblem zum/ zur ChefIn kommen. Das muss noch nicht die tatsächliche Lösung beinhalten. Es führt aber dazu, dass sich die MitarbeiterInnen mit Lösungsmöglichkeiten auseinandersetzen.

Auch beim Wort End-Täuschung ist es sinnvoll, sich die ursprüngliche Bedeutung vor Augen zu führen. Auch wenn sie häufig schmerzlich sind: End-Täuschungen födern die Klarheit, befreien sie uns doch von Täuschungen und irrigen Annahmen.

„End-Täuschungen sind Haltestellen in unserem Leben, die uns Gelegenheit zum Umsteigen bieten, wenn wir in die falsche Richtung fahren!"

Auch wenn wir alle High Performance Prinzipien und Tools hocheffektiv einsetzen, gibt es in unserem Leben immer wieder Demutsübungen in Form von Rückschlägen und Niederlagen. Dann liegt es wieder an uns, wie wir damit umgehen.

Seneca hat schon gemeint:

"Niederfallen ist keine Schande. Liegenbleiben schon."

Empfehlenswert ist die Devise:

"Niederfallen, aufstehen, Krone zurechtrücken und weitergehen."

Nutzen Sie das James-Bond-Prinzip für sich!

Übrigens, James Bond richtet sich auch immer die Manschettenknöpfe, wenn er ein Gemetzel mehr oder weniger heil überstanden hat. Es ist wichtig, die negativen Erfahrungen abzustreichen und wieder bewusst die Souveränität zu stärken.

Im Sinn der Überlebensfähigkeit ist es sinnvoll, dann auch zu reflektieren:

"Was mache ich zukünftig anders, um die Erfolgschancen zu erhöhen und die Risiken des Scheiterns zu reduzieren?"

Goethe irrte: Auch durch Scheitern werden wir gescheiter

Übrigens: Wenn Goethe Faust sprechen lässt "Da steh' ich nun, ich armer Tor, und bin so klug als wie zuvor." so ist dies nach heutigen neurobiologischen Erkenntnisse unmöglich. Das Wort „gescheitert" unterscheidet sich kaum von „gescheiter". Unser Hirn lernt immer. Jede Schwierigkeit, jeder Rückfall, jeder Fehler, jedes Versagen ist in jedem Fall ein Erfahrungsgewinn, der von uns genutzt werden will.
Duke Ellington sieht es positiv:

„PRObleme sind Gelegenheiten zu zeigen, was man kann."

Es liegt in unserer Hand, ob wir uns der Herausforderung stellen und daraus mit gestärkter Eigenwirksamkeit hervorgehen. Unser Hirn ist dafür geschaffen, sich durch gemeisterte Hürden weiterzuentwickeln.

"Mich gibt es nur mit meiner Lebensgeschichte."

ist ein heilsamer Gedanke, um sich mit schmerzlichen Erfahrungen der Vergangenheit auszusöhnen.

14. Vermeiden Sie die Stressfalle:

Stress entsteht, wenn in unserer subjektiven Einschätzung in einer Situation unsere an- und wahrgenommenen Anforderungen das übersteigen, was wir uns zutrauen und für möglich bzw. zugänglich halten. Je mehr wir uns zutrauen, desto weniger leicht geraten wir in Stress.

"Was habe ich schon geschafft und was werde ich daher schaffen?"

relativiert Probleme und vermeidet krankmachenden Stress. Denn:

"Das wirkliche PROblem ist die Größe des PROblems minus meinem Zutrauen."

Ausgerechnet dann, wenn sehr viel zu tun ist, schrumpft die von uns subjektiv wahrgenommene Zeit. Sie können diesem Effekt entgegenwirken und ihre volle Leistungsfähigkeit auch in Zeiten intensiver und vieler gleichzeitiger Aufgaben wahren, indem Sie nach dem **"Tausendfüßlerprinzip"** ganz bewusst einen (kleinen) Schritt nach dem anderen setzen. Gerade in stressigen Zeiten ist es überlebenswichtig, große Aufgaben in kleine Zwischenergebnisse zu teilen und aus dem kurzen bewussten Wahrnehmen

**„Wieder etwas geschafft...
und jetzt geht es Schritt für Schritt weiter!"**

die Kraft zu schöpfen, die Sie für die Fülle der Aufgaben brauchen.

Wenn Sie der Berg des Unerledigten zu erschlagen droht, wenden Sie ganz bewusst den Blick auf das, was Sie schon erledigt haben und überlegen sich den nächsten Schritt.

15. Freudvoll TUN statt müssen:

"Ich muss schnell ..." erzeugt Stress und der engt das Blickfeld und die Gestaltungsmöglichkeiten extrem ein. Ersetzen Sie das „müssen" durch **„Mir ist es wichtig, dass ..."** oder **„Wenn möglich, möchte ich ..."** Sie haben immer Handlungsalternativen und entscheiden sich für jene, wo die Bilanz zwischen Vor- und Nachteilen Ihnen am günstigsten erscheint. Ganz oft, wenn Sie spontan ein „ich muss ..." empfinden, wäre ein **„ich entscheide mich ..."** nicht nur kraftvoller, sondern auch ehrlicher mit sich selbst. Ersteres ist Opfersprache. Sie fühlen sich den Umständen ohnmächtig ausgeliefert. Zweiteres verdeutlicht, dass Sie Ihr Leben aktiv in die Hand nehmen und entscheidend gestalten. Ohnmachtsgefühle und Selbstmitleid sind hochgradig toxisch. Sie schwächen unsere Stressresistenz und Krisenfestigkeit. Mit dem Perspektivenwechsel verhindern Sie den durch Stress erzeugten Tunnelblick und behalten Ihre volle Kreativität und Gestaltungskraft.

16. Achten Sie auf Ihre Bedürfnisse und wahren Sie Ihre Grenzen

„Mache es allen Recht! Sei bei allen beliebt!" oder auch „Streng dich mehr an!", „Mach schnell!", „Sei perfekt!" „Sei stark!" sind gefährliche innere Stressverstärker. „Wenn du das nicht schaffst, halten Dich die anderen für eineN VersagerIn." ist ein toxischer Glaubenssatz. Die eigenen Grenzen zu wahren, rechtzeitig um Unterstützung zu bitten und diese auch erhobenen Hauptes anzunehmen senken wesentlich das Burnout-Risiko. Mechanistisch zu funktionieren und eisern durchzuhalten erhöht hingegen die Gefahr des Ausbrennens.

Das Kennen Ihrer inneren Stressverstärker hilft sachgerechter mit ihnen umzugehen

Vor lauter Angst, andere zu enttäuschen und uns unbeliebt zu machen, sagen wir häufig auch dann „JA", wenn wir im innersten „NEIN" meinen. Das belastet Beziehungen und macht auf Dauer depressiv. Auch hat das JA nur dann einen Wert, wenn es auch ein NEIN gibt.

Von daher:

„Ich sage JA zum konstruktiven NEIN!"

Wenn Ihnen das Wort „NEIN" nur schwierig über die Lippen geht, können Sie ja anbieten, was statt dessen möglich ist. Z.B. „Ich kann Ihnen die Antwort bis morgen Mittag zusagen." statt „Heute geht es nicht mehr." Oder „Ich bin gerne ihre Ansprechperson für X und Y." Statt: „Für Z bin ich nicht zuständig." *(siehe auch Tool Nr. 42 VW-Regel).*

Das Motto sollte sein:

„Ich achte liebevoll auf meine Bedürfnisse und Grenzen."

Und dafür kann nur ich selbst verantwortlich sein. Wünsche und Erwartungen nicht zu kommunizieren und dann dennoch ent-täuscht zu sein, dass sie die anderen nicht erfüllen, ist eine der weit verbreiteten Spielarten zum Unglücklichsein.

Ein SanitäterInnen-Prinzip, das auch gegen Burnout immunisiert:

„Selbstschutz geht vor Fremdschutz."

Hüten Sie sich auch von der weitverbreiteten Unart „Macht durch schlechtes Gewissen": Andere versuchen Sie mit Unwörtern wie „schon wieder", „noch immer", „wenigstens das", „überhaupt nicht" oder „warum nur" in die Rechtfertigungsfalle zu locken. Souveräne Menschen lassen sich nicht gleich aus der Ruhe bringen. Es hilft die Verkörperung des Selbstbewusstseins *(Tool Nr. 12)*, ein langer Atem *(siehe Tool Nr. 3 Stewardessen-Prinzip)* und dann das Entschärfen der Pauschalaussagen *(siehe Tool Nr. 46).*
„STOPP!" in Kombination mit einer stoppenden Handgeste - klar gesetzt in guter Anspannung ohne Druck - ist ein besonders wirkungsvolles Mittel, um sich gegen Untergriffe zu schützen!

17. Wem gehört das PROblem/der Konflikt?

Gehören Sie auch zu den Menschen, die scheinbar herrenlose PRObleme fast magisch anziehen? Es gibt eine Volksweisheit:

*"Wenn Mutter wüsste, was ich alles kann,
müsste ich viel mehr arbeiten."*

Es vermeidet Stress und hilft beim Zeitmanagement, wenn man nicht ungefragt jedes PROblem lösen will

Einerseits ist es kontraproduktiv für Ihr Zeitmanagement und erhöht es Ihr Burnout-Risiko, wenn Sie sich häufig auch der PRObleme anderer annehmen. Auch wenn es insgeheim gute Gefühle auslöst, gefragt zu sein und PRObleme gut meistern zu können, stellen Sie sich die Frage:

"Wem gehört das PROblem?"

bevor Sie zupacken und zu agieren beginnen.

Wenn Sie das als asozial empfinden, so halten wir dagegen, dass es Ausdruck des Vertrauens ist, anderen das Lösen IHRER PRObleme zuzumuten. Alles, was Sie tun, um die Eigenwirksamkeit des Vis-à-vis zu stärken, trägt zur nachhaltigen Lösung bei. Umgekehrt erzeugt es Teufelskreise, zu viel Fürsorge zu erfahren und darin bestärkt zu werden, alleine dazu nicht fähig zu sein.

"Gibst du jemanden einen Fisch, nährt er sich nur ein Mal. Lehrst du ihn das Fischen, nährt er sich für immer."

ist ein Gedanke, der uns vor der weit verbreiteten Gut-gemeint-Falle warnt *(siehe auch Tool Nr. 34 zur Vermeidung von Rat-Schlägen).*

Wenn zwei sich streiten, leidet oft ein Dritter. Konflikte zeigen häufig die Symptome an anderer Stelle, als die Ursachen der Spannungen liegen. Immer wieder baden Menschen die Folgen von Konflikten und schwelenden Entscheidungen aus und haben nicht die Möglichkeit, nachhaltige Lösungen an deren Wurzeln zu finden.

"Wem gehört der Konflikt?"

ist die berechtigte Frage, um herauszufinden, auf welcher Beziehungsebene eine Konfliktregelung die besten Erfolgsaussichten hat.

18. Lächeln als wirkungsvollstes Mittel gegen Stress:

Im Stress werden wir biologisch. Unser Hirn schaltet auf den Überlebens-Modus: Gleich muss es jagen, kämpfen oder fliehen. Dafür fließt das Blut vermehrt in die Gliedmaßen. Der denkende Vorderkopf ist unterversorgt. Mehr noch, um die Flucht sicherzustellen, ist die Kreativitätsnuss im Großhirn ausgeschaltet. Richten Sie in stressigen Situationen Ihre Aufmerksamkeit bewusst auf etwas, was Sie von innen heraus zum Lachen oder Lächeln bringt. Dieses Lachen ist gesund: Es schwemmt die Stresshormone aus dem Hirn und schaltet die Kreativität, die Sie zum Finden der Lösung brauchen, wieder ein. Außerdem entspannen wir uns beim Lachen: Wir "zerkugeln uns", weil die Muskeln in den Entspannungsmodus gehen.

Lachen und Lächeln aktiviert die Kreativitäts-Nuss im Gehirn

"An ihrem Lachen sollt ihr sie erkennen"

hat schon Sokrates gewusst und ist der Titel eines Buches von Vera Birkenbihl zur Gelotologie, der Wissenschaft des Lachens.

Kultivieren Sie Ihren höchst persönlichen Humor und halten Sie es mit Viktor Frankl, der inmitten der Schrecken des Konzentrationslagers dafür gesorgt hat, dass er und seine KollegInnen mindestens einmal täglich herzlich gelacht haben.

Übrigens: Hüpfen oder fröhliche Hand- und Fingerbewegungen zu machen, stimmt auch innerlich fröhlich. Wagen Sie das Experiment zu hüpfen und gleichzeitig laut zu sprechen: „Ich bin so depressiv". Das ist eine Übung von den Cliniclowns. Die Widersprüchlichkeit von äußerer und innerer Haltung führt unweigerlich zum gesunden Lachen.

Gesundes Lachen auslösen, indem innere und äußere Haltung sich krass widersprechen

Achtung: Gesundes Lachen umfasst die Mund- und Augenpartie unseres Gesichts und heißt wissenschaftlich Duchenne-Lächeln. Nur die Mundwinkel nach oben zu ziehen, verkrampft die Wangenmuskulatur und blockiert unsere Kiefer. Dieses aufgesetzte Freundlichkeitslächeln ist daher ungesund.

Lächeln ist nicht nur die freundlichste Art die Zähne zu zeigen. Ringelnatz hat gemeint:

„Humor ist der Knopf, den wir öffnen können, bevor uns der Kragen platzt."

19. Kultivieren Sie Glücks-Momente:

Leider werden Glücksmomente von unserem Hirn nur flüchtig wahrgenommen. Es liegt an uns, sie willentlich bewusst auszukosten.

„Glück ist das Ergebnis glücklicher Gedanken."
N.N.

Um sie auch in stressigen oder trüben Zeiten aktivieren zu können, ist es klug, sie in freudvollen Zeiten zu kultivieren und zu speichern.

Rufen Sie sich in möglichst entspannter Haltung für Sie beglückende Momente, Szenen, Bilder ... in Erinnerung. Schmücken Sie diese lustvoll aus. Nutzen Sie dazu alle Ihre Sinne. Vergegenwärtigen Sie sich die Farben, das Licht, das Strahlen, ... hören Sie mit Ihrem inneren Ohr die Klänge, Geräusche, den Rhythmus ... oder genießen Sie die tiefe Ruhe, ... vielleicht bewegen Sie sich in Ihrer Glücksgeschichte, empfinden Sie in den beglückenden Moment hinein, ... vielleicht riechen oder schmecken Sie auch etwas. Intensivieren Sie Ihr inneres Erleben und ankern Sie Ihre Eindrücke z.B. durch Umfassen der Daumenspitze mit den Fingern der anderen Hand.

Selbstverständlich können Sie diese persönlichen Glücksmomente auch in anderen Körperregionen platzieren. Es ist sinnvoll, einen Körperteil zu verwenden, den Sie immer wieder leicht abrufen können. Praktizieren Sie dieses bewusste Auskosten und Ankern von Glücksmomenten einige Wochen lang täglich mehrfach. Auf diese Weise verinnerlicht Ihr Hirn immer mehr die glücklichen Gedanken, Empfindungen und Szenen. Je häufiger Sie sich freuen, desto leistungsfähiger wird Ihr Glückszentrum in Ihrem Hirn.

Füllen Sie Ihr persönliches **Glückskonto**: Wann immer Sie Freudvolles erleben, speichern Sie Ihre Glücksempfindungen z.B. in Ihrem Daumen ab. So sind Sie auch für schwierige Situationen bestens bewappnet und können z.B. auf Knopfdruck gute Gefühle in ihrem Hirn aktivieren.

Glücksempfindungen z.B. im Daumen abspeichern und bei Bedarf abrufen

Wie auch bei der Kraftquelle Sinn *(Tool Nr. 7),* gilt es, auch hier rechtzeitig vorzusorgen - gemäß der chinesischen Weisheit:

"Grabe den Brunnen, bevor du Durst hast."

20. Dankbarkeit als solide Grundlage für Glück:

Wir teilen die Sichtweise von David Steindl-Rast:

*„Nicht das Glück macht uns dankbar,
sondern die Dankbarkeit macht uns glücklich."*

Dankbarkeit zu empfinden, indem wir uns bewusst machen, dass ganz vieles nicht selbstverständlich ist, auch wenn wir es in der Zwischenzeit als selbstverständlich betrachten, ist eine gute Einstellung, um Zufriedenheit und Glück zu empfinden.

*„Dankbarkeit zu fühlen und sie nicht auszudrücken,
ist wie ein Geschenk zu verpacken und es nicht
zu verschenken."*

Wir sind William Arthur Ward dankbar für diesen anregenden, treffenden Gedanken! „Danke" ist ein geniales Einstiegswort in Gespräche und auch in Mails z.B. „Danke für Ihre zeitnahe Rückmeldung." oder „Danke für Ihre Anfrage." Achtung, es ist wichtig, dass es sich dabei um eine empfundene Dankbarkeit handelt – sonst wirken die Worte leicht zynisch.

Die hohe Schule der Lebenszufriedenheit besteht darin, auch sich selbst dafür dankbar zu sein, was man trägt, leistet, bewirkt, entwickelt hat. Und für viele von uns gibt es auch noch ein Höheres, dem wir in Dankbarkeit verbunden sind z.B. dafür, dass wir Stärken, Potenziale, Entwicklungsmöglichkeiten, ein freundliches Umfeld mit auf den Weg bekommen haben.

Beenden Sie Ihren Tag mit glücklichen, beglückenden Gedanken:

"Wofür bin ich dankbar, dass ich es heute erleben durfte?"

Das könnte ein höchst wirkungsvolles Einschlafritual darstellen *(siehe Tool Nr. 2 Positive Rituale).*
Und wenn Ihnen das an "grauschwarzen Tagen" schwer fällt, geht immer noch:

"Was war das Beste am heutigen Tag?"

21. Verbessern Sie Ihre Glücksbilanz:

Mit nur drei Fragen die eigene Lebenszufriedenheit erkennen und steigern

In der empirisch-soziologischen Glücksforschung wird die Lebenszufriedenheit anhand von drei Fragen erhoben – die dabei erstellte Glücksbilanz korreliert in eindrücklicher Weise mit der hirnneuronalen Messung der Glücksfähigkeit von Menschen:

1. Mein Leben im Vergleich zu meinem Wunsch-Leben

Wie würde ich gerne leben und wie lebe ich tatsächlich?
▶ kleine oder große positive oder negative Abweichung

2. Mein jetziges Leben im Vergleich zu meinem bisherigen Leben

Fühle ich mich jetzt glücklicher und zufriedener als früher, oder würde ich gerne die Zeit zurückdrehen?
▶ kleine oder große positive oder negative Abweichung

3. Mein Leben im Vergleich zum Leben anderer

Wenn ich mich mit anderen vergleiche, erfüllt mich das mit Zufriedenheit oder denke ich mir häufig, andere haben es besser erwischt?
▶ kleine oder große positive oder negative Abweichung

Die Bilanz über die 3 Fragen ist ein Maß für Ihre allgemeine Lebenszufriedenheit.
Sie können bewusst positiven Einfluss darauf nehmen, indem Sie

1. Ihr Wunschleben überprüfen: Woher kommen diese Wünsche? Sind das wirklich meine ureigensten Wünsche oder sind dies externe Wünsche, die ich verinnerlicht habe? Stehen in meinem Leben Entscheidungen an, um mich meinem Wunsch-Leben anzunähern?

2. Wie realistisch sehe ich die Vergangenheit oder neige ich dazu, sie zu idealisieren?
   Was brauche ich, um mich mit meinem jetzigen Alter und meiner jetzigen Lebenssituation anzufreunden?
   Was erschwert mir, mit meinem Alter zu leben oder hab ich nur die Jugend-Kultwerte unserer Gesellschaft verinnerlicht? Was würde es mir leichter machen? Nutzen Sie den Motivations-Check *(siehe Tool Nr. 6.),* um das zu würdigen, was JETZT stimmig ist.

3. Mit wem vergleiche ich mich?
   Wir dürfen nicht vergessen, dass wir auf einem sehr hohen Niveau unzufrieden sind, schließlich zählt Österreich zu den 10 reichsten Ländern der Welt.

22. Leben Sie Ihre Einzigartigkeit – Vergleichen macht häufig unglücklich:

Unsere abendländische Kultur ist geprägt von uniformer Führung. In der griechischen Mythologie galt Athen als Stätte von Erfolg und Reichtum. Auf dem Weg in diese mächtige Stadt lauerte allerdings Prokrustes, der die Vorbeiziehenden auf seinem schrecklichen Bett zu Normathenern hackte und streckte. Tief verankert ist die Idee, dass Erfolg und Ansehen den Preis der Aufgabe der Individualität fordert. Ersetzen Sie die stressverstärkende Frage "Was gilt in der Gesellschaft als Erfolg?" durch die heilsame:

"Was heißt Erfüllung und Erfolg für mich und mein Leben?"

Die Totenbett-Perspektive *(Tool Nr. 9)* kann dafür sehr aufschlussreich sein.

Idealen und Sollprofilen nachzueifern hat einen schlechten Wirkungsgrad. Viel sinnvoller ist es, die eigenen Stärken und Potenziale optimal zu entwickeln und umzusetzen.

Karl Böhm hat gewusst:

"Glück ist ein Maßanzug.
Am Glück anderer Maß zu nehmen,
macht uns unglücklich."

Diese Aussage gilt nicht nur für Erfüllung, Erfolg und Glück, sondern auch für das Entspannen und Auftanken: alles hochgradig individuell.

Übrigens: Im Leistungssport sind Drittplatzierte tendentiell glücklicher als Zweitplatzierte. Die einen freuen sich, dass Sie es im Gegensatz zum Viertplatzierten auf das Siegespodest geschafft haben und die anderen fühlen sich als erste Verlierer, weil Sie sich am Sieger messen. Womit man sich vergleicht, entscheidet über (Un-)Zufriedenheit. Der Seminarkabarettist Dr. Hirschhausen meint auch: „Glück ist in hohem Maß Erwartungsmanagement." Klug ist, wer das würdigt, was ist und nicht nur schmerzlich das vermisst, was nicht ist. Der Optimist sieht ein halbvolles Glas, der Pessimist ein halbleeres. Und der Gärtner meint: „Unsinnige Frage. Hauptsache ich habe Wasser." Und gießt damit seine Pflanzen.

Andere gibt es schon genug. Seien Sie selbst!

Viel Freude beim Gestalten Ihres einzigartigen beruflichen und privaten Lebensweges, um dann in den Hit von Frank Sinatra einstimmen zu können:

"I did it my way"

23. Rollenklarheit für effektives Handeln:

Wir alle verkörpern beruflich und privat verschiedene Rollen wie z.B.: Führungskraft, ExpertIn, KollegIn, ZimmergefährtIn, Elternteil, LebenspartnerIn, FreundIn, ... und individueller Mensch.

Als einzigartige Persönlichkeit unterschiedliche Rollen stimmig verkörpern

Früher war man bemüht, Berufliches und Privates strikt zu trennen – bis hin zu eigenen Kalendern für Freizeit und Job. Viel klüger und stimmiger ist es hingegen, die unterschiedlichen Lebensbereiche miteinander zu verbinden. Schließlich ist Arbeitszeit Teil unserer Lebenszeit. Wir verfügen über die gleichen neurobiologischen Voraussetzungen unabhängig davon, ob wir gerade bezahlt arbeiten oder nicht. Klug ist es, berufliche Kompetenzen auch privat zu nutzen und umgekehrt.

„Von der Doppellast zum freudvollen Ausschöpfen von Synergien."

Rollenklarheit ist die Grundvoraussetzung für effektives Handeln und verständnis- und lösungsorientiertes Kommunizieren.

„Welchen Hut hab ich gerade auf?"

sollte Ihnen daher stets klar sein. Es macht einen großen Unterschied, ob Sie sich als ZimmerkollegIn oder als Führungskraft von jemandem etwas wünschen – in einem Fall geht es um Ihre persönlichen Bedürfnisse und Grenzen, im anderen Fall um Ihre Gesamtverantwortung für das Team. Oder ob Sie z.B. als ExpertIn Ihre Meinung vertreten oder als Führungskraft Regeln mit Ihrem Team vereinbaren.

Wenn es für Sie selbst stets klar ist, in welcher Rolle Sie gerade agieren, ist das die beste Voraussetzung, dass es auch von den anderen klar wahrgenommen wird. Sie können dem auch noch sprachlich Ausdruck verleihen z.B. „Aus Sicht des gesamten Teams ist mir wichtig, ..." ist klar eine Aussage als Führungskraft. Im Gegensatz zu „Bei meinen Projekten hab ich damit... gute Erfahrungen gemacht." ist typisch ein Austausch auf ExpertInnen-Ebene. Eine Primarärztin trägt z.B. einen weißen Mantel, wenn sie stehend am Krankenbett als Kollegin spricht.

Für den Gesprächseinstieg eignen sich besonders gut die Beziehungsebenen „Von Mensch zu Mensch" bzw. von „Gast zu GastgeberIn".

Der großartige Schauspieler Max Reinhardt, Gründer der nach ihm benannten berühmten Schauspielseminars in Wien, hat gemeint:

„Nicht Verstellung ist die Aufgabe des Schauspielers, sondern Enthüllung."

Will heißen, in all unseren verschiedenen Rollen, die wir ausfüllen, verkörpern wir in authentischer Weise unterschiedliche Facetten von uns selbst - als einzigartige Persönlichkeit.

Multitasking gehört übrigens zu den Mythen unserer Gesellschaft: Es ist hochgradig belastend und wenig effektiv. Viel stimmiger ist es, bewusst die Rollen zu wechseln.

Anleitung zum Unglücklichsein wäre: Wenn Sie länger arbeiten, machen Sie sich Vorwürfe, dass Sie nicht schon zu Hause sind und wenn Sie früher nach Hause gehen, plagt Sie das schlechte Gewissen, dass noch so viel Arbeit liegen geblieben ist. Klug ist es, sich bewusst zwischen den Rollen zu entscheiden und dann dazu zu stehen.

24. Wertschätzend anders:

Das Werte- und Entwicklungsviereck von Friedemann Schultz von Thun hilft, sich von der bewertenden Bipolarität zwischen „Himmel und Hölle", „gut und schlecht" bzw. „sehr gut und nicht genügend" so weit zu distanzieren, dass die positiven Funktionalitäten sichtbar werden: In unserer Kultur ist Abwertung ein häufiges Phänomen. So wirft der Gewissenhafte dem anderen vor, oberflächlich zu sein. Der revanchiert sich mit „Du bist so penibel und detailverliebt". Dem Vorwurf folgt, je nach Temperament, eine Rechtfertigung oder der Gegenangriff.

In beiden Fällen erschwert es die Entwicklung, dass sie „gegen den Strich" geht. Doch auch aus den so genannten „schlechten Eigenschaften" lassen sich positive Funktionalitäten entwickeln: Einerseits kann der Oberflächliche sehr gut den Überblick bewahren und der Detailverliebte ist verlässlich bis ins Detail.

Auch aus „schlechten" Eigenschaften lässt sich Positives entwickeln

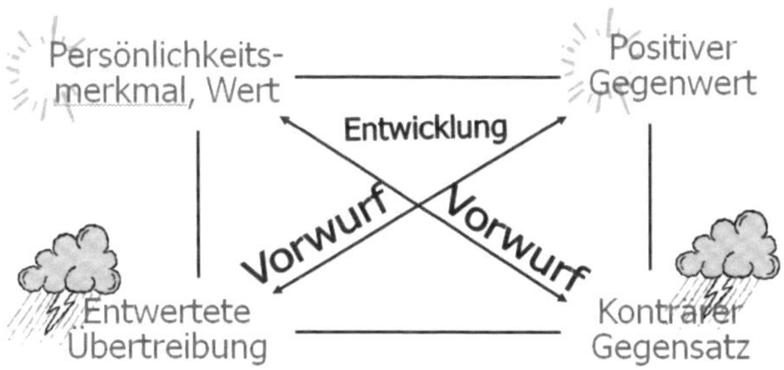

Das Wertevierecк bietet sich an, um aus dem, was einem an anderen stört und den Vorwürfen, mit denen man selbst konfrontiert wird, die positiven Funktionalitäten herauszuschälen und wertschätzende Kooperation zwischen

positiven Gegenwerten zu ermöglichen – frei nach Paracelsus, der gemeint hat:

„Die Dosis macht das Gift zur Medizin."

Jeden gemäß seinen Stärken einsetzen und im Zusammenspiel gemeinsam profitieren

Das Getriebe verdeutlicht besonders treffend, wie wertvoll ergänzende Unterschiedlichkeit sein kann: Völlig kontraproduktiv wäre es, wenn das große dem kleinen Zahnrad vorwerfen würde: „Bist du aber klein." Was vermutlich den Gegenvorwurf des kleinen flinken an das große auslösen würde: „Na, du drehst dich aber langsam!" Technisch betrachtet sorgt das eine für die Geschwindigkeit und das andere für das Drehmoment und damit die Kraft.

Je mehr sich die Zahnräder unterscheiden, desto größer ist die Übersetzung - und je besser sie zueinanderpassen und ineinandergreifen, desto höher ist der Wirkungsgrad und desto geringer sind Reibung und Verschleiß.

25. Die Sonnenseite nutzen - statt unter der Schattenseite zu leiden:

Der Optimist sieht in jeder Schwierigkeit eine Chance, der Pessimist in jeder Chance die Schwierigkeit. Erstere erzielen Erfolge wirkungsvoller und mit mehr Leichtigkeit. Von Viktor Frankl stammt das Werkzeug:

WIDEG - Wofür **I**st **D**as **E**ine **G**elegenheit?

Anstatt sich über nicht änderbare Fakten zu ärgern, lieber zu ergründen „Wofür könnte ich das nutzen?" Habe ich z.B. früher ungeduldig auf den Aufzug gewartet, so nutze ich das jetzt für Atemübungen. Frei nach dem Motto von Virginia E. Wolff:

„Wenn man dir eine Zitrone gibt,
so mache Limonade draus."

Es braucht den Mut, die Dinge zu verändern, die ich verändern kann,
die Gelassenheit, mich mit dem zu arrangieren, was ich nicht verändern kann
und die Weisheit, ersteres von zweiterem zu unterscheiden.

Viktor Frankl hat es gelebt:

„Wir können immer etwas verändern,
nämlich unseren Zugang und unsere Sichtweisen."

26. Ist es klug, eine Beziehung weiter zu pflegen oder zu beenden:

Egal, ob es um eine private oder berufliche Beziehung zu einem Menschen oder auch zu einer Organisation geht oder aber um die Entscheidung, sich von einem/einer MitarbeiterIn zu trennen oder nicht, die folgenden 3 Fragen können zur Orientierung dienen:

1. Über einen längeren Zeitraum geht es mir mehr gut oder schlecht in dieser Beziehung?
   Wenn ich mit dieser Person gesprochen habe, bin ich meistens erleichtert oder belastet?
   Mit welchem Gefühl gehe ich in die Organisation, mit welchem aus ihr heraus?
   Wie viel Führungsarbeit kostet mich der/die MitarbeiterIn, wie viel trägt er/sie zum gemeinsamen Erfolg bei?

2. Kann ich in dieser Beziehung meine Persönlichkeit entfalten?
   Trägt das Meistern der Probleme dazu bei, dass ich mich in eine von mir gewünschte Richtung entwickle - oder muss ich mich verbiegen, werde verletzt und werde mir zunehmend fremd? Kann ich mit diesem/dieser MitarbeiterIn meine Visionen, Missionen und Strategien verwirklichen und meine Ziele erreichen? Inwiefern steht der/die MitarbeiterIn auf der Seite der Erfolg-Chancen oder -Risiken?

3. Der/die andere ist wie er/sie ist: Möchte ich dann in 3 oder 5 oder 10 Jahren noch in dieser Beziehung sein?
   Die 3. Frage ist eine Check-Frage, weil ganz viele Beziehungen eigentlich nicht zum anderen Menschen, sondern zum eigenen Wunschbild vom anderen sind. Das erzeugt aber beiderseitigen Frust und ist ein zentraler Teil von Paul Watzlawick's Anleitung zum Unglücklichsein.

27. Gesunde Alternativen zum Ärgern - Tipps für mehr Souveränität und Gelassenheit:

Im Ärgern sind wir Naturtalente. Nur die Emotion der Angst ist in unserem Hirn noch intensiver. Dabei ist Ärger Blindleistung mit Wirkungsgrad Null. Sie sind der Lösung keinen Schritt näher. 1 Stunde Ärger entspricht 8 bis 20 Stunden produktivem Arbeiten: Einerseits mobilisiert Ärger unsere Muskeln zum Kampf und andererseits müssen wir diese Aggressionsbereitschaft unterdrücken. Hochkonzentrierte Lebensenergie, die verpufft. Außerdem schädigt es Ihre Glücksfähigkeit. Achtung: Sie müssen sich nicht ärgern. Sie sind auch nicht in der passiven Rolle „Er/sie/es ärgert mich!".

Ärger ist hochkonzentrierte Lebensenergie, die verpufft!

Ersetzen Sie diesen ohnmächtigen Gedanken durch „Ich ärgere mich über ihn/sie/es.". Oder vielleicht sogar: „Ich lasse es zu, dass ich mich über ihn/sie/es ärgere.".

Die gute Nachricht:

„Nicht alles und nicht jedeR ist die kostbare Energie Ihres Ärgers Wert."

Sie entscheiden, welche Ärgerangebote Sie annehmen!

und: Auch wenn viele Ärgerangebote so attraktiv und unwiderstehlich aussehen, Sie müssen sie nicht annehmen. Wenn Sie zum Gedanken fähig sind: „Wie viel Ärgerenergie ist mir das Wert?" oder „Ah, ein wundervolles Ärgerangebot, wie sieht mein Ärgerbudget für diese Woche aus?" sind Sie in der sicheren Beobachterposition und wahren Distanz *(siehe auch Tool Nr. 28).*

"Wenn dir etwas Ärgerliches passiert, nicht ärgern, sondern wundern. Wenn dir etwas Wundervolles passiert, nicht wundern, sondern freuen."
N.N.

„Was haben wir da wieder für ein menschliches Prachtexemplar?" oder „1. Reihe fußfrei: Es ist immer wieder erstaunlich, welches Verhalten Menschen zeigen." oder „Eine unglaubliche Geschichte, wem könnte ich sie erzählen?" sind andere Möglichkeiten, statt in den Ärger auf Abstand zu gehen.

„Wie werde ich in 3 Wochen/Monaten/Jahren auf diese Situation blicken?"

ist ein äußerst hilfreicher Gedankengang, um Unerfreulichem gelassener zu begegnen. Fast immer verlieren Ärgernisse ihre Macht und lösen sich in Belanglosigkeiten oder sogar lustige Episoden auf.

28. Empathisch Distanz wahren: Unerfreuliches weniger zu Herzen nehmen und herausfordernden Zeitgenossen souverän begegnen

Manchmal zeigt das Display des Telefons Namen an, bei denen es Überwindung kostet, abzuheben. Dann ist es hilfreich, beide Beine auf den Boden zu stellen, damit uns nichts am falschen Fuß erwischen kann, eine selbstbewusste Körperhaltung einzunehmen *(siehe Tool Nr. 12 Selbst-Bewusstsein verkörpern)* und tief durchzuatmen *(siehe Tool Nr. 3 Stewardessen-Prinzip)*. Viele von uns kennen Menschen, bei denen es schwer fällt, sie zu mögen und ihnen wertschätzend zu begegnen. Manche lösen sogar heftige Abwehrreaktionen oder die unsinnige Frage "Wie kann man nur so sein?" aus. Offensichtlich ist es möglich.

Für solche Begegnungen bietet die folgende Aussage von Paul Watzlawick eine Hilfestellung:

"Was Peter über Paul sagt, sagt mehr über Peter als über Paul."

Tatsächlich ist jede Aussage, die wir hören, auch von den Werten, Einstellungen, Erfahrungen und der momentanen Verfassung unserer GesprächspartnerInnen geprägt. Die gut gemeinte Warnung "Wenn Sie immer von Menschen sprechen, wird man sie noch einmal in die esoterische Ecke stellen." sagt sehr viel über das Weltbild des/der SprecherIn aus. "Ich habe in meinem Leben schon mehr vergessen, als Sie jemals lernen werden" ist eine verkrüppelte Äußerung des Wunsches "Ich wünsche mir Wertschätzung für mein Wissen und meine Erfahrung."

Der Empfang in einem Krankenhaus, die MitarbeiterInnen einer Hausverwaltung und alle, die in Reklamations-, Service Desk und Support-Bereichen arbeiten, haben es häufig mit Menschen zu tun, für die "Rudeltierhirn in Not" gilt. "Mein Körper entzieht sich meiner Kontrolle!", "Meine Höhle ist nicht mehr sicher.", "Die Infrastruktur funktioniert nicht und ich kann mein Rudel nicht erreichen!" sind tatsächlich ganz besonders mächtige Ausnahme- und damit Stresssituationen für unser Hirn. Dann können viele Menschen ihre Emotionen nicht mehr steuern. Die Falle steht zwar weit offen, aber nutzen Sie Schutzmaßnahmen, um dem Affekt entstammende Äußerungen weniger persönlich zu nehmen.

Rudeltierhirn in Not: Intensiver Stress führt dazu, dass wir unsere Emotionen nicht mehr unter Kontrolle haben

„Was mag in diesem Menschen wohl vorgehen?"

ist nicht nur ein rettender Gedanke, der sogar empathisches Verständnis fördert. In leicht abgewandelter Form können Sie es auch aussprechen. Auf so manchen emotionalen Tiefflieger passt die Antwort: "Was wollen Sie mir damit sagen?" oder auch "Was erwarten Sie sich von mir?" oder "Was kann ich für Sie tun?" Letzte Sicherheitsnetze können die Gedanken sein:

„Auch dieser Mensch wurde als wunderbarer Säugling geboren."

Wichtig ist auch, sich nicht in äußeren Ärgernissen zu verlieren, sondern bei sich zu bleiben. Super ist es, wenn ich zu mir sagen kann:

„Wie froh bin ich, in meiner Haut zu atmen und nicht in seiner/ihrer!"

Schließlich gilt für erwachsene Menschen die Aussage von Prof. Samy Molcho:

"Ich bin die einzige Person, die meinen Selbst-Wert pflegen oder verletzten kann. Denn sonst wäre der Selbst-Wert kein Selbst-Wert, sondern ein Fremd-Wert."

Mit gesundem Selbstvertrauen gelingt es, mir selbst treu zu bleiben, auch wenn andere untergriffig werden. Wenn uns etwas kränkt, verletzt, ärgert oder trifft, dann heißt das immer, dass etwas in uns in Resonanz tritt. Killerargumente zielen auf Auslöser für schlechtes Gewissen oder auf unsere Werte. Das Vis-à-vis wird da zu unserem/unserer Sparing-PartnerIn: In dieser Situation können wir erkennen, wo wir mit uns selbst nicht im Reinen sind und deshalb nicht souverän darüber sehen können.

29. Strategien gegen Angst, um Risiken souverän zu meistern:

Wenn wir gebannt auf das starren, wovor wir uns fürchten, erhöht das drastisch das Risiko, dass sich die Angst in einer selbsterfüllenden Prophezeiung verwirklicht. Schließlich folgt unsere Bewegung den Augen.

Von daher ist es entscheidend, dem, wovor wir uns fürchten, ins Auge zu blicken.

- **Worin besteht die Gefahr?**
- **Wie groß ist das Risiko tatsächlich?**
- **Und vor allem: Was braucht es, um das Risiko abzusichern?**

Entwickeln Sie Visionen, in denen Sie die Gefahren und PRObleme meistern

Machen Sie es wie die Flugpiloten und generieren Sie in Ihrer Vorstellung so viele Filme wie möglich, was es braucht, um Gefahren frühzeitig zu erkennen und souverän zu meistern!

Realistische Einschätzung der Situation gepaart mit Zuversicht und Gelassenheit ist das Erfolgs-Trio, um kritische Passagen souverän zu meisten. Gemäß der schwedischen Weisheit:

"Auf das Beste hoffen,
auf das Schlimmste gefasst sein
und es nehmen, wie es kommt."

Übrigens: Singen ist ein hunderprozentig wirkungsvolles natürliches Mittel gegen Angst. Darum lässt man SoldatInnen singen. Die Vorstellung zu singen und das Einnehmen der dazugehörigen Körperhaltung erzeugt auch schon diese stressmeidende Wirkung.

30. Anti-Mikado-Strategie:

Es gibt den wenig wertschätzenden Witz vom Beamten-Mikado: Wer sich zuerst bewegt, verliert. Wir vertreten die gegenteilige Strategie: Wer sich zuerst bewegt, sitzt am längeren Ast. Egal, ob bei schwierigen Gesprächen, Verhandlungen, Konflikten: Auf die anderen zugehen verkörpert Souveränität. Wenn Sie erste Schritte setzen, haben Sie mehr Gestaltungsmöglichkeiten. Und es liegt in Ihrer Hand, wie Sie in das Gespräch einsteigen.

Als Faustregel soll gelten:

"Suchen Sie das Gespräch bevor ein Konflikt Sie findet."

Das gilt ganz besonders für unangenehme Nachrichten. Wenn Sie z.B. von sich aus ansprechen, dass Ihnen leid tut, dass ein Fehler passiert ist und was Sie im Sinn der Schadensbegrenzung schon gemacht haben, erzeugt das ein ganz anderes Bild, als wenn Sie der Andere anspricht und Sie sich dann rechtfertigen müssen. Proaktiv die Initiative zu ergreifen erweitert Ihren Handlungshorizont und ist eine hochwirksame Strategie gegen die Rechtfertigungsfalle.

PROblem- und Konfliktvermeidung vermeidet tatsächlich die Lösung und nicht PRObleme oder Konflikte. Diese bleiben ja bestehen. Gut gemeinte „Fried-Höf-Lich-Keit" - des lieben Friedens willen, sagt man nichts - erzeugt Minenfelder: Irgendwann entzünden sich heftigste Konflikte an Kleinigkeiten.

„Stellen Sie sich Konflikten frühzeitig, bevor diese eskaliert sind."

31. Positiver Einstieg in schwierige Gespräche:

Zur mentalen Vorbereitung von Gesprächen mit „fordernden Zeitgenossen" eignet sich die - zugegebenermaßen schwierige - Frage: „Bei allem, was für mich an diesem Menschen schwierig und abstoßend ist: **Was schätze ich an dieser Person?"** Auch wenn es nur eine Kleinigkeit ist oder etwas dem Beruflichen gar nicht Nahestehendes wie ein gemeinsames Hobby oder ein sympathischer Hund, richten Sie bewusst ihre Gedanken beim Einstieg ins Gespräch auf das, was für Sie positiv ist. In besonders hartnäckigen Fällen helfen vielleicht auch die leichteren Fragen „Was mögen andere an dieser Person schätzen - z.B. solche die nicht die gleiche Vorgeschichte wie ich haben?" oder „Was habe ich früher an dieser Person geschätzt?" Vielleicht hat mir dieser Mensch auch einmal geholfen - z.B. mit seinem Fachwissen. Oder war er für jemand anderen hilfsbereit?

Bewusst positive innere Einstellung zum Einstieg hilft, den anderen besser zu erreichen

Einstieg mit Wertschätzung und/oder Dankbarkeit - ausgesprochen oder auch nur ehrlich empfunden - bringt Gespräche in konstruktive Bahnen. **„Was ist meine persönliche Beziehung zu diesem Thema?", „Was stimmt mich zuversichtlich, dass es diesmal zu einem positiven Ergebnis führt?"** sind hilfreiche Einstimmungsfragen.

Wenn Sie möglicherweise sogar verbindende Gemeinsamkeiten ausgelotet haben, verfügen Sie über eine weitere solide Grundlage für konstruktive, lösungsorientierte, verständnisfördernde Gespräche.

32. Kluger Umgang mit Revieren:

Für unser Rudeltierhirn ist die Sicherheit unseres Reviers sehr bedeutsam. Darum reagieren wir ziemlich irritiert auf Revierverletzungen z.B. dass jemand anderer ungefragt unser Revier betritt oder z.B. unsere Unterlagen verschiebt und anders ordnet.

Um Gespräche nicht mit solchen Irritationen zu belasten empfiehlt es sich, als Gast zu einem/einer GastgeberIn zu kommen und ihm/ihr die entsprechende Höflichkeit zukommen zu lassen - im Minimalfall ein kurzer Blickkontakt. Und das gilt für VorständInnen genauso wie MitarbeiterInnen an der Maschine.

Die besitzanzeigenden Fürwörter tragen auch wesentlich zur Entspannung bei, wenn Querschnittsthemen bereichsübergreifend ausgerollt werden: Es geht um IHRE Prozesse in IHREM Bereich und darum, wie SIE sich einen Überblick über IHRE Abläufe verschaffen. Achtung: Ein gut gemeintes WIR kann leicht in die falsche Kehle kommen. Sie kennen vielleicht die Wirkung der Aussage: Wir müssen noch die Koffer packen! Es gibt ja auch die augenzwinkernde Aussage, dass TEAM für „**T**oll **E**in **A**nderer **M**acht's" steht.

Umso klüger ist es, "Reviere" wie IHR Verantwortungsbereich, IHR Produktsegmet, DEIN Themenfeld, ... etc. zu delegieren - und nicht nur vage Teile von Aufgaben. Zur Identifikation stiftenden und Motivation stärkenden Homebase kann es werden, wenn Sie innerhalb der vorgegebenen Rahmenbedingungen angemessene Gestaltungsmöglichkeiten lassen.

33. Empathisches Verständnis als Grundlage für Sachargumente:

Nur wenn wir auf der Beziehungsebene JA dazu sagen, wie der/die Andere mit uns kommuniziert, hören wir auf der Sachebene auch nur zu. Wenn es uns nicht passt, dass oder WIE sich der/die Andere zu uns in Beziehung stellt, greifen wir zum nächstbesten vorgeschobenen, pseudosachlichen ‚Ja, aber-Argument'. Oder wir klappen die Ohren und ignorieren. Nach dem Motto „Lass ihn/sie ruhig reden…".

Das Fundament von guten Sachgesprächen wird durch positive Emotionen gefestigt

Verständnis auf der Beziehungsebene ist die Voraussetzung für Argumentation auf der Sachebene. Um empathisches Verständnis zu entwickeln und zu zeigen, müssen Sie den/die AndereN auch nicht verstehen. „Offensichtlich ist das für Sie sehr ärgerlich/sehr wichtig ..." können wir erkennen, ohne dass wir verstehen, warum das für das Vis-à-vis so ärgerlich/so wichtig ist.

"Empfundenes Verständnis zeigen mit oder ohne Verstehen und auch mit oder ohne Zustimmung"

„Es tut mir leid, dass Sie von unserer Leistung enttäuscht sind." kann ich reinen Herzens sagen. Tatsächlich sind den meisten von uns zufriedene KundInnen lieber als unzufriedene. Damit hab ich noch nicht präjudiziert, ob eine Reklamation angemessen ist oder nicht. Denn empathisches Verständnis zu zeigen kann ich auch ohne Zustimmung. „Mir ist klar, dass Sie ungeduldig auf die Lösung warten. Bitte haben Sie Verständnis dafür, dass eine nachhaltige Lösung bis Freitag dauert." Eine nützliche Orientierung kann die folgende Devise bieten:

„Interessiert sein statt interessant sein wollen"

34. Nehmen Sie Rat-Schlägen die emotionale Ohrfeige

Für viele von uns steht die **Gut-Gemeint-Falle** immer wieder weit offen. Wir wollen andere von unseren Ideen überzeugen und Ihnen in wohlmeinender Weise helfen. Die Psychologie nennt es symbiotische Machtübergriffe, wenn ich nicht respektiere, dass andere tatsächlich anders sind und daher andere Vorlieben haben als ich. Achtung: Auch hier gilt, dass Druck Gegendruck erzeugt und Sie mit mehr Druck mehr Widerstand ernten.

„Fragen statt Überzeugenwollen"

könnte eine sinnvolle Strategie sein. „Was hältst du von dieser Idee?" macht den anderen nachdenklich, während ein „Ich weiß, was für dich gut ist." bei vielen von uns mit schlechten Erinnerungen verknüpft ist. „Wie passt diese Aussage zu dem?" umschifft elegant die Rechtfertigungsfalle, die ein „Das hast Du falsch gemacht!" auslösen würde. Die weichmachende Wirkung des Konjunktivs ist bei Lösungsangeboten und Empfehlungen immer wieder hilfreich. „Ich könnte mir in dieser Situation gut vorstellen ..." Eine weitere wirkungsvolle Möglichkeit ist das Ansprechen von Anregungen „über die Bande" statt direkt „Das ist genau richtig für dich!" löst häufig Widerstand und Abwehr aus, macht skeptisch „Wie kann der Andere wissen, was für mich richtig ist?" „In einem vergleichbaren Projekt haben wir damit ... gute Erfahrungen gemacht." bietet mir die Möglichkeit, die Idee von der Seite zu betrachten und mir das herauszupicken, was auch für mich zielführend und stimmig ist. Als Grundhaltung bietet das Zitat von Simone Signoret Orientierung:

„Rat ist wie Schnee: Je sanfter er fällt, desto länger bleibt er liegen und desto tiefer dringt er ein."

35. Nutzen argumentieren

Paul Watzlawick hat gemeint:

„Menschen wollen keinen Hammer. Sie wollen ein Bild aufhängen."

Immer wieder erzählen wir technokratisch, wie Dinge funktionieren und sind ent-täuscht, wenn das Gegenüber nicht das erhoffte Interesse entgegenbringt. Wenn Sie Ihrem Vis-à-vis erzählen, welchen Nutzen es ihm/ihr bietet, haben Sie eine deutlich größere Chance, Gehör zu finden. Typische Redewendungen der „Nutzens-Sprache" sind:

Nicht der Weg ist das Ziel sondern der Nutzen für die anderen

- bietet Ihnen
- erhöht Ihre
- verhindert
- sichert Ihnen
- reduziert Ihre
- gewährt Ihnen
- erschließt Ihnen
- bringt Ihnen
- schützt Sie vor
- sorgt für
- erleichtert Ihnen
- optimiert Ihre
- stärkt Ihre
- eröffnet Ihnen
- bedeutet für Sie
- spart Ihnen
- ermöglicht Ihnen
- steigert Ihre
- festigt Ihre
- schafft die Grundlage für
- vereinfacht

36. Emotionalem Gegenwind vorbeugen

André Heller singt auf seinem Album „Kumm ma mit kane Ausredn mehr" das Lied

„I burg dir meine Aug'n, kannst amol aus mir auße schaun"

Tatsächlich macht es Sinn, sich in der Gesprächsvorbereitung in die Lage des Gegenübers zu versetzen.

Was könnten seine/ihre Ziele im Gespräch - auf sachlicher und emotionaler Ebene sein?

Und:

Mit welchen Gegenargumenten rechne ich?

„Impfen" Sie Ihren Gesprächspartner durch Vorwegnahme von Einwänden

Wenn Sie naheliegende Einwände erwarten, so können Sie im Gespräch Ihr Vis-à-vis "impfen", indem Sie proaktiv von sich aus die Einwände ansprechen und entkräften. Sie rechnen z.B. mit dem Einwand bzw. Vorwand "Dafür haben wir keine Zeit." Ihre Impfung sieht dann so aus: "Mir ist klar, dass dies eine zeitliche Investition bedeutet. Dafür erzielen wir damit diesen und jenen Nutzen." Oder "Mir ist bewusst, dass in Ihrer Abteilung derzeit große Projekte laufen. Um Ihren zeitlichen Einsatz möglichst effektiv zu gestalten, biete ich Ihnen folgende Vorleistungen an." Oder Sie halten den Vorwand für wahrscheinlich: "Das haben wir noch nie gemacht." Hier könnten Sie impfen: "Ja, das weicht von der bisherigen Vorgehensweise deutlich ab. Von daher ist es wichtig, mit einem kleinen Pilotprojekt zu starten."

37. Ersetzen Sie „ABER" durch „einerseits UND andererseits":

Das Wort „ABER" ist perfekt für ein kontraproduktives Ping-Pong-Spiel „Wer hat Recht?" oder "Wer ist wichtiger?" So kommt man einer Lösung nur schwer näher, vielmehr führt es zur Pattstellung und zur Eskalation von Konflikten.

Marshall Rosenberg, der Begründer der gewaltfreien Kommunikation, die treffender empathische Kommunikation heißen sollte, hat gemahnt:

"Willst du Recht behalten oder glücklich leben?"

Im Berufsleben könnte das im übertragenen Sinn lauten:

"Willst du Recht behalten oder dass wir gemeinsam eine Lösung finden?"

Dieser Grundsatz ist besonders in der Kommunikation mit KundInnen bedeutsam. Natürlich könnten wir ihnen beweisen, dass er/sie im Unrecht ist, doch das Risiko ist groß, dass dies das Ende der Geschäftsbeziehung wäre.

„Einerseits und andererseits" bzw. **„Aus Ihrer Sicht und aus meiner Sicht"** bzw. „technisch und finanziell betrachtet" ermöglichen den Blick für's Ganze.

Im Wort MEINung steckt schon drinnen, dass es sich um MEINE MEINung handelt, neben der Platz sein sollte für DEINE DEINung bzw. im Fall, dass Sie per Sie kommunizieren "IHRE IHRung". Achtung, wir denken immer es heißt "Ihre IRRung". "Du siehst das völlig falsch." ist dann das Killerargument zu einem beginnenden Konflikt. Ausdruck von gegenseitigem Respekt ist hingegen:

"Wir sind uns einig, dass wir uns uneinig sind."

Es ist völlig natürlich, dass andere mit einem anderen Blickwinkel andere Perspektiven erkennen. Das eröffnet zusätzliche Möglichkeiten.

Daher hat Albert Einstein gemeint:

"Wenn 2 immer einer Meinung sind, ist einer überflüssig."

38. Schriftlichkeit zur Stärkung der Verbindlichkeit

Ein schriftliches „JA" stärkt den Willen zur Umsetzung

Umgangssprachlich nennt man es in Wien "auflaufen lassen" und auch außerhalb Österreichs ist es weit verbreitet: JA sagen und NEIN tun. Die Kommunikationsfallen von Konrad Lorenz schlagen immer wieder zu: "Gesagt heißt nicht gehört. Gehört heißt nicht verstanden. Verstanden heißt nicht einverstanden. Einverstanden heißt nicht gewollt. Gewollt heißt nicht gekonnt. Gewollt und gekonnt heißt nicht gehandelt. Und gehandelt heißt nicht beibehalten."

Schriftlichkeit erhöht die Verbindlichkeit von Vereinbarungen. Eine alte Bauernregel lautet:

"Wer schreibt, der bleibt."

Insofern sollten wichtige Gespräche in einem Protokoll verschriftlicht werden. Neben den wesentlichen Ergebnissen und Erkenntnissen sollten vor allem die vereinbarten Maßnahmen schriftlich festgehalten warden.

"WER macht WAS bis WANN"

ist der Minimalgehalt von Mitschriften. Aus hirntechnischer Sicht und um der weit verbreiteten Prokrastination, der Neigung zum Aufschieben, entgegenzuwirken, ist es zusätzlich äußerst wirkungsvoll, den konkreten 1. Schritt innerhalb von 72 Stunden schriftlich festzuhalten. Und um den häufigen, wenig aussagekräftigen Statusmeldungen "ist im Laufen" oder "fast fertig" vorzubeugen, könnte vereinbart warden, welche konkreten (Zwischen-)Ergebnisse bis zu welchem Zeitpunkt vorliegen werden.

Allerdings Achtung: Häufig ist das beste Mail kein Mail, sondern ein Telefonat oder noch besser ein persönliches Gespräch *(siehe auch Mailregel Seite 173).* Da haben Sie viel mehr Möglichkeiten, das Gespräch zu steuern und Missverständnisse im Ansatz auszuräumen. Im Anschluss können Sie dann Ihre Sichtweise schriftlich zusammenfassen. Da gilt dann die Anti-Mikadostrategie *(siehe Tool Nr. 30)*: Wenn Sie derjenige sind, der die erste Gesprächszusammenfassung liefert, haben Sie viel mehr Gestaltungsmöglichkeiten. Wie überhaupt Protokoll zu schreiben ein mächtiges Gestaltungsmittel von Gesprächen ist.

39. Wenige konsequente Regeln und Vereinbarungen:

Wenn Sie einen Regelverstoß oder eine Abweichung von einer Vereinbarung erkennen, ohne es direkt anzusprechen, tragen Sie dazu bei, dass die Regel und die Vereinbarung versanden. In diesen Momenten der Wahrheit gilt:

"Nicht ansprechen heißt den Verstoß zu dulden und damit zu fördern."

Die fehlende Umsetzung einer Ankündigung macht aus einer Drohung einen lächerlichen Papiertiger

Nutzen Sie dazu die Regeln konstruktiver Kritik *(siehe Tool Nr. 41)*, die VW-Regel *(siehe Tool Nr. 42)* oder den "3-Schritt der lösungsorientierten Kommunikation" *(siehe Tool Nr. 43)*. Überlegen Sie sich bereits vor dem Aufstellen einer Regel oder dem Treffen einer Vereinbarung:

"Ist es mir so wichtig, dass ich die Konsequenz aufbringe, es einzufordern?"

Speziell im Umgang mit Primadonnen in jeglicher Form gilt der Grundsatz: wenige Regeln und Vereinbarungen und diese konsequent.

40. Partnerschaftliche Anerkennung statt urteilendem Lob:

So gut es tut, manchmal gelobt zu werden, es hat auch unerwünschten Beigeschmack. Da es meist pauschal gehalten ist, fällt es schwerer es anzunehmen. Noch dazu ist es eine – wenn auch positive – Beurteilung von oben herab. Manchmal klingt sogar noch ein „das hätte ich dir gar nicht zugetraut" mit. Kein Wunder, dass Kinder mit ca. 6 Jahren allergisch auf Lob reagieren: „Du hast es dir ja gar nicht richtig angeschaut." „Das sagst du nur, damit ich weitermache." „Natürlich kann ich das, das ist ja kinderleicht." Von daher wundern Sie sich nicht, wenn ein gut gemeintes Lob „Das haben Sie gut gemacht!" oder „Toller Job!" statt Freude Widerstand auslöst und sich als kontraproduktiv erweist. Anerkennung verhält sich zu Lob wie konstruktive zu destruktiver Kritik. Nicht umsonst wird Lob und Tadel häufig als Paar genannt. „Ich hab Ihr Konzept aufmerksam gelesen. Auf mich wirkt es sehr schlüssig. Insbesondere von diesen von Ihnen herausgearbeiteten Aspekten .... erwarte ich mir sehr viel." ist wertschätzend-authentische Anerkennung.

Achtung: Laut einer im März 2013 von Jack Zenger und Joseph Folkman im Harvard Business Review veröffentlichten Studie mit dem Titel "The Ideal Praise-to-Criticism Ratio" ist die Rückmeldung am wirkungsvollsten, wenn mehr als 5 mal so viel bestärkend als korrigierend ist.

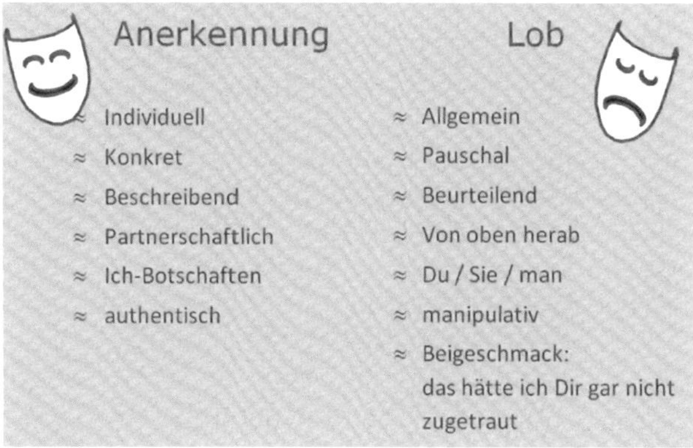

Anerkennung oder Lob - auch Wertschätzung will konstruktiv formuliert sein

41. Konstruktive Kritik:

Wir gehen davon aus, dass Sie mit Kritik eine Verhaltensveränderung und Lernen bewirken und nicht nur Ihren Unmut loswerden wollen. Dann ist es sinnvoll, das Harvard-Verhandlungs-Prinzip

„Weich in der Form UND hart in der Sache"

auch für Kritikgespräche anwenden.

Die folgenden Werkzeuge "VW-Regel" *(Tool Nr. 42)*, "3-Schritt der lösungsorientierten Kommunikation" *(Tool Nr. 43)* und "Plus UND Delta" *(Tool Nr. 44)* liefern dazu konkrete Formen.

42. Nutzen Sie die VW-Regel:

Mit der Strategie

"Statt als Vorwurf als Wunsch formulieren"

finden Sie mit Ihrer Kritik eher Gehör und Akzeptanz. Wenn Sie bei anderen eine Verhaltensänderung bewirken wollen, formulieren Sie es als Wunsch, Erwartung oder Forderung, wie es sich ändern soll, und nicht als Vorwurf, was Sie stört. „Es ist unbedingt erforderlich, dass ich mich auf deinen Beitrag verlassen kann." zeigt eher Wirkung als „Musst du immer so unzuverlässig sein!"

Und auch umgekehrt: Sie können auch **V**orwürfe als **W**ünsche hören. Den offensichtlichen Vorwurf „Sie verstehen überhaupt nichts!" können Sie als Wunsch verstehen „Was hätten Sie gerne, dass ich verstehe?" Wenn man Ihnen vorwirft, das etwas nicht passt, fragen Sie doch nach, welche Vorschläge zur Anpassung er/sie hat.
Von Viktor Frankl stammt die Frage:

"Was willst du statt dessen?"

43. Drei-Schritt der lösungsorientierten Kommunikation:

Bei flüchtigen Beziehungen ist es angemessen, „Unrat vorbeischwimmen zu lassen" und auf emotionale Distanz zu gehen. Bei dauerhaften Beziehungen z.B. mit einem Zimmerkollegen oder jemandem, mit dem man häufig zusammenarbeitet, ist es sinnvoll, Dinge, die man ändern möchte, anzusprechen. Dieser 3-Schritt ist ein Werkzeug für konstruktive Kritik und erhöht die Wahrscheinlichkeit, dass die angestrebte Änderung eintritt.

1. Meine konkrete Wahrnehmung:
möglichst konkrete Beschreibung der eigenen Wahrnehmungen sowie von Zahlen, Daten und Fakten:
z.B.: Mir ist aufgefallen, dass ..., Von den letzen x Mal war y Mal ...

Ich-Botschaften nehmen der Äußerung das Absolute und können eher akzeptiert werden

Achtung: Es gibt kein Wahrnehmungsorgan für „Sie sind so unzuverlässig." auch keines für „Warum haben Sie mir den Bericht noch nicht geschickt?" aber sehr wohl eines für: „Ich hab gerade meinen Posteingang noch einmal gecheckt. Ihren Bericht hab ich noch nicht gesehen."

2. Meine Interpretation, mein Eindruck, mein Empfinden, meine Beurteilung, ...
z.B.: Ich hab mich darüber geärgert, weil... Für mich ist das inakzeptabel, weil... Bei mir entsteht da der Eindruck, dass ... Das ist nicht das, was ich mir unter kollegialer Zusammenarbeit vorstelle!

3. Mein Wunsch, meine Erwartung, meine Forderung für die Zukunft
Was soll zukünftig anders sein? z.B.: Ich erwarte mir zukünftig, ... Zukünftig muss gewährleistet sein, dass...
Wenn Sie darauf Wert legen, in dieser Funktion zu bleiben, muss ich mich darauf verlassen können, dass ...
Oder auch: „Ich wünsche mir für die Zukunft ...", „Ich bin gerne bereit, ... Das kann ich leichter/besser, wenn ...".

44. Reduzieren Sie Widerstände:

Ersetzen Sie das abendländische Defizit- und Problemdenken durch ein differenzierendes Denken in **Plus UND Delta**: Fragen Sie sich immer,

- was ist **schon** gut und was möchte ich **noch** verbessern,
- was hat sich **schon** bewährt und was soll sich **noch** ändern,
- was kann ich **schon** und was möchte ich **noch** lernen,
- welche Stärken gibt es **schon** und wo sind **noch** Handlungsnotwendigkeiten,
- was habe ich **schon** und was brauche ich **noch**,
- was hab ich **schon** begonnen und was muss ich **noch** fortführen und fertig stellen,
- worin sind wir uns **schon** einig und was müssen wir **noch** klären?

Das Bestehende würdigen und auf das Zukünftige wertschätzend vorbereiten

Die Kombination der Wörter **„schon" „und" „noch"** ist diesbezüglich ein heißer Tipp! Sie kennen Sie wahrscheinlich, die Aufgaben, die man vor sich herschiebt und die Überwindung wird immer größer, sie in Angriff zu nehmen. „Ach, das Konzept, das ich schreiben muss. Ich hab noch gar nichts." Reduzieren Sie Ihren eigenen Widerstand, indem sie einen ersten kleinen Schritt setzen, der Ihnen nicht weh tut. Z.B. „Ich trage das Thema schon länger mit mir herum, als nächstes könnte ich einmal meine Ideen sammeln und aufschreiben." Oder legen Sie nur einmal ein Dokument mit dem richtigen Namen an. „Als nächstes überlege ich mir den 1. Satz." So wie die Gleitreibung viel geringer ist als die Haftreibung, kommen sie viel leichter in Fluss, wenn einmal ein 1. (kleiner) Schritt gesetzt ist.

45. Relativieren Sie PRObleme:

Nehmen Sie Problemen die Schwere und den Absolutanspruch, indem Sie im Zusammenhang mit Problemen immer die Wörter **„bisher"** oder **„derzeit"** verwenden: „Dafür hab' ich bisher noch keine Lösung gefunden." ist ermutigend – im Gegensatz zu „Das kann ich nicht." „Derzeit hat das Management noch kein Interesse dafür." oder „Bisher haben wir noch nicht die überzeugenden Argumente gefunden." erzeugt weniger Widerstand als „In unserem Unternehmen geht das nicht." Dieser Perspektivenwechsel funktioniert auch ausgezeichnet bei den Problemschilderungen anderer!

Ähnliche Wirkung hat das Wort **„so"**: Im Gegensatz zu „Das geht nicht." regt „So geht das nicht." oder „So wie bisher geht das nicht." die Kreativität an, nach anderen noch nicht ausprobierten Lösungsmöglichkeiten zu suchen. Ähnlich ist die Wirkung bei

„Stimmt, BISHER haben wir das so gemacht."

Es ist die Entschärfung des Killerarguments „Seit 30 Jahren machen wir das." und schafft Freiraum für die Gedanken „Es braucht etwas Neues!" und „Was könnten wir zukünftig anders machen?"

Achten Sie darauf, dass Sie dann mit UND statt ABER *(siehe auch Tool Nr. 37)* Ihre Ausführungen fortsetzen.

46. Lassen Sie sich von Pauschalaussagen nicht gleich stoppen

Destruktivität zeichnet sich u.a. durch Pauschalaussagen aus, die zunächst sprachlos machen. „Unser Vorstand will das nicht." „Das widerspricht den EU-Regulativen." „So kann man das nie und nimmer umsetzen." Diese Killerargumente können Einwände sein - mit einem konkreten Kern an Wahrheit - oder Vorwände - d.h. leere Behauptungen. Mit

„Was konkret aus Ihrer Sicht ...?"

kommen Sie entweder auf den konkreten Kern, wo sich dann auch leichter Lösungen finden lassen oder sie enttarnen vorgeschobene Argumente. „Worin sehen Sie im Konkreten die Umsetzungsschwierigkeiten?" oder auch „Was ist Ihr konkreter Alternativvorschlag?" bringt wieder konstruktive Bewegung in verfahrene Gespräche. Mit

„Können wir bitte gemeinsam ... anschauen?"

Körperliche Veränderungen bringen Gespräche wieder in Bewegung

z.B. einen Plan, eine Auswertung, vor Ort, die konkrete Anlage gewinnen Sie mehrfach Souveränität und konstruktive Lösungsansätze: Sie verschaffen sich Zeit zum Durchatmen, bis der Plan aufgeschlagen, das Programm hochgefahren, etc. ist. Es kommt Bewegung ins Gespräch - im wahrsten Sinn des Wortes: Sie blicken in eine Richtung. Diese konstruktive körperliche Veränderung führt auch zu veränderten inneren Haltungen. Und schließlich finden Sie ganz elegant von einer Ebene der vorwurfsvoll-emotionalen Behauptungen auf die sachliche Ebene der konkreten Wahrnehmungen zurück.

47. Von der Komfortzone in die Komm-Vor-Zone

Es braucht Entschlossenheit, Standfestigkeit und Training, um Unkenrufen und destruktiven Pauschalaussagen von anderen souverän zu begegnen *(siehe Tool Nr. 46)*. Noch kniffliger, weil raffiniert getarnt sind innere Killerargumente wie "Das kann ich nicht.", "So bin ich halt." und "Das kann ja gar nicht gehen."

"Don't believe everything you think."

Glauben Sie nicht alles, was Sie zu denken glauben. Von den ca. 60 000 Gedanken, die täglich unser Bewusstsein passieren, sind tatsächlich nur 2 bis 5 % neu gedacht. Der Rest ist gewohntes Feuern unserer Neuronen. Reinhard Sprenger hat auch gemeint:

"Die Menschen glauben zu denken,
dabei ordnen sie nur die Vorurteile neu."

Wenn Sie sich bei einengenden Glaubenssätzen ertappen oder sie von vertrauenswürdigen Menschen darauf aufmerksam gemacht werden, halten Sie sich bewusst vor Augen:

"JETZT ist so vieles möglich, was ich BISHER
für undenkbar gehalten habe."

JETZT ist der ideale Zeitpunkt, um sich für Veränderungen zu entscheiden!

Ich kann mich JETZT entscheiden, Dinge AB SOFORT anders zu sehen und mit ihnen anders umzugehen, als ich es BISHER gewohnt war.

Weil unsere Wahrnehmung ganz wesentlich von unseren Denkmustern geprägt ist und unser Hirn die Bestätigung liebt, produzieren wir immer wieder selbsterfüllende Prophezeiungen. Brechen Sie aus kontraproduktiven Teufelskreisen von Misserfolgen aus und polen Sie sich in Siegerlaune auf Erfolgsspirale um *(Siehe auch Tool Nr. 4 "Beherzte Visionen", Tool Nr. 10 "Erfolgstagebuch" und Tool Nr. 11 "Mehr von dem tun, das sich bewährt hat")*.

Schubbsen Sie sich selbst mit "Hirnjogging" immer wieder aus der Komfortzone in die Komm-Vor-Zone, in dem Sie die Denk- und Handlungstrampelpfade unseres Hirns irritieren: z.B. auf einem Bein stehend mit der linken Hand Zähne putzen (oder umgekehrt, wenn Sie LinkshänderIn sind), einen anderen Weg zur Arbeit wählen, den vertrauten Sitzplatz gegen einen anderen tauschen oder Ihre Uhr am anderen Arm tragen und sonstiges Ver-Rücktes und damit Ver-Rückendes tun!

48. Balance halten zwischen Spielbein UND Standbein:

Traugott Lindner, der Gründer des Hernstein Instituts für Management und Leadership, der die Gruppendynamik nach Europa gebracht hat, hat den Gedanken geprägt:

„Veränderung braucht Stabilität."

Wertschätzung für das Bestehende als Fundament für die Veränderung

Und wie ein hoher Turm ein stabiles Fundament benötigt, so ist Wertschätzung für das Bestehende eine Grundvoraussetzung für Veränderungsbereitschaft.
So wie es ein absolutes No-Go ist, bei der Bewerbung schlecht über die letzte Arbeitsstelle zu reden, ist es äußerst kontraproduktiv das Vergangene und/ oder Bestehende schlecht zu machen.

"Druck erzeugt Gegendruck"

augenblicklich – nicht nur in der Physik, sondern vor allem auch in zwischenmenschlichen Beziehungen. Wenn jemand das Bisherige angreift, verbarrikadiere ich mich in der Verteidigung des Alten und schenke dem Neuen auch nicht die geringste Aufmerksamkeit. Oder wenn, dann höchstens um zum Gegenangriff auszuschlagen. „Es mag gute Gründe gegeben haben, warum man sich seinerzeit für diese Lösung entschieden hat." Oder: „Das war bisher eine Erfolgsstrategie. Jetzt gibt es veränderte Rahmenbedingungen, die Änderungen unserer Abläufe erfordern." Stellen Sie das Bisherige zumindest außer Frage: „Warum auch immer man das in der Vergangenheit so gemacht hat. Jetzt braucht es das und das." Und entziehen Sie sich wertenden Vergleichen, die leicht in der Rechtfertigungsfalle landen: „Ja, bei meinem Vorgänger war das anders. Mir ist jetzt wichtig." Bei allen diesen Aussagen ist wichtig, dass sie mit einem ausgesprochenen oder unausgesprochenen UND verknüpft sind. ABER wäre hier äußerst kontraproduktiv *(siehe Tool Nr. 37).*

„Was bleibt gleich?" UND „Was wird zukünftig anders?"

ist eine zielführende Anwendung des Plus-UND-Delta-Denkens für Veränderungen *(siehe Tool Nr. 44).*

Übrigens es gilt auch:

"Druck braucht Gegendruck"

Und so ist Widerstand Teil der Dynamik von Veränderungsprozessen. Ohne Gegendruck gibt es keine Ansatzpunkte, um Wirkung zu erzielen. Der Prozess ist sonst nicht mehr steuerbar - wie ein Auto bei Aquaplaning. Da ist der Griff der Reifen gefragt - bei Veränderungsprozessen die Griffigkeit Ihrer Aussagen und Handlungen.

49. Gelingen von Veränderungen

In der systemischen Gestaltung von Veränderungsprozessen hat sich folgende Formel für das Gelingen von Veränderungen herauskristallisiert:

L * V * KS > BV

Es braucht einen **L**eidensdruck und ein Problembewusstsein, die Einsicht zur Handlungsnotwendigkeit. Auf dem hohen Ross der Selbstzufriedenheit versanden Vorhaben! Genauso wichtig ist aber auch eine **V**ision, eine Vorstellung davon, was der verbesserte Zustand bewirkt und ermöglicht. Und schließlich müssen **k**onkrete **S**chritte vereinbart werden.

Licht am Ende des Tunnels: Veränderungen brauchen freudvolle Perspektiven

Nur wenn das Produkt dieser 3 Faktoren größer ist als das **B**eharrungs**v**ermögen einer Organisation, kann sich etwas verändern! Zu beachten ist, dass die einzelnen Größen durch Multiplikation verbunden sind, das Ergebnis daher 0 ist, wenn nur ein einzelner Faktor auf 0 steht! Zusätzlicher Druck ohne Aussicht auf Erfolg fordert die Leidensfähigkeit, fördert aber nicht die Veränderungsbereitschaft!
Beachten Sie, Erfolg braucht Entschlossenheit und den Glauben an den Erfolg *(siehe auch Tool Nr. 4)*. Entscheiden Sie sich am besten **JETZT** und sorgen Sie dafür, dass Sie innerhalb der ersten **72 Stunden** mit einer Aktivität starten. Sonst wird es immer schwerer, dass Sie sich aufraffen.

50. Abschiede gestalten

Insbesondere wenn nicht wir selbst, sondern andere die Entscheidung getroffen haben, dass wir etwas Vertrautes zurücklassen, fällt uns der Abschied schwer. Doch auch, wenn wir selbst uns entschieden haben, neue Ufer zu suchen, ist es sinnvoll diesen Wendepunkt im Leben bewusst zu gestalten. Hilfreich sind die Fragen:

1. Was möchte ich wertschätzend in Erinnerung behalten?
   Wofür bin ich dankbar, dass ich es erleben durfte?
   Was soll einen würdigen Platz in meiner Lebensgeschichte bzw. im Museum unseres Unternehmens finden?
2. Was kann ich zum Glück loswerden?
   Was möchte ich ordnungsgemäß entsorgen?
3. Was kann ich mir mitnehmen?
   Was von dem, das ich bisher gern und gut gemacht habe, wird mir auch zukünftig hilfreich sein?
   Was an Bewährtem kann ich auch im Neuen leben?
4. Worauf freue ich mich am Neuen?
   Was wird jetzt möglich?

Übrigens: Trauer ist ein äußerst heilsames Gefühl. In ihr steckt nämlich die Wertschätzung für das, worum wir trauern. Im Gegensatz dazu ist Depression krankmachende Perspektivenlosigkeit. Viele psychosomatische Erkrankungen haben ihre Ursache darin, dass wir in unserer Kultur der Trauer zu wenig Akzeptanz und Platz einräumen.

Monika Herbstrith-Lappe im Interview

Monika Herbstrith-Lappe wurde durch Paul Christian Jezek von www.medianet.at zu den Schritten ihrer Karriere interviewt. Gerne geben wir dieses Interview quasi als Hintergrund-Information zur erfolgreichen Trainerin hier an Sie weiter. Das Interview wurde im Jahr 2014 geführt, Aussagen mit Zeitbezug wurden daher aus Gründen der Aktualität von uns auf das Jahr 2016 übertragen.

+) Frau Herbstrith-Lappe, wie ist Ihre berufliche Laufbahn vor sich gegangen?

Begeisterung über elektrische Klingel führte zum Studium der Physik

Mit 12 Jahren hat mich die elektrische Klingel so begeistert, dass ich beschloss Mathematik und Physik zu studieren. Ich wollte - wie der mich faszinierende Faust - wissen, was die Welt im Innersten zusammenhält. Ich besuchte das Bundesoberstufenrealgymnasium in Wiener Neustadt und nahm bereits während meiner Schulzeit an Mathematikolympiaden teil. Nach meiner Matura studierte ich diese beiden Fächer einerseits als Lehramt, und andererseits wissenschaftlich, konnte um eine einjährige Studienverkürzung ansuchen und schloss das Doppelstudium 1983 nach nur vier Jahren mit ausgezeichnetem Erfolg ab. Ich war damals Workaholic. Ich weiß nicht, wovor Reinhold Messner auf die Achttausender der Welt geflüchtet ist. Mein Leben war damals so von Dramen und Tragödien geprägt, dass ich in den Weiten und Tiefen der Mathematik und Physik Halt gesucht habe. Einerseits habe ich die Dramaturgie von Beweisen optimiert. Handwerklich plumpe Beweise haben meinen Schöngeist beleidigt. Und dann habe ich gegrübelt, ob es dafür nicht einen eleganteren Beweis mit mehr Esprit gibt. In der Physik hat es mir die Schnittstelle zwischen der messbaren Welt der Naturwissenschaft und der subjektiven Sichtweise der Menschen angetan. Heute mehr als 30 Jahre später, bin ich nach wie vor auf diese Schnittstelle zwischen Hard- und Softfacts spezialisiert. Danach unterrichtete ich in der Höheren Abteilung für Maschinenbau-Betriebstechnik für Berufstätige am TGM, der Schule der Technik 30 berufstätige Männer, die teilweise leicht mein Vater hätten sein können. Siegfried Wolf, der spätere Magna-Chef, war in meinem 1. Dienstjahr mein Schüler. Er war damals Qualitätsdirektor bei der Hirtenberger Patronenfabrik. Ich unterrichtete ihn in statistischen Methoden der Qualitätssicherung. Ein Jahr später, mit 23 Jahren, war ich bereits in der Lehrerfortbildung tätig und unterrichtete Professoren und Diplomingenieure, bekam meinen ersten Wirtschaftsauftrag von einer Firma in Scheibbs, schuf mir ein zweites Standbein als Trainerin. Von 1994 bis 1998 leitete ich die ORS Management Akademie, die ich im Rahmen der Österreichischen Raumfahrt- und Systemtechnik GmbH aufbaute. 1996 fungierte ich als Senior-Assessorin für den ersten Austrian Quality Award.

1998 gründete ich mein Unternehmen Impuls & Wirkung und betrieb daneben Projekt- und Schulentwicklung bzw. Schulmanagement. Mein Unternehmen ist ein Consulting-Unternehmen, das sich auf der Basis von prozessorientiertem Qualitätsmanagement auf unternehmensweite KundInnen- und Serviceorientierung spezialisiert ist. Dabei betrachten wir MitarbeiterInnen-Motivation als siamesischen Zwilling des externen Images. Führungs-, Organisations- und Beziehungsqualitäten sind gerade in dynamischen Zeiten erfolgsentscheidend.

Wir verbinden bewusst professionelle Distanz mit menschlicher Wärme, denn erst die Kombination aus Hirn, Herz und Bauch garantiert optimale Ergebnisse. Zu unseren Kunden zählen namhafte Unternehmen in Österreich, Schweiz und BRD. Ich lasse nun auch die neuesten Erkenntnisse aus den Neurowissenschaften und dem Mentaltraining aus dem Hochleistungssport in meine Aktivitäten einfließen, um Menschen zu bestärken, die Vielzahl unterschiedlichster Leistungsansprüchen auf Basis von Lebensfreude, Spaß und Humor, in souveräner Leichtigkeit zu meistern. Als Denk- und Gestaltungspartnerin begleite ich Unternehmen, Teams und einzelne Menschen auf Ihren Weiter-Entwicklungs-Wegen. Mit meinem Perspektivenreichtum erweitere ich Denk- und Handlungshorizonte und erschließe so Lösungsmöglichkeiten.
Von der Trainingsorganisation IIR GmbH, dem Premium Konferenz- und Seminaranbieter in Österreich wurde ich mehrfach als „Trainer of the Year" ausgezeichnet. Ich bin langjährige Trainerin beim „Hernstein Institut für Management und Leadership" sowie Entwicklungspartnerin und Lektorin an der Donauuniversität in Krems. Für das von IIR Technology Deutschland veranstaltete Service Desk Forum in Mainz - dem größten im deutschsprachigen Raum - fungiere ich als Fachbeirätin.

Erst die Kombination von Hirn, Herz und Bauch garantiert optimale Ergebnisse

+) Wie wird man Trainerin? Welche Ausbildung(en) haben Sie dafür?

Im Sommer 1984 habe ich als eine der Ersten in Österreich die Ausbildung zur Qualitätsinstruktorin absolviert. Ich gehörte der ersten Lerngruppe an. Für uns mussten die Instruktorenausweise erst designt werden. Privat habe ich viele psychologische Aus- und Weiterbildungen besucht. Von der Gruppendynamik und Transaktionsanalyse, über körperorientierte Psychotherapien nach Alexander Lowen, Wilhelm Reich, tiefenpsychologische Märcheninterpretation nach C.G. Jung bis zur energetischen und buddhistischer Psychologie, Achtsamkeitstraining und Herzensbildung. Von 1996 bis 1998 absolvierte ich dann die Ausbildung zum systemischen Wirtschaftscoach bei Professor Uwe Grau, Universität Kiel. Ich absolviere jährlich Weiterbildungen so z.B. Mentaltraining, Time Line Therapie ® oder Körpersprache. Darüber hinaus lese bzw. höre ich viele Fachbücher und besuche immer wieder Vorträge zur Vertiefung und Bereicherung meiner Themen.

+) Bitte um „Beschreibung", was Sie als Trainerin genau tun

Mein Erfahrungsschatz spannt einen Bogen von der naturwissenschaftlichen Erkenntnistheorie und Technik über die Wirtschafts- und Managementlehre bis zur Psychologie und Kommunikationswissenschaft. Das kombiniere ich zu hochwirksamen, maßgeschneiderten Individuallösungen aus Beratung, Speaking, Training und Coaching. Dabei arbeiten wir nach dem Prinzip „Problem sucht Lösung" (statt „Methode sucht Anwendung"). Neueste Erkenntnisse der Hirnforschung geben meiner Arbeit besonderen Tiefgang. Wir nutzen sie als kluges Hirnmanagement, um bei gleichem/weniger Einsatz mehr zu bewirken. Gemäß dem Motto: Pimp my brain. Zentrale Thesen meiner Führungstrainings: „Führen heißt Ausgleich zu schaffen zwischen gemeinsamen Zielen und persönlichen Bedürfnissen - UND individuelle Stärken auf gemeinsame Erfolge zu fokussieren."

Das didaktische Prinzip des Loriot´schen Fliegensprays

Gegenüber den TeilnehmerInnen oute ich mich meist am Beginn, dass mein didaktisches Prinzip der Loriot'sche Fliegenspray ist: Der deutsche Komiker hat einen Spray erfunden, durch den die Fliegen kaninchengroß werden, damit man sie besser fangen kann. Die satirische Überzeichnung wirkt wie ein Vergrößerungsglas, durch das man entscheidende Details menschlichen Verhaltens leichter erkennen kann.

Ich arbeite nach dem Buffet-Prinzip: Gemeinsam mit meinen AuftraggeberInnen kläre ich den Titel und welche Themenschwerpunkte aufgetafelt werden. Das können spezifische Führungstrainings sein - z.B. Führen im Sandwich, Führen ohne disziplinarische Befugnisse, Führen in dynamischen Zeiten, gesund führen usw. oder auch Team-, Kommunikations- oder Konfliktmanagementtrainings, oder in letzter Zeit besonders häufig unterschiedliche Varianten zu „Freudvoll erfolgreich sein - ohne auszubrennen". Das Training startet mit einem Impuls-Training mit der Zielsetzung wachzurütteln, Nachdenklichkeit zu erzielen, ins Thema einzuführen und das Buffet vorzustellen. Mit den TeilnehmerInnen legen wir dann gemeinsam fest, was aus dem Buffet wir gemeinsam vertiefen. Mein Ehrgeiz besteht nicht darin, dass Jedem/Jeder alles schmeckt - sondern vielmehr darin, dass JedeR im Buffet ausreichend findet, das mundet und bestärkt. Das Training selbst wird maßgeblich durch die konkreten Situationen der TeilnehmerInnen geprägt, an denen wir Lösungsmöglichkeiten erproben. Impulsreferat mit interaktiven Elementen, Übungen aus dem Mentaltraining und der Erlebnispädagogik, sowie merk-würdiges Arbeiten mit Metaphern, Sprüchen und Humor fördern die nachhaltige Verankerung von Lösungsansätzen. Die Toolbox unterstützt dabei, vom Erkennen ins Tun zu kommen. JedeR TeilnehmerIn nimmt ihre/seine persönlichen Lernerfahrungen mit, die am Ende des Trainings gesammelt werden. Kein Training endet ohne Vereinbarung des jeweils konkreten 1. Schritts innerhalb von 72 Stunden. Die Hirnforschung zeigt, wenn wir uns nicht zeitnah auf den Weg machen, fällt es uns immer schwerer, mit der Umsetzung zu beginnen.

+) Gut wären einige Fallbeispiele, WEN sie traininert/gecoacht haben - und was daraus wurde. (Natürlich giere ich nach prominenten Namen)

Ich engagiere mich sehr gerne für unser Gesundheitswesen. Die Ausbildung von TurnusärztInnen ist ein Dauerbrenner. So hat es mich besonders gefreut, dass ich eine Klausur für die Ärztekammer NÖ gestalten durfte, in der die gegenseitigen Erwartungen von PrimarärztInnen und TurnusärztInnen geklärt und die Gestaltungsmöglichkeiten für die effektive Ausbildung und Kooperation erarbeitet werden sollten. Schön war es, die ÄrztInnen der Zukunft gemeinsam mit den erfahrenen leitenden ÄrztInnen mit freudvoll-engagierten Gesichtern in Ihren Ideenfindungen zu begleiten und unterstützend zu beraten. Resümee: Die PrimarärztInnen waren so begeistert, in wie kurzer Zeit so viele konstruktive, konsensuale Ergebnisse erzielt werden können, dass es bald darauf eine PrimarärztInnen-Klausur gab, um das zukünftige Berufsbild zwischen 1. ExpertIn und ManagerIn einer Station zu entwerfen.

Herzliche Erinnerung an eine 75-jährige Nonne

Meine außergewöhnlichste Teilnehmerin, die ich in herzlicher Erinnerung halte, war eine 75-jährige Nonne, die seit 35 Jahren eine Pflegestation der Elisabethinen in Linz geleitet hat. Bei mir war sie in einem Training „Führen in schwierigen Situationen". Wie ein Schwamm hat sie meine Inputs aufgesogen und sich offenen Herzens Herausforderungen im Führungsalltag einer Station mit sterbenskranken Kindern gestellt.

Ein Geschäftsführer einer steirischen Wohnbaugesellschaft hat bei mir ein offenes Führungstraining besucht. Es hat ihm so gut getan, dass er ganz euphorisch nach Hause kam. Seine Frau fühlte sich davon - nach zwei Tagen alleine mit einem kleinen Kind - fast überrollt. Also schenkte er ihr zu Weihnachten die Teilnahme des Trainings „leistungsstark & lebensfroh", das ich zweimal pro Jahr im Hotel Retter anbiete. Danach telefonierte er mit mir und meinte, dass er jetzt seine Frau verstehen könne - diesmal war er mit dem kleinen Kind alleine zu Hause. „Aber wir haben Ihr Buch zu Hause am Wohnzimmertisch liegen und dann lesen wir gemeinsam darin und schöpfen daraus Kraft." Um auch beruflich die lebensfrohen Impulse zu teilen, durfte ich anschließend ein Training „Boxenstopp für High Performer" für sein Führungsteam gestalten. Einige Zeit später bestellt die Geschäftsführungskollegin ein Buch bei uns - mit der Anmerkung: „Überall im Büro hängen Ihre Zitate. Jetzt will ich mir selbst ein Bild machen." Und schließlich durfte ich auch eine große Zahl von MitarbeiterInnen für die „Empathische lösungsorientierte Kommunikation - auch in kritischen Situationen und mit herausfordernden Zeitgenossen" stärken und mit Tools ausrüsten.

+) Wie fühlt man sich als „Trainer of the Year" - und was wollen Sie noch erreichen?

Ich freue mich sehr über die zahlreichen Auszeichnungen von IIR. Der besondere Wert besteht für mich darin, dass sie auf der Auswertung aller TeilnehmerInnen eines ganzen Jahres beruhen. Ich gestalte viele Trainings mit viel „Opfersauce": „Führen ohne disziplinarische Verantwortung", „Führen im Sandwich", „Mit weniger MitarbeiterInnen mehr bewirken", „Was Führungskräfte über Burnout wissen sollten", „Interne RevisorInnen: vom Bremser zum Ermöglicher" da steht für die TeilnehmerInnen die Falle der Ohnmachtsgefühle weit offen. „Vom ohnmächtigen Opfer zum/zur freudvollen GestalterIn der Zukunft" ist daher ein Motto aller meiner Trainings. Da freut es mich ganz besonders, dass es immer wieder gelingt, die anfänglich spürbare Stimmung von Stress, Frust und Verärgerung in freudvolle Leistungsstärke und souveräne Gelassenheit umzupolen. Es ist für mich beglückend, das Vertrauen der TeilnehmerInnen zu gewinnen und zu erleben, wie ihre Gesichter aufblühen.

Viele Trainings mit „Opfersauce": eine besondere Herausforderung

Ich möchte weiterhin wirkungsvolle Trainings gestalten. Wenn mir TeilnehmerInnen rückmelden, dass meine Trainings zu positiven Weichenstellungen in ihrem (beruflichen) Leben geführt haben, dann schöpfe ich daraus Kraft und Sinn. Zukünftig möchte ich noch häufiger auf großen Konferenzen Keynotes gestalten. Viele Menschen zu bewegen, zu bestärken und zu ermutigen ist für mich ein tiefes Glücksgefühl. Liebend gerne hätte ich mehr Einfluss auf unsere gesellschaftlichen, sozialen und wirtschaftlichen Strukturen. Das habe ich nur in beschränktem Ausmaß. So unterstütze ich Menschen darin, dass sie in diesen und trotz dieser Strukturen Erfüllung & Erfolg, Spaß & Freude, Glück & Zufriedenheit in allen Lebensbereichen erleben - indem sie ihr Leben aktiv führen.

+) Ihre Keynotes sind super - erzählen Sie bitte ein wenig darüber?

Meinen 1. Vortrag habe ich 1982, damals 21-jährig auf einer pädagogischen Konferenz für Mathematiklehrer an der Universität Klagenfurt gehalten, zum Thema meiner Physik-Diplomarbeit „Physik des Hörens, Sprechens und Gleichgewichthaltens." Das war damals sehr aufregend - und es hat mir Spaß gemacht. Jetzt sind meine humorvollen erfrischend merk-würdigen, fundierten Keynotes Zugpferde auf internationalen Konferenzen im deutschsprachigen Raum.

Wenn man Veränderungen bewirken möchte, braucht es zuerst die Phase des Wachrüttelns und der Irritation, um das Bestehende zu überdenken. Genau das kann professionelles Infotainment bewirken. In wertschätzenden Humor verpackt, erzeugt eine gute Rede Nachdenklichkeit. Sie eröffnet neue Perspektiven, erweitert den Denkhorizont und vergrößert so den Handlungsspielraum. Ich nenne das auch »Kick-Ass-Consulting«: mit merk-würdigen und wertschätzend-provokanten Denkanstößen die Spurrillen des Vertrauten überwinden und über den Tellerrand blicken. Wenn Veränderungsprozesse, Kulturwandel oder gezielter Aufbau von Skills mit einem großen Mitarbeiter-Event als Kick-on beginnen, kann innerhalb kurzer Zeit ein wunderbarer gemeinsamer Nährboden geschaffen werden, auf dem dann gezielte Workshops und Trainings für einzelne Gruppen besonders effektiv fruchten. Auch kurze Infotainments von 1 bis 2 Stunden können nachhaltig vieles bewirken - besonders dann, wenn man sie sowohl in Inhalt als auch in der Wahl der Worte, Zitate und Bilder auf den jeweiligen Anlass und die Zielgruppe maßschneidert.

Storytelling heißt die Methode, die ich in den 80er-Jahren schon intuitiv als herzhafte Verpackung mathematisch-analytischer Zusammenhänge gewählt habe. Geschichten fördern die sinnliche Vorstellungskraft und damit die Leistungs- und Merkfähigkeit unseres Gehirns. Im Spiegelbild kann man augenzwinkernd und damit leichter verdaulich die eigenen Stärken und Defizite erkennen. Wir alle kennen den Effekt, dass uns zu den Problemen anderer viel eher Lösungsstrategien einfallen. Selbst haben wir oft blinde Flecken. Geschichten sind eine kreative Form, diese zu beleuchten. Darin besteht auch die Faszination von Märchen: Sie lassen uns die Archetypen unserer Seele verstehen. Abgesehen davon fördern Geschichten die sinnliche Vorstellungskraft und damit die Leistungs- und Merkfähigkeit unseres Gehirns. Eine wesentliche Botschaft guter Geschichten ist auch: Ich stehe mit meinen Problemen nicht alleine da. Ich fühle mich mit meinen Herausforderungen verstanden.

Geschichten fördern die sinnliche Vorstellungskraft und damit Leistungsfähigkeit des Gehirns

Storytelling erhöht die Präsenz und fokussiert die Aufmerksamkeit der TeilnehmerInnen. Die Geschichten sollen möglichst viele Menschen abholen, Neugierde wecken und gute Emotionen erzeugen. Das funktioniert umso besser, je glaubwürdiger und authentischer die Geschichten sind. Von daher erzähle ich fast ausschließlich Geschichten aus dem eigenen Leben: Neutralisierte berufliche Erfahrungen, Geschichten von Kindern, die Verhaltensweisen viel unmittelbarer und direkter zeigen, Episoden aus Sport und Hobbys. Super Geschichten sind auch intelligente Witze. Gelotologie heißt die schulmedizinische Forschung zur Gesundheit des Lachens. Lachen ist das wirkungsvollste Mittel, um aus Stress auszusteigen, weil es unsere Muskeln entspannt. Darum ›zerkugeln‹ wir uns vor Lachen. Miteinander zu lachen ist höchst gesund und entspannend. Sich auf Kosten anderer lustig zu machen, der toxische Doppelgänger.

+) Buchautorin ...

In den vielen Jahren als Trainerin und High Performance Coach habe ich mich immer wieder gefreut, dass meine würzigen Wortspenden bei Interviews sehr willkommen waren und ich viele Fachartikel in Magazinen und Zeitschriften veröffentlichen konnte.

2012 hat mein Mann Dkfm. Manfred Lappe, Autor zahlreicher Bücher, in denen er in verständlicher Sprache (nicht nur) Basiswissen zu brandaktuellen Wirtschaftsthemen vermittelt, diese Artikel überarbeitet, aktualisiert und zu einem Buch strukturiert. So entstand unser gemeinsames Buch „leistungsstark & lebensfroh - Hochwirksame Impulse für nachhaltigen Erfolg, souveräne Leichtigkeit und empathische Lebensfreude", das im Verlag Impuls & Wirkung erschienen ist. Im hinteren Teil des Buches haben wir für die LeserInnen die in den vielen Jahren gesammelten einfachen, hochwirksamen Methoden und Prinzipien zur Steigerung der Lebensfreude und der Leistungsstärke zusammengefasst.

Diese 50-teilige Toolbox entfaltet besonders viel Kraft, wenn man sich gemeinsam mit wohlgesonnenen Verbündeten für einzelne Methoden z.B. „Tool des Monats" entscheidet, sich Schritt für Schritt beharrlich auf den Weg zur alltäglichen Nutzung macht, sich gegenseitig erinnert/ermutigt und dabei auch Teilerfolge würdigt.

Hummelflug-Buch: verweilen, versinken, weiterfliegen

Wir verstehen es als Hummelflug-Buch: natürlich kann man von vorne nach hinten lesen. Wenn etwas nicht so interessiert, ist es gut möglich weiterzufliegen, um anderer Stelle wieder zu verweilen und zu versinken.

Man kann wie aus einem Buffet das auswählen, was den eigenen Geschmack trifft, nährt und das persönliche Wohlbefinden steigert.

Wenn unsere Gedanken Kreise ziehen, Nachdenklichkeiten bewirken und nützliche Erkenntnisse anregen, erfüllt dieses Buch seine Bestimmung. Unser Ziel ist, Standpunkte zu ver-rücken, zusätzliche Perspektiven zu erschließen, den Denkhorizont und das Handlungsspektrum zu erweitern und so das fundierte Selbst-Vertrauen zu stärken.

Marie von Ebner-Eschenbach wusste, was die Stress- und Krisenforschung bestätigt:

„Wenn es einen Glauben gibt, der Berge versetzen kann, dann der Glaube an die eigenen Möglichkeiten."

Das Meistern kritischer Situationen mit einem hohen Grad an Ungewissheit und einer Vielfalt unterschiedlicher Anforderungen ist wichtiger denn je. Wie sehr das Thema unter den Nägeln brennt, erkennt man auch daran, dass die 1. Auflage von 2000 Stück innerhalb von 1 ½ Jahren vergriffen war, die wesentlich erweiterte 2. Auflage von 2500 Stück nach weiteren 2 Jahren. Die jetzt vorliegende 3. Ausgabe bietet eine weitere Abrundung der vielfältigen Themen. Im Sinn von gesunder und nachhaltiger High Performance: Das Feuer der Begeisterung entfachen, pflegen, weiterreichen und hüten - ohne auszubrennen.

+) Bisserl Privatleben?

Ich bin sehr dankbar, dass im Gegensatz zu 80 % der Karrierefrauen, bei denen der Kinderwunsch auf der Strecke bleibt, ich zur 20 %igen Minderheit gehöre, die die Herausforderung der Vereinbarkeit von Familie und Beruf zu meistern hatten. Meine Lieblingstochter Hanna ist jetzt 25 Jahre alt und hat ihr Studium Bauingenieurwesen an der technischen Universität abgeschlossen. Mein Lieblingssohn Tim, jetzt 23, studiert an der Universität Wien Mathematik. Zum Glück ist es mir gelungen, den Grundsatz von Goethe „Kinder brauchen Wurzeln und Flügel" umzusetzen. Mein Sohn hat sich vor einigen Jahren dafür bedankt, dass ich ihn zur Selbständigkeit erzogen habe. Meine Tochter hat einmal gemeint: „Mama, gelt, wenn ich ein Problem habe, dann bist du für mich da." Und sich gleich selbst korrigiert: „Ich weiß eh, meine Probleme, kann ich nur selbst lösen. Du hilfst mir dabei. Richtig?" Das ist ganz in meinem Sinn.

Vor 10 Jahren habe ich mit Freundinnen geblödelt, was wir mit einem Lottogewinn machen würden. Ich aus der Pistole geschossen: „Ich würde mir einen kaufmännischen Geschäftsführer leisten." Seit 10 Jahren lebe ich mit dem Finanzexperten Dipl.-Kfm. Manfred Lappe in einer glücklichen Liebesbeziehung. Seit 9 Jahren ist er auch alleinzeichnungsberechtigter kaufmännischer Geschäftsführer von Impuls & Wirkung. Viel besser als ein Lottogewinn. Vor drei Jahren haben wir auch geheiratet. Unser Motto: Ein gut eingespieltes, privates & berufliches Unter- und Oberwasser-Lebens-Buddyteam wollen wir bleiben - und zusätzlich werden wir ein Ehepaar. Uns verbindet u.a. die Begeisterung für das Tauchen in tropischen Gewässern. Ich übe mich darin, die schwerelose Leichtigkeit, mit der man unter Wasser Hürden und Hindernisse überwindet auch an Land zu kultivieren.

+) Was liegt Ihnen noch am Herzen?

In meiner Freizeit bin ich Gründungsvorständin des Club Max Reinhardt Seminar, einem Förderverein für die Theater- und Regiestudierenden am Max Reinhardt Seminar. Aus dieser Synergie habe ich jetzt ein völlig neues Trainingskonzept „Regie führen auf beruflichen Bühnen - Theater-Regie-Impulse für High Performance im Business" entwickelt. Prof.in Rosee Riggs und Mag. art. Steffen Jäger, beide Lehrende am Max Reinhardt Seminar, gewähren erkenntnisreiche Einblicke in ihre Theaterregie-Prozesse, vermitteln Strategien, Prinzipien und Methoden der Theaterregie und gestalten mit den TeilnehmerInnen Übungen aus der Ensemblearbeit. Ich moderiert den Trainingsprozess, verknüpfe die Theater-Regie-Impulse mit High-Performance-Prinzipien und unterstütze den Transfer von den Theaterbühnen ins Businessleben. Das Interesse der Unternehmen dafür ist sehr groß. Und das Training für die

Regie führen auf beruflichen Bühnen

TeilnehmerInnen höchst erkenntnisreich. Sie erleben hautnah die entscheidende Bedeutung von Klarheit, Präsenz, Rollenbewusstsein, achtsame Wahrnehmung und bewusste Gestaltung von Beziehungen auf allen Bühnen des Lebens.

Der großartige Regisseur Peter Zadek, der das deutschsprachige Theater maßgeblich geprägt hat, wurde eingeladen für die Festschrift des Max Reinhardt Seminars ein Zitat zu verfassen: „Wir wollen Euch ermöglichen, Euch kennenzulernen, dazu zu stehen, wer ihr seid und nicht immer demonstrieren zu müssen, wer ihr seid. Technik ist ein nützlicher Zusatz." Das ist auch ein höchst erfolgsversprechendes Motto für Führungskräfte im Business. Friedrich Schiller beschreibt den spielenden Menschen als den, der in der Lage ist, sein höchstes Potenzial zu erreichen. Spiel als Mittel, sich selbst zu entdecken, unserer Fantasie freien Lauf zu lassen und unsere Entdeckungen mit anderen zu teilen. „Lasst uns arbeiten, wie Kinder spielen." ist ein zentrales High Performance Prinzip. Herzhafte Neugierde, faszinierendes Staunen, begeistertes Fokussieren und spielerische Leichtigkeit sind eine höchst tragfähige Grundlage, um freudvoll, nachhaltig-gesund erfolgreich zu sein – ohne auszubrennen. Und Max Reinhardt meint in seiner berühmten „Rede über den Schauspieler": Wir alle werden geboren mit einem einzigartigen Gesicht. Im schmalen Flussbett bürgerlichen Lebens werden wir glattgeschliffen zu austauschbaren Kieselsteinen. Das nehme ich mir sehr zu Herzen!

Und dann noch die zehn Basisfragen:

Als Kind wollte ich immer schon ... alles wissen und alles lernen. Die herzhafte Neugierde, das faszinierte Staunen und meine Lernfreudigkeit habe ich mir zum Glück bewahrt.

„SINN-volle" Ziele anstreben und erreichen

Erfolg ist ... für mich selbstgesteckte Ziele, mit denen ich mich SINN-voll identifiziere, zu erreichen. Ich bin sehr dankbar für viele KundInnen, die mir vertrauen und die meine Lebensfreude-Impulse wirkungsvoll aufgreifen. Und es ist genial, dass ich das beruflich leben und umsetzen kann, was mir als Mensch WERT-voll ist.

Für die Karriere ist wichtig, die gesunde Frage „Was heißt erfüllendes und erfolgreiches Leben für mich?" von den krankmachenden und stressfördernden Fragen „Was gilt in der Gesellschaft als Erfolg?" und „Was wird von mir als erfolgreicher Frau erwartet?" zu unterscheiden. Von Innen wird das Hamsterrad leicht mit Karriereleiter verwechselt. So brennen Menschen aus.

Mein Lebensmotto: „Es gibt nicht 7 Milliarden Menschen sondern 7 Milliarden mal 1 Menschen." Das hat Karl-Heinz Böhm noch für 5 Milliarden Menschen gesagt. Der Spruch von Ringelnatz ist mir auch ganz wichtig: „Humor ist der Knopf, den wir öffnen können, bevor uns der Kragen platzt."

Jungen Menschen würde ich raten ... ihre höchst persönliche Einzigartigkeit zu entwickeln und zu entfalten. Ihre individuellen Stärken zu erkennen, sie dann selbst-bewusst in die (berufliche) Gemeinschaft einzubringen und auf gemeinsame Ziele zu fokussieren. Authentizität, Glaubwürdigkeit, Präsenz und Achtsamkeit gewürzt mit Freude, Spaß und Humor sind eine wirkungsvolle Mischung, um Erfolge zu erzielen. Natürlich braucht es auch Entschlossenheit und Zielstrebigkeit, Beharrlichkeit und Durchhaltevermögen.

Die Bedeutung von Geld ist ... häufig überbewertet. Das sage ich wissend, dass ich in der glücklichen Lage bin, mir ein komfortables, freudvolles Leben zu leisten. Ich bin dankbar dafür, dass ich in einem schönen Ambiente wohne, meinen Kindern ein Studium finanzieren kann, schöne Tauchreisen verbringe. Geld hat für mich keinen Selbstzweck. Und ich halte es für höchst bedenklich und für unsere Welt bedrohlich, dass der Gradient zwischen Reich und Arm immer größer wird.

Ein Buch, das mich berührt hat, ist ... Hans-Peter Dürr und Marianne Oesterreicher: Wir erleben mehr als wir begreifen - Quantenphysik und Lebensfragen. Darin wird dialogisch beschrieben, welche Konsequenzen diese 100-jährigen naturwissenschaftlichen Fundamente für unseren Alltag und vor allem für die Auseinandersetzung mit unserer Lebenswelt haben. Die geläufige Bezeichnung „Realität", die sich vom lateinischen „res" die Sache ableitet, ist Ausdruck unserer materialistisch-mechanistischen Weltsicht. Wir glauben, dass wir die Natur der Dinge verstehen, wenn wir sie auseinander nehmen, analysieren. Doch verstehen wir die Prinzipien des Felsen, wenn wir die einzelnen Kieselsteine und Sandkörner begreifen, in die er sich zerlegt hat? Das System des Felsens ist gerade durch die starken verbindenden Kräfte zwischen seinen Teilchen gekennzeichnet.

Wohin ich unbedingt reisen möchte: Weiterhin so traumhaft schöne Tauchsafaris mit meinem Lieben - Sulawesi (Indonesien) und Palau (Mikronesien) stehen noch auf meiner/unserer Wunschliste.

Woran ich glaube an ... unser unglaublich lernfreudiges Hirn, das uns die Möglichkeit gibt, unser Leben in die Hand zu nehmen, zu gestalten und zu genießen. Und als spiritueller Mensch lebe ich in einem mir wohlgesonnenen Universum.

Ich glaube an unser lernfreudiges Hirn

In 20 Jahren werde ich ... noch immer 20+ sein. Die Aussage, ich bin älter als 20 und verfüge damit über die Gestaltungsmöglichkeiten erwachsener Menschen, bleibt wahr. Als Gegenpol zum artigen, kopfig-intellektuellen Kind möchte ich als weise, lustvolle Alte mein Leben beenden, die bis zuletzt die schönen Seiten des Lebens in freudvoller Dankbarkeit auskostet.

Serviceteil

Glossar

AFQM
Austrian Foundation for Quality Management for Business Excellence

AMS
AMS (ArbeitsMarktService)

Assoziiert
Assoziiert kommt von Assoziation (lat. Associare) und wird je nach Zusammenhang verwendet im Sinne von: vereinigen, verbinden, verknüpfen, vernetzen.

Balanced Score Card
Die Balanced Score Card (BSC) dient als Führungsinstrument zur Ausrichtung der Organisation an strategischen Zielen. Im Gegensatz zu Unternehmensleitbildern und anderen unscharfen Formulierungen versucht die Balanced Score Card die Erreichung von strategischen Zielen messbar und über die Ableitung von Maßnahmen umsetzbar zu machen. Im Gegensatz zu klassischen Kennzahlensystemen lenkt die BSC den Blick über die unterstellten Ursache-Wirkungs-Zusammenhänge aber auch auf nicht-finanzielle Indikatoren.

Ball-im-Tor-Effekte:
Der Begriff wurde durch Vera Birkenbihl geprägt und bezeichnet ein wichtiges Merkmal der Eigenmotivation. Ein Fußballer wird durch das Erfolgsergebnis ‚Ball im Tor' motiviert. Andere Personen können sich andere Ziele und vor allem Zwischenziele setzen, die prägnant die Funktion eines ‚Ball im Tor' haben.

Boreout-Syndrom
Unterforderung und Langeweile zeigen durchaus vergleichbare Wirkung als das Burnout-Syndrom mit Überforderung und Zeitdruck.

Dissoziiert
Das Wort Dissoziation hat seinen Wortstamm im lateinischen disassociare, was „trennen" bzw. „ scheiden" bedeutet. In der Philosophie versteht man hierunter das Heraustreten eines Individuums aus seiner subjektiven Betrachtungssicht in eine objektive „Vogelperspektive", in der das subjektive Ich zum Teil eines Kontinuums wird. Zu deutsch: man nimmt eine Beobachterposition ein – auch gegenüber sich selbst.

Doxastischer Fallibilismus
Die Unabänderlichkeit, dass Meinungen gelegentlich falsch sind

Duchenne-Lächeln
Das Duchenne-Lächeln ist nach dem französischen Wissenschaftler Guillau-

me-Benjamin Duchenne benannt und gilt als das wahre menschliche Lachen. Der Mensch zeigt wahre Freude und kein gestelltes Lachen. Kennzeichnend hierfür ist, dass nicht nur die Mundwinkel mittels der mimischen Muskulatur nach oben gezogen werden, sondern auch die Augen beteiligt sind und in den äußeren Winkeln die typischen kleinen Fältchen zeigen.

Dunning-Kruger-Effekt
Als Dunning-Kruger-Effekt bezeichnet man eine Spielart der kognitiven Verzerrung, nämlich die Tendenz inkompetenter Menschen, das eigene Können zu überschätzen und die Leistungen kompetenterer Personen zu unterschätzen. Der populärwissenschaftliche Begriff geht auf eine Publikation von David Dunning und Justin Kruger aus dem Jahr 1999 zurück.

EFQM
European Foundation for Quality Management for Business Excellence

Gelotologie
Hierunter versteht man ist die Wissenschaft der Auswirkungen des Lachens. Sie beschäftigt sich mit den körperlichen und psychischen Aspekten des Lachens. Ihre Anwendung finden gelotologische Erkenntnisse in den sogenannten Humor-Therapien oder Lachtherapien.

Gender
Der Begriff Gender bezeichnet zum einen die soziale Geschlechterrolle (engl. gender role) beziehungsweise die sozialen Geschlechtsmerkmale. Es bezeichnet also alles, was in einer Kultur als typisch für ein bestimmtes Geschlecht angesehen wird (zum Beispiel Kleidung, Beruf, Verhaltensweisen, Tätigkeiten und so weiter); es verweist nicht unmittelbar auf die körperlichen Geschlechtsmerkmale (sex).

Generation Y
Als Generation Y (kurz Gen Y) wird in der Soziologie diejenige Bevölkerungsgruppe genannt, deren Mitglieder um das Jahr 2000 herum zu den Teenagern zählten. Je nach Quelle wird diese Generation auch als Millennials (zu Deutsch etwa die Jahrtausender) oder Digital Natives bezeichnet. Sie gilt damit als Nachfolgegeneration der Baby-Boomer und der Generation X.

Ig-Nobelpreis
Der Ig-Nobelpreis (englisch-/französischsprachiges Wortspiel: ignoble – unwürdig, schmachvoll, schändlich), gelegentlich als Anti-Nobelpreis bezeichnet, ist eine satirische Auszeichnung, um wissenschaftliche Leistungen zu ehren, die „Menschen zuerst zum Lachen, dann zum Nachdenken bringen".

Intervention
Intervention als Begriff kommt vom lateinischen intervenire und bedeutet dazwischenkommen, dazwischentreten, sich einschalten. Zumeist ist hiermit ein Eingriff in einen bestehenden Prozess gemeint.

Kaizen
Kaizen ist das japanische Wort für „immer besser". Kaizen wurde in den achtziger Jahren vom japanischen Autohersteller Toyota entwickelt. Kaizen versucht unter Einbindung möglichst aller Mitarbeiter Abläufe in Unternehmen systematisch zu analysieren und zu optimieren.

KVP
KVP, also der „Kontinuierliche Verbesserungsprozess", steht für das systematische Fördern und Nutzen des kreativen Potenzials aller Mitarbeiterinnen und Mitarbeiter eines Unternehmens.

Mañana-Kompetenz
Die Mañana-Kompetenz ist eine Wortschöpfung von Gunter Frank und Maja Storch. Mit dem spanischen Wort „Mañana" (Morgen) wird eine entspanntere Arbeits- und Lebensweise ausgedrückt.

Mentale Stresskompetenz
Stress ist gemäß dem amerikanischen Psychologe Richart Lazarus die Störung des Gleichgewichts zwischen den Anforderungen an eine Person und den Möglichkeiten, mit den Anforderungen umzugehen. Dabei ist die subjektive Beurteilung des Einzelnen – nämlich sowohl die subjektive Einschätzung der Anforderungen als auch die der Möglichkeiten - höchst entscheidend. Mentale Stresskompetenz bezieht sich darauf, wie der Einzelne mit Stress umgehen kann.

Nucleus accumbens = Lustzentrum = Lernzentrum
Der Nucleus accumbens (vom Lateinischen nucleus „Kern", vom Lateinischen accumbere „sich hinlegen", „Platz nehmen", „beiwohnen") als Bestandteil des Vorderhirns spielt eine zentrale Rolle im mesolimbischen System, dem „Belohnungssystem" des Gehirns sowie bei der Entstehung von Sucht.

Paradoxe Intervention
Die Paradoxe Intervention ist eine psychotherapeutische Methode, die in der systemischen Therapie als Mittel eingeführt wurde, um paradoxe Kommunikation (Aussage mit scheinbarem oder tatsächlichem unauflösbarem Widerspruch) aufzulösen. Durch die paradoxe Intervention soll eine festgefahrene Sichtweise erschüttert werden, um so eine Problemlösung möglich zu machen.

PROblem
PROblem aus dem Griechischen: zur Lösung vorgelegt

Prokrastination
Prokrastination (lateinisch procrastinatio ‚Vertagung', Zusammensetzung aus pro ‚für' und cras ‚morgen') ist ein anderes Wort für „Aufschieben". Erledigungsblockade, Aufschiebeverhalten, Erregungsaufschiebung oder Handlungsaufschub bezeichnet das Verhalten, als notwendig aber auch als unangenehm empfundene Arbeiten immer wieder zu verschieben, anstatt sie zu erledigen.

QM
Qualitätsmanagement

Reframing
Durch Reframing (Umdeutung) wird einer Situation oder einem Geschehen eine andere Bedeutung oder ein anderer Sinn zugewiesen, und zwar dadurch, dass man versucht, die Situation in einem anderen Kontext (oder „Rahmen") zu sehen. Die Metapher hinter dem Ausdruck geht darauf zurück, dass ein Bilderrahmen den Ausschnitt des Gesamtbildes definiert, wie dies auch jemandes Blickwinkel bzgl. der Realität tut. Rahmen bedeutet auch ein Konzept, was unsere Sicht eingrenzt. Verlassen wir diese geistige Festlegung, können neue Vorstellungen und Deutungsmöglichkeiten entstehen. Einem in der Umdeutung geschulten Menschen ist es durch Kommunikation möglich, Szenen in einem anderen Blickwinkel (Rahmen) erscheinen zu lassen, sodass er es Beteiligten erleichtert, mit der Situation umzugehen.

Regenerative Stresskompetenz (=Mañana-Kompetenz)
Schulmedizinisch heißt die Fähigkeit zu entspannen und wieder aufzutanken regenerative Stresskompetenz.

Resilienz
Resilienz (lateinisch resilire ‚zurückspringen', ‚abprallen', deutsch etwa Widerstandsfähigkeit) beschreibt die Toleranz eines Systems gegenüber Störungen

Sympathikus & Parasympathikus
Der Sympathikus (Sympathicus) oder das Sympathische Nervensystem ist neben dem Parasympathikus und dem Enterischen Nervensystem (Darmnervensystem) ein Teil des vegetativen Nervensystems. Die meisten Organe werden von den ersten beiden Systemen gesteuert, die als Gegenspieler (antagonistisch) wirken und dadurch eine äußerst feine Regulation der Organtätigkeit ermöglichen. Der Sympathikus hat in diesem System eine ergotrope Wirkung, das heißt, er erhöht die nach außen gerichtete Handlungsbereitschaft („Fight-or-flight").

Tetralemma
Das Tetralemma ist eine Methode zur Anwendung im Bereich von systemischem Coaching, Beratung und Therapie sowie der systemischen Strukturaufstellung. Dabei soll der Entscheidungs- und Handlungsraum beim Vorliegen eines sogenannten „Dilemmas" erweitert werden. Durch diese Erweiterung der Entscheidungs- und Handlungsmöglichkeiten zeichnen sich dann oft vorher nicht gedachte Lösungsmöglichkeiten ab.

Stewardessen-Prinzip:
Zuerst sich selbst gut mit Sauerstoff versorgen, um dann anderen helfen zu können.

TQM
Total Quality Management

Stichwortverzeichnis

W

Z

Literaturverzeichnis

Andreas Salcher: Erkenne Dich selbst, ecowin Verlag 2013
Andreas Salcher: Meine letzte Stunde: Ein Tag hat viele Leben; Ecowin Verlag 2010
Anke Meyer-Grashorn, Spinnen ist Pflicht. Querdenken und Neues schaffen, mvg-Verlag 2004
Anselm Grün: Menschen führen - Leben wecken, 2006
Anselm Grün: Quellen innerer Kraft, Herder 2007
Anton Zeilinger: Einsteins Schleier – die neue Welt der Quantenphysik; C.H.Beck 2003
António R. Damásio. Ich fühle, also bin ich: Die Entschlüsselung des Bewusstseins, List 2004
António R. Damásio: Der Spinoza-Effekt: Wie Gefühle unser Leben bestimmen, List 2004
António R. Damásio: Descartes Irrtum: Fühlen, Denken und das menschliche Gehirn, List 2004
August Höglinger: Grenzen setzen bei Erwachsenen, 2010
August Höglinger: Zeit haben heißt Nein sagen: Ein Arbeitsbuch zur Selbstorganisation, Höglinger 2006
Ben Furman: Es ist nie zu spät, eine glückliche Kindheit zu haben, Borgman Verlag, 6te Auflage 2013
Bronnie Ware, Wibke Kuhn: 5 Dinge, die Sterbende am meisten bereuen, Arkana Verlag 2013
Bronnie Ware: The top Five Regrets oft he Dying, Hay House UK 2012
Christian Gansch: Vom Solo zur Sinfonie; Was Unternehmen von Orchestern lernen können, Audiobook 2007
Christine Bauer-Jelinek: Die Businesskrieger, Beck 2003
Christine Bauer-Jelinek: Die helle und die dunkle Seite der Macht; Edition Va Bene 2002
Christine Wirl: Beschwerdemanagement: Kundenservice 2.0 - die Beschwerde nützen, Training Mai 2011
Daniel Kahneman: Schnelles Denken, Langsames Denken; Siedler Verlag 2011
Declan Donnellan: The actor and the target, Theatre Communications Gr 2006
Declan Donnellan: Der Schauspieler und das Ziel, Alexander Verlag 2008
Eckart von Hirschhausen: Die Leber wächst mit ihren Aufgaben, rororo 2008
Eckart von Hirschhausen: Glück kommt selten allein, rororo 2011
Eckart von Hirschhausen: Glücksbringer - medizinisches Kabarett, Rowohl 2009
Edgar K. Geffroy: Das einzige was stört ist der Kunde. Verlag Moderne Industrie 1994
Francois Lelord, Ralf Pannowitsch: Hectors Reise – oder die Suche nach dem Glück, Piper 2006
Francois Lelord: Hector und die Entdeckung der Zeit, Piper 2007
Frank Pyko, W. Timothy Gallwey und Roswitha Menke: Inner Game Coaching: Warum Erfahrungen der beste Lehrmeister sind, allesimfluss-Verlag 2010

Frederic Vester: Denken, Lernen, Vergessen: Was geht in unserem Kopf vor, wie lernt das Gehirn, und wann lässt es uns im Stich?, dtv 1998
Frederic Vester: Die Kunst, vernetzt zu denken. Ideen und Werkzeuge für einen neuen Umgang mit Komplexität, DVA 2001
Frederic Vester: Neuland des Denkens, dtv 1997
Frederic Vester: Phänomen Stress: Wo liegt sein Ursprung, warum ist er lebenswichtig, wodurch ist er entartet?, dtv 1998
Friedemann Schultz von Thun: Miteinander reden, rororo 2000
Friedemann Schultz von Thun: Miteinander Reden 2 - Stile, Werte und Persönlichkeitsentwicklung; rororo-Verlag 1989
Gerald Hüther: Was wir sind und was wir sein könnten: Ein neurobiologscher Mutmacher, (Gebundene Ausgabe - 21. Oktober 2011)
Gerald Hüther: Bedienungsanleitung für ein menschliches Gehirn, 2010
Gerald Hüther: Wie man sein Gehirn optimal nutzt, Hörbuch, 2 CDs, 2008
Gerald Hüther: Die Macht der inneren Bilder. Wie Visionen das Gehirn, den Menschen und die Welt verändern, 2010
Gertrud Höhler: Die Sinn-Macher, Ullstein 2002
Gertrud Höhler: Warum Vertrauen siegt, Ullstein 2005
Gregor Adamczyk: Storytelling, Haufe-Lexware Verlag, 2te Auflage 2015
Gunter Frank und Maja Storch: Die Manana-Kompetenz, Piper Taschenbuch 2011
H. Luczak; „Das zweite Gehirn" - Wie der Bauch den Kopf bestimmt - Wissenschafter auf der Spur von Gefühl und Intuition; GEO Nr. 11, November 2000
Hans A. Wüthrich, Dirk Osmetz, und Stefan Kaduk: Musterbrecher. Führung neu leben, Gabler 2006
Hans A. Wüthrich, Wolfgang Winter und Andreas Philipp: Die Rückkehr des Hofnarren. Reflexion als Managementherausforderung, 2001
Hans-Peter Dürr und Marianne Oesterreicher: Wir erleben mehr als wir begreifen - Quantenphysik und Lebensfragen, Herder, Freiburg 2001
Harald Preyer: Kundenzufriedenheit leicht gemacht. Verlag Ueberreuther 2002
Harro von Senger: die 36 Strategeme, Scherz 2000
Helen Heinemann: Warum Burnout NICHT vom Job kommt, adeo Verlag 2012
Joachim Bauer: Das Gedächtnis des Körpers, Piper Verlag, 2002
Joachim Bauer: Prinzip Menschlichkeit - Warum wir von Natur aus kooperieren; Hoffmann & Campe, 2006
Joachim Bauer: Warum ich fühle, was Du fühlst, Hoffmann & Campe, 2005
Joachim Bauer: Arbeit: warum unser Glück von ihr abhängt und sie uns krank macht; Karl Blessing Verlag 2013
Johann Günther; Paul Stefan: Marketing Einführung und Praxis, Donau Universität Krems 1997
Johannes Klostermeier: Sie können einen Hund zur Freundlichkeit nicht prügeln; Interview mit Monika Herbstrith, Computerwoche 2011
Josef W. Seifert: Moderation und Kommunikation, Gabal-Verlag 1999
Julia Onken; Maya Onken: Hilfe, ich bin eine emanzipierte Mutter: ein Streitgespräch zwischen Mutter und Tochter, Beck 2006
Kambiz Poostchi: Spuren der Zukunft: Vom Systemdenken zur Teampraxis, Horizonte 2006

Katharina Maehrlein: Die Bambusstrategie: Den täglichen Druck mit Resilienz meistern, Gabal Verlag 2012
Lothar Seiwert: Die Bären-Strategie: In der Ruhe liegt die Kraft, Heyne 2007
Lothar Seiwert: Noch mehr Zeit für das Wesentliche, Goldmann 2009
Lothar Seiwert: Wenn Du es eilig hast, dann gehe langsam, Campus 2005
Louann Brizendine, Sebastian Vogel: Das weibliche Gehirn: Warum Frauen anders sind als Männer, Goldmann Verlag 2008
Louann Brizendine, Sebastian Vogel: Das männliche Gehirn: Warum Männer anders sind als Frauen, Goldmann Verlag 2011
Maja Storch, Benita Cantieni, Gerald Hüther, u.a: Embodiment, Huber Verlag 2010
Manfred Bruhn: Internes Marketing / Integration der Kunden- und Mitarbeiterorientierung / Grundlagen-Implementierung-Praxisbeispiele. Verlag Gabler 1999
Manfred Prior: Minimax-Interventionen; Carl-Auer-Systeme Verlag 2002
Manfred Spitzer (Autor, Sprecher) Glück ist... [Audiobook] 2010
Manfred Spitzer, Wulf Bertram, Bernd Hontschik: Braintainment, Suhrkamp 2008
Manfred Spitzer: Geld im Kopf: Wie Ihr Gehirn mit Geld umgeht, Audiobook Feber 2009
Manfred Spitzer: Dein Gehirn bist Du!: Neurowissenschaft, Kindle 2011
Manfred Spitzer: Selbstkontrolle: Warum tun wir oft nicht, was wir wollen?, DVD
Manfred Spitzer: Selbstbestimmen: Gehirnforschung und die Frage: was sollen wir tun?, 2008
Margit Kunz: Gender Mainstreaming: Gleiche Arbeit unterschiedlich bewertet, Training März 2011
Marshall B. Rosenberg: Gewaltfreie Kommunikation: Eine Sprache des Lebens, Junfermann 2007
Martina Hartkemayer, Johannes F. Hartkemayer, Freeman Dhority: Miteinander Denken - Das Geheimnis des Dialogs, Klett-Cotta 2006
Martina und Johannes F. Hartkemeyer, Freeman L. Dhority; Miteinander Denken, das Geheimnis des Dialogs; Klett Cotta 2003
Matthias Pöhm: Vergessen Sie alles über Rhetorik. Mitreißend reden, ein sprachliches Feuerwerk in Bildern, Goldmann 2009
Mira Lobe: Das kleine Ich bin ich, Jungbrunnen-Verlag 1992
Monika Herbstrith: „Die Stabilisierungsphase: Nachhaltig erfolgreich - Wachstum unter Kontrolle", new business, 2001
Monika Herbstrith: „Generationswechsel" in New Business, 2001
Monika Herbstrith: aus „Zwischen Menschen und Funktionalitäten: Souveränität gewinnen durch Social Skills" in Help Desk 2007
Monika Herbstrith: Besser ist die Steigerung von Gut; Magazin Training Oktober 2000
Monika Herbstrith: Beziehungsprozesse gestalten, Training November 2002
Monika Herbstrith: Das individuelle Erfolgsrezept, New Business April 2002
Monika Herbstrith: Der unternehmerische Regelkreis - Von der kühnen Vision zum realen Profit, New Business Juni 2002
Monika Herbstrith: Die bereichernden Unterschiede - Business Excellence braucht Frauen und Männer; Magazin Training September 2003

Monika Herbstrith: Die Unterschiedlichkeit von Männern und Frauen als unternehmensweites Gestaltungsprinzip, in: women@work - Informations- und Kommunikationstechnologien aus der Sicht der Frauen, books@ocg.at 2007

Monika Herbstrith: Die Wahrnehmung folgt der Vorstellung, Gesundheit für Sie 2008

Monika Herbstrith: Diversity Management: Bereichernde Unterschiedlichkeiten als unternehmensweites Gestaltungsprinzip; WdF-Magazin 10-2003

Monika Herbstrith: Diversity Management: Die Unterschiedlichkeit von Frauen und Männern als unternehmensweites Gestaltungsprinzip in woman@work - Informations- und Kommunikationstechnologien als Beschäftigungsfeld aus der Sicht von Frauen; Herausgeberin E. Hanappi-Egger; Österreichische Computer Gesellschaft, books@ocg.at; Wien 2004

Monika Herbstrith: Erfolgskapital Vertrauen, New Business 2000

Monika Herbstrith: Führungsarbeit als Dienstleistung, Training, Februar 2003

Monika Herbstrith: Gender Mainstreaming, Magazin Training, November 2003

Monika Herbstrith: Gleich und gleich gesellt sich gern, Training Dezember 2003

Monika Herbstrith: Ich und er? Mein Körper?, Gesundheit für Sie 2006

Monika Herbstrith: Impulse zum Erfolg, New Business November 2000

Monika Herbstrith: Integriertes Umweltmanagement, WdF Mai 2003

Monika Herbstrith: „Integrierte Managementsysteme: Normative Anforderungen souverän meistern" technikreport, 2003

Monika Herbstrith: Interne Dienstleister - erfolgreich auf den internen Marktplätzen des Unternehmens, WdF September 2004

Monika Herbstrith: Jonglieren mit der Rollenvielfalt, WKO – Frau in der Wirtschaft

Monika Herbstrith: Konsequente, kundenorientierte Qualität, Österr. Pflegezeitschrift März 2003

Monika Herbstrith: Kontinuierlicher Verbesserungsprozess, Training 2008

Monika Herbstrith: KundInnenorientierung leben, Business Tipps März 2004

Monika Herbstrith: Marktorientiertes Denken – kundenorientiertes Handeln, WdF April 2002

Monika Herbstrith: MitarbeiterInnen-Orientierung, Lebenswelt Heim September 2003

Monika Herbstrith: Nachhaltig, Erfolgreich, Durchstarten, New Business Start up 2001

Monika Herbstrith: Office Management als Chance erkennen, Training Februar 2005

Monika Herbstrith: Optimal Integriert, Technikreport Oktober 2001

Monika Herbstrith: Optimale Abstimmung; Wirtschaftsblatt Jänner 2004

Monika Herbstrith: Prachtexemplare destruktiver Kreativität - Wertschätzender Humor als Gegenstrategie zu Machtgeplänkel mit Killerphrasen; Kolumne Managementfacetten im Online-Journal www.derStandard.at; 2002

Monika Herbstrith: Prozessmanagement: smart, wirkungsvoll & nutzerfreundlich, WdF Oktober 2004
Monika Herbstrith: Qualität (er)leben, Österr. Pflegezeitschrift November 2002
Monika Herbstrith: Qualität in Form bringen, Österr. Pflegezeitschrift Jänner 2003
Monika Herbstrith: Qualität kontinuierlich verbessern, Österr. Pflegezeitschrift September 2002
Monika Herbstrith: Qualität messbar machen, Österr. Pflegezeitschrift Mai 2003
Monika Herbstrith: Quick Scan Coaches, Training März 2003
Monika Herbstrith: Rund oder Eckig? Sowohl als auch!, Hernsteiner Nr. 2, Juli 2004
Monika Herbstrith: Service Oasen: Nachhaltiger Unternehmenserfolg, WdF, 11/2004
Monika Herbstrith: smart – wendig – erfolgreich, The Supporter September 2004
Monika Herbstrith: smart – wendig – nachhaltig erfolgreich, Training 2007
Monika Herbstrith: Social Skills for High Performance, biz September 2007
Monika Herbstrith: Strategisches (Selbst-)Management, new business 2002
Monika Herbstrith: Vereinbarkeit Familie & Beruf, Woman 2006
Monika Herbstrith: Vertrauen – Ihr Erfolgskapital: Eine gelebte Vertrauenskultur als wichtigste Voraussetzung für Kundenbindung; New Business 2000
Monika Herbstrith: Vom Opfer zum Täter, Training August 2005
Monika Herbstrith: Von Menschen für Menschen: Kundenorientierung leben in Business Tipps: schamlos professionell - unverschämt erfolgreich; Herausgeberin C. Hapala; human.money.company; Wien 2004
Monika Herbstrith: Wichtiger als Dinge zu tun, ist es richtige Dinge zu tun, Training Mai 2002
Monika Herbstrith: Working Mum, Woman 2007
Monika Herbstrith-Lappe: Die Kraft der Geschichten, Training März 2013
Monika Herbstrith-Lappe: Vom Teilnehmer zum Zuhörer, Training Juni 2013
Neil James, Peter Gerlach, Vera F. Birkenbihl: Positives Denken von A bis Z, mvg Verlag 2013
Norbert Faller: Atem und Bewegung, Springer Verlag 2009
Paul Watzlawick: Anleitung zum Unglücklichsein, Piper 2009
Paul Watzlawick: Wie wirklich ist die Wirklichkeit, Piper 2005
Peter Cubeasch: Lachen verbindet, Breuer& Wardin 2010
Peter Ditko, Norbert Engelen: in Bildern reden – so entdecken Sie Ihre rhetorische Kraft, Econ & List 1999
R. Roosevelt Thomas; Management of Diversity - Neue Personalstrategien für Unternehmen. Wie passen Giraffe und Elefant in ein Haus?; Dr. Th. Gabler Verlag 2001
Reinhard Sprenger: Die Entscheidung liegt bei Dir, Wege aus der alltäglichen Unzufriedenheit; campus Verlag 2004

Reinhard Sprenger: Mythos Motivation, Wege aus einer Sackgasse, Campus 2002
Reinhard K. Sprenger, Thomas Plaßmann: Mythos Motivation. Wege aus der Sackgasse, Campus Verlag 2010
Rita Carter: Das Gehirn, Dorling Kindersley Verlag 2010
Robert M. Sapolsky: Why Zebras Don't Get Ulcers, Saint Martin's Press Inc. 2004
Robin S. Sharma, Bernardin Schellenberger von Droemer: Der Mönch, der seinen Ferrari verkaufte: Eine Parabel vom Glück, Knaur 2008
Roger Fisher: Arbeitsbuch Verhandeln – so bereiten Sie sich schrittweise vor, Verlag Heyne Campus 2000
Roger Fisher; William Ury; Bruce Patton: Das Harvard Konzept - Der Klassiker der Verhandlungstechnik, Campus 2004
Rolf Dobelli: Die Kunst des klaren Denkens, Hanser Verlag, 2011
Rolf Dobelli: Die Kunst des klaren Handelns, Deutscher Taschenbuchverlag 2014
Roman U. Sexl: Was die Welt zusammenhält - Physik auf der Suche nach dem Bauplan der Natur; Deutsche Verlagsanstalt 1982
Rotraud A. Perner: Lust Macht Mut - ein Strategiehandbuch für Frauen; Überreuterverlag 2000
Stefan Klein: Alles Zufall - Die Kraft, die unser Leben bestimmt, Rororo 2005
Stefan Klein: Die Glücksformel, Rowohlt Verlag, 2002
Stefan Klein: Einfach glücklich, Rororo Verlag 2005
Stefan Klein: Zeit der Stoff aus dem das Leben ist, Fischer 2008
Steve Biddulph: Männer auf der Suche, Heyne Verlag 2003
Sylvia Kéré Wellensiek: Resilienz-Training für Führende, Beltz Verlag 2012
Sylvia Kéré Wellensiek: Fels in der Brandung statt Hamster im Rad, Beltz Verlag 2012
Vera F. Birkenbihl: Stroh im Kopf? Vom Hirnbesitzer zum Hirnbenützer, mvg Verlag 2004
Vera F. Birkenbihl: ABC-Kreativ: Techniken zur kreativen Problemlösung, Ariston 2007
Vera F. Birkenbihl: An Ihrem Lachen soll man Sie erkennen, MVG Verlag 2005
Vera F. Birkenbihl: Wollen Sie sich weniger ärgern? HB 2008
Vera F. Birkenbihl: Jeden Tag weniger ärgern, mvg Verlag 2013
Vera F. Birkenbihl, Peter Gerlach: Das positive Denken von A bis Z, mvg Verlag, 3te Auflage 2005
William F. Allman: Mammutjäger in der Metro, Spektrum akademischer Verlag 2009
Yongey Mingyur Rinpoche: Buddha und die Wissenschaft vom Glück: Ein tibetischer Meister zeigt, wie Meditation den Körper und das Bewusstsein verändert, Arkana 2007
Yuval Noah Harari: Eine kurze Geschichte der Menschheit, Deutsche Verlags-Anstalt 2013